湛庐 CHEERS

与最聪明的人共同进化

HERE COMES EVERYBODY

CHEERS
湛庐

[美]罗伯特·西格勒 Robert Siegler
玛莎·瓦格纳·阿里巴利 Martha Wagner Alibali 著
边玉芳 邵爱惠 王凌飞 译

理解孩子

CHILDREN'S THINKING 5e

湖南教育出版社
·长沙·

 你了解孩子的思维发展过程吗？

扫码加入书架
领取阅读激励

扫码获取全部测试题及答案，
了解如何更好地理解孩子。

- 许多老师反复告诫年幼的孩子不要用手指计数，老师的这种方法是否有助于孩子学习 10 以内的算术？
  A. 是
  B. 否

- 儿童在语言学习的过程中，最初发展的是哪一项能力？（单选题）
  A. 语法
  B. 语音
  C. 语义
  D. 交流

- 儿童思维发展的显著特点是：（单选题）
  A. 线性发展，没有明显的阶段划分
  B. 阶段性发展，并伴有质的变化
  C. 随机发展，没有特定模式
  D. 思维发展依赖于成人的直接指导

扫描左侧二维码查看本书更多测试题

前言

儿童思维，
引人探究的神奇领域

  儿童的思维本质上就很吸引人。我们都曾经是儿童，我们中的许多人都有自己的孩子，或者期望有一天会有自己的孩子。儿童的思维方式让我们感到既熟悉又陌生。我们仍记得一些自己儿时的思维方式，也对许多同龄伙伴的思维方式留有印象。作为成年人，我们观察到儿童的思维在总体上是合理的，有时甚至出人意料地见解深刻。然而，有些时候，儿童的想法却让我们大吃一惊。例如，为什么一个本来很理性的 5 岁儿童会坚持认为把水从杯子倒到碗里水量会发生改变？

  直到最近，我们仍然无法理解儿童思维中许多有趣的方面。数百年来，哲学家们一直在争论，婴儿所感知的世界是"热闹非凡且嗡嗡作响的一片混沌"呢，还是以与年龄较大的儿童和成年人大致相同的方式感知世界呢？直到最近几年，随着揭示性实验方法的发展，这个问题的答案才变得清晰起来。即使是新生儿，他们也能很清楚地感知世界的某些方面，这种感知与成年人相似。以上这些和其他有关儿童思维的发现是本书介绍的主题。

哪些人会对本书感兴趣呢？任何对儿童发展感兴趣的人都可以在本书中找到有趣的研究结果和想法。任何有志于攻读儿童发展心理学专业的人，都可以通过阅读本书发现许多激发想象力的东西，并进一步激发对儿童思维和发展的兴趣。

本版更新内容

本书已更新至第 5 版，新版本做了许多改动。变化最大的两章分别是第 3 章和第 7 章。本书对第 3 章进行了修订，重点关注 4 个模型：多存储模型、产生式系统模型、联结主义网络和动态系统方法。第 7 章从一个关于研究记忆发展框架的新章节开始，包括了对记忆发展的社会文化方法的广泛讨论。

其他的章节也进行了修订和更新。增加的内容包括有关认知发展的神经基础、面孔知觉的覆盖范围、有关统计学习的新材料，也扩大了对数字概念和生物概念发展的讨论，而且增加了关于向他人学习的新章节。

与之前的版本一样，我们继续强调儿童思维研究的实际贡献。比如，书中讨论的一些例子包括评估儿童知识的技巧，促进有利于儿童发展的亲子互动的方法，以及提高儿童阅读、写作和数学技能的教学方法。

目录

前　　言　儿童思维，引人探究的神奇领域

第 1 章　初探孩子的思维世界　　　　　　　　　001
　　　　　什么是儿童思维　　　　　　　　　　　002
　　　　　儿童思维的 6 个哲学之问　　　　　　　003
　　　　　研究思维的 8 个核心主题　　　　　　　024

第 2 章　孩子的思维是一块白板吗　　　　　　　029
　　　　　● 皮亚杰阶段发展论
　　　　　思维的发展是连续的还是非连续的　　　031
　　　　　孩子怎样从一个阶段发展到另一个阶段　038
　　　　　孩子能理解复杂概念吗　　　　　　　　051
　　　　　对皮亚杰阶段理论的评价　　　　　　　059

第 3 章　孩子的思维是一台大型计算机吗　　　　073
　　　　　● 信息加工发展理论
　　　　　思维就是信息加工的过程　　　　　　　075
　　　　　记忆系统，初始的信息处理程序　　　　076

　　　　　产生式系统，在不同情境中生成新的认知结构　　　085
　　　　　联结主义，学习和经验时刻都在改变大脑的神经网络　　088
　　　　　动态系统，认知行为是多种因素相互作用的结果　　　090

第 4 章　成年人在孩子的思维发展中扮演什么角色　　093
● 社会文化发展理论
　　　　　发展在社会互动中产生　　　　　　　　　　　　　095
　　　　　孩子如何从社会互动中学习　　　　　　　　　　　104
　　　　　好的学习是帮孩子创造新的"最近发展区"　　　　119

第 5 章　孩子如何感知世界　　121
　　　　　视觉的发展　　　　　　　　　　　　　　　　　　124
　　　　　听觉的发展　　　　　　　　　　　　　　　　　　143
　　　　　来自不同感官的信息如何通过发展整合　　　　　　152
　　　　　不同知觉是同步发展的吗　　　　　　　　　　　　156
　　　　　知觉和行动如何相互影响　　　　　　　　　　　　157

第 6 章　孩子如何学习语言　　163
　　　　　语言是否具有特殊性　　　　　　　　　　　　　　165
　　　　　语言的生物学基础是什么　　　　　　　　　　　　168
　　　　　孩子如何理解听到的声音　　　　　　　　　　　　170
　　　　　孩子如何理解词语的意思并用词语表达意思　　　　177
　　　　　孩子如何学会连词成句　　　　　　　　　　　　　192
　　　　　孩子如何学会交流　　　　　　　　　　　　　　　200

第 7 章　孩子如何发展记忆能力　　205
　　　　　陈述性记忆与非陈述性记忆　　　　　　　　　　　208
　　　　　研究记忆发展的框架　　　　　　　　　　　　　　210

　　　　　　记忆涉及哪些认知过程　　　　　　　　　　222
　　　　　　记忆策略　　　　　　　　　　　　　　　　227
　　　　　　记忆发展过程中会发生什么　　　　　　　　247

第 8 章　**孩子如何理解概念**　　　　　　　　　　　**249**
　　　　　　孩子如何理解时间、空间、数字和生物概念　251

第 9 章　**孩子如何解读心智**　　　　　　　　　　　**273**
　　　　　　孩子如何区分自我和他人　　　　　　　　274
　　　　　　孩子如何解读他人的心理活动　　　　　　282
　　　　　　读心能力赋予孩子 4 种学习方式　　　　　301

第 10 章　**孩子如何解决问题**　　　　　　　　　　　**307**
　　　　　　孩子从出生起就在学习解决问题　　　　　308
　　　　　　一些重要的问题解决过程　　　　　　　　315

第 11 章　**孩子如何发展学业技能**　　　　　　　　　**341**
　　　　　　孩子如何学习算术　　　　　　　　　　　343
　　　　　　孩子如何学习阅读　　　　　　　　　　　361
　　　　　　孩子如何学习写作　　　　　　　　　　　374

第 12 章　**认知发展研究的未来的挑战**　　　　　　　**381**
　　　　　　主题 1：发展的本质是什么　　　　　　　381
　　　　　　主题 2：认知发展经历了哪些关键过程　　384
　　　　　　主题 3：孩子的能力被低估了吗　　　　　387
　　　　　　主题 4：年龄如何影响认知能力　　　　　389
　　　　　　主题 5：发展是凭空出现的还是量变引起质变的过程　392
　　　　　　主题 6：执行功能如何影响认知发展　　　394

主题 7：社会如何影响认知发展　　　　　　　　　396
主题 8：研究认知发展有哪些现实意义　　　　　　398

参考文献　　　　　　　　　　　　　　　　　　402
致　　谢　　　　　　　　　　　　　　　　　　403
译者后记　　　　　　　　　　　　　　　　　　405

第 1 章

Children's Thinking

初探孩子的思维世界

西格勒："太阳是什么时候形成的？"

儿子："当人类出现的时候。"

西格勒："是谁创造了它？"

儿子："是上帝。"

西格勒："上帝是怎样创造太阳的呢？"

儿子："他在太阳里边放了很多灯泡。"

西格勒："这些灯泡现在还在太阳里面吗？"

儿子："不在了。"

西格勒："那它们去哪里了？"

儿子："它们都燃尽了。不，它们还会保持很长时间。"

西格勒："那灯泡还在太阳里边吗？"

儿子："不在了。我想上帝是用金子做太阳的，然后用火点燃了它。"

以上是西格勒与他儿子在 1985 年的对话，当时他的儿子还不到 5 岁。我们可以从儿子的回答中了解他是如何认识这个世界的。这些稚嫩的回答仅仅反映了幼儿缺乏天文学和物理学知识吗？它们能表明幼儿的推理过程与年龄较大的儿童和成年人的推理过程存在本质上的不同吗？显然，一个不知道太阳起源的成年人永远不会认为是上帝在里面放了灯泡才创造了太阳，也不会把太阳的起源与人类的出现联系在一起。这些差异是否意味着幼儿的推理过程通常比成年人更刻板、更以自我为中心呢？是否意味着幼儿在面对一个自己不能给出合理答案的问题时，要像抓住一根救命稻草一样强作解释呢？

几百年来，人们一直思考着这些问题：婴幼儿看世界的方式和成年人一样吗？为什么大部分国家的孩子要在六七岁开始进入学校读书？为什么青少年比儿童更有可能狂热地相信信念，如坚持素食主义、环保主义？一个世纪以前，人们只能通过推测来作答。现在，人们掌握了一些概念和方法，拥有观察、描述和解释发展问题的能力，因此，也加速了对儿童思维的了解。

什么是儿童思维

儿童思维指从胎儿期到青春期结束这一阶段儿童的思维。给思维下定义是很困难的，因为没有清晰的界限将思维活动与非思维活动区分开。思维会涉及一些更高层次的心理过程，包括解决问题、推理、创造、概念理解、记忆、分类、符号化、做计划等。当然思维也涉及许多基本的心理过程，甚至幼儿都会很熟练地完成这些基本的心理过程，如使用语言，感知外部环境，给物体和事件命名等。尚有一些活动，如熟练的社交技巧、敏锐的道德意识、恰当的情感体验等还不能被确认是否为思维活动。此外，有些更为复杂的活动，不仅包括思维过程，还包括许多其他非思维过程。本书中，我们对这些边界区域的活动给予了关注，但重点关注的是解决问题、概念理解、推理、记忆、语言产生和理解，以及其他更纯粹的思维活动。

儿童思维的一个特别重要的特点是"不断变化"。儿童在某些特定阶段的思维方式是很有趣的。我们要研究思维发展的核心问题：思维发生了哪些变化，以及这些变化是如何发生的。将婴儿、幼儿、青少年的思维进行比较，我们很容易理解它们之间的差异。但是，一个新生儿长成青少年，他的思维需要经过怎样的发展变化呢？这是思维发展的核心奥秘。

下面来看一个随着年龄增长而认知发生巨大变化的例子。丽塔·德弗里斯（Rheta de Vries）对 3 ～ 6 岁儿童如何理解外在表现和实际情况之间的差异很感兴趣，于是她做了个实验。德弗里斯有一只脾气温和、名叫梅纳德的猫，她允许孩子们抚摸这只猫。所有的孩子都知道梅纳德是一只猫。然后，在孩子的注视下，德弗里斯为梅纳德戴上了面具（面具上画着一张凶猛的狗脸）。德弗里斯问："看，它现在有一张像狗的脸。现在它是什么动物？"

许多 3 岁的幼儿认为梅纳德变成了一只狗。他们拒绝抚摸它，并声称它有着狗的骨头和狗的肚子。而大部分 6 岁的儿童则知道一只猫是不可能变成一只狗的。

由此可见，3 岁幼儿与 6 岁儿童对同一件事物的认知是不一样的，思维方式也发生了变化。我们知道随着年龄的增长，思维会发生变化，问题是这种变化是如何发生的呢？

儿童思维的 6 个哲学之问

研究儿童思维的关键问题有哪些呢？可能有很多，但人们普遍认为以下 6 个问题是最关键的：

- 有些能力是天生的吗？
- 儿童的思维发展是否经历了有本质差异的不同阶段？
- 儿童的思维变化是怎样发生的？
- 为什么儿童个体在思维上有如此大的差异？
- 大脑的发育是如何促进思维发展的？

- 社会环境是如何促进思维发展的？

这些关键问题是相互关联的。例如，理解大脑和社会环境在思维发展中的作用对于理解思维变化是如何发生的至关重要。同样地，理解思维变化的机制可能有助于解释为什么孩子会彼此不同。

站在不同理论视角、探究不同内容领域的研究者对问题的关注程度也是不同的。例如，站在信息加工角度看待思维发展的研究者往往强调思维变化如何发生，而站在社会文化角度看待思维发展的研究者侧重于社会环境如何促进思维发展。关注的侧重点不同，研究者们形成了许多思维发展理论，并对上述关键问题给予一定的解释。

本章重点论述的是与每个关键问题相关的基本概念，以及书中反复出现的重要主题。

有些能力是天生的吗

婴儿是如何感知世界的？婴儿第一次睁开眼睛，也许他看到了椅子，或者听到人们在交谈。他知道什么，还是不知道什么？此时，他有什么学习能力？如果我们假设婴儿刚来到这个世界，几乎不懂任何知识，也不具备任何学习能力，那么问题就来了——"他们的思维为什么能发展得如此迅速呢？"如果我们假设婴儿出生时天赋异禀，那么，问题就变成了——"他们的思维为什么需要这么长的发展时间呢？"

婴儿的初始禀赋问题引发了人们的许多猜测，其中，联想主义观点、建构主义观点和先天论观点是其中 3 个主要的观点。

联想主义观点是 18～19 世纪由英国哲学家发展起来的。代表性的英国哲学家有约翰·洛克（John Locke）、大卫·休谟（David Hume）和约翰·斯图尔特·穆勒（John Stuart Mill）。他们认为婴儿在出生时只具有极少的能力，即将不同的经验联系起来的能力。因此，婴儿必须通过学习获得新的能力和认知。

20世纪20年代至70年代，让·皮亚杰（Jean Piaget）经过深入的研究，提出了建构主义观点。该观点认为婴儿出生时不仅具有联结能力，还具有几种重要的知觉和运动能力。尽管能力有限，但它们足以支持婴儿探索周围的环境，并建构越来越复杂的概念和理解。例如，有研究表明，婴儿在6个月大的时候是无法形成对物体和事件的心理表征的，但通过积极地探究物体，在12个月的时候，就能够形成对物体和事件的心理表征。

近年来，先天论的观点被人们逐渐认可和重视起来，主要归因于杰里·福多尔（Jerry Fodor）和诺姆·乔姆斯基（Noam Chomsky）的研究。与先天论观点相比，联想主义观点和建构主义观点都严重低估了婴儿的能力。先天论认为，婴儿拥有广泛的感知能力和概念理解能力。模块先天论是先天论的一个观点。它认为人类的大脑中有专门的、基于基因的模块，这些模块使人类能够迅速获得某种信息。例如，乔姆斯基认为，人类拥有一种基于基因的"语言获得装置"，即使在语言输入不足的情况下，也能迅速习得语言。

最近已有研究表明婴儿具有一些惊人的能力。这些能力使婴儿能够以一种基本的方式感知世界，获得经验，再将经验进行分类。婴儿的感知和分类能力在很多方面与年龄较大的儿童和成年人是相同的。一个典型的例子是婴儿感知距离的能力。长期以来，哲学家们一直在思索人们如何判断物体与自己之间的距离的问题。以18世纪的联想主义哲学家乔治·伯克利（George Berkeley）为代表的一些人认为，婴儿能够准确感知距离的唯一方法是通过自己在环境中运动，把物体与自己的距离与到达物体所需的移动量联系起来。然而，婴儿在出生的第一天，就已经能够感知哪个物体离自己更近，哪个更远了。很显然，婴儿在获得爬行和行走的经验之前，就已经存在某种程度的距离感知。

婴儿对物体特性的认识也令人惊讶。例如，3个月大的婴儿已对这些事情有了一定的感知：某物体被移动到其他物体之后，即使看不见，这个物体仍旧存在；没有支撑物，物体就会下落；物体会沿着空间连续的路径移动；固态物体不能穿过另一固态物体。但是，婴儿在这些方面的认知与成年人并不完全一致。例如，3个月大的婴儿会认为物体和支撑物之间的任何接触都足以支撑起物体，如两块木块上下摆放，婴儿相信即使下方木块的右边边缘仅与上方木块的左边边缘接触的情况下，两块木块也能稳稳地上下不动。6个月大的婴儿才对有效支撑显示出更深刻的理解，即下方木块必须与上方木块有一定比例的水平接触时才能将上方木块支撑起来。

先天论观点并不局限于语言和客体认知。研究人员在物体、空间、人和生物等一系列领域研究儿童早期出现的认知，由此产生了先天论的另一个分支——核心知识理论。它关注在早期发展中出现的核心知识体系，这些核心知识体系被组织成非正式或朴素的理论，例如物理学理论（即关于物体和空间的知识）、心理学理论（即关于人的知识），以及生物学理论（即关于植物和动物的知识）。在以上的每个领域，儿童的基本理论一般基于几个基本原则。他们倾向用不可观察的原因来解释关键现象。例如，儿童早期的心理学理论是围绕着欲望和目标（不可观察的）的，是人们行为的动机这一观点组织起来的。核心知识理论认为，发展包括建立和丰富这些核心知识体系，在某些情况下，发展类似于理论的改变。

除了拥有对基本概念的初步理解以外，婴儿也具有一般的学习机制，以帮助他们获得更多的新知识。一种学习机制就是模仿。当出生两天的婴儿看到成年人以某种方式转头时，他们也会以类似的方式转头；当出生两周的婴儿看到成年人伸出舌头时，他们往往会伸出舌头作为回应。这样的重复为婴儿提供了一种学习新行为的方式，也加强了他们与模仿对象之间的联系，尤其是与他们的父母。

另一种学习机制是统计式学习。婴儿能够在听觉输入（如音调序列和语音序列）和视觉输入（如颜色、形状的序列）中觉察到序列模式。在出生的第一年，婴儿就表现出了统计学习能力。有研究甚至表明，婴儿在出生后的几天内就表现出了统计学习能力。统计学习是一种强有力的学习机制，通过它婴儿能发现环境中的规律。

上述发现让人们认为婴儿具有相当的认知能力。但是像之前的理论一样，先天论在解决了一些问题的同时，也遇到了一些新的问题。如果婴儿能理解基本概念，为什么很多儿童在理解相似概念时会遇到困难呢？例如，如果婴儿能理解一个物体即使被遮挡仍然存在，为什么3岁的幼儿却不能理解猫戴上狗头面具以后不能变成一条狗呢？理解儿童思维发展的挑战之一就是如何协调早期发展中存在的优势和后期发展中出现的弱势之间的矛盾。

另一个挑战是明确先天或早期发展的能力如何与经验相互作用而产生发展变化。解决这个挑战的一个方法是考察经验的差异对发展性质和发展途径的影响。例如，健全的婴儿和先天失明或失聪的婴儿，他们的知觉发展存在差异吗？语言的获得是否取决于儿童接受的语言输入的性质？儿童如何从早期专注于人的欲望的幼稚心理学理论发展到考虑其他心理状态（如信念）的更丰富的理论？解决这些难题，要考虑先天的特定能力以及后天的物质世界和社会环境经验之间的复杂的相互作用。

发展是分阶段进行的吗

心理学家和父母们都普遍认为，儿童的成长是分阶段进行的，思维发展也是如此。说一个孩子"处于某一阶段"意味着什么？孩子的进步是通过本质上不同的思维阶段实现的吗？儿童的发展要经历本质上的不同认知阶段吗？为什么发展过程具有阶段性，而不是连续进行的呢？

发展具有阶段性的观点在一定程度上是受了达尔文的思想启发提出的。尽管达尔文不是发展心理学家，但在该领域的很多方面，他做出了许多贡献。在《人类的由来》(*The Descent of man*)一书中，达尔文讨论了推理、好奇心、模仿、注意力、想象力、语言和自我意识的发展。毫无疑问，他最感兴趣的是这些能力是如何出现在从早期动物到人类的进化过程中的。他的很多思想可以被转换成关于个体生命发展的概念。

也许达尔文最有影响的观察是他基本的观点：在漫长时间里，生物进化出了一系列有质的区别的生物形式。这一观察结果使得一些人认为，在一个特定的生命周期内，发展也通过不同的形式或阶段进行。然而与达尔文不同，采用进化论观点的阶段理论家进一步假设，儿童会突然实现从一个阶段到下一个阶段的转变。这种阶段论与洛克等联想主义哲学家的观点相矛盾。联想主义哲学家认为儿童思维是儿童通过无数特定经验的积累而发展起来的，他们将这种发展过程比作一砖一瓦的建筑过程。阶段理论家把儿童思维发展过程比作从毛毛虫到蝴蝶的蜕变过程。

20世纪早期，詹姆斯·马克·鲍德温（James Mark Baldwin）提出了一系列合理的智力发展阶段假设。他认为儿童从感觉运动阶段（在此阶段，感觉观察和与物理环境之间的动作互动是思维的主要形式）发展到准逻辑阶段、逻辑阶段，最后进入超逻辑阶段。这种智力发展阶段的假设在人们对儿童的日常行为观察中得到了证实。至少在人们的第一印象中，婴儿与世界的互动似乎确实在强调感觉输入和动作反应两个方面。直到青春期，个体才会花费很多时间思考纯粹的逻辑问题，比如应用于他们身上的规则之间在逻辑上是否具有一致性。虽然鲍德温的阶段理论被他同时代的大多数人所忽视，但是至少对一位后来的思想家——皮亚杰产生了重要的影响。

毫无疑问，皮亚杰对人们理解儿童思维做出了巨大贡献。本书第2章会介绍他对儿童不同年龄段的思维方式进行了大量的、有趣的观察，并提出了一些关于思维发展变化的开创性观点。这些观点激励着后人继续进行研究。皮亚杰在很大程度上发展和完善了阶段论，他的阶段论超过了鲍德温的理论，提出了极具影响力的智力发展阶段理论。

当我们说儿童思维是按阶段发展的，这意味着什么呢？约翰·赫尔利·弗拉维尔（John Hurley Flavell）于1971年指出了阶段理论的4个关键含义。第一个含义，阶段意味着质变。例如，当一个男孩从对乘法一知半解到完全理解并应用自如时，我们并不能说他对算术的理解进入了一个新阶段。只有当儿童思维出现了质的变化时，我们才认为它进入了一个新的发展阶段。再如，一个女孩在讲了好几年她所说的笑话之后，终于编出了第一个自己认为的有趣的笑话，但是这个笑话在成年人看来并不好笑，这大概是一个质变。请注意"大概"这个模棱两可的表述。女孩讲笑话的能力在很长一段时间里一直在缓慢提升，但还没有达到令成年人发笑的"门槛"。在某种程度上，我们根据旁观者的观点来界定是否发生了质变。

第二个含义是并发性假设。该假设指儿童在许多概念上同时完成从一个阶段到另一个阶段的过渡。当儿童处在第一阶段时，他们在所有这些概念上表现出第一阶段推理；当儿童处于第二阶段时，他们又会在这些概念上表现出第二阶段的推理。这些同时发生的变化使得儿童思维在许多领域都表现出相似性。第三个含义是连贯组织。儿童的认知被认为是一个整体，不是许多独立的知识片段。

阶段理论的第四个含义是突发性假设。其意思是儿童思维是从一个阶段突然进入下一个阶段的，不是连续、渐进的。也就是说，儿童处于阶段一的时间较长，经过短暂的过渡，进入阶段二，然后在较长一段时间内处于阶段二。以此类推。

因此，阶段理论把儿童认知发展描述为质变的、同时发生的、突发的、整体的转变。毫无疑问，这是一种细致且吸引人的描述。但是它能在多大程度上符合儿童思维的实际发展情况呢？本书第2章将深入地讨论这个问题。

变化是如何发生的

发展就是变化。发展过程中会发生许多不同类型的变化。儿童思维发展的变化模式有多种，要从儿童出生前后来分析。一些变化发生在儿童出生前：特定能力的完全发展、部分发展，或者不发展。儿童出生以后：已经发展起来的能力或者维持现有水平，或者衰退；部分发展的能力或者继续发展，或者保持不变，又或衰退；未开发的能力或者开始发展，或者保持现有状态。

我们要意识到任何特定的能力都包含许多可能遵循完全不同发展过程的组成部分，发展模式具有多样性。例如，无论婴儿出生在哪里，他们都能发出世界上任何一种语言中的所有语音。然而，在儿童时期，除自身的母语外，他们失去了发出许多非母语语音的能力。儿童之所以能随意发出母语的语音，是因为周围环境的影响。因此，婴儿期之后，儿童发出语音的能力减弱还是增强，取决于平时使用的是哪些语音。

如何解释儿童思维的变化？皮亚杰学派和信息加工学派的观点在回答这个问题上较有影响力。皮亚杰认为，产生所有思维变化的基本机制是同化和顺应。同化是人们根据已有的认知来表征现在经历的过程。如果一个1岁大的女孩只认识球而不认识蜡烛，那么，当她看到圆的蜡烛时，她可能会认为它是一个球。顺应是与同化相反的过程，即人们已有的认知会被新的认知所改变。如果1岁大的女孩看到圆的蜡烛，会注意到这个"球"与之前认识的球不同，它是一个细的东西（蜡烛芯），从中间伸了出来。这一发现可能为女孩之后了解圆的蜡烛打下基础。

信息加工学派的研究人员对儿童思维的变化过程做了大量的研究，认为有4种变化机制在儿童思维发展中扮演着重要角色。这4种变化机制是自动化、编码、概括化和策略建构。

自动化指由于儿童执行心理过程的效率提高，导致需要的注意力越来越少的过程。随着年龄和经验的增长，儿童对很多活动的信息加工处理变得越来越自动化，这使得他们能够发现想法和事件之间原本可能被忽略的联系。例如，一个5岁的女孩每天都会从学校步行回家。在最初的几个星期里，女孩可能需要把注意力完全集中在寻找回家的路上。后来，这个行为变得自动化。女孩可以一边和别人交谈一边走回家，完全能轻松找到回家的路。

编码指识别客体和事件的特性，并使用这些特性构建客体和事件的内部表征。提高编码能力对于增进儿童对世界的理解的重要性是显而易见的，在儿童学习算术和代数应用题时尤其如此。通常这些题目既有相关的信息，也有不相关的信息。解决这些问题的关键是对相关信息进行编码，并忽略不相关的部分。

概括化指将在一种情境中获得的知识扩展到其他情境中。策略建构是产生或发现解决问题的新程序。概括化和策略建构的作用可以通过下面这个例子来说明。在反复经历了计算机、灯、烤面包机和电视突然失灵之后，儿童可能会得出这样的结论：电器不工作，是因为它们没有插电。有了这个结论，儿童可能会形成一种思维，即每当按下电器的"打开"按钮，电器仍不能工作，要检查电器的插头是否插好。

这个概括化和策略建构的例子表明4种变化机制是相互作用的，而非彼此独立。儿童建构检查电器插头的策略，依赖于对电器感知的自动化，形成插头是每台电器独立部分的编码，并得出概括：当插头断开时，带有插头的电器通常无法工作。自动化、编码、概括化和策略建构这4个变化机制对儿童思维各方面（从婴儿的统计学习到青少年的数学学习）的发展发挥着至关重要的作用。这种重要作用在本书多处可见。

个体间差异情况如何

不同年龄的儿童之间存在差异，同一年龄的儿童之间也存在差异。个体差异存在于发展的各个方面，如身高、体重、性格、创造力等。个体存在差异这个观点已经经过来自智力研究方面的有效检验。这种细致的研究始于19世纪90年代，当时法国启动了一项全民公共教育计划。因为并不是所有儿童都能从相同的教育中受益，时任法国公共教育部长委托阿尔弗雷德·比奈（Alfred Binet）和西奥菲尔·西蒙（Theophile Simon）开发了一种测验，以识别在标准的课堂教学中存在学习困难而需要接受特殊教育的儿童。

比奈—西蒙测验于1905年发布。它包括许多与智力相关的问题：语言、记忆、推理和解决问题的能力。1916年，为了在美国使用该测验，斯坦福大学教授刘易斯·特曼（Lewis Terman）对该测验进行了修订，并将其命名为斯坦福—比奈量表。这个量表的修订版至今仍被广泛使用。

斯坦福—比奈量表和其他的智力测验都是基于这样一个假设：并非所有的同龄儿童在思维和推理上都处于同一水平。例如，有些7岁儿童的推理水平达到了9岁儿童的平均水平，有些还达不到5岁儿童的平均水平。为了了解儿童之间的个体差异，智力测验对儿童的生理年龄和心理年龄进行了区分。生理年龄指人自然生长的年龄，以出生后实际生活过的年数和月数计算。一个女孩是在60个月之前出生的，那么，她的生理年龄就是5岁。心理年龄指一个人在某一年龄阶段所显示出来的心理状况或水平。如果某个儿童在智力测验中答对的题目数与某一年龄50%的儿童答对的题目数相当，则用该年龄作为这个儿童的心理年龄。例如，如果5岁儿童在某测试中平均回答正确的题目数为20个，那么一个答对20个题目的儿童的心理年龄就是5岁，不管该儿童的生理年龄是4岁、5岁还是6岁。

特曼发现，心理年龄同为5岁，而生理年龄分别为4岁、5岁和6岁的儿童，他们的思维发展水平不一样。对生理年龄为4岁的儿童而言，这种表现水平是超前的；对生理年龄为5岁的儿童而言，达到了平均水平；对生理年龄为6岁的儿童来说，这种表现水平是滞后的。为了将这些含义数字化，特曼借用了德国心理学家威廉·斯特恩（Wilhelm Stern）提出的理念，同时结合生理年龄和心理年龄的概念，形成了智力商数（简称智商）的概念。儿童的智商是儿童的心理年龄与生理年龄的比率。这个比率乘以100，使得所有的智商都能用整数来表示。因此，在特曼的例子中，心理年龄为5岁、生理年龄为6岁儿童的智商为83（5/6×100），心理年龄为5岁、生理年龄为4岁儿童的智商为125（5/4×100）。我们认为某一特定生理年龄的所有儿童，他们的平均智商为100，因为根据定义，任何年龄组的平均心理年龄都与生理年龄一致。智商分数是高于还是低于100（表明儿童的心理年龄是超过还是低于他/她的生理年龄）表明儿童的分数是高于还是低于该年龄组的平均分数；该分数与100分的差值表明了其高于或低于平均分的程度。

智商分数被广泛应用的一个原因是它能有效预测儿童的学业成绩，另一个原因是它具有长期的稳定性。例如，通过一个6岁儿童的智商，我们可以非常准确地预测这名儿童16岁时的智商。但这种预测并不是完全准确的。随着年龄的增加，一些儿童的智商有明显的增长，一些儿童则表现出明显的下降。什么是智力？斯坦福—比奈量表或者其他的测验能在多大程度上测出智力呢？这些问题仍存在很多争议。不过，一个人从小学一年级到成年，他的智力测验分数显示出了相当的稳定性，而且能准确预测学业成就。

非常年幼的儿童没有建立早期表现和之后表现之间可比较的预测关系。4岁以下儿童的智力测验分数与他们长大后的智商分数基本没有关系。这表明，婴儿智力的个体差异可能与后期智力的个体差异无关。但是最近，通过对婴儿信息加工的测量，研究者发现婴儿期的智力与儿童后期的智力之间具有连续性。这个测量非常简单。当婴儿被反复呈现一个刺激物时，如一个物体或一幅图片，他们就会对刺激物失去兴趣，注视刺激物的时间越来越短，且注视刺激物的次数越来越少。这时，婴儿对刺激物已经产生了习惯化。婴儿产生习惯化的速度是不同的：有些婴儿很快减少了注视刺激物的次数，有一些婴儿则在很长时间里还会注视着刺激物。一个关键的发现是：如果一个7个月大的婴儿产生习惯化（停止看）的速度越快，同时在习惯化后对新的刺激物的偏好越强（通常称为"新奇偏好"），那么可以预测4～10年甚至成年后，他的智商分数越高。此外，习惯化的速度也与个体今后在阅读、数学，以及语言能力有关。

为什么通过婴儿在7个月大时的习惯化速度就可以预测其多年后的智商和学业成绩呢？一种解释是，个体在早期和后期的表现都反映了编码的有效性。换句话说，聪明的婴儿能快速地对图片中所感兴趣的内容进行编码，之后对图片失去兴趣。当看到新图片时，婴儿的思维又会变得活跃，对新旧图片之间的差异进行编码。研究发现，具有优秀的编码能力的青少年拥有较好解决问题和快速学习的能力。因此，编码质量可能与早期和后期的智力能力有关。

绝大多数关于智力以及认知其他发展领域的研究都集中在儿童的个体行为上。然而，为了获得更多的见解，研究人员向内和向外扩展了研究领域。向内扩展在于研究大脑的发育与儿童思维变化的联系。向外扩展在于不仅从个体的角度研究，而且也考虑他人和文化习俗对个体发展的影响。因此，向内扩展的研究是建立在生物学和神经科学等学科的基础之上，向外扩展的研究是建立在社会学和人类学的基础之上。下面介绍具体的内容。

大脑的变化如何影响认知发展

一般来说，一个物种的大脑越大，这个物种的个体就可能越聪明。毫无疑问，在儿童的成长过程中，大脑的尺寸、结构和联结模式的变化对儿童思维的变化有着深远的影响。这些量的变化和质的变化体现在 3 个水平上：

- 整个大脑的变化。
- 大脑内部特定结构的变化。
- 构成大脑的数亿神经细胞（神经元）的变化。

整个大脑的变化。 个体从出生到成年，他的整个大脑的变化是明显的，大脑的重量有大幅度的增加：出生时，大脑重约 400 g；11 个月大时，大脑重约 850 g；3 岁时，大脑达到 1100 g；成年时，大脑的重量约为 1450 g。由此可见，成年人大脑的重量几乎是出生时大脑的 4 倍。

大脑内部结构的变化。 大脑主要部分的相对大小和活动水平也会随着发育过程而改变。大脑可分为两个主要部分：皮质下结构和皮质。皮质下结构是位于脊髓顶端的区域，如丘脑、延髓和脑桥（见图 1-1）。人类和其他哺乳动物的大脑皮质下结构非常相似，尤其是类人猿和猴子等其他灵长类动物。

和皮质下结构一样，人类和其他灵长类动物的大脑皮质也有类似之处，如皮质下的下丘脑和杏仁核。然而，人类的大脑皮质比其他任何动物都进化得高级许多，它使得高级认知成为可能，让人类拥有语言能力和解决复杂问题的能力，而这些高级认知技能是人类特有的。

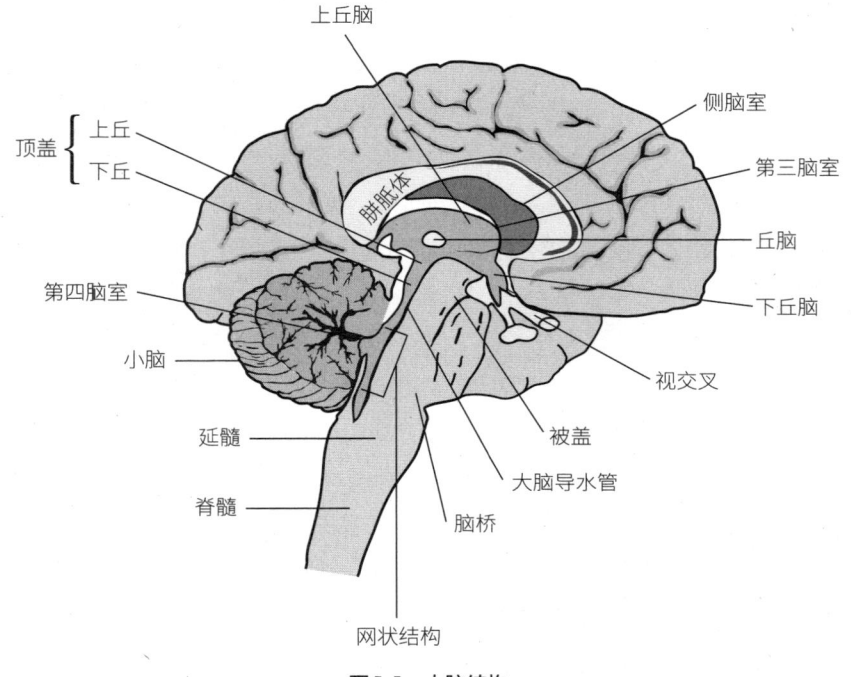

图1-1 大脑结构

注：图中标注的是皮质下结构的名称，盘绕于其上的就是大脑皮质。

在出生以及之后的几年里，相对于大脑的其他部分，大脑皮质是不成熟的。这明显地表现在两个方面：一是与成年人的大脑皮质在大脑中所占的比例相比，婴儿的大脑皮质占有的比例较低；二是婴儿的大脑皮质在电活动和化学活动的组织和模式方面与成熟的形式还有较大的差别。大脑皮质的相对不成熟对认知功能有重要的影响，这使得一些认知功能在早期是不可能出现的，而另一些认知功能先由大脑中相对成熟的部分完成，尽管大脑皮质以后会在这些认知功能上发挥主要作用。

如图1-2所示，大脑皮质包括4个主要区域：位于大脑前部的额叶、位于顶部的顶叶、位于后部的枕叶、朝向底部的颞叶。每个区域在特定类型的认知活动中表现出特异性激活。例如，枕叶主要参与视觉信息的处理，额叶主要参与思维、决策、计划等高级认知活动的调节。从这些强烈激活额叶的活动类型来看，我们会预期相对于大脑的其他部分，初生婴儿的额叶发育尤其不成熟。额叶在婴儿期和幼儿期的快速发育对这一阶段认知能力的迅速发展起着至关重要的作用。

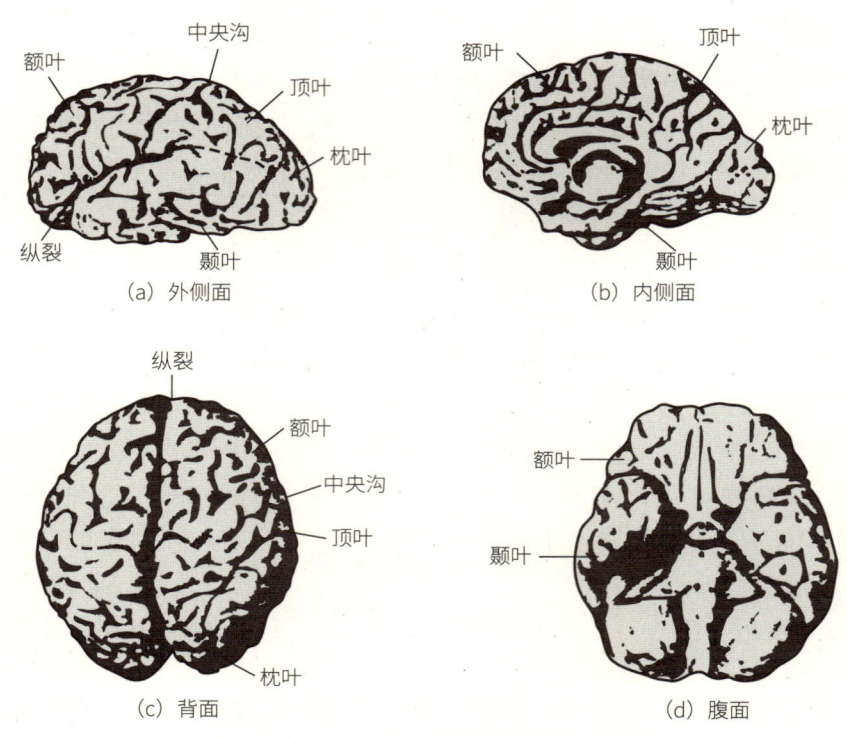

图1-2　从4个角度观察大脑皮质

注：(a) 图是从左边观察，(c) 图是从上面观察，(b) 图是从左侧观察右半球的内侧，(d) 图是从下面观察。

大脑皮质分为两个半球，两个半球由一种叫作胼胝体的密集神经纤维束连接。在大多数情况下，每个半球处理来自身体另一侧的感觉信息，并做出运动反应。身体左侧的感觉输入和运动反应主要由大脑的右半球处理，身体右侧的感觉输入和运动反应则由大脑的左半球处理。大脑皮质的两个半球以不同的方式处理信息。例如，在大多数右利手的成年人中，他们大脑皮质的左半球以一种连续的、分析的方式处理信息，而右半球则专长以整体的、综合的方式处理信息。因此，语言和逻辑信息主要由左半球处理，而情感和空间信息则主要由右半球处理。在执行某些功能时，一个半球起主导作用，这一现象被称为大脑功能偏侧化。

有研究显示，大脑功能偏侧化甚至在婴儿期就出现了。例如，6个月大的婴儿在运动时表现出了使用左手或右手的偏好，这表明运动控制已经功能偏侧化了。再如，研究人员对发音含糊不清和发音清晰的5～12个月大的婴儿进行了研究。咿呀学语是语言习得的早期阶段。当婴儿发出咿呀的声音时，他们右侧的嘴巴张得比左侧大一些，这表明大脑皮质的左半球控制发音；当婴儿发出清晰的声音时，他们两侧的嘴巴张得一样大。这些发现表明，婴儿出生后不久，左半球就优先参与语言处理了。

神经元的变化。第三个水平上的大脑变化，也是更具体的变化——神经元的变化。大脑的各个部分都有大量的神经元，神经元总数约在1000亿～2000亿。随着个体的发展，神经元之间的联系越来越紧密。每个神经元由3个主要部分组成：一个细胞核，它是神经元的核心；若干树突，它们是将信息从其他神经元传递到细胞核的纤维；一条（偶尔会有几条）轴突，它是负责将信息从细胞核传递给其他神经元的较大纤维（见图1-3）。

神经元通过电信号和化学信号传递信息。在一个特定的神经元内，信息是通过电信号传导的。电信号从树突传到细胞核，再传到轴突。神经元之间的信息传递是通过化学信号进行的。神经元之间并不是直接相连的，神经元之间有一些微小的间隙，被称为突触。突触将一个神经元的轴突与另一个神经元的树突分离开来。神经冲动以电信号的方式沿着轴突传递，传到末端时轴突释放神经递质，从而实现从轴突末端穿过突触到达相邻神经元树突的起点。当神经递质到达受体神经元的树突时，信息又被转换回神经冲动，然后在受体神经元内传递。成年人的一个神经元通常有超过1000个与其他神经元相连的突触。这些多重的连接使得信息可以同时传递到大脑的不同区域。

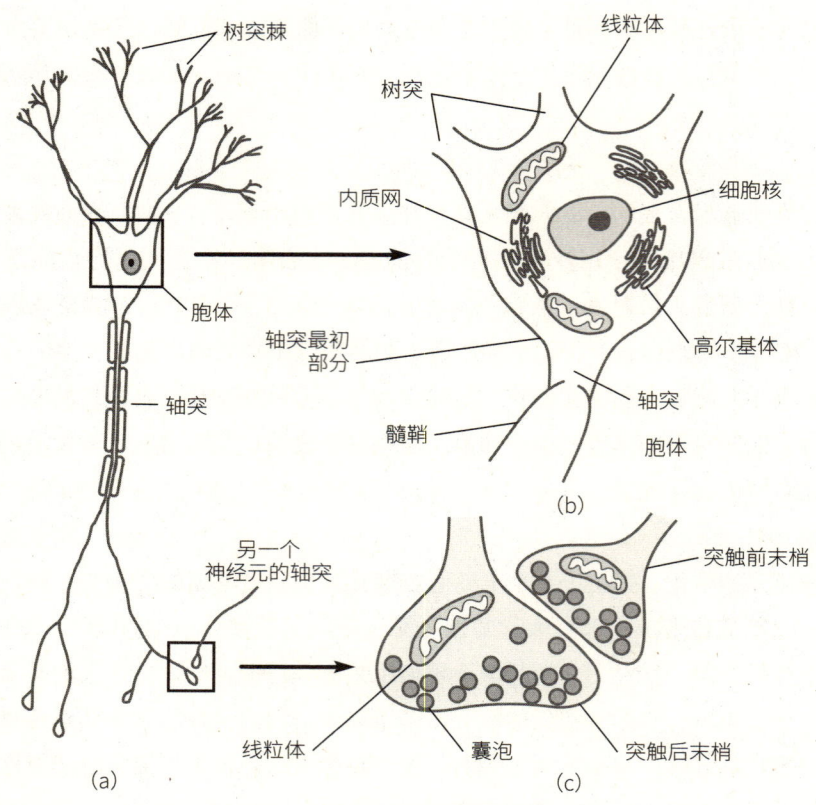

图 1-3　典型的神经元结构

注：(a) 图上部是树突，方框里的部分是胞体，方框下面的部分是轴突。注意，如 (b) 图所示，从胞体延伸出来的轴突的起始部分是裸露的，中间部分由椭圆形的"外套"围绕，称为髓鞘。髓鞘是绝缘体，它可以加速电信号传递的速度。如 (c) 图所示，突触位于一个神经元轴突与另一个神经元树突起始部分的相邻处。一种称为神经递质的化学物质通过突触从一个神经元的轴突末端到达另一神经元的树突起始部分，从而实现了神经元之间的信息传递。

突触形成。 在个体刚出生时，神经元之间的突触尚未完全形成。在大脑内的很多部分，突触遵循先生长过剩后减少的发育过程。在发展的早期，突触会出现爆炸式的生长，这导致幼儿大脑中的突触数量远超成年人大脑中的突触数量。但在儿童期结束以后，儿童突触的数量会减少到成年人的水平。例如，额叶部分区域的突触连接密度有所变化，婴儿从出生到 12 个月大时，增加了 10 倍；到 2 岁的时候，突触的连接密度约是成年人的 2 倍；在这之后，突触的连接密度会逐渐下降，在 7 岁左右时降到成年人的水平。

在大脑的其他部位，突触数量的变化都基本遵循着"先生长过剩然后减少"的模式，只是在具体时间上有所不同而已。例如，视皮质的突触达到最高密度的时间通常比额叶早一年左右，且减少过程持续的时间更长，一直到 11 岁。然而，突触最初迅速生长，接着长期减少，这样的基本循环在大脑中普遍成立。

是什么决定了大脑中突触连接的最终模式呢？突触形成的早期阶段在很大程度上受基因控制。当然，经验也起着至关重要的作用，尤其是在突触形成的后期阶段。经验是决定哪些突触被保留、哪些突触被消减的重要因素。如果经验激活了突触而导致其释放神经递质，那么突触往往会被保留。如果没有，突触就会逐渐萎缩。因此，大脑的发展和行为的发展有类似之处，也受到了先天的基因和后天的经验之间复杂的相互作用。

有研究人员提出，早期的突触过剩与婴儿和幼儿比成年人能更有效地获得某些能力有关。例如，幼儿尤其擅长学习语言，他们的学习能力比那些成年后移民到一个新的国家并尝试学习新语言的成年人更强。这不仅表现在幼儿学习的是母语，而成年人学习的是第二语言时，幼儿的语言能力强，而且即便幼儿与成年人都在学习第二语言（如一个 5 岁的孩子来到一个新的国家），幼儿学习语音和语法的能力也比成年人强。幼儿大脑中大量的突触对其学习语音和语法中的极其复杂的规律特别有用。

由于在生命早期有大量的突触可用，幼儿未成熟的大脑显示出极大的适应能力，让幼儿足以应对经验的变化。大脑早期的可塑性可以用来解释为什么婴儿和幼儿能从由脑外伤或者中风等造成的脑损伤中迅速康复。例如，大脑中处理语言的区域受损的婴儿或幼儿通常会完全恢复，这是因为大脑的其他部分接管了语言的加工工作。实际上，大脑进行了"重新连接"，使得大脑中原本不专门负责语言的区域接管了这一功能。而经历了同样的脑损伤的成年人通常情况不会太好，因为大脑中的其他部分已经专注于其他的功能了。

神经系统的可塑性不仅对康复脑损伤很重要，还能使大脑适应经验的变化。例如，与非音乐专业人士相比，弦乐演奏者的左手手指对应的大脑皮质要更大一些。音乐训练会导致大脑中负责运动和听觉的结构发生变化，而这些结构变化与运动和听觉所要完成的音乐任务有关。音乐训练也会使神经系统对音乐和语言刺激的音高处理发生变化。

而且，音乐训练开始的年龄越小，它对大脑皮质起的作用越大。年幼时学习弦乐的音乐人在对左手小指的刺激做出反应时会表现出比更大年纪学习弦乐的音乐人更强的神经激活。这一发现表明，大脑的可塑性在整个生命过程中是不断降低的。

社会生活如何促进认知发展

人们要了解认知发展，不仅需要了解大脑的结构，还要了解社会生活的影响。儿童生活在一个复杂的社会环境中。社会生活不仅包括与儿童发生互动的人——父母、兄弟姐妹、其他人，还包括许多人工产物，如人们用聪明智慧制造出的产品（书、计算机、汽车等），许多体现文化传统的技能（阅读、写作、数学运算、进行计算机编程、玩电子游戏等），以及在某一确定方向对问题解决策略进行引导的许多价值标准（速度、准确性、整洁性和真实性等）。很明显，所有这些社会生活的不同表现形式都会影响儿童的思维内容和思维方式。强调社会生活在儿童认知发展中的作用的发展理论被称为社会文化理论。第4章将重点论述该理论，而阐述他人在儿童认知发展中的重要性的例子将贯穿全书。

社会文化发展的观点最早是由20世纪初俄罗斯发展心理学家列夫·赛门诺维·维果茨基（Lev Semenovich Vygotsky）提出的。维果茨基的理论和现代社会文化理论都认为，社会、文化和历史情境在认知发展中起着核心作用。这些情境被视为儿童经验中不可或缺的一部分，因此把认知或行为与它发生的情境分开或区别开来是没有意义的。发展中的变化不仅发生在儿童的知识增长和认知过程中，而且也发生在儿童的社会交往中角色以及参与文化决定的行为模式中。因此，根据社会文化理论的观点，如果我们要理解儿童的行为和认知的发展变化，就必须在情境中调查和分析行为。

如何理解在情境中调查行为？实际上，不同的科学调查关注的社会和文化情境的维度不同。尤里·布朗芬布伦纳（Urie Bronfenbrenner）于1979年提出了一个特别有影响力的理论来描述环境的各个层面。他认为环境是"一套嵌套的结构，层层包含，就像俄罗斯套娃一样，一个套一个"。布朗芬布伦纳描述了几个社会和文化环境的同心圆，每个圆所在的层既影响着本身的心理功能，也影响着与其他层互动作用的心理功能。环境各层的相互作用如图1-4所示。

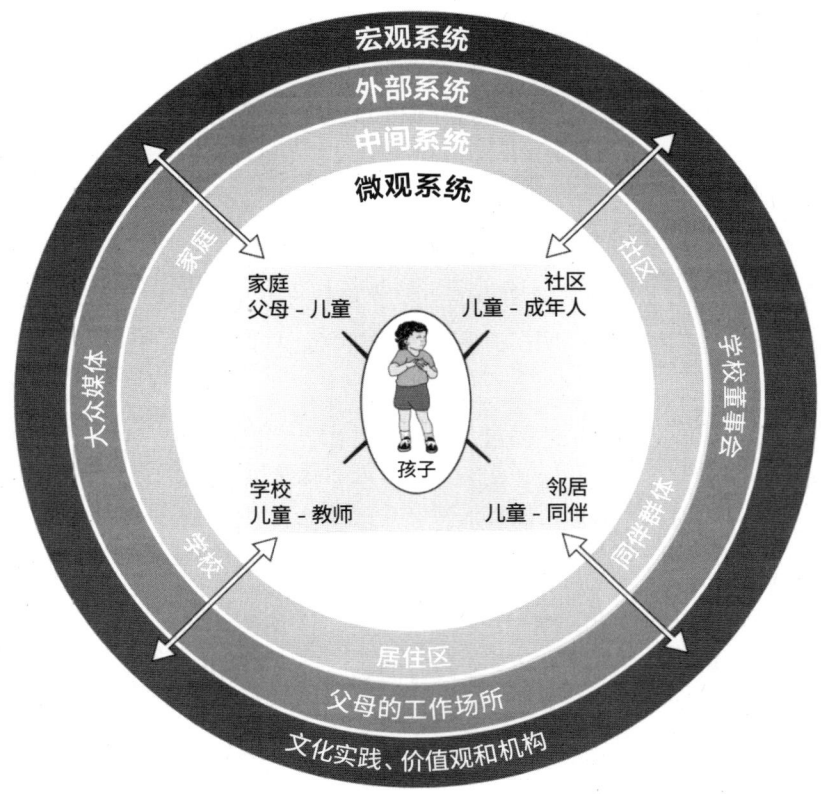

图1-4　个体所在的环境中层与层之间的相互作用

资料来源：Bronfenbrenner, 1979。

如图 1-4 所示，环境系统的最内层是微观系统。微观系统是儿童直接参与的社会关系，如亲子关系、兄弟姐妹关系、师生关系和同学关系。微观系统的外边一层是中间系统。中间系统由多个相互关联的微观系统组成。例如，家庭微观系统和学校微观系统相互作用，形成了一个中间系统。在这个中间系统中，家庭对儿童抱有期望，并提供学习机会，从而影响儿童在学校的表现。同样，学校也会举办一些影响家庭互动的活动，如社交活动和家长会。中间系统的外边一层是外部系统。外部系统是儿童不直接参与的社会系统，却会影响儿童的发展。外部系统的一个很好例子是学校领导，它决定学校团体的组织形态、学年的长度和课程的性质。虽然儿童不直接与外部系统发生关系，但它对他们的发展却有重大的影响。最后，微观系统、中间系统、外部系统都处于更广泛的文化环境的宏观系统中。宏观系统包含了关于如何照顾儿童以及儿童在发展的各个阶段应该参加什么活动的文化期望。更广义地讲，宏观系统包括关于如何组织家庭和社区的文化实践，关于儿童在这些社会组织中所起作用的文化价值观，以及学校、幼儿园等文化机构。

所有的系统都会随着时间而变化。例如，儿童与父母的关系会随着他们的成长而改变，社会对儿童行为的期望也会随着儿童的成长和环境变化而发生变化。因此，布朗芬布伦纳也在不同层面的环境系统中加入了时间维度。

这些环境层面的所有论述都包含在发展的社会文化理论中。然而，社会文化的大量传统研究都集中于儿童直接参与的社会互动作用（微观系统和中间系统），以及各种文化和亚文化所提供的发展机会（宏观系统）中。

社会互动和认知发展。维果茨基的理论专注于他所称的"高级"心理过程，即那些能将人和动物区分开来的人所特有的心理过程，如推理和概念形成。维果茨基认为，所有的"高级"心理过程都起源于社会互动。儿童最初是在他人的支持下完成认知任务的，随着时间的推移，这些认知逐渐内化，直到儿童能够独立完成这些认知任务。按照这个观点，发展变化的核心机制是社会性参与过程的内化。

内化的概念强调了他人在指导和支持儿童认知发展方面的不可或缺的作用。他人给儿童提供帮助的一种形式是"社会脚手架"，它包括帮助儿童进行正确地思考，帮助儿童树立解决问题的方法，以及给儿童一些提示，引导他们走正确的方向。当然"社会脚手架"是一个类比，即将"社会脚手架"与建造建筑物时搭建的脚手架相比。脚手架是金属或者木制的框架，它让建筑工人在建造建筑物的基本结构时可以在高空中工作。一旦建筑物的基本结构建成，建筑工人就可以站在这些基本结构上工作，此时，脚手架可以被拆除了。同样，"社会脚手架"是更有能力的人为儿童提供的一个临时性的框架，使儿童能够以更高级的方式去思考。以更高的水平思考一段时间后，儿童就可以在没有外部支持的情况下独立进行这种高水平的思考了。当儿童开始学习一项新技能时，父母倾向于以"社会脚手架"的模式来教导。在这一过程中，父母扮演积极的角色。当儿童表现出越来越精通这一技能时，父母会撤除"社会脚手架"，逐渐退居"幕后"。

认知发展的文化背景。维果茨基的理论还强调了文化对儿童发展的重要性。他特别关注文化工具对塑造和构成思维的重要性。文化工具包括所有使人们达到目标的文化实物和思想，如计算机、计算器等的机器，书籍、地图等文化载体，数学、科学等认识世界的方法，数字、字母等符号系统，以及重力、效率等概念。

最常见的文化工具都能帮助儿童更好地理解社会和物理世界。例如，儿童学习使用日历和钟表不仅仅是为了认识时间，也是为了学习文化，即人们把时间分成年、月、日、小时、分钟、秒是有用的。儿童通过学习，会使用这些文化工具。家长会告诉孩子要在 8 点 05 分到学校，18 点或 18 点 15 分回到家，但不会说孩子要在 8 点 07 分 30 秒到学校，更不会说孩子要在 8 点 07 分 30 又 7/10 秒到学校。总之，把时间分割到一定的精确程度是有用的，但通常不能超过这个精确程度。无数这样的经验塑造了儿童形成诸如时间等基本概念的方式。

文化会影响儿童的活动类型，从而在儿童发展中发挥着作用。在照看儿童、选择儿童的活动内容等方面，不同文化之间存在很大的差异。在一些文化中，儿童在一天的大部分时间里会与成年人的社交相隔离。在这样的文化中，许多的儿童要在幼儿园中学习。在另一些文化中，儿童经常介入成年人的活动中去，如既包括参与洗衣、做饭等家务劳动，也包括参与农活、纺织等经济活动。在这样的文化中，大多数的儿童要在日常生活情境中学习。学习机会的变化导致儿童认知发展的性质和方式的变化。因此，文化通过塑造儿童如何参与具有所在文化价值的活动来影响儿童的发展。

研究思维的 8 个核心主题

本书是按照章节推进的方式来编写的，也是通过众多章节围绕核心主题来编写的。接下来对这两种编写方式进行描述。

本书的主要内容

本书第 1 至第 4 章，讨论了儿童思维的一般理论，包括皮亚杰的理论、有关发展的信息加工发展理论和社会文化理论。第 5 至第 11 章，关注儿童思维的具体方面，如他们如何感知世界、使用语言、获得概念、解决问题，以及如何学习阅读、写作和数学等。最后一章总结了之前的章节内容，同时也展望了一些未来人们可能认为的很重要的问题。

第 1 章试图为本书所涉及的领域给出定义，并介绍了这些领域中的一些重要观点。第 2 章主要介绍了皮亚杰对儿童思维的研究成果，他开创了认知发展的现代领域。从研究儿童如何推断太阳的起源到如何对不同物体的重量进行排序，皮亚杰在其中发现了很多其他人没有发现的东西。此外，皮亚杰对大量的儿童进行了观察，且这些儿童的年龄范围跨度大，从婴儿期到青春期。因此，他的观察为婴幼儿、学龄儿童和青少年发展的许多方面提供了有益的探索。

第 3 章讨论了另一种研究儿童思维的重要理论：信息加工发展理论。在某些方面，这种理论是皮亚杰理论在现代的延伸；在其他方面，它也被当作一种可替代的方法。信息加工发展理论的基本假设是个体的心理活动可以以加工信息的过程为特征，个体的信息加工能力是有限的，个体的加工系统与环境之间的相互作用会导致思维的发展。信息加工发展理论是发展领域研究中一个非常有价值的理论，因为它能较为准确地描述认知变化的发生机制。

第 4 章阐述了研究儿童思维的第三种主要理论：社会文化理论。社会和文化对儿童的行为、思想以及思维方式有着深远的影响。以社会文化理论为指导的研究旨在考察影响认知和发展的社会和文化因素。

本书从第 5 章开始论述儿童思维的 7 个具体方面：感知、语言、记忆、理解概念、社会认知、解决问题和学业技能。第 5 章着重于阐述感知发展，重点讨论个体在婴儿期就拥有了惊人的视觉和听觉能力，以及感知和行为之间的关系。

第 6 章讨论语言的发展。这一章的重点是讨论儿童如何理解和表达词义，如何获得语法知识，以及如何使用语言与他人交流。

第 7 章介绍记忆的发展。这一章的重点是讨论能力、策略和知识内容的发展是如何促进儿童记忆力增长的。同时，这一章也讨论了能力、策略和知识内容因素会因社会和文化背景的不同而有所区别，如亲子互动、文化价值和实践活动。此外，这一章还讨论了一个实际问题：在法庭上，儿童对所发生事情的回忆是否可信，以及他们证词的准确性如何随着年龄的增长而变化。

第 8 章关注概念的形成。这一章的前半部分讨论了儿童关于概念的表征方式：字典式的定义、联系松散的特征描述、因果关系的联系。这一章的后半部分介绍了几个特别重要的概念：时间、空间、数字和生物。

第 9 章是关于社会认知的。这一章的重点是阐述儿童对社会信息理解的发展，包括对自我和他人的认识，对引发行为的意识和心理状态的认识。这一章还讨论了儿童向他人学习的几种方式，包括通过模仿他人的行为进行学习，在他人的指导下进行学习,通过与他人合作进行学习,以及从他人告诉他们的信息中学习。

第 10 章着重于解决问题。人们每天都要解决各种问题,因此要具备解决问题的能力,尤其对于年幼的儿童而言,更应注重培养解决问题的能力。原因很简单,许多在成年人看来的常规任务,在幼儿眼中却是一个个新奇的挑战。这一章讨论了在解决问题过程中用到的做计划、因果推论、类比、使用工具,以及如何进行科学的逻辑推理。

第 11 章关注阅读、写作和数学的发展。之前几章中介绍的关于思维发展的技能,如感知、语言、记忆、理解概念、解决问题等都被儿童用于发展学业技能。儿童对于学业技能的获得说明了不同类型的思维过程如何协同工作完成复杂概念和技能的学习。

最后一章总结了有关儿童思维发展的重要结论,并明确了未来研究中的关键问题。

8 个核心主题

以下是本书的 8 个核心主题:

1. 研究儿童思维的最基本问题是"什么在发展"以及"如何发展"。
2. 导致认知发展的 4 个变化过程:自动化、编码、概括和策略构建。
3. 婴儿和幼儿并不像他们看起来那样缺乏认知能力,相反,他们拥有很强的、能够快速学习的能力。
4. 不同年龄组个体在认知能力上的差异往往是量的差异,而不是质的差异。一方面,幼儿的认知能力比人们预想的要强;另一方面,青少年和成年人的认知能力比人们预想的要差。
5. 儿童思维的改变不是凭空产生的。已有知识不仅会影响儿童学到的知识量，还会影响具体的学习内容。
6. 智力的发展不但反映了大脑结构和功能的变化，也反映了大脑如何对日益增长的认知资源进行有效的配置。
7. 儿童思维是在社会环境中发展的。父母、同伴、老师，以及文化在很大程度上影响着儿童的思考内容，以及他们如何、为什么以这种方式进行思考。
8. 对儿童思维发展的研究既有实践意义，也有理论价值。

现在花几分钟的时间再次阅读和思考上述 8 个核心主题，将有助于您提高对本书的理解。当您阅读后面的章节时，试着关注这些核心主题是如何将儿童思维发展的不同方面结合起来的。

第 2 章

Children's
Thinking

孩子的思维是一块白板吗
皮亚杰阶段发展论

在劳伦特 7 个月 28 天大的时候，我在他的垫子后面放了一个小铃铛。不管这个小铃铛有多小，劳伦特只要看到它，就想抓住它。但是，如果小铃铛从劳伦特的视野中完全消失了，劳伦特就不再寻找它了。

然后，我用手做遮挡物继续做这个实验。正当劳伦特伸长胳膊要抓小铃铛时，我用手挡住了小铃铛。此时，我的手五指张开，距离劳伦特大约 15 厘米。他立刻收回胳膊，仿佛小铃铛已经不存在了。接下来，我晃动手中的小铃铛，小铃铛发出清脆的声音。劳伦特聚精会神地看着我手上的动作，惊讶地听着小铃铛的声音，却没有尝试去抓小铃铛。之后，我把手拿开，劳伦特看到了小铃铛，然后又伸手去抓。但当我变换手的位置再次将小铃铛遮住时，看不见小铃铛的劳伦特又把手收了回去。

劳伦特的"奇怪"行为告诉了我们什么？皮亚杰提出了一个大胆的解释：劳伦特之所以不去寻找小铃铛，是因为他不知道小铃铛即便被遮挡也仍然存在。换言之，劳伦特不去寻找被遮挡的铃铛，是因为他还无法在心理上表征铃铛的存在。婴儿的思维似乎体现了"眼不见，心不念"这句谚语。

本章的标题里包含人名，这并非偶然。因为皮亚杰在认知发展研究领域的贡献无人能及。在皮亚杰之前，已经有人进行了数千项关于儿童思维的研究，但认知发展领域仍未建立起来。至今，即便是皮亚杰早期的研究也仍有价值，具有启发意义。那么，皮亚杰的理论为什么会有如此旺盛的生命力呢？

第一个也是最根本的原因也许是，皮亚杰明确解释了什么是儿童思维。他对儿童思维的描述具体且令人信服。他对许多个体的观察都相当精准，描述的总体趋势符合人们的直觉和童年记忆。

第二个重要的原因是，皮亚杰的理论所涉及的话题是数百年来父母、教师、科学家和哲学家感兴趣的。皮亚杰理论在基本层面上解决了"什么是智力？""知识从何而来？"这样的问题，分析了人们学习时间、空间、数字等概念的过程。皮亚杰理论把这些基本概念发展成一个连贯的理论框架，是20世纪代表性的、重要的理论成果之一。

第三个原因是，皮亚杰的理论有着超乎寻常的广度。它涵盖了从婴儿期到青春期的年龄段，跨度极大。例如，该理论说明了儿童对因果等概念的理解是一个逐渐发展的过程：从婴儿期的基本形式，发展到童年早期的复杂形式，再到童年中期较复杂的形式，最后到青春期更复杂的形式。此外，该理论还涵盖了各个年龄段个体的发展情况，涉及范围广。例如，它包括了5岁儿童的科学和数学推理、道德判断、绘画、因果观念、语言使用，以及对过去事情的记忆。科学理论的目的之一就是指出看似不相关的事实背后的共性。皮亚杰的理论在这方面的表现尤为突出。

第四个原因是，皮亚杰就像天才园丁一样，总能进行有趣的观察。本章开头就引用了皮亚杰的一个观察结果：婴儿如果看不见物体，就不会去寻找。此外，本章还描述了皮亚杰很多有趣的观察过程。

思维的发展是连续的还是非连续的

皮亚杰的理论涉及面广、内容复杂。为了避免出现只见树不见森林的情况，即学习者未能对皮亚杰的理论有一个整体理解，未能了解理论产生的背景，本部分对皮亚杰的理论做一个整体的概述。

整体理论

要理解皮亚杰的理论，就必须理解皮亚杰发展这一理论的动机。这种动机源于他儿时对生物学和哲学的兴趣。11岁时，皮亚杰发表了第一篇文章，描述了他观察的一只白化麻雀。15～18岁，他又发表了几篇文章，大多描述他对软体动物的观察。这些文章给人们留下了深刻的印象。因为在皮亚杰18岁时，他收到了一家自然历史博物馆馆长的信，想聘任他为该博物馆软体动物藏品的馆长。这位馆长从未见过皮亚杰，仅仅读过他写的文章，便做出了如此决定。不过，皮亚杰为了完成高中学业，婉拒了这份工作。

皮亚杰对认识论特别感兴趣。认识论是研究知识起源的一个哲学分支。哲学家康德对知识起源颇感兴趣，并在此方面做了大量的工作，皮亚杰对康德的理论特别着迷。

皮亚杰对哲学和生物学的热爱影响了他后来的理论构建。这引出了理论背后的基本问题"知识从何而来？"，同时也影响了皮亚杰对具体研究问题的选择。与康德一致，皮亚杰把空间、时间、分类、因果和关系看作知识的基本范畴。但他反对康德认为人类与生俱来就具备这些基本知识范畴的观点。相反，他认为个体从婴儿成长到儿童，再到青年，对这些基本知识的理解是逐渐深化的。最重要的是，具有哲学和生物学知识背景的皮亚杰认为长期以来的哲学争议是可以通过科学方法得以解决的。正如达尔文试图回答"人类是如何进化的？"这一问题一样，皮亚杰试图回答"知识是如何发展的？"这一问题。

在了解了理论产生的背景之后，我们现在可以研究理论本身了。从最一般的分析层面上看，皮亚杰对智力感兴趣。要注意，皮亚杰指的智力要比人们通过智力测试所测量的"智力"的内涵更为广泛。他认为智力是人们适应现实生活的各个方面的能力，在人的一生中，智力的发展经历了一系列质变的阶段。接下来的内容将描述这些阶段，以及从一个阶段到另一个阶段的转变发展。

发展阶段

正如第 1 章中所提到的，持阶段理论的研究者们（如皮亚杰）做出了一些特定的假设：在不同的发展阶段，儿童推理有着质的差异；在同一发展阶段，儿童对许多问题的推理方式是相似的；儿童思维在某发展阶段"停滞"了很长一段时间后，会突然过渡到下一个发展阶段。

皮亚杰假设所有儿童都会经历 4 个发展阶段，且这 4 个发展阶段的顺序是一样的，依次为感知运动阶段、前运算阶段、具体运算阶段、形式运算阶段。感知运动阶段从出生到大约 2 岁，前运算阶段是从 2 岁到 6 岁或 7 岁，具体运算阶段从 6 岁或 7 岁到 11 岁或 12 岁，形式运算阶段在 11 岁或 12 岁以后，包括整个青春期和成年期。

感知运动阶段指从出生到大约 2 岁这个阶段。皮亚杰认为，条件反射是先天形成的，个体在出生时仅限于做出条件反射；在之后的几个月里，婴儿在这些条件反射的基础上逐渐产生复杂的认知过程。婴儿开始系统地重复最初的无意识行为，并将其泛化到更广泛的情境中，同时将这些行为协调成越来越长的行为链。婴儿与外界的身体互动为认知发展提供了动力。

前运算阶段是从 2 岁到 6 岁或 7 岁。这一阶段，儿童最重要的成就是学会了用符号表征世界：心理意象、绘画，以及最重要的语言。在 1.5 岁～5 岁阶段，儿童的词汇量增加了 100 倍，他们说的话也从一两个词语、短语发展到长短不一的句子。但是，按照皮亚杰的观点，处于前运算阶段的儿童只能站在自己的角度去表征外部世界。他们的注意力范围过于狭隘，导致他们经常忽视一些重要的信息。他们仅能表征静态情境，还不能准确地表征动态情境。

具体运算阶段是从 6 岁或 7 岁到 11 岁或 12 岁。处于具体运算阶段的儿童能够采纳他人的观点，可以多角度考虑问题，能够准确地表征动、静态情境。这使得儿童能够解决许多涉及具体事物和真实情境的问题。但是，儿童还不能考虑到所有逻辑上可能的结果，也不能理解高度抽象的概念。

形式运算阶段是从 11 岁或 12 岁开始，是最高的发展阶段。处于形式运算阶段的儿童能够进行理论推理、抽象推理和具体现实推理。他们具有更广阔的视角，能够解决许多处于早期阶段的儿童不能解决的问题。虽然皮亚杰认为知识和观念是不断变化的，但他坚信形式运算阶段的基本推理模式足以影响人的一生，伴随人的一生。

发展过程

儿童怎样从一个阶段发展到另一个阶段？皮亚杰认为有 3 个关键的过程：同化、顺应和平衡。

同化。同化是个体通过自身的逻辑结构和理解对经验进行组织。我们来看下面的例子。西格勒 2 岁大的儿子遇到了一个秃顶、两边长着长长卷发的男人。令西格勒尴尬的是，儿子在看到这个男人时，高兴地喊道："小丑，小丑[①]。"因为这个男人具有儿子认为的小丑特征，所以，他就成了儿子眼中的小丑。

同化不仅仅在童年早期很重要，而且在整个人生中都很重要。我们来看看音乐评论家伯纳德·莱文（Bernard Levin）的经历吧。他说当他第一次听到巴托克的小提琴和管弦乐队协奏曲时，他并没有觉得曲子好听，甚至没有记住曲子的任何细节，只是觉得很困惑，并且耳朵很难受。但是，当 20 年后再次听到这首曲

---

① 小丑英文为 clown，听起来更像是 know，即知道。

子时，莱文却觉得非常好听。对此，莱文的解释是，在这20年里，自己用不同的耳朵来聆听世界（《伦敦每日电讯报》）。按照皮亚杰的说法，最初莱文无法将这首曲子同化到他对音乐的理解中去，20年后，他终于做到了。

皮亚杰还描述了一个非常有趣的同化方式——功能性同化。功能性同化指个体一旦获得了某种心理结构，就基本倾向于使用这种心理结构。例如，西格勒的儿子开始学习说话，即使在没有他人在场时，他也会自己不停地说话。几年以后，儿子喜欢上了翻跟头，尽管西格勒希望他停下来，但他还是一次又一次地翻跟头，乐此不疲。皮亚杰将这种动机的来源与行为主义者强调的外部强化引起的行为的动机进行了对比。在外部强化中，个体参与某项活动的原因是获得外部奖励。在功能性同化中，个体参与某项活动的原因是因为掌握新技能而带来的纯粹乐趣。

顺应。顺应指人们让自己的认知适应新的经验。在上述的"小丑"事件中，西格勒咬着嘴唇强忍住不笑，然后告诉儿子那个人不是小丑：尽管他的发型像小丑一样，但是他没有穿滑稽的服装，也没有试图逗人们发笑。西格勒这样做的目的是帮助孩子顺应"小丑"的概念，理解这个概念的正确含义。

同化与顺应相互影响，不能独立存在。当看到一个新物体时，婴儿可能试图用抓其他物体的方式去抓这个新物体（即把新物体同化到已有的行为方式中）。但是，婴儿还必须调整抓握方式以适应新物体的形状（即让行为方式顺应新物体）。幻想游戏是同化的极端例子。在幻想游戏中，儿童曲解物体的物理特征，把它们当作其他的东西。顺应的极端例子是模仿。儿童很少主动理解事物，只是被动地模仿他们所看到的内容。在这两种极端例子中都会存在同化和顺应。很显然，儿童在游戏中不会完全曲解物体的物理特征（即使是在幻想游戏中，儿童也从来不会把床同化为茶杯）。相应地，当人们不明白自己在做什么时，模仿往往是不完美的（请尝试着用陌生的语言复述包含10个词语的句子）。

平衡。平衡是个体在形象化过程中找到同化和顺应之间平衡的过程。平衡是皮亚杰理论体系中儿童发展变化的基本原理。皮亚杰认为，发展就是构建儿童认知系统与外部世界之间的平衡过程。通过这个过程，儿童对世界的认知越来越接近真实世界。

皮亚杰指出，平衡包含3个阶段。首先，儿童对现有的思维方式感到满意，因此处于一种平衡状态。其次，儿童意识到现有思维方式的不足之处，并对此感到不满意，这就形成了一种不平衡状态。最后，儿童采用了一种较成熟的思维方式，弥补了旧思维方式的不足之处，从而达到了一个稳定的平衡状态。

下面通过一个例子说明平衡。假设一个6岁的女孩认为动物是唯一有生命的东西（事实上，大多数4~7岁的儿童都是这样认为的）。但在某一时刻，女孩意识到植物像动物一样，也会生长和死亡。这就出现了思维的不平衡状态。在这种状态下，女孩不确定植物是否有生命，也不确定植物有生命意味着什么。不过最终，女孩将了解到判断是否有生命的关键点是生长和繁殖，植物和动物都能够生长和繁殖，所以它们都是有生命的。于是，这种新的认识构成了一个新的稳定的平衡状态，之后女孩进一步地观察其他植物和动物都会证实这一点。

以上是对同化、顺应和平衡的概括描述。我们可能会产生这样的印象，即这些变化过程只适用于具体的、短期的认知变化。事实上，皮亚杰对同化、顺应、平衡产生的深远、长期变化的能力特别感兴趣。如从一个发展阶段到另一个发展阶段的变化。例如，卷曲的头发并不会让人变成小丑，植物即使不动依然是有生命的，太阳看起来像黄金并不意味着它就是黄金。这些都是从前运算推理进入具体运算推理的普遍趋势中的一部分。皮亚杰认为，儿童将这些特定变化中所涉及的同化、顺应和平衡概括为从关注外部特征到强调更深层次、更持久的特征的广泛转变。

皮亚杰理论的基本假设

儿童是科学问题的解决者。 皮亚杰经常把儿童思维与科学家讨论世界本质问题的思维联系在一起。他甚至认为婴儿思维也有类似科学家讨论世界本质问题的思维。当婴儿改变扔食物的高度，并观察结果如何变化时，皮亚杰认为这就是科学实验的开端。皮亚杰之所以专注科学推理和问题解决，至少出于 3 个方面的考虑。

其一，皮亚杰认为发展是人们适应现实世界的一种方式，问题可以被看作现实的缩影。因此，儿童解决问题的方式反映了他们是如何适应现实中各种各样的挑战的。

其二，皮亚杰关注"发展如何发生"以及"为什么发生"。只有新出现的问题扰乱了儿童思维的平衡状态时，新的平衡状态才会产生。问题的本质是挑战已有的认知结构，因而问题具有刺激认知发展的潜力。既然问题能刺激认知增长，那么对认知发展的兴趣自然也会导致对问题解决的兴趣。

其三，皮亚杰通过观察儿童对陌生环境的反应，能获得启发。皮亚杰指出，对日常事务的死记硬背是不能揭示推理过程的。例如，如果我们问一个男孩："法国的首都是哪里？"他说："巴黎。"我们只知道这个男孩知晓这个特定的事实，并不知道他是如何推理的。只有当儿童回答其不熟悉的问题时，他们所采用的解决策略才会揭示推理过程。

活动的作用。皮亚杰强调认知活动是认知发展的方式。同化、顺应和平衡都是积极的认知过程。通过这些过程，大脑对输入的信息进行转化，同时被这些信息所影响，即认知发生了变化。正如霍华德·格鲁伯（Howard Gruber）和雅克·沃内切（Jacques Voneche）所指出的，皮亚杰将他最著名的一部著作命名为《儿童现实世界的构建》（*The Construction of Reality in the Child*）是非常有意义的。按照皮亚杰的观点，现实世界不会等着被发现，儿童必须主动根据自己的心理和生理活动去构建它。

发现现实和构建现实之间的区别类似于照片中的桥梁和工程师制作桥梁的作

用力模型之间的区别。照片只是简单地反映了这座桥的外观，而工程师的作用力模型强调桥的各个组成部分的关系以及作用力分布。皮亚杰认为，儿童的心理表征就像工程师的模型一样，强调结构关系和因果关系。他还认为，儿童形成心理表征的唯一途径是通过平衡。即使向儿童解释了某种关系，他们也必须积极地将它与自己的理解结合起来，以便记忆和使用它。

方法论假设。在早期研究中，皮亚杰就意识到不同的研究方法都各有利弊，如标准化的实验程序具有准确性和可重复性，一对一观察法能让观察者获得丰富的描述性资料和深刻的理解。在研究过程中，皮亚杰权衡利弊，采用适合的方法进行研究探索。此外，皮亚杰还认识到让儿童解释推理过程会得到一些意想不到的信息，但由于儿童不善言辞，研究者可能会低估儿童的推理能力。

皮亚杰运用不同的研究方法研究不同的课题。在早期研究中，他对婴儿的研究是基于对自己孩子的观察。他是在日常生活中观察杰奎琳、劳伦特、卢西安娜的表现的，并没有特意设计实验。皮亚杰早期对道德推理、因果关系、游戏和梦的研究，几乎全部基于儿童对假设性问题的回答。他后期对数字、时间、速度和比例的研究，既参考了儿童与物体的互动，也结合了他们对推理过程的解释。

总之，是按照标准化方法进行研究，还是根据个体的行为和陈述灵活地定制任务和问题？皮亚杰常常选择后者。然而这种选择有时可能会把他引入歧途。他的有些结论可能低估了儿童的能力。当然，皮亚杰运用灵活的研究方法也获得了意想不到的发现，由此总结出了不少精辟的理论。如果皮亚杰坚定地采用标准化的实验程序进行研究，这些非凡的发现和精辟的理论可能永远不会出现。

接下来，我们将介绍皮亚杰提出的4个发展阶段的主要内容。为了尽可能清晰地描述它们，我们在讨论中会避免使用诸如"皮亚杰说过""皮亚杰相信""皮亚杰认为"这样的表述。因为许多说法仍有争议。在讨论这些有争议的说法之前，我们需要先理解皮亚杰的观点。

孩子怎样从一个阶段发展到另一个阶段

感知运动阶段（从出生到大约 2 岁）

皮亚杰的天才之处在于他从婴儿的捶打和抓握动作中看到了人类复杂思维过程的开端。他对感知运动智力发展的描述自成体系，在其发展理论中具有重要的地位。该理论提出婴儿出生后大约 2 年的时间里会经历 6 个亚阶段的智力发展。为了表述上的清晰，我们将这些阶段称为"亚阶段"，以区别于感知运动阶段、前运算阶段等更大的发展阶段。相对于这么短的时间，6 个亚阶段似乎有些多了。但 2 岁幼儿的大脑重量几乎是新生儿的 3 倍，6 个亚阶段的划分似乎也是合理的。一般来说，认知能力和大脑容积一样，在最初几年里发展得尤其迅速。

亚阶段 1：反射的修正（从出生到大约 1 个月）。刚出生的婴儿就有条件反射了。当物品放进嘴里时，他们会吮吸；当物品与手接触时，他们会攥住；当有物品在眼前晃动时，他们会盯着物品；当听见有声音时，头会转向有声音的地方……皮亚杰认为，这些条件反射是形成智力的基础。

出生后不久，婴儿便开始调整这些反射，以便更好地适应环境。例如，在出生后几天里，不管塞进嘴里的东西是什么，婴儿都会以相同的方式吮吸。然而，在第一个月末的时候，婴儿吮吸的方式开始有区别，吮吸含有乳汁的奶嘴的方式会不同于吮吸手指和手的方式。由此可见，在出生后的第一个月，婴儿在行为中已经表现出了顺应。

亚阶段 2：初级循环反应（从大约第 1 个月到第 4 个月）。到了第 2 个月，婴儿的行为表现出初级循环反应。"循环"一词指事件的重复循环。这个循环包括：婴儿做出动作，这些动作对环境产生影响，环境产生的影响进一步影响婴儿的后续动作。例如，出生几个月的婴儿会试图去抓他们能触碰到的各种东西：母亲的肩膀、毛毯上叠好的床单、父亲的拳头等。

处于初级循环反应阶段的婴儿会因为无意识动作产生的一些有趣效果而试图

重复这个动作。如果他们成功地再次实现有趣的效果，他们会继续重复这个动作。如果在此循环中引发了另一个有趣的效果，则会触发另一个类似的循环，而这个循环可能又会触发下一个循环，以此类推。

在亚阶段2，婴儿开始把之前单独的反射动作协调起来，形成连续的动作。这使得初级循环反应成为可能。在亚阶段1，婴儿只抓握手能碰触到的物体，吮吸进入嘴里的东西。在亚阶段2，婴儿把这些动作连接在一起，会把手里抓着的东西放到嘴里吮吸，也会用手抓住正在吮吸的东西。因此，这些反射动作已经为婴儿实现更复杂动作打下了基础。

初级循环反应比早期反射动作更灵活，让婴儿对世界有了更多的了解。然而，婴儿也至少在3个方面受到限制：第一，1～4个月大的婴儿通常只会试图重复能产生有趣效果的动作，且不会对动作做出任何改变；第二，他们不能很好地整合动作，试错成分大；第三，他们只会重复与自己身体相关的动作，如吮吸手指。

亚阶段3：次级循环反应（从大约4个月到8个月）。在这个阶段，婴儿对自身体以外的事物越来越感兴趣。例如，他们乐于用手拍球，并看着球滚远。皮亚杰把这类活动称为次级循环反应。与所有的循环一样，婴儿一遍又一遍地重复着动作，以达到有趣的效果。与初级循环反应不同，该阶段中婴儿实现的有趣的结果（如球滚远了）涉及了其他物体。

4～8个月大的婴儿能够更有效地组织循环反应。皮亚杰曾举了这样一个例子：当他开始让一个摆件晃动时，孩子会踢腿让摆件继续摆动。如果在初级循环反应中，婴儿只会试图恢复原来有趣的事情。但在这一阶段，婴儿可以更有效地做到这一点，对事件的反应速度更快，无效的动作减少。

由此我们能很容易得出这样的结论：婴儿已经了解了行为和后果之间的因果关系。不过，皮亚杰并不认同这样的结论。相反，他认为婴儿的行为缺乏自主性，不足以说明他们有独立的目标。在他看来，在出生后的第一个月，婴儿没有形成任何目标；在 1 到 8 个月，婴儿仅能根据眼前情境形成目标；8 个月后，婴儿才会形成真正的目标，且不受眼前情境的影响。

亚阶段 4：次级循环反应的协调（从大约 8 个月到 12 个月）。8～12 个月大的婴儿能够协调两个或多个次级循环反应，将这些反应整合成一个有效的行为。当皮亚杰把一个枕头放在儿子劳伦特喜欢的火柴盒前时，劳伦特会把枕头推开，然后抓起火柴盒。处于前几个阶段的婴儿还不能将推开枕头和抓起火柴盒这两个动作结合起来。

这个例子也说明了接近周岁的婴儿产生了一个重要的认知发展——他们意识到如果以特定的行为行事，就会产生特定的结果。这也就能解释为什么劳伦特能知道把枕头移开就可以拿到火柴盒了。

尤其重要的是，处于亚阶段 4 的婴儿形成了关于外部世界的心理表征能力，且这种心理表征能力是相对持久的，如看不见不再意味着彻底忘记。当物体从视线中消失时（如物体滚到椅子后面），婴儿会追逐它，不再认为物体是从这个世界消失了。心理表征能力的形成是一个特别重要的发展，因为它为所有进一步的认知发展奠定了基础。

亚阶段 5：三级循环反应（从大约 12 个月到 18 个月）。婴儿在接近周岁时，就会出现三级循环反应。在这一阶段，婴儿突破了已有循环反应的局限性。他们积极地寻找与物体互动的新方式，并探索物体的潜在用途。虽然他们仍然在一次又一次地重复着动作，但却有意地调整自己的动作和动作对象。因此，这些动作虽相似但又不完全相同。下面是皮亚杰对儿子劳伦特的一段描述，我们可以看出劳伦特具有了三级循环反应：

> 他接二连三地拿起一个天鹅玩具、一个盒子……他松开手，让这些玩具陆续地掉下来。在这个过程中，他会明显地改变玩具下落的位置，有时将胳膊垂直举起，有时将胳膊倾斜着伸出，以让物体在他的前方或者背后

落下。若玩具落到一个新的位置（如枕头上），劳伦特就会几次让玩具落到这个位置，似乎是在研究空间关系，然后再次改变玩具落下的位置。

从初级到次级再到三级循环反应的变化显示了婴儿在一年半时间内的认知发展情况（见图2-1）。在初级循环反应阶段，婴儿以重复与自身有关的动作为主，如把手指放进嘴里吮吸。在次级循环反应阶段，婴儿重复的是偶然产生有趣结果的行为，该阶段婴儿实现的有趣结果涉及了其他物体（如球）。在三级循环反应阶段，婴儿会有意改变自己的行为，以产生有趣的结果。

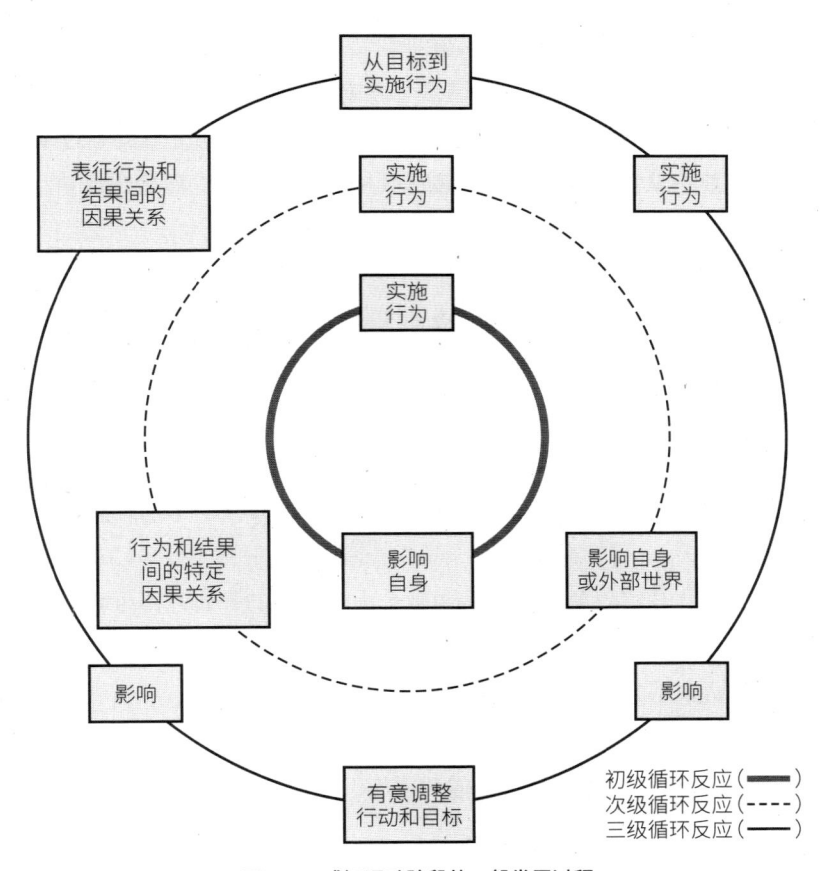

图2-1 感知运动阶段的一般发展过程

注：请从圆的顶部按顺时针方向阅读。

第2章 孩子的思维是一块白板吗　041

这 3 个循环反应所体现的变化对于人们理解婴儿期的认知发展很有帮助。最初，婴儿的行为以自身为中心；后来，婴儿的行为多与外部世界相联系。行为目标从具体（如扔一个物体），到变得越来越抽象（如改变物体的下落高度）。目标和行为之间的对应关系变得越来越精确，对外部世界的探索也越富有冒险性。

亚阶段 6：表征思维的开端（从大约 18 个月到 24 个月）。亚阶段 6 是表征思维的开端，它是感知运动阶段向前运算期阶段的过渡阶段。在感知运动阶段，儿童只是做动作，还不能形成对物体或事件的内部心理表征。而在前运算阶段，儿童已可以形成内部心理表征。在亚阶段 6，内部心理表征首次出现。皮亚杰曾和女儿卢西安娜一起做过一个游戏。皮亚杰把一条表链藏在一个空火柴盒里。皮亚杰先把火柴盒开得很大，这样卢西安娜就可以把火柴盒翻过来拿到表链；之后，皮亚杰又把火柴盒关严，表链就掉不出来了。下面是游戏中卢西安娜的反应：

> 卢西安娜非常专注地看着火柴盒上的缝隙，然后几次张开又闭上嘴巴，起初嘴巴只是稍微张开一点，后来越张越大。显然，卢西安娜知道缝隙（火柴盒中）旁边存在一个空间，并希望火柴盒开得更大些。卢西安娜试图对此进行表征，但是由于她还不会使用语言或清晰的视觉形象表征这种情境，于是她采用了一个简单的动作（张嘴）来表达。

当卢西安娜张开嘴巴的时候，表明她希望火柴盒的开口开得更大一些。我们几乎可以看到她内心对这种情境的表征。也就是说，表征形式正从外部行为转移到心理。这种内部心理表征的形成是前运算阶段的重要标志。

前运算阶段（从大约 2 岁到 6 岁或 7 岁）

帕特里西娅·米勒（Patricia Miller）曾指出感知运动阶段只是儿童思维发展的一个开始，他形象地将此比喻为一名登山者在经历艰苦地跋涉后，发现自己仅爬到了珠穆朗玛峰的脚下。在感知运动阶段的后期，婴儿已经开始蹒跚学步了。他们能与直接环境中的物体和人顺利地互动，但形成内部心理表征的能力仍然十分有限。表征能力的发展是前运算阶段发展的关键。

早期的符号表征。 皮亚杰认为，内部心理表征的早期标志是延迟模仿，即在某一行为发生几小时或几天后，儿童对其进行模仿。儿童能够进行延迟模仿，就必须对模仿的行为形成了持久表征。如果不是这样的话，儿童怎么会在行为发生很久以后对其进行模仿呢？

儿童在感知运动阶段的后期便开始表现出延迟模仿。我们看看下面的例子：

在1岁4个月零3天的时候，杰奎琳和一个1岁6个月的小男孩玩耍之前，杰奎琳也经常与这个小男孩见面。小男孩在那天下午发了很大脾气。在试图离开婴儿围栏的时候，小男孩大声尖叫着，并把围栏往后拽，使劲跺着脚。杰奎琳惊愕地站在原地看着他，她从来没有见过这样的场面。第二天，杰奎琳在婴儿围栏里大声尖叫，试图移动围栏，并连续轻轻地跺了几次脚。

杰奎琳以前从未有过这种行为。因此皮亚杰认为杰奎琳对玩伴发脾气形成了内部心理表征，而内部心理表征帮助她重现了这种行为。

皮亚杰区分了两种内部心理表征：符号和字符。两者的区别在于，仅供个人使用的特殊表征称为符号，用于交流的通用表征称为字符。

在早期形成内部心理表征阶段，儿童频繁地使用符号（个人表征）。他们可以将一块"特殊"的布当成枕头，也可以用一根雪糕棍代表一把勺子。通常，这些个人化符号与它们所代表的物体在物理特征上相似。例如，布的质地与枕头相似，都很舒适，雪糕棍的形状和材质也与勺子相似。相比之下，字符往往与所表征的物体或事件不像，要抽象一些。例如，词语"cow"看起来不像牛，数字"6"

和 6 个物体也没有任何内在的相似性。

随着年龄的增长，儿童使用符号的次数越来越少，使用字符的次数越来越多。这一转变非常重要，因为它意味着儿童的沟通能力得到了极大的增强。然而，从个人表征到通用表征的转变并不容易。皮亚杰对"自我中心式沟通"的描述阐述了这种转变的困难。皮亚杰采用"以自我为中心"这个术语来描述学龄前儿童的特征，并不是指责他们不考虑别人，仅仅使用了字面意思。学龄前儿童总是习惯从自己的角度去思考外部世界。他们的语言体现了以自我为中心，尤其是他们会使用一些对其他人而言毫无意义的特殊词汇。

即使是幼儿也会使用象征性符号和字符。尽管如此，他们最初并不能以他人能理解的方式恰当地使用它们。图 2-2 描述了学龄前儿童之间的对话。学龄前儿童的对话经常是各讲各的。很多时候，即使是有耐心的、善解人意的成年人也无法理解他们要表达的意思。

图 2-2　两名学龄前儿童的对话

注：以自我为中心沟通的例子。

4～7岁儿童的言语开始变得不完全以自我为中心了。这方面的进步最早体现在儿童的口头争吵中。一个儿童的话会引起玩伴不满，这表明玩伴至少关注了他人的想法。一些儿童也意识到象征性符号化的过程，并发现它的有趣之处。当西格勒的女儿4岁时，她非常喜欢这样说："当我说'椅子'时，我其实想说的是'牛奶'。你能给我一杯椅子吗？"

皮亚杰认为心理意象就像语言一样，也是一种表征物体和事件的方式。他还认为心理意象的发展与语言的发展相似。当儿童能够用语言描述情境时，他们也能够用心理意象来表征情境。皮亚杰指出，心理意象和语言的最初表征都仅限于儿童自己的视角。也就是说，他们是以自我为中心的。

尽管语言、心理意象以及许多其他技能在前运算期都得到了很大的发展，但皮亚杰也强调了前运算阶段儿童思维发展的不足之处。皮亚杰认为，处于该阶段的儿童尚无法解决许多代表着逻辑推理的关键问题。"前运算"一词也表明了处于这一阶段的儿童存在认知不足。

学龄前儿童思维的第一个局限性是以自我为中心，在前文中已有提及。这一特点不仅表现在他们的沟通交流中，也表现在他们运用不同空间视角的能力中。皮亚杰在一张桌上摆放了三座大小不同的假山模型（见图2-3），让一名4岁的儿童坐在或站在这张桌子前。这名儿童的任务是从几张照片中选出一张照片，照片能与坐在桌子周围不同位置的儿童所看到的模型样子相同。要完成这个任务，儿童需要认识到自己的观察视角并不是唯一的视角，在头脑中要将看到的模型图像进行旋转，用来产生从其他角度所能看到的景象。这对大多数4岁的孩子来说是不可能实现的，因为他们无法想象从他人视角看到的景象。

学龄前儿童思维的第二个局限性表现在因思维集中于物体某个显著的特点上，而忽视了其他不太显著的特征。皮亚杰关于儿童对时间概念理解的研究就是一个很好的例子。

图 2-3　三山实验

注：儿童的任务是指出三山模型从别人的视角看起来是什么样子，而不是仅从自己的视角观察三山模型。

资料来源：after Piaget & Inhelder, 1969。

皮亚杰为什么对时间概念感兴趣？这里边有着一个有趣的故事。1928年，爱因斯坦向皮亚杰提出了一个看似简单的问题：儿童是以什么顺序掌握"时间"和"速度"概念的？爱因斯坦的这个问题是由物理学问题引出的。在牛顿定律中，"时间"是个基本量，"速度"根据"时间"来定义（速度=距离/时间）。在相对论中，"时间"和"速度"是相互定义的，没有基本量。爱因斯坦想知道的是，儿童一出生就理解一个或两个概念，还是先理解一个概念，再理解另一个概念。大约20年后，皮亚杰出版了两本共500页的论著来回答爱因斯坦的问题，核心观点是在具体运算阶段，儿童同时理解时间、距离、速度3个概念。

为了验证这个观点，皮亚杰设计了一项实验：让两辆玩具火车沿着平行轨道同向行驶。当玩具火车停止行驶以后，皮亚杰问儿童："哪一辆玩具火车行驶的时间更长（或速度更快，或距离更远）？"大多数4~5岁的儿童只能注意玩具火车行驶的某一个特征，通常是停车点。他们认为停车点远的玩具火车行驶速度更快、行驶时间更长、行驶距离更远。换句话说，他们忽略了玩具火车行驶的起止时间以及玩具火车行驶的总时间。大约9岁的儿童才能对此做出正确的回答。

这个例子也说明了前运算阶段儿童思维的另一个基本特征：倾向于关注静态而不是动态。上述例子中，火车的停车点构成一个静止状态，很容易被儿童感知和反复观察。相比之下，时间、速度和距离在整个过程中是不断变化的。处于前运算阶段的儿童通常关注的维度是静止的，而忽视变化的维度。

因此，在皮亚杰看来，2～6岁的儿童只会从自己的角度看问题，而很难从别人的角度看问题；过于关注事物的显著特征，而忽略了不显著的特征；只能表征事物的静止状态，而不能表征事物的变化状态。所有这些描述都说明了这个阶段的儿童对世界的认知过于简单和僵化。在接下来的发展阶段，他们在很大程度上克服了这些局限。

具体运算阶段（从大约 6 岁或 7 岁到 11 岁或 12 岁）

具体运算阶段的儿童思维发展体现在运算方面。运算是对环境的动态和静态方面的心理表征。具体运算阶段之前的所有发展都是为获得运算能力所做的铺垫。在感知运动阶段，儿童学会了利用身体的动作来影响环境。在前运算阶段，儿童学会了对静态进行心理表征。在具体运算阶段，他们不但能表征静态，而且能够表征动态。

下面，我们用守恒问题说明运算的重要性。儿童是如何理解体积守恒、质量守恒和数量守恒问题的？尽管这些守恒问题在某些方面有所不同，但它们都包含3个基本阶段（见图2-4）。在第一阶段，儿童看到两个或两个以上相同的物体或一组物体：两排数量相同的棋子，两块大小相同的黏土块，两个相同的杯子装着等高度的水。一旦儿童认同两个（两组）物体在某些维度上是相同的，如物体的数量，即进入第二阶段。在第二阶段，一个（一组）物体改变了表面特征，但并没有改变与另一个（组）物体相同的维度。此时，儿童可能会看到一排棋子被拉长，一杯水被倒进其他的杯子里，一块黏土被拉长等。在第三阶段，研究者询问儿童："经过转换，物体的相同维度此时是否仍然相同？"正确的答案显然是"相同"。

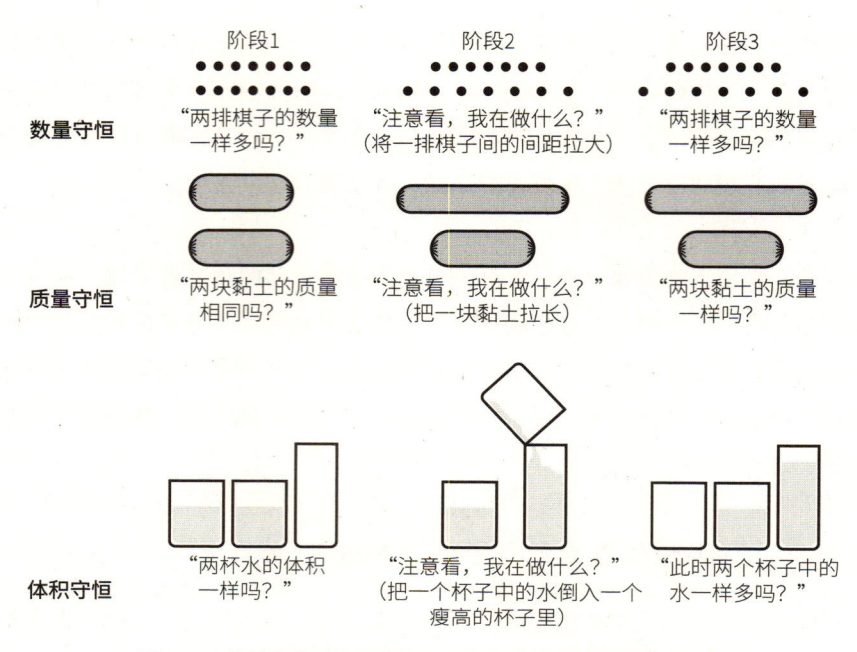

图 2-4 检验儿童对数量守恒、质量守恒和体积守恒概念的理解

这些问题对于成年人和年龄较大的儿童而言很容易。但是，对于年幼儿童而言，有些难度，几乎所有研究中的 5 岁儿童对上述问题的回答是错的。在数量守恒问题上，他们认为较长一排的棋子更多（没有考虑每排棋子的实际数量）。在体积守恒问题上，他们认为高杯子里的水更多（没有考虑杯子的口径）。在质量守恒问题上，他们认为被拉长的黏土更多（没有考虑黏土的横截面积）。

知晓解决守恒问题的关键之处，我们就能理解为什么 5 岁的儿童不能正确回答这些问题了。儿童必须对问题中涉及的"扩大间距""倾倒""重塑"等转换进行表征，不能把所有的注意力都集中在感知高度或长度等显著的特征上，忽略了截面面积、密度等非显著特征。最后，他们需要意识到，即使被转换的物体看起来在之前相等的维度上似乎有所增加，但是实际情况可能并非如此。也就是说，他们需要明白，自己的观点可能是不正确的，但这对 5 岁的儿童来说很难做到。

在具体运算阶段，儿童不仅掌握了上述 3 个守恒问题，还掌握了用来测量时间、距离和速度的"火车行驶"问题。皮亚杰认为，儿童对守恒问题和其他概念的掌握要基于运算能力。这种运算能力使得儿童不仅可以表征静态状态，而且可以表征变化状态。

儿童对守恒问题的推理过程尤其具有启发意义。在研究体积守恒问题时，研究者问 5 岁的儿童为什么认为水变多了，儿童通常会回答新杯子里的水面更高一些；研究者让 8 岁的儿童解释为什么两个杯子里的水一样多，儿童通常会指出变化的本质（"你只是把水倒过去了"），或是那些不显著特征的变化抵消了显著特征的变化（"这杯水的水面比较高，但是那杯水的杯子比较宽"），抑或会指出两杯水虽然看起来不一样多，但实际上是一样的（"还是相同的水"），或者是转换过程的可逆性（"你把水倒回去，它还是一样多"）。有趣的是，5 岁的儿童会承认上述的许多事实，但他们依然不认为这两个杯子里的水一样多。

虽然处在具体运算阶段的儿童能解决很多问题，但他们仍然无法解决某些类型的抽象推理问题。这些问题超出了他们的能力范围。这些问题包括需要推理与事实对立的命题（"如果人们能预知未来，他们会比现在更幸福吗？"），也包括将自己的所思所想视为思考对象的问题。在此，引用一位青少年的话："我在思考未来，然后我开始想'我为什么要思考未来'，然后我又想'我为什么思考我为什么要思考自己的未来'。"抽象推理问题还包括一些对于抽象的概念（如力、惯性、力矩和加速度）的思考。上述这些思维形式在形式运算阶段才可能出现。

形式运算阶段（大约 11 岁或 12 岁以后）

在形式运算阶段，青少年开始意识到他们所生活的特定现实只是无数可以想象的现实中的一个。这使得一些青少年开始思考世界其他可能的组织形式，以及关于意义、真理、公平和道德等深刻问题。巴贝尔·英海尔德（Bärbel Inhelder）和皮亚杰指出："每个青少年都有自己的想法（通常每个青少年认为这些想法是自己的），这些想法使青少年告别了童年，并且将自己看待成成年人。"从这个角度来看，许多人在青春期第一次对科幻小说产生兴趣并不是巧合。

英海尔德和皮亚杰对儿童和青少年解决化学溶液混合问题的描述充分体现了形式运算和具体运算之间的差异。化学溶液混合问题的具体描述如下：4个烧杯分别装有不同的化学溶液；一个"特殊"烧杯里面装有这4种化学溶液中的一种或多种溶液。当另一种化学物质加入"特殊"烧杯时，烧杯里的化学溶液的颜色会变成黄色。实验者要求儿童和青少年判断"特殊"烧杯中化学溶液由几种化学溶液组成，并说出每种化学溶液所起的作用。

处于具体运算阶段的儿童通常会先列出可能的两种化学溶液组合方案，再尝试用4种化学溶液进行验证，最后列出3种化学溶液的几种组合方案。他们经常会重复已经列出的组合方案，同时又遗漏了其他组合方案。相比之下，处于形式运算阶段的青少年会先系统地列出所有可能的组合方案，然后再按照组合方案做实验，保证既不会重复，也不会遗漏。

处于形式运算阶段的青少年所采用的系统推理方法有助于他们得出化学溶液何时变黄以及为什么会变黄的正确结论。而处于具体运算阶段的儿童只要发现化学溶液混合后颜色变黄了，就会停止寻找其他可能的化学溶液组合方案。他们还会认为参与此次混合的所有化学溶液都是反应发生的必要条件。相比之下，处于形式运算阶段的青少年尝试了所有可能的组合，最终发现，两种不同的溶液组合后，溶液颜色会变成黄色。这些溶液组合的共同之处在于只包含两种溶液，不包含第三种溶液（第三种溶液的缺失是区分两种混合后变黄的化学溶液和另外两种含有必要化学物质但没有变黄的化学溶液的原因）。因此，形式运算推理者得出了正确的结论：两种溶液的混合是溶液颜色变化所必需的，第三种溶液阻止了前两种溶液混合后的颜色改变，第四种溶液则不产生作用。他们把重点放在可能的溶液组合上，并给出了恰当的解释。

形式运算阶段出现了逻辑推理和科学推理。抽象的和系统的思维在此阶段得到了发展。科学推理和逻辑推理问题极具挑战性，往往需要用抽象的思维方式来解决。因此，皮亚杰认为形式运算是认知发展的顶峰，是之前几个阶段所有认知发展的最终成就。

孩子能理解复杂概念吗

皮亚杰对儿童思维发展的描述非常全面，包括了很多内容。通过他对概念发展的描述，我们可以清晰地了解到这一点。皮亚杰对守恒、分类和关系等概念的描述非常有趣。他追溯这些概念的发展，从最早起源的感知运动阶段，到更精细的前运算阶段和具体运算阶段，再到高度发展的形式运算阶段。皮亚杰的过人之处在于他发现了婴儿思维与青少年思维之间的联系。

守恒

感知运动阶段的守恒。在感知运动阶段，儿童掌握了守恒概念中容易理解但又至关重要的内容——"存在守恒"，也被皮亚杰称为客体永存性。成年人知道物体不会从世界上消失（尽管有时物体看起来消失了）。成年人如果想要拿一个球，即便球滚到了障碍物的后面，也会去搜寻它，并在必要时移除障碍物。皮亚杰观察到，不到8个月的婴儿不会像成年人一样搜寻看不见的球，他们只会简单地把注意力转移到其他物体上。皮亚杰并不认为婴儿对球失去了兴趣，也不认为婴儿因为协调能力太差无法取回球。相反，婴儿是不理解被遮挡住的球仍然存在的现象。他指出，经过感知运动阶段的婴儿才能完全理解客体永存性。

在亚阶段1，从出生后到第一个月，婴儿只会看着正前方的物体，如果这个物体被移走了，他们的目光不会跟着物体移动。因此，当妈妈正对着婴儿时，婴儿会看妈妈的脸，但当妈妈走到婴儿的侧面时，婴儿就不再看妈妈了。在亚阶段2，1～4个月大的婴儿对物体消失之处的注视时间变长，但目光不会跟随物体移动。玩玩具时，若玩具从手中掉在了地板上，婴儿会继续看着自己的手而不是地板。在亚阶段3，4～8个月大的婴儿会预测物体的移动位置，寻找尚未被完全遮挡的物体。如果物体被完全遮挡住了，婴儿看不见物体，也就不会试图找回物体了（如本章开头的引文所示）。

在亚阶段4，8～12个月大的婴儿能寻找放在障碍物后面或下面的物体了。这表明他们开始有客体永久性的意识。然而，在某些情况下，婴儿会犯一个有趣的错误：如果他看到一个物体被连续两次藏在同一个障碍物下，那么他每次都会从障碍物下面找物体。即使物体已被藏在另一个障碍物下，婴儿看到了藏物体的第二个位置，婴儿也只会从第一次藏物体的障碍物处寻找，好像第一次藏物体的障碍物已被指定为一个专门藏物体的地方了。这个错误被称为"A非B错误"。尽管婴儿已经看到了藏在第二个位置（B）的物体，仍然会继续寻找第一个位置（A）。

在亚阶段5，12～18个月大的婴儿在找物体问题上不再犯"A非B错误"，会在最后藏物体的位置寻找物体。然而，他们仍然不能有效地处理目标物体无法被看到时的变化问题。例如：将玩具先藏在一块布下，再将玩具和布一起藏在枕头下面，最后把布拿走，此时玩具被留在枕头下面。12～18个月大的婴儿是不会意识到要翻开枕头才能找玩具。但18～24个月大的婴儿（处于亚阶段6）就能够完全理解这种复杂的置换问题，并能立即在正确的位置寻找玩具。

初读客体永存性理论，有些人对此存在质疑。不足8个月的婴儿不去寻找物体，要么是因为动作协调能力不足，要么是因为对物体失去了兴趣。然而，T.G.R.鲍尔（T.G.R. Bower）和珍妮弗·威沙特（Jennifer Wishart）的实验排除了以上两种可能性。实验的具体情况如下：将玩具藏在一个透明的杯子里，绝大多数5个月大的婴儿能找到玩具；让婴儿们看到玩具又被藏在一个不透明的杯子里，16名婴儿中只有2个婴儿能够找到玩具。这个实验排除了用动作协调能力不足和对物体丧失兴趣来解释5个月大的婴儿找不到物体的原因。如果婴儿对找回玩具缺乏足够的兴趣，或者因为动作不协调而不能找到玩具，那么，当玩具被藏在透明的杯子里时，婴儿为什么会有足够的兴趣且能动作协调地找到玩具呢？

前运算阶段和具体运算阶段的守恒。在感知运动阶段，婴儿便开始意识到物体空间位置转换（特别是物体被藏起来），物体依然存在。在前运算阶段和具体运算阶段，儿童开始意识到即使物体的外观发生了改变，物体的某些性质仍然保持不变。例如：把物体之间的间距拉大，只是增加了一排（列）物体的长度，但是没有改变物体的数量；把一杯水倒入一个更高、更细的杯子里，改变的是杯中水面的高度，水的总量不会发生变化。在具体运算阶段的后期，儿童还意识到即便物体的外观改变了，物体在很多维度上仍是守恒的，如数量、长度、质量、面积等。

形式运算阶段的守恒。在形式运算阶段，青少年开始理解更加复杂的守恒问题。这些问题包含了多种变化。其中的一个概念是运动守恒。英海尔德和皮亚杰利用实验来研究儿童对运动守恒概念的理解。实验过程如下：一个弹簧驱动的活塞可以发射不同尺寸的球，参与实验的儿童要判断活塞被发射的球可能停在哪里，并解释为什么有些球会先停下来，以及为什么会停下来。

不同年龄阶段的儿童对上述问题的回答证实了皮亚杰所提出的各年龄段的推理水平。处于前运算阶段的儿童只关注问题的一个维度，并且只从一个角度看问题。他们可能会一致地预测大球滚得更远，因为它的体积大。而处于具体运算阶段的儿童能意识到多个维度的重要性，并且能从多个维度综合考虑问题。他们不仅能意识到球自身对结果的影响，也能意识到球在滚动时所接触的物体表面的光滑程度对结果的影响。此外，他们还可能意识到，要回答这个问题，可以从哪些因素让球停下来或滚动起来的角度进行思考。因此，处于具体运算阶段的儿童认为球的体积越大，滚得越远，但所接触物体的粗糙表面会导致球滚不远。

处于形式运算阶段的儿童能借助复杂的科学概念来思考上述问题，例如，他们会用到运动守恒的概念，使用科学术语来描述问题（"如果没有空气阻力或摩擦力……"）。这种思维方式是在形式运算阶段形成的，因为它包含了运动维度的守恒，而运动中同时也涉及了变化——在空间中移动。此外，这种思维方式也说明了青少年是如何从实际情境出发，对可能情境进行推断的，因为没有人经历过没有空气阻力或摩擦力的环境。

分类和关系

　　皮亚杰的另一重要的观察是他看出了儿童对分类和关系这两个概念理解之间的联系。当我们说一个女孩能理解"3"的概念时，这意味着什么呢？她应该明白"3"有可能代表3个球、3辆车或3个勺子。她也应该理解这个类与其他类的关系，如"3"这一类比"2"这一类大，比"4"这一类小。皮亚杰认为，儿童最初会把分类和关系独立分开，但最终会将二者整合在一起进行理解。

　　处于感知运动阶段的儿童对分类和关系的理解。皮亚杰认为，婴儿初期是根据物体的功能对其进行分类的。皮亚杰描述了女儿卢西安娜和塑料鹦鹉之间的故事。卢西安娜的摇篮上"坐"着一只塑料鹦鹉。卢西安娜喜欢做的事情是躺在摇篮里踢脚，通过摇篮晃动让塑料鹦鹉动起来。6个月大的时候，卢西安娜只要看到这只塑料鹦鹉，即使自己不在摇篮里，也会做出踢脚动作，试图让塑料鹦鹉动起来。皮亚杰认为卢西安娜已将塑料鹦鹉归类为"当我踢脚时能摆动的东西"，而更复杂的分类应该是从这些简单的分类演变而来的。

　　儿童对关系的理解同对分类的理解一样，也是在感知运动阶段开始发展起来的。皮亚杰曾描述了自己的3个孩子均在3～4个月大时对动作力度和由此造成的效果之间的关系感兴趣。他们发现，腿踢得越有力，摇篮里的东西摆动的幅度就越大，随之发出的声音就越响等。由此可见，他们理解了这样一种关系："我做某事越用力，产生的效果就越大。"

　　处于前运算阶段的儿童对分类和关系的理解。在前运算阶段这个阶段，儿童的分类能力取得了很大的进步。从他们堆放一组大小、颜色和形状各异的积木过程中，我们就可以显而易见地发现这种进步。处于前运算阶段早期的男孩会把小的积木归为一类，因此他先把红色小方块积木、蓝色小方块积木和红色小三角积木放在一起。接着，大三角形积木引起了他的注意，因此他把红色大三角积木和绿色大三角积木也归入这一类。由此可见，此时男孩还没有形成一个标准分类。到了前运算阶段的后期，年龄在 4～5 岁，儿童才能根据一个统一的标准对物体进行分类，例如，他们会把小积木归为一类，把大积木归为另一类。

虽然处于前运算阶段的儿童学会了解决这种分类问题，但解决其他分类问题仍然颇具难度。在需要同时考虑多种分类因素时，儿童推理能力的局限性就明显显现了。例如：皮亚杰提出的类包含问题。先给儿童 8 个动物玩具，其中 6 个是猫，2 个是狗，然后问他们："猫的数量多，还是动物的数量多？"尽管猫的数量本来就小于或等于动物的数量，但大多数 7 岁或 8 岁以下的儿童会回答"猫的数量多。"

皮亚杰认为，这种行为源于处于前运算阶段的儿童专注于单一维度思考问题，排斥从其他维度进行思考。为了正确回答这个问题，儿童需要认识到猫（如加菲猫）可能同时属于一个子集（猫）和一个父集（动物）。当然，理解这一点对这个年龄段的儿童来说很难。因此，儿童以一种自己能理解的方式重新解释这个问题：是猫的数量多，还是除猫以外的狗的数量多？他们将猫的数量与狗（儿童认为狗为动物）的数量进行比较，从而得出猫比动物数量多的结论。

在前运算阶段，儿童对关系的理解能力也有了极大的提高。然而，他们专注于与特定情境相关的关系，排除无关关系的能力仍然有限。为了说明儿童这种能力的发展和局限性，皮亚杰让处于前运算阶段的儿童解决图 2-5 所示的排序问题：先把一些长度不等的小木棍按照从长到短的顺序排成一排；如果儿童成功地完成了这项任务，他们需要继续完成第二项任务，即把一根中等长度的新木棍插入之前排好的序列，并保持从长到短的木棍排列顺序。

处于前运算阶段早期（2～4 岁）的儿童很难将小木棍按照从短到长的顺序排列。如图 2-5 第一行图所示，他们可能会把小木棍分成两个部分依次排序，但不会把这两个部分排成一个整体的序列。儿童在排序过程中出现的注意转移现象与上文积木分类的情况一样。开始时，他们以物体的大小为标准对积木进行分类，把小积木分为一组，当看到大三角形时，改变了标准，又把所有的三角形放在了一起。

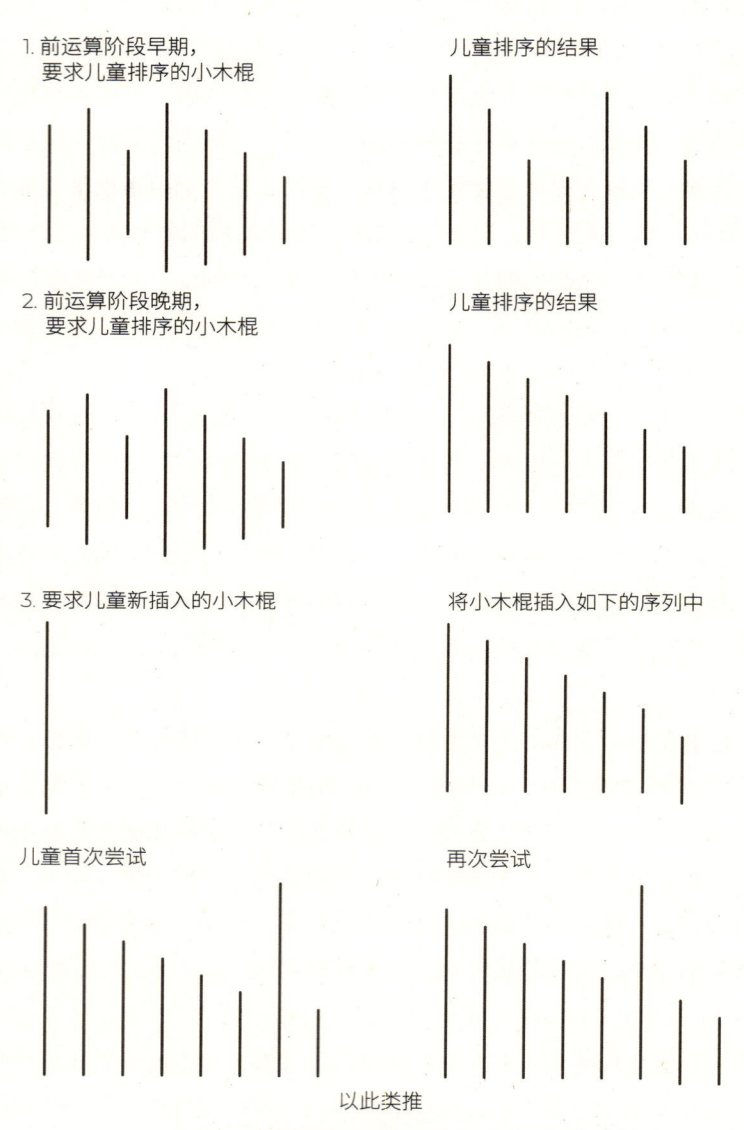

1. 前运算阶段早期，要求儿童排序的小木棍

儿童排序的结果

2. 前运算阶段晚期，要求儿童排序的小木棍

儿童排序的结果

3. 要求儿童新插入的小木棍

将小木棍插入如下的序列中

儿童首次尝试

再次尝试

以此类推

图 2-5　儿童在前运算阶段的早期和晚期对排序问题的典型反应

在前运算阶段的后期，儿童能够正确地排列小木棍的顺序。但是他们需要多次试错，才能把小木棍插入排列中的适当位置。皮亚杰解释说，处于前运算阶段的儿童很难同时注意两个维度，即插入的小木棍比某一根小木棍长，又要比另一根小木棍短。

具体运算阶段的儿童对分类和关系的理解。在具体运算阶段，儿童开始把关系和分类作为单一的、统一的系统来对待。这一点在他们解决多重分类问题上有所体现。图 2-6 是一个图形矩阵，包含两个维度的变化：其一为形状（正方形、圆或椭圆），其二是颜色（黑色、白色或灰色）。儿童的任务是从备选图形中选择一个图形放在空格内，使 9 个图形按照两个维度有序地排在一起。要解决这个问题，儿童需要识别两个相关的类别（形状和颜色），并选择能保持矩阵行和列关系的图形。

英海尔德和皮亚杰对以上检测实验的报道结果为，85% 的 4～6 岁的儿童选择的图形至少包含 1 个维度，只有 15% 的 4～6 岁儿童选择的图形包含两个维度；大多数 9～10 岁的儿童会选择同时体现两个维度的图形，这表明他们已经具备同时考虑分类和关系的能力。

形式运算阶段的儿童对分类和关系的理解。形式运算推理使青少年能够思考关系中的关系和分类中的分类。例如，他们可能会先把同龄人分成不同的亚类别（例如，学校的朋友、邻居朋友、舞蹈班的朋友），然后在此基础上构建出更高级的分类，看看每一类成员中有哪些是互为朋友的。

形式运算推理也会引导青少年用逻辑上所有可能的情况去解释观察到的现象。本章前文对化学溶液混合问题的描述说明了这类推理。处于形式运算阶段的青少年不仅能够设法排列出所有可能的混合方案，而且能够根据所有可能的混合方案对实验结果进行解释，而不仅仅是关注感兴趣的事件（溶液变为黄色）。这种思维方式使他们认识到，尽管混合溶液变为黄色时，混合液里一定有两种化学溶液，但是这两种化学溶液也不是溶液变为黄色的充分条件，因为也有这种情况：混合溶液中含有这两种化学溶液，但没有变色。据此，他们推断，混合溶液变黄必须有两种溶液同时混合，且没有第三种溶液。

图 2-6　检测儿童理解多重分类问题能力的矩阵

注：儿童要从备选图形中选择一个图形填入空格中。

资料来源：after Inhelder & Piaget, 1964。

表 2-1 按照时间的顺序，列出了皮亚杰理论中关于每个思维发展阶段的一些重要特征，以供我们更好地理解儿童思维发展变化内容和过程。

表 2-1　儿童思维发展的阶段模型

发展阶段	年龄范围	典型特点和局限
感知运动阶段（出生到大约 2 岁）	出生至 1 个月	不断修正自己的反射以更好地适应环境
	1～4 个月	初级循环反应和动作协调
	4～8 个月	次级循环反应。不去寻找被藏起来的物体
	8～12 个月	初级循环反应的协调。寻找被藏起来的物体，但容易在以前发现物体的地方搜寻，而不去最新位置寻找
	12～18 个月	三级循环反应。系统地改变物体掉落的高度
	18～24 个月	真正的心理表征开始出现，开始延迟模仿
前运算阶段（大约 2 岁到 6 岁或 7 岁）	2～4 岁	使用符号，使用语言和心理意象，以自我为中心与他人沟通
	4～7 岁	具有良好的语言和心理意象能力，但不能对变化进行表征，仅能关注守恒、类包含、时间、序列及其他问题的单个维度
具体运算阶段（大约 6 岁或 7 岁到 11 岁或 12 岁）	整个阶段	能进行真正的心理运算，能对静态和动态进行表征，能解决守恒、类包含、时间和许多其他问题，但不能综合思考，如溶液混合的所有可能性，也不能很好地思考变化的问题
形式运算阶段（11 岁或 12 岁以上）	整个阶段	能够全面地思考问题的所有可能性，可以根据与假想事件的关系来解释特定事件，能理解抽象概念

对皮亚杰阶段理论的评价

我们如何评价这一内容丰富的认知发展理论呢？在理解了皮亚杰理论的意义以后，我们可以考虑以下 3 个具体问题了：

- 这个理论描述的不同年龄阶段儿童思维发展特征的准确程度如何？
- 皮亚杰的阶段理论能在多大程度上描述和解释儿童思维的发展？
- 皮亚杰理论中对儿童思维的一般特征的描述（如处于前运算阶段的儿童以自我为中心与外界交流）是否准确、确实如此？

皮亚杰理论描述儿童思维发展特征的准确程度如何

不同年龄段的儿童是如何思考和推理的？皮亚杰理论对此提出了许多具体论述。但随着儿童认知研究的深入，这些论述是否能在后续的研究中站得住脚呢？

对于任何科学理论来说，最基本的问题是其能否被人们复制，作为理论基础的研究发现。皮亚杰对儿童认知的观察结果如此令人惊讶，以至于许多早期的儿童认知实验都只是为了重复这些观察。相较于皮亚杰理论，这些儿童认知实验使用了更多、更有代表性的样本、实验过程更加标准化，但方法与皮亚杰理论中的方法是非常相似的。

总的来说，重复研究是成功的。20世纪60～70年代研究者对美国、英国、加拿大、澳大利亚和中国的儿童进行了大量的样本测试，测验结果与皮亚杰在近半个世纪前对瑞士儿童进行的小规模的样本测试得到的儿童推理类型相同。非西方社会的儿童比西方社会的儿童较晚进入某个阶段，但当他们进入某个阶段以后，就会表现出预期的推理能力。这一点在感知运动阶段、前运算阶段和具体运算阶段表现得尤其明显。形式运算阶段的推理（至少在通常用来评估形式运算的科学推理问题上）只在少数青少年身上体现出来，即使是发达国家的青少年也是如此。

我们能接受这些重复实验的研究结果吗？也许儿童在许多情况下表现出的不成熟推理，不是由于他们的推理能力还不成熟，而是由于皮亚杰和重复实验中的研究者所使用的口语报告方法低估了儿童的思维能力。对口语报告方法置疑的研究者认为，年幼的儿童口齿不清，不善于表达往往让人低估了他们的认知能力。

儿童不能解释他们的推理并不意味着他们的推理能力本身存在缺陷。

现在已经明确，当用非语言报告法重复这些实验时，儿童表现出了类似的推理能力。西格勒就进行了这样的一系列实验，包括天平平衡问题，时间、速度和距离问题，体积、质量、数量守恒问题。在每一项任务中，儿童的推理都与皮亚杰实验中的描述一样。

此外，儿童是否具有在皮亚杰的实验里尚未揭示的概念理解能力呢？在整个发展过程中，儿童似乎拥有一些基本的理解能力，但这些理解能力并没有在皮亚杰实验中表现出来。许多研究表明，儿童早期已具有非常强大的理解力。

以雷妮·巴亚尔容（Reñee Baillargeon）的客体永存性实验为例。皮亚杰认为，不到8个月大的婴儿在物体从视野中消失时，不能意识到物体仍然存在。巴亚尔容通过一种更敏感的实验方法，发现即使对于4个月大的婴儿，"看不见"也并不意味"不存在"。巴亚尔容的实验过程是在一块木板后面放一个盒子（见图2-7），一根轴从木板的中间水平穿过，推动木板转动。起初，婴儿能清楚地看到盒子。然后，实验者让木板摆动起来，这样婴儿就看不到盒子了。在实际可能的条件下，摆动的木板会被盒子挡住，这时达到了木板能够摆动的最高点。在实际不可能的条件下，木板似乎正好从盒子所在的地方荡了过去（这个效果是通过灯光和镜子巧妙地实现的）。尽管已经看不到盒子了，婴儿在看到实际不可能事件时依然会表现得很惊讶。婴儿注视实际不可能事件的时间要长于实际可能事件。这表明，婴儿即使看不见盒子，似乎也在思考木板的摆动应该受到了盒子的阻碍。

并非只在采用上述特定方法的研究中出现了类似的结果。巴亚尔容的另一项研究实验表明，3个半月大的婴儿在兔子的上半身"消失"时，同样也会表现出惊讶的表情。在其他实验中，巴亚尔容证明了婴儿可以同时表征多达3个隐藏的物体，他们不仅可以表征物体的永存性，还可以表征物体的大致高度和位置。因此，4个月大的婴儿对客体永存性有一定的理解。

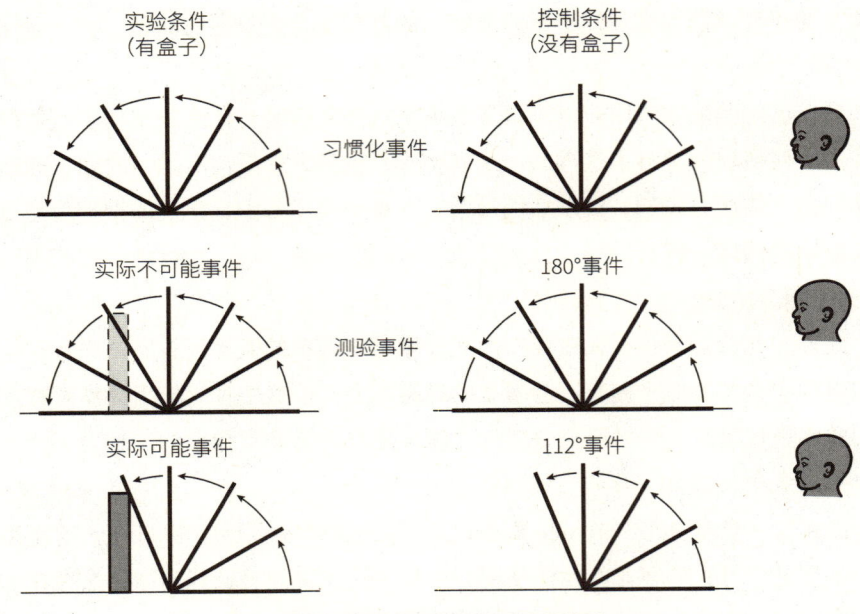

实验条件（有盒子）	控制条件（没有盒子）	
习惯化事件		
实际不可能事件	180°事件	测验事件
实际可能事件	112°事件	

图 2-7　巴亚尔容的客体永存性实验

注：当习惯了木板的吊桥式180°旋转，并看到盒子挡在木板旋转的路径中以后，婴儿会对实际不可能事件保持更长的注视时间。在实际可能事件中，木板的旋转会被盒子挡住；在实际不可能事件中，木板穿过了本应该由盒子占据的空间，进行了180°旋转。

资料来源：after Baillargeon，1987。

　　这种早于预期的认知能力并不仅限于感知运动阶段。学龄前儿童表现出了对于一些较难概念的基本理解，如味觉守恒和重量守恒，这在皮亚杰看来是不可能的。皮亚杰认为，这两个概念对于学龄前儿童来说都太难了。但是，当3～5岁的儿童看到糖溶解在一杯水里时，大多数人都认为：尽管看不见糖，但水会变甜，并且会一直是甜的。同时，他们还会认为杯子里的水要比没有加糖的时候重。这些儿童还会进一步解释，认为糖仍然以微小的、不可见的颗粒存在着，影响水的味道和重量。由此可见，处于前运算阶段的儿童确实对味觉守恒和重量守恒有了初步认知。

　　婴幼儿的认知能力一直是现代认知发展研究中的一个重要内容。为什么人们现在才发现这些能力呢？原因有两个：一是研究者设计了能够考察儿童认知能力的新方法和实验；二是儿童思维的研究领域被界定得更加广泛了。下面以儿童理解数量守恒问题为例，进行说明。皮亚杰更多关注的是学龄前儿童在数量守恒任务上的频繁失败，并得出结论——儿童没有掌握数量守恒概念。而近期的研究表明，无论学龄前儿童能否成功地完成数量守恒任务，他们都对数有了了解。学龄前儿童能够准确地数数，这在某种程度上意味着他们理解了数数的规则；学龄前儿童知道加减法对于一组物体的影响，即便是6个月大的婴儿也可以做到。

关于儿童早期认知能力的研究很多，涵盖了多个方面，如婴幼儿对因果关系、分类、空间、时间和物体属性的认识。这些内容还会出现在本书后面的章节中。简而言之，尽管皮亚杰理论揭示了儿童思维的特点，后人通过语言和非语言方法进行了重复性研究，但是这些研究往往还是低估了儿童的认知能力。

儿童思维的阶段式发展是怎样的

皮亚杰的阶段模型认为，儿童思维只有在从一个阶段进入到另一个阶段时才会出现质变；在任何一个阶段内，儿童对不同问题的推理能力都是相似的；儿童只有在接近或处于下一个更高阶段时，才能学会以更高阶段的思维方式进行思考。这些特征是否与我们现在对儿童思维的研究发现相吻合呢？

质变。儿童思维发展是否经历了质变，在很大程度上取决于研究者的观察角度。从整体上看，儿童思维的发展似乎是不连续的；从局部来看，同样的变化往往作为一个连续的、渐进过程中的一部分出现。我们以客体永存性概念的发展来说明这一点。如前所述，不足8个月大的婴儿看到物体被隐藏起来却通常不会去寻找。而在同样的情境下，大一点的婴儿会去寻找被隐藏起来的物体。皮亚杰对此的解释是，大一点的婴儿理解了客体永久性概念，小一点的婴儿尚不能理解。

新的研究证据则给出了不同的解释——儿童思维发展变化不像皮亚杰认为的那样突然就发生了。如果在隐藏物体后立即让婴儿寻找，6个月大的婴儿也能成功地找到隐藏的物体，完成了皮亚杰经典的客体永存性任务。藏物体和找物体之间的间隔时间越长，成功完成客体永存性任务所需要的个体年龄就越大。这可能是因为儿童对隐藏物体位置的记忆逐渐提高，而不是对物体永久性认识的顿悟。

即使婴儿经历了某些认知上的顿悟，从而提升了他们对客体永存性的理解，但很明显，在经历某次认知顿悟之后，他们仍然在继续扩展寻找物体的能力，如伸手去拿放在不透明容器中的物品。寻找置于不透明容器中的物品是认知能力发展的一部分——在环境中寻找丢失或隐藏物品的更高技能。当然，这些寻找技能需要经历很长时间的发展，即使是4岁的儿童也会在寻找一些隐藏物品的问题上犯错。此外，年龄较大的儿童犯的错误与年龄较小的儿童类似。当面对3个而不是2个隐藏物品的地点时，婴儿、1岁幼儿和4岁幼儿通常会犯同样类型的错误。他们会先查看之前找到过物品的位置，而不是查看从未找过的位置。随着年龄的增长，儿童所犯错误的频率降低了，但犯错类型保持不变。

突变理论是数学研究的一个分支。我们可以借助突变理论来解释儿童思维发展是一个既有阶段性又有连续性的过程。突变理论研究的是诸如桥梁倒塌之类的突然变化。导致桥梁倒塌的力量往往是在几年的时间里慢慢积累起来的，然而，倒塌却是突然发生的。类似地，一个儿童突然解决了一个之前不能解决的问题，他的认知能力突然进步。但这种进步可能是基于他多年来理解能力的逐步提高。儿童的这种变化与桥梁发生变化一样，可以看作一个微小的、不可见的连续变化过程，也可以看作从一个阶段到另一个阶段的不连续变化。

此外，一些研究人员运用突变理论，试图说明儿童思维的变化是更像阶段式发展，还是更像连续式发展。

问题不同，推理却相似。当人们说儿童处于某个阶段时，意味着他们在许多任务中的推理应该是相似的。按照皮亚杰理论，8岁儿童应该掌握了具体运算阶段的所有概念，如体积守恒、类包含、排序等，却不能掌握形式运算阶段的所有概念，如综合思考所有可能的组合、运动守恒等。

越来越多的研究表明皮亚杰的这种观点没有准确地描述儿童思维发展的特点。以具体运算阶段的 3 个概念即数量守恒、体积守恒和质量守恒为例进行说明。从理论上讲，儿童应该同时掌握这 3 个守恒概念；儿童要么全部理解，要么都不理解。但实际情况是大多数儿童在 6 岁左右时掌握了数量守恒，8 岁左右时掌握了体积守恒，10 岁左右时掌握了质量守恒。由此可见，这些数据不支持同时发展的观点，即使对于同一概念（如守恒概念）的发展也是如此。

尽管有研究表明儿童在处理许多问题上表现出类似的推理，但跨任务上的推理一致性仍然引起了许多人的兴趣。这种兴趣源于人们对儿童日常推理的观察，如 2 岁儿童和 5 岁儿童的推理方式不同，5 岁儿童的推理方式又将其与 10 岁儿童区分出来，等等。也就是说，处于某一年龄段的儿童在不同的情境下确实以一种相似的方式进行推理。

为了解释这个问题，弗拉维尔提出假设：不同任务中的推理一致性程度可能取决于我们观察推理的时间。与熟练掌握概念相比，儿童在理解概念初始时表现出的推理一致性程度要高于之后他们熟练掌握这些概念的阶段。例如，5 岁的儿童在刚接触问题时，通常只会识别和关注问题的一个维度。例如，在体积守恒问题上，他们只观察了液面的高度，会认为液面越高的玻璃杯中的水量越多，而忽视了玻璃杯的横截面面积；在判断天平向哪一端倾斜时，他们完全依据砝码的质量进行判断，而忽略了砝码与天平支点之间的距离；他们在理解温度、幸福和道德等概念上也表现出与理解其他概念相似的推理。

相比之下，能正确解决这些问题的年龄存在很大的差异。9 岁的儿童一般能解决体积守恒和质量守恒问题，有可能大学生也经常不能解决天平平衡问题。经验的多少，理解问题的差异性，以及解决问题策略的复杂程度等均会对正确解决问题的年龄差异有影响。

儿童在跨任务上的推理一致性的另一个潜在原因是受限于该阶段儿童的最高思维水平。例如，9岁儿童的最高思维水平可能是单一运算。这就意味着他们的思维中不包括对运算的运算（如在形式运算阶段中的思维方式）。但是，这并不意味着他们可以总是正确地解决所有可以用单一运算解决的问题。他们能否正确地解决某个问题，取决于解决问题的经验，对问题的熟悉程度，对问题发生的情境是否熟悉等。总而言之，在儿童思维发展的早期（即儿童对概念知之甚少时），儿童推理的一致性体现得较为明显，此外，这种一致性在儿童达到最高级推理水平以后，也很明显。

思维发展能够加速吗？ 训练是否可以加速儿童的认知发展，皮亚杰对此提出的观点颇受争议。皮亚杰认为，任何训练都不可能加速认知发展。但一些研究者认为，训练是可能促进认知发展的，前提是儿童已经对某个概念有所了解，并且在训练过程中能与训练材料积极互动。

事实上，儿童的学习能力很强，要高于皮亚杰的预期。儿童可以从多种训练中受益。这些发现与儿童即使没有经过训练也具有早期能力这一事实相吻合。儿童所知道的比人们预计的要多很多，并且拥有超乎人们想象的学习能力。

虽然年龄小的儿童可以学会解决某些问题，但在学习过程中，他们经常遇到异乎寻常的困难。相比之下，年龄较大的儿童在解决同样问题时就显得容易一些。不容置疑，儿童是可以学习那些对他们而言太超前的概念，但我们更应该关注的问题在于，为什么当两个儿童都未掌握某个概念时，年龄较大的儿童往往更容易学会它。

皮亚杰所描述的儿童思维一般特征与儿童思维的吻合程度如何

除了用儿童在特定阶段进行推理的例子来描述儿童思维的特征之外（例如，"处于前运算阶段的儿童认为杯子里的水面越高，水越多"），皮亚杰还用智力特征来描述儿童思维的特征。例如，他对处于前运算阶段儿童的思维特征描述为：

以自我为中心、不懂因果关系、不具备强逻辑推理、以感知为主。这些描述在某些方面是准确的，但并不是都恰当。下面以处于前运算阶段的儿童具有以自我为中心的特征说明这一点。

回想一下之前论述的"自我中心式沟通"，图 2-2 中的两个学龄前儿童在交流，多半时间都在"自说自话"，显然他们不擅长交谈，总是忽略对方说的话，也很难采择对方的观点。这种观察结果让皮亚杰得出处于这个阶段的儿童思维是"以自我为中心"的观点。

但在某些情境下，我们可以看到年龄小的儿童的交流并不是以自我为中心进行的。如果你让 3 岁的儿童给你看他的画，他会把画的正面朝向你。如果他是完全以自我为中心的，那么，他会将画的正面朝向自己（他会认为他看到的就是你所看到的）。再看一个类似的例子。凯特·沙利文（Kate Sullivan）和艾伦·温纳（Ellen Winner）描述了一个 2 岁的儿童的故事。当阿姨不陪他玩时，他假装流泪；当阿姨过来和他玩时，他对妈妈说："我成功地骗了她，让她觉得我很伤心。"如果这个 2 岁儿童相信阿姨知道他在想什么，又怎么会认为自己成功"欺骗"到阿姨呢？

类似的研究表明，学龄前儿童对空间的表征也不是完全以自我为中心的。为了考察儿童空间表征的自我中心性，皮亚杰采用了如图 2-3 所示的三山实验。这个实验不仅需要儿童站在他人的角度思考问题，而且还需要儿童在两个相互竞争的参照系中做出选择。一个参照系是儿童实际看到的样子，另一个参照系是儿童想象中从他人角度看到的样子。即使是成年人也会认为在相互竞争的参照系之间进行选择很困难。相反，当去除了有竞争关系的参照系以后（通过遮挡参照物），再教给儿童表达"左"和"右"的方式（一只手上贴有贴纸，另一只手上没有贴纸，这样可以以"有贴纸"和"没有贴纸"区分左右），3 岁的儿童也能站在他人的视角观察模型，而不是仅局限于自己的视角了。这并不意味着他们可以像年龄较大的儿童一样，具有从他人视角观察的能力。毕竟，年龄较大的儿童即使在有竞争参照系的情况下，也能成功地完成三山任务。不过，这个发现可以表明，

第 2 章　孩子的思维是一块白板吗　067

在问题难度不大的情况下，3岁的儿童也能够采择其他人的观点。

有趣的是，已经度过前运算阶段的儿童仍有可能出现以自我为中心的思维。模拟电话聊天是证明这种情况的经典方法。两名儿童面对面坐在一张桌子前，桌子中间竖着一块木板，因此，他们看不到对方。每名儿童看到一组图片。这两组图片完全相同，每张图片都包含不规则的图形。一名儿童描述其中的一张图片，另一名儿童就能准确地找到所描述的图片。年龄较大的儿童比年龄小一点的儿童更能有效地描述图片。这一点毫无意外。但令人感到奇怪的是，即使是8岁和9岁的儿童也常常不能对图片中的图形进行充分的描述，以至于让另一名儿童很难理解他的描述，不能准确地找到对应图片。

毫无疑问，年龄小一点的儿童往往比年龄较大的儿童更以自我为中心。不过，给某个年龄段的儿童贴上"以自我为中心"的标签似乎过于武断。这很容易使我们忽视了年龄小一点的儿童思维中的非自我为中心倾向，也忽视了年龄较大的儿童思维中的自我中心倾向。

皮亚杰理论的地位

如果皮亚杰理论低估了年龄小一点儿童的思维能力，高估了年龄较大的儿童的思维能力，用既具有误导性又具有启发性的方式描述了儿童思维特征，为什么人们还要如此关注这个理论呢？理由很简单，尽管这一理论存在某些缺陷，但它仍为人们更好地理解儿童思维的发展提供了帮助，也为人们探究儿童思维发展指明了正确方向。皮亚杰发现了智力在婴儿早期活动中的作用，提出了婴儿可能拥有某些潜在能力的问题。人们对这个问题探索，发现了婴儿具有许多的认知能力。虽然皮亚杰高估了儿童认知发展的一致性，但他发现了一些重要的一致性，并指出探索这些一致性的重要意义。最后，皮亚杰提出的基本问题是非常重要的，如婴儿出生时具备了哪些能力？在随后的成长中，婴儿又获得了哪些能力？在儿童思维发展中，什么样的过程导致了儿童认知能力的显著提高？现代认知发展领域一直在试图回答上述问题，因此，现代认知发展领域的发展是建立在皮亚杰理论上的，一些现代理论家的认知研究是明确地建立在皮亚杰理论的框架上。下面简要地论述其中的一些观点。

新皮亚杰理论。经过不断地探究，皮亚杰理论被证实存在明显不足之处。因此，新一代的理论家试图保留皮亚杰理论的优势之处，同时补充，修正皮亚杰研究的方法和研究结果。这些理论被称为新皮亚杰理论。大多数新皮亚杰理论都包含了皮亚杰理论提出的发展阶段，整合了认知心理学、社会文化理论和发展神经科学的观点，以更好地描述儿童的认知能力，以及认知发展阶段。著名的新皮亚杰理论家有胡安·帕斯夸尔-莱昂内（Juan Pascual-Leone）、格雷姆·哈尔福德（Graeme Halford）、库尔特·费舍尔（Kurt Fischer）、安德烈亚斯·德米特里欧（Andreas Demetriou）和罗比·凯斯（Robbie Case）。他们对修正皮亚杰理论的不足之处，均有不同的看法和观点。

凯斯的理论是新皮亚杰理论的典型代表。与皮亚杰的阶段论一样，凯斯假设儿童的思维发展要经历4个阶段，在这些阶段，儿童会形成心理表征和稳定的运算系统。在感觉运动运算阶段，儿童的表征由感觉输入组成，只能通过直接感知来建立对外部世界的认知，这些表征产生的行为是身体动作。在表征运算阶段，儿童开始使用符号和图像来表征和描述事物，开始发展对内在心理表象的认知能力。在逻辑运算阶段，儿童开始具备逻辑推理能力，能够因为后续结果而倒推回溯之前的过程。在形式运算阶段，儿童能够理解高度抽象的概念、符号，能够进行复杂的逻辑运算和思维操作。在每个阶段，儿童会产生与早期阶段类似的表征和行为方式。这一观点与皮亚杰理论相吻合。

与皮亚杰一样，凯斯也假定不同概念之间的发展顺序具有广泛的一致性。然而，他的观点更为温和。他认为，推理的相似性仅限于特定类型的知识，也就是说，推理具有领域特异性。尤其是，凯斯认为，儿童的大部分思维都被组织成中心概念结构。中心概念结构，用来代表普遍性表征，被定义为"一个概念和概念关系的网络"。这些网络代表了儿童在某一领域范围并能运用于该领域所有认知任务的核心知识。

凯斯和他的同事集中研究了3个中心概念结构：数量、空间、叙述。基于特定年龄认知系统的总体结构限制，这个中心概念结构形式上有相似之处，但也都反映了它们所应用领域的具体情况。例如，凯斯和冈本由香里（Yukari Okamoto）提出儿童在6岁时，中心概念结构集中在单一维度上。处理数量的中心概念结构使6岁儿童形成了一个心理数轴，这使他们能够完成诸如指出哪个数字更大这样的任务。叙述中心概念结构使6岁儿童形成心理故事线，能按照事件的顺序来表征故事的情节线。空间中心概念结构可以让6岁儿童专注于物体的形状或位置一个维度，但不能同时关注这两个维度。8岁的儿童已形成协调两个维度的中心概念结构。这种结构允许儿童协调两条心理数轴，例如，儿童通过对两位数和一位数的协同理解，能够理解十进制的原理，并完成100以内加法计算。两个维度的中心概念结构还能让8岁的儿童具有把两个故事线整合成一个统一情节的能力，同时表征物体的形状和位置。

与皮亚杰不同，凯斯强调加工效率是认知发展的关键因素。他认为，随着大脑的发展，认知系统的功能越来越强大，可以处理更多的信息。提高加工效率的核心是发展中心概念结构。这些结构为组织目标和实现目标的程序提供了有效手段，它们的日益完善可以让儿童更有效地处理各种信息。

凯斯还认为生理成熟在提高加工效率方面发挥着关键作用。他提出，阶段过渡的产生依赖于儿童大脑中形成了新的短距离和长距离连接，尤其是与额叶的连接，这是大脑在解决问题和推理时特别活跃的部分。

凯斯的理论明确地以皮亚杰理论为基础，同时又致力于通过整合其他心理学领域，特别是认知心理学和发展神经科学的观点修正其不足之处。尽管凯斯认为人类认知发展的一些方面在性质上具有领域特殊性，与皮亚杰对于认知结构本质的观点不同，但他的理论依然关注于认知结构。他对转换机制的解释是以皮亚杰理论为基础的，详细地描述了所涉及的具体过程。

现代理论方法的皮亚杰主义根源。关于认知发展的许多其他现代方法都以类似的方式建立，并从皮亚杰理论的基础上分离出来的。例如，一些现代理论认为概念发展是由一系列阶段组成的，但要从更具体的领域来考虑阶段。一些现代理论关注的不是阶段，而是儿童在解决特定类型问题时使用的策略，以及策略的变化。此外，还有一些现代理论侧重于知识建构的过程，会试图详细说明儿童如何评估和整合证据。

随着时间的推移，人们对儿童认知理论的研究探索取得了进步，相比之下，皮亚杰理论显然已经不足以适应现在儿童的发展。现在的研究人员已经较少基于皮亚杰的某个观点撰写论文了。与此类似，即使是自称为"新皮亚杰学派"的现代理论家也很少给自己的理论贴上"基于皮亚杰理论"这样的标签，他们使用的名称侧重于理论的新元素（如中心概念结构或理性建构主义）。

然而毋庸置疑，皮亚杰对认知发展领域的贡献堪称伟大。皮亚杰理论在21世纪仍然非常重要，对儿童发展心理学有着深远的影响。

第 3 章

Children's Thinking

孩子的思维是一台大型计算机吗
信息加工发展理论

场景：爸爸陪女儿在花园里玩儿，一个小孩骑着自行车过来了。

女儿："爸爸，你能把地下室的门打开吗？"

爸爸："为什么？"

女儿："因为我想骑自行车。"

爸爸："你的自行车在车库里。"

女儿："但是我的袜子在烘干机里。"

对话中女儿的话有点儿莫名其妙，那么她在说话时是怎么想的呢？

著名的信息加工发展理论家戴维·克拉尔（David Klarhr）建立了以下思维模型（见图 3-1），用来解释他的女儿为什么希望他打开地下室的门。在这个例子中，克拉尔对女儿要求的分析在几个关键方面表现了信息加工发展理论的核心。

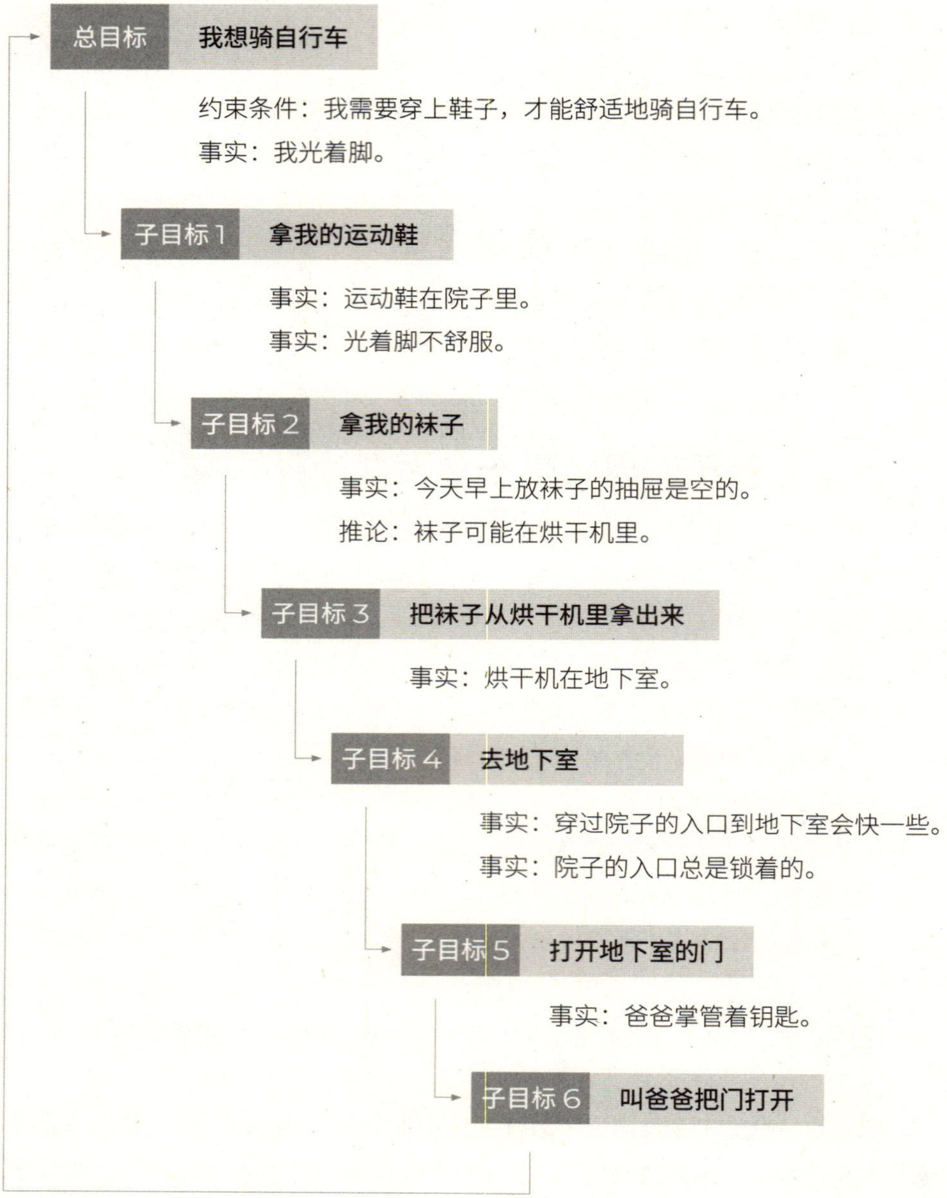

```
总目标    我想骑自行车
 │
 │   约束条件：我需要穿上鞋子，才能舒适地骑自行车。
 │   事实：我光着脚。
 │
 └─► 子目标1    拿我的运动鞋
      │
      │   事实：运动鞋在院子里。
      │   事实：光着脚不舒服。
      │
      └─► 子目标2    拿我的袜子
           │
           │   事实：今天早上放袜子的抽屉是空的。
           │   推论：袜子可能在烘干机里。
           │
           └─► 子目标3    把袜子从烘干机里拿出来
                │
                │   事实：烘干机在地下室。
                │
                └─► 子目标4    去地下室
                     │
                     │   事实：穿过院子的入口到地下室会快一些。
                     │   事实：院子的入口总是锁着的。
                     │
                     └─► 子目标5    打开地下室的门
                          │
                          │   事实：爸爸掌管着钥匙。
                          │
                          └─► 子目标6    叫爸爸把门打开
```

图3-1　克拉尔对女儿需求的分析

这一理论关注克拉尔的女儿对当前情况的编码（她的朋友骑着自行车来了，她没有穿袜子），并关注她从长时记忆中获得的与当前情境有关的信息（她的袜子可能在烘干机里，她的爸爸可能有地下室的钥匙）。这一理论还关注克拉尔的女儿的行为目标（她想骑自行车），以及她为了实现这个目标需要采取的具体策略。信息加工发展理论根据克拉尔女儿对信息进行编码和记忆的操作来分析实现目标需采取的策略，比如推断和评估她能否执行一个她所期望的行为（打开地下室的门）。最后，克拉尔的分析非常细致地考虑了这种情况的方方面面。

思维就是信息加工的过程

有关信息加工发展理论的各学派或分支之间一直存在差异，但都包含几个相同的基本假设，其中最基本的假设是：思维即信息加工。信息加工发展理论关注的不是发展阶段，而是儿童所表征的信息、儿童对信息的加工过程，以及限制儿童表征和加工信息总量的记忆能力。认知发展主要体现在随着儿童年龄和经验的增加，上述能力也会随之发生变化。信息加工发展理论的分析通常比阶段理论或社会文化理论（第4章）的分析更精确。

信息加工发展理论的第二个假设是强调对变化机制的精确分析。这个理论有两个关键目标，一是确定最有助于发展的变化机制，二是明确这些变化机制如何共同作用，促进认知发展。在强调发展是如何发生的同时，该理论也强调了认知的局限性，这些局限性阻碍了认知的发展。因此，信息加工的发展理论试图解释特定年龄儿童的认识能力为何发展得如此迅速，以及他们的认知能力为何没有更进一步发展。

信息加工发展理论的第三个假设是变化是在一个不断自我修正的过程中产生的。也就是说，儿童自身活动产生的结果会改变儿童未来的思维方式。例如，替代策略的使用会增加儿童对策略有效性的知识，而这些认识反过来会改变所使用的策略。这种自我修正过程的理论使我们没有必要再借助发展阶段间的转换来解释认知发展，比如皮亚杰提出的从具体运算阶段过渡到形式运算阶段的年龄在 12 岁左右，而信息加工发展理论认为儿童的思维在各个年龄段都在不断发生变化。

任何认知理论都必须面对人类认知的两个基本特征。第一，人类的思维能力是有限的，这既体现在我们能同时加工的信息量上，又体现在我们加工信息的速度上。第二，人类的思维是灵活的，能够适应不断变化的目标、环境和任务要求。信息加工发展理论试图通过研究认知的结构特征（决定思维活动的有限性）和过程（为思维灵活地适应不断变化的外部世界提供手段和方式）来解释人类认知的有限性和灵活性。

记忆系统，初始的信息处理程序

记忆系统的基本结构

任何信息加工系统的基本组织都体现在其结构中。这种结构有时被称为认知结构。这就好比建筑物的建筑设计模型，它规定了建筑物的主要特征，但没有体现其细节特征。

人类记忆系统的多存储模型是一种关于认知系统整体架构的假设。根据该模型，人类记忆系统主要由 3 个部分组成：感觉记忆、工作记忆和长期记忆。

感觉记忆。人们有一种特殊的能力，可以短暂地保留他们刚刚接触到的大量信息。这种能力通常被称为感觉记忆。乔治·斯珀林（George Sperling）总结了影响人们处理视觉信息的感觉记忆特征。在 1/20 秒的时间里，他向被试呈现了一个 3×4 的字母矩阵。当要求被试在呈现结束后立即说出这些字母时，他们通常能回忆起 4 个或 5 个字母，约占整个矩阵字母的 40%。随后斯珀林对实验程序进行了微小但重要的调整。他没有让被试回忆所有的字母，而是让他们只回忆其中某一行中的字母。由于被试不可能预料到实验者要求他们回忆的是哪一行字母，所以他们必须像之前那样，对所有的字母（12 个）都进行加工。然而，要求被试只背诵一行字母，就减少了他们在说出前几个字母时需要记住的信息。

斯珀林发现，当实验者要求在字母呈现后立即回忆某一行字母时，被试能回忆起这一行字母的 80%。当字母呈现后过了 1/3 秒再回忆某行字母时，被试的回忆率下降到 55%。当字母呈现后过了 1 秒再回忆某行字母时，被试的回忆率下降到 40%。斯珀林对此的解释是，1/20 秒的呈现时间足以使字母产生一个视觉图像（对原始刺激的完全复制），但这个图像会在 1/3 秒内消退，并在 1 秒后消失。从后续的研究来看，这种解释是有道理的。

显然，在斯珀林的研究中，被试不可能在短时间内把注意力同时集中在所有字母上。被试的成功表现表明，为了形成感觉记忆，信息不需要成为注意的焦点。

一些证据表明，儿童的感觉记忆能力会随着年龄增长而不断提高。例如，在一项关于听觉信息的感觉记忆研究中，实验者要求被试在玩电脑游戏的同时收听语音播报的数字串，每个数字之间只有短暂的停顿。被试每隔一段时间（大约每隔 13 个数字）就会听到一个提示，并尽可能多地报告最近听到的数字。在这种实验条件下，被试需要从他们的听觉记忆中回忆这些数字。结果发现，一年级的学生平均能回忆起 2.5 个数字，四年级的学生平均能回忆起 3 个数字，成年人平均能回忆起 3.5 个数字。

工作记忆。在多存储模型中，工作记忆负责积极思考，例如构建新的策略、解决算术问题、理解阅读的内容，得出推论，等等。工作记忆将进入感觉记忆的信息与储存在长期记忆中的信息结合起来，并将这些信息转换成新的形式。例如，当我们阅读一本书时，工作记忆将关于页面上词语的感觉信息与这些词语含义的长期记忆相结合，从而将文本的意义作为一个整体来表征。

艾伦·巴德利（Alan Baddeley）和格雷厄姆·希契（Graham Hitch）提出了一个有效的工作记忆思维模型（见图 3-2）。根据这个模型，工作记忆是包括言语信息和空间信息的独立系统。语音回路存储了言语信息，这些信息通过重复

（按顺序重复信息）可以有效延长其在工作记忆中保持的时间。视觉空间模板存储视觉空间信息，并允许对这些信息进行操作。该系统还包括一个中央执行系统，它负责把注意力分配到不同来源的信息中去，例如，将注意力集中到相关项目或抑制对不相关项目的注意。最后，来自言语和空间子系统的信息与来自长期记忆的信息在一个被称为情景缓冲器的工作空间中得以整合和协调。

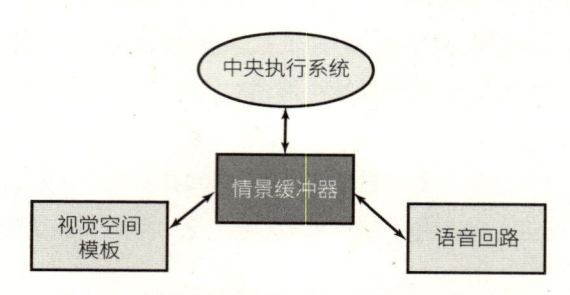

图 3-2　巴德利和希契提出的工作记忆模型示意图

工作记忆在很多方面都有局限性。首先是容量，即工作记忆一次可以加工的单位数。这个数字并不大，通常估计在 3～7 个单位之间。我们很难精确地估计工作记忆的容量，因为准确的估计取决于对容量进行测量的任务细节。例如，以数字为记忆材料的工作记忆容量要比以字母为记忆材料的工作记忆容量更大。在被试需要进行策略加工的任务时（如排练），工作记忆的容量会更大。

工作记忆的容量受限于可操作的有意义单位（称为组块）的数量，而不是物理单位的数量。一个字母、一个数字、一个词语、一个熟悉的短语或一个脑海中的图像都可以作为一个组块来运作，因为每个组块都是一个单独的有意义的单位。因此，记忆由 9 个字母组成的 3 个不相关的词语（hit, red, cup）和记忆 3 个不相关的字母（q, f, r）的难度是一样的。

工作记忆的运作也受到记忆信息丢失的限制。记忆材料通常在 15～30 秒内从工作记忆中消失。但是，人们可以通过复述来延长信息在工作记忆中保持的时间。

与年幼儿童相比，年龄较大的儿童在工作记忆中能保留更多的言语和视觉空间信息，这很可能是由于年龄较大的儿童的复述速度更快。一般来说，人们复述言语材料的速度越快，工作记忆中能保留的信息就越多。更快的复述意味着既定词语重复的间隔时间更短，因此在记忆材料被再次复述之前，它被遗忘的可能性就更小。如图 3-3 所示，读出词语的速度与工作记忆中能够保留的词语数量密切相关。年龄较大的儿童的发音速度更快，这在很大程度上解释了为什么他们能够更快地复述，从而在工作记忆中保留更多的信息。

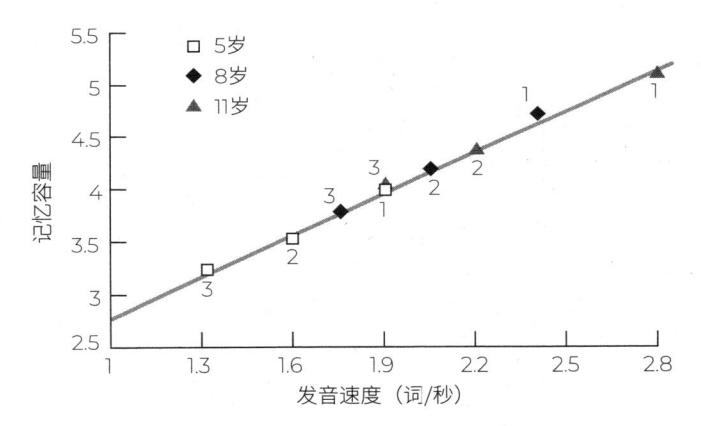

图 3-3　5 岁、8 岁、11 岁儿童记忆容量与发音速度和词语音节数的关系

注：实验中的词语是彼此独立的，用口语呈现。图中标注的数字表示词语的音节数。例如，11 岁的儿童每秒能读出 2.8 个单音节词，并且能记住大约 5 个单音节词语。

资料来源：Hitch and Towse, 1995。

工作记忆的发展体现在言语和视觉空间信息记忆之间日益有效的分离上。这一说法的证据来自一项研究，研究人员向 8 岁、10 岁儿童和大学生呈现了一系列通常被编码为言语信息的数字，或者给被试呈现一字棋网格上的一系列被编码为视觉空间信息的 X。被试的任务是按照呈现顺序记忆呈现的数字或 X 的位置。除此之外，被试还需要同时执行另一项任务：言语反馈（说出数字或 X 的颜色）或者空间反馈（在一系列颜色中指出数字或 X 所在位置的颜色）。

在所有年龄的被试中，执行第二任务过程中的空间反馈对空间信息记忆的干扰最大，而执行第二任务中言语反馈对言语信息记忆的干扰最大。正如工作记忆模型所表明的那样，这一发现支持了空间信息和言语信息在工作记忆中独立表征的观点。一个很有趣的现象是，对8岁的儿童而言，空间反馈会干扰其对言语信息的记忆，而言语反馈也会干扰其对空间信息的记忆。这表明，儿童要到8岁以后才能较为清晰地将工作记忆中的言语信息和空间信息分开。

在控制工作记忆的内容与功能的执行过程中也存在发展变化，例如在适当的时候抑制对某种信息来源的注意。有一个实验有力地论证了这个观点。在该实验中，研究者要求儿童根据颜色或形状将画有不同物体的图片（如红色的船和蓝色的花）进行分类。实验中，先要求儿童按照一个维度（如颜色）对图片进行分类，经过几次尝试后，再要求他们按照另一个维度（形状）对图片进行分类。3岁的儿童可以很容易地根据颜色或形状对卡片进行分类，但当要求他们改变维度时，大多数儿童都做不到，他们继续按照原来的维度对图片进行分类。然而，到4岁时，大多数儿童都能成功地进行维度转换。这种变化的发生，可能是由于执行加工是随着年龄增长而发展的，这种发展在一定程度上决定了工作记忆的功能。

因此，儿童在利用不同工作记忆元素的任务上的表现是随着年龄的增长而不断提高的。与此同时，工作记忆的基本结构可能在发展过程中大体保持一致。苏珊·盖瑟科尔（Susan Gathercole）和他的同事研究了儿童在一系列综合任务中的表现，旨在评估工作记忆模型的主要组成部分。他们发现，巴德利和希契最初提出的工作记忆的模型（整合了语音环路、视觉空间模板和中央执行系统）表征了儿童在整个童年和青少年时期在不同任务中的表现。

长期记忆。即使是年幼的儿童，也能记住各种各样的经历和事实。其中一些信息是与特定情境有关的，例如，他们第一天上学时在操场上闲逛的感受，这种类型的信息通常被称为情景性知识。另一些信息是关于世界持久性的，例如，牛吃草或者一枚五角硬币值5个一角硬币，这类信息通常被称为语义知识。还有一些知识与操作程序有关，例如，如何骑自行车或者如何算减法，这类信息通常被称为程序性知识。这些不同类型的知识就是长期记忆的内容。

与感觉记忆和工作记忆不同，长期记忆保存的信息量和信息保存的时间都没有限制。我们来看一个在高中毕业册中识别人脸的实验。这些被试都已高中毕业35年了，实验者要求他们辨认毕业册的照片中哪些是他们高中的同班同学，哪些是其他班级的学生。尽管过了这么长时间，被试仍能正确辨认出90%的照片。因此，"长期记忆"这个说法确实很合适。

人们在长期记忆中存储信息的方式有一个有趣的特性，即这种存储不是"全部"或"全无"的形式。相反，人们将信息存储在独立的单元中，并且可以在不检索其他单元的情况下提取某些单元的信息。这种特性已经在以成年人为被试的"舌尖现象"实验中得到了证实。当成年人隐约记住了一个词语，但还没有完全记住时，他们通常能记住这个词语的一些特征，例如它的第一个字母、音节数、与它发音相似的词语等。儿童长期记忆中的信息储存似乎也具有这样的特征。例如，西格勒6岁的女儿在回忆一个已经搬走的朋友的名字时说："她来自南美，她有一头黑发，她和我一样傻乎乎的，为什么我记不起她的名字呢？"几分钟后，她成功地回忆起了这位朋友的名字——加布里埃拉。

记忆系统的加工过程

人类记忆的多存储模型主要关注认知系统的结构，可是要对认知系统的工作过程进行完整描述，还必须明确结构之上和结构之内的运作过程。认知过程总是被用来积极地操纵感觉记忆、工作记忆和长期记忆中的信息。例如，在前面的内容中，我们认为复述是一个保持工作记忆中信息活跃的加工过程。其他基本过程包括将事件或想法联系起来，将一种情况归纳到另一种情况。另外两种加工过程在认知发展中扮演着重要角色的是自动化和编码。

自动化。不同的加工在注意力需求方面有很大的差异。需要大量注意力的加工通常被称为控制性加工，而很少或不需要注意力的加工通常被称为自动化加工。在加工过程中，所需注意力的多少既受所加工信息类型的影响，也受加工这类信息的经验的影响。有些类型的信息原本就不需要那么多的注意力。然而，即使某种信息的加工在一开始时需要很多的注意力，但通过练习也会降低所需的注意强度。

自动化加工在发展过程中很重要，因为它为儿童提供了了解世界的最初的基础。以频率信息有关的研究为例，频率信息是关于遇到各种对象和事件的频率的信息。即使人们不想刻意记住这些信息，但这些信息还是被保留了。因此，我们还是非常了解字母表中字母出现的相对频率（例如，大多数说英语的人都知道英语中"e"比"u"出现的频率更高）。对这种（自动化）频率信息的记忆既不受教学的影响，也不受练习的影响，也不会因为年龄的增长而有所不同。5岁的儿童在加工频率信息方面的表现和大学生相差无几。

儿童对频率信息的自动记忆在很多方面有助于认知发展。当儿童形成概念时，他们必须了解哪些特征同时出现的频率最高。例如，要了解"鸟"这个概念，就需要了解这种动物会飞、有羽毛、有喙，并栖息在树上。同样地，在学习语言的过程中，婴儿会学习哪些语音倾向于同时出现，并利用这些信息来识别语音流中的词语。识别有规律地同时出现的模式的过程被称为统计学习，在视觉和听觉信息的学习中都存在统计学习。

儿童在发育早期对频率信息的加工就是自动化的，也许从出生起就是这样的。然而，随着经验的增多，其他加工也可能会从控制性加工转变为自动化加工。一旦某种技能达到自动化程度，就很难被抑制住。乔安妮·勒菲弗（Jo-Anne LeFevre）、杰弗里·比桑兹（Jeffrey Bisanz）、琳达·姆科尼奇（Linda Mrkonjic）所做的关于学习一位数加法的研究可以说明这种现象。在实验中，他们先给被试呈现一个加法算式（如4+5），然后在几分之一秒后，在算式的右边呈现一个单独的数字（如9）。被试的任务是判断右边的这个数字是不是加法算式中的一个加数。上述问题的答案是"否"，因为9不是左边算式中的任何一个加数。但是，自动化的算数知识会干扰儿童在这个任务上的表现，导致儿童回答"是"，或者会使儿童花更多的时间得出"否"的答案，如果右边的数字不是左边算式的计算结果，也不是算式中的任何一个数字，那么儿童得到正确回答就只需要花较短的时间。

如这个例子所示，自动化通常是有用的，因为它释放了一些心理资源来解决其他问题。例如，对加法的自动化加工，使我们可以更容易地处理多位乘法问题和计算图形的周长。但是，当一个看似典型的问题需要采用截然不同的处理方法时，自动化过程也可能带来消极影响。例如，加法知识的自动激活会干扰儿童在数学等式问题上的表现，如等式 3 + 4 + 5 = 3 + __。这类问题类似于加法问题，但与加法问题的一个关键区别在于等号的位置。在这类问题上，儿童经常会犯错误，因为他们使用的是将所有数字相加的自动策略（在这种情况下，他们的答案是"15"）。所以，如果自动化激活了不适当的策略，它就可能会产生消极影响。

编码的作用。 世界是复杂的，人不能表征外界环境的所有特征。儿童常常无法对物体和事件的重要特征进行编码[①]，有时是因为他们不知道重要特征是什么，有时则是因为他们不知道如何有效地对其进行编码。无法对重要特征进行有效编码会导致好的经验在认知过程中不能发挥有效的作用。如果儿童不能通过编码接收相关信息，他们就不能从中受益。

M.K. 凯泽（M.K. Kaiser）、迈克尔·麦克洛斯基（Michael McCloskey）和丹尼斯·普罗菲特（Dennis Proffitt）的一项研究有力地说明了编码缺失是如何阻碍学习的。研究中，他们向 4～11 岁的儿童和大学生展示了一辆载着一个球的正在运动的电动火车。在预定的某一点上，球从移动的火车上的一个洞掉落到附近的地板上。被试的任务是预测球下落时的轨迹。

结果显示，超过 70% 的儿童和大多数大学生预测球会垂直下落。在他们提出这个假设后，实验者进行了现场演示（球在一个弯曲的轨迹上移动，它在下落

---

① 编码是将感知到的信息转换成可以在大脑中存储和处理的形式的过程，涉及接收信息并将其转化为神经信号。——编者注

的同时向前移动）。演示结果与儿童和大学生们的预测不同。他们对此的解释反映了预期对自己编码的影响。有人坚持认为球是垂直下落的，但球从火车上落下的实际时间比实验者说的要晚。另一些人认为球在下落之前受到了来自火车的一个向前的推力。有趣的是，在认为球会垂直下落的大学生中，有一些之前已经学习过了包含相关概念的大学物理课程。但是，这种学习经验不足以改变他们的预期或他们对所见现象的编码。

从婴儿期开始，编码就在儿童的发展和个体差异中起着重要作用。对婴儿信息获取速度的研究表明了编码的重要性。婴儿获取了某一物体的所有相关信息并成功进行编码后，他就会对看同一个物体感到厌倦，转而注视其他物体或地方。婴儿停止注视一个既定物体的时间在一年中缩短了一半以上，这大概是因为大一点儿的婴儿比小一点儿的婴儿能更有效地编码物体，所以他们也就更快地失去兴趣。而且，婴儿对反复呈现的物体习惯化速度越快，他们在童年早期甚至在青春期的智商就越高。越聪明的婴儿越能更快地对物体的有趣之处进行编码，这也使得他们对熟悉的物体更快地失去兴趣，并而对新奇的物体反应更快。

在生命全程中，编码对个体学习和解决问题都很重要。虽然在许多领域，儿童对问题的编码都是错误的，但是他们的编码能力会随着年龄和经验的增长而提高。类似地，在许多领域，新手往往比专家表现出更差的编码能力。随着年龄、经验和专业知识的发展，人们能更好地识别物体、事件和问题的重要特征，并能更准确、有效地对这些特征进行编码。因此，编码的变化是学习和发展过程中发生变化的一个重要方面。

多存储模型各个部分的神经网络基础

人们通过大量的研究，确定了多存储模型组成部分的神经基础，特别是工作记忆的神经基础。许多研究都试图确定参与工作记忆不同子系统的大脑区域，目前，有两种方法可用来识别相关的大脑区域：神经成像研究和工作记忆特定组成部分有缺陷的脑损伤个体研究。尽管大脑激活模式的细节取决于具体的任务，但总的来说，这些研究表明，进行口头信息复述的语音回路位于左半球，包括左边缘上回和布罗卡区；视觉空间模板位于右半球，包括枕部、顶叶和额叶区域；中央执行系统涉及前额皮质区域。

与长期记忆有关的神经系统广泛分布在大脑各处，而将信息巩固为长期记忆的一个关键结构是海马。

产生式系统，在不同情境中生成新的认知结构

人类记忆的多存储模型主要是关于认知系统结构的理论。对于认知发展理论而言，最困难的就是说明发展变化是如何产生的。

一些可供选择的理论方法试图用比多存储模型更详细的方式来解释认知的发展变化过程。其中一种方法是通过产生式系统模拟发展过程，即用计算机语言模拟认知过程。

产生式系统的基本结构

根据产生式系统模型，认知系统的基本组织由陈述性知识体系和程序性知识体系组成，陈述性知识体系是关于事实的知识（例如，"威斯康星州的首府是麦迪逊"和"5＋2＝7"），程序性知识体系是在特定情况下如何执行动作的知识（例如，如何系鞋带或如何进行加法运算）。

这两种类型的知识都可以用"如果……那么"语句来表示，这种语句被称为产生式规则，它指定了系统在满足特定条件时所采取的操作。例如，表示加法的程序性知识的产生式规则如下：如果目标是求两个数的和，而这些数的和不已知，那么从较大的数字开始数，较小的数字所表示的就是数的次数。

该系统的产生式记忆由大量具体的产生式组成。这些产生式表明了系统在各种

情况下会做什么。每个产生式的条件部分会说明在哪种情况下产生式将被激活，产生式的行为部分说明当上述条件满足时系统将要采取的行动。这种行动既包括指向外部世界的活动，也包括对工作记忆中符号的操作。产生式系统还包括一个工作记忆存储器，用于保存系统对当前状态的表征。产生式系统的基本结构如图 3-4 所示。

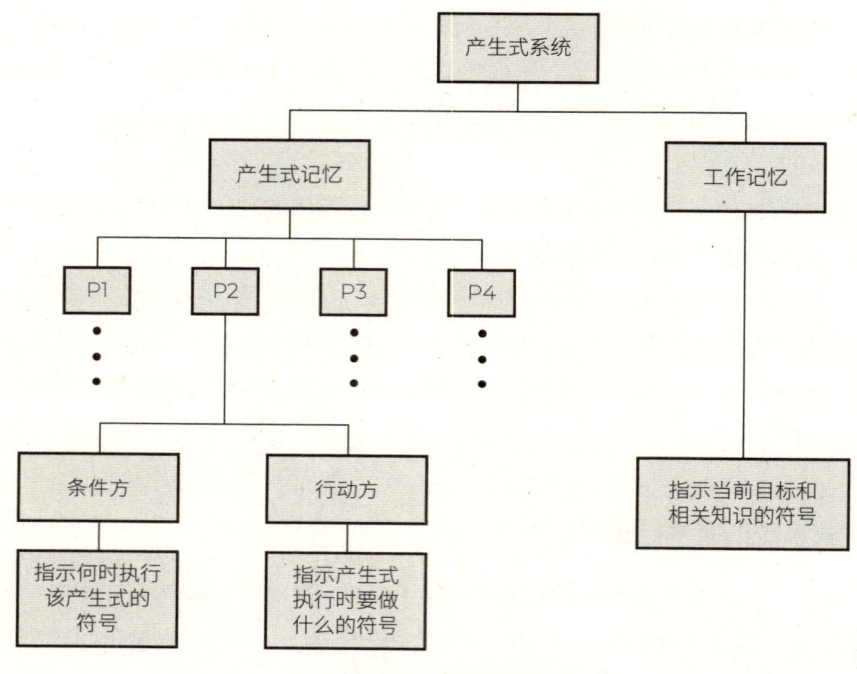

图 3-4 产生式系统的基本结构

产生式系统的加工过程

在产生式系统中，思维是一个循环过程：

1. 信息存储于工作记忆。
2. 信息与一个或多个产生式的条件相匹配。
3. 这种匹配导致相关产生式中动作部分的行动得到执行。
4. 这些行动将新信息存入工作记忆，从而开始新的循环。

在多个产生式匹配当前工作记忆状态的情况下，大多数产生式系统还包含某种选择机制，用来决定优先执行哪个产生式。

为了说明这一点，图 3-5 显示了一个简单的产生式系统，它可以在皮亚杰数量守恒问题上产生正确的性能。这个表的下半部分显示了系统在解决问题时产生的工作记忆的状态。特定的产生式系统总是从产生式系统的顶部向下搜索，直到找到一个符合条件的产生式（条件部分与工作记忆内容相匹配的产生式）为止。然后，该产生式被"激活"，新一轮自上而下的搜索又开始了。

> P1：如果有人问你两行物品之间的数量关系，且你没有明确建立数量关系的目标，那么设定明确建立数量关系这一目标。
>
> P2：如果你的目标是确立两行物品之间的数量关系，且你知道这种关系，那么就把这种关系表述出来。
>
> P3：如果你的目标是表述两行物品之间的数量关系，且两行物品在转换前数量相同，并且转换没有增加或减少物品数量，那么两行物品的数量仍然相同。
>
> ————
>
> 初始工作记忆 1：两行具有同样数量的物品，现在其中一行的物品分散开了，数量没有增减。问题是：现在这两行物品的数量是否还一样。
>
> P1：激活。
>
> 工作记忆 2：目标是说明两行物品现在的数量是否相同。这两行物品之前的数量是相同的，现在其中一行物品分散开了，数量没有增减。问题是：现在这两行的物品数量是否还一样。
>
> P3：激活。
>
> 工作记忆 3：目标是说明两行物品现在的数量是否相同。两行物品具有相同的数量，这两行物品之前的数量是一样的，现在其中一行物品分散开了，数量没有增减。问题是：现在这两行物品数量是否还一样。
>
> P2：激活。
>
> 系统回答："这两行物品的数量相同。"

图 3-5　简单的数量守恒产生式系统

资料来源：改编自 Khahr & Wallace, 1976。

图 3-5 呈现了一个产生式应用的实验情境。在实验中，实验者先给儿童呈现两行物品，并告诉他们两行物品的数量是相同的。然后，实验者当着儿童的面，把其中一行物品分散开，并问儿童两行物品的数量是否还一样。这些信息在图 3-5 下半部分初始工作记忆中已经表示出来了。初始工作记忆的状态与 P1 的条件相匹配，因此 P1 被激活，并将建立两行物品数量关系的目标存入工作记忆。当系统再次从头开始搜索时，工作记忆的内容与 P1（因为它的第二个条件没有匹配）或 P2（因为它的第二个条件没有匹配）的条件已经不匹配。然而，工作记忆的内容与 P3 的条件相匹配，所以 P3 被激活。那么"这两行物品的数量相同"的信息被存入工作记忆。有了这些信息，P2 就可以被激活，之后，系统会给出正确答案。

联结主义，学习和经验时刻都在改变大脑的神经网络

起初，产生式系统模型是为行为建模而开发的，它对神经过程建模的扩展是此类模型的一个新应用领域。另一种关于认知结构的观点是联结主义，它能模拟思维在大脑中的运行机制。联结主义的理论框架有两个根植于关于大脑知识的核心思想：

- 认知源于加工单元（类似于大脑中的神经元）之间激活的传播。
- 激活的传播依赖于单元（类似于突触）之间加权联结。

联结主义网络的基本结构

联结主义网络是关于认知系统的模型，它由大量简单的、相互联结的加工单元组成。在任意时间点，每个加工单元都有一个特定的激活水平。单个加工单元作为输入端，接收与之有联结的其他单元的激活，并将激活传递给其他与之有联结的单元，称为输出。

加工单元的组织形式通常呈分层结构（见图 3-6）。联结主义网络通常包含

一个输入层（该层的加工单元对情境的初始表征进行编码）、一个或多个隐藏层（该层的加工单元对输入层传递过来的信息进行整合），以及一个输出层（该层的加工单元对情境做出的反应）。

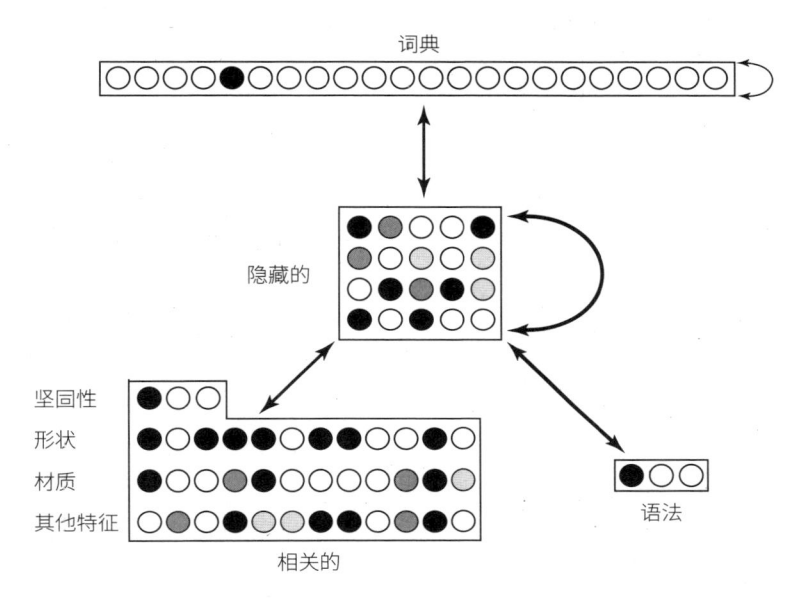

图 3-6　萨缪尔森在 2002 年提出的联结主义网络的基本结构

注：图中的圆圈表示加工单元，方框表示单元层，箭头表示相互连接的单元层中的单元完全互连。当把一个对象呈现给模型时，相关单元上的激活模式反映了该对象的坚固性、形状、材质和其他特征。当给对象命名时，出现标签的语法框架将反映在语法单元中，对象名称将编码在词典单元中。

不同层（有时在同一层）的加工单元相联结。联结强度随系统的经验而发生变化，且对选择加工过程至关重要。

因此，在联结主义网络中，"知识"存在于加工单元之间的联结模式中。不存在某个加工单元对应特定的知识情境，相反，知识分布在所有加工单元及其联结之中。此外，就像大脑一样，许多加工单元的激活是并行（同时）发生的，所以，联结主义网络通常被称为并行分布式加工系统。

联结主义网络的加工过程

在联结主义网络中，认知加工涉及连接单元网络的激活。每个加工单元都可作为输入端，接收与之连接的所有其他加工单元的激活。每个输入单元接收的激活量，由发送该能量的加工单元本身的激活程度和加工单元之间的联结强度决定。加工单元的输入情况会影响到该单元的激活水平，并将激活传递到与之连接的其他单元。

联结主义网络通过调整单元间的联结强度来"学习"，以应对经验和反馈错误。人们提出了许多不同的"学习规则"，它们通常涉及调整联结权重，使反应能够更好地与正确反应相匹配，或者使具有相关活动模式的单元联结得更紧密。因此，单元之间的联结模式会随着时间和学习的变化而变化。这些由于经验驱动的联结权重的变化，会导致系统性能的变化。

当认知系统发现新情境与之前遇到的某种情境具有相似性时，联结主义网络能将其泛化到新情况和新问题中。当遇到与之前相似的输入结构时，系统往往会产生类似的输出。

动态系统，认知行为是多种因素相互作用的结果

在联结主义网络中，系统是由诸多独立加工单元的行为及其相互作用组成的整体。另一个与之类似的观点是动态系统理论。根据动态系统理论，行为产生于不同时间、不同水平条件下多种因素的相互作用。这些因素包括个体遗传特质、特定任务、个体的相关经历以及行为发生的背景和环境特征等。

在动态系统中，每一个单独的元素都不是行为产生的原因，相反，行为是通过一个自组织过程产生的。自组织是系统中各因素间的互动产生的有组织的行为模式原则。这些行为模式虽然在情况出现前不被指定，整体趋于稳定，但却不是一成不变的。

假设一个儿童正在计算一个简单的加法问题。在这种情况下，系统中的许多因素可能与这个问题相关，包括知觉特性问题（例如，问题中符号间距和颜色，答案留白和可变符号的存在），儿童拥有的一般数学知识，之前解决该问题或相关问题的经验，以及注意力和动机状态。儿童解决问题时的行为可能是有组织的，该行为通过常见的简单方法实现任务目标（例如，检索解决方案，从1开始计数，从较大的加数开始计数，或者回答"我不知道"）。然而，儿童的行为方式并不是事先决定的，它是儿童在解决特定问题时所采取的具体方法，是在综合所有相关因素的基础上形成的。

动态系统的基本结构

动力系统理论不包括通常意义上的"结构"，它不假设持久的知识结构（例如大块的陈述性知识），而是设想行为是在现场"软组装"的。"软组装"意味着各因素可以根据环境、任务和有机体的发展自由组合。因此，行为是灵活的，可以很好地适应情境。

除此之外，动态系统理论也不认为行为是随机的。相反，该理论认为行为模式是在每时每刻的基础上，产生于系统各因素间的复杂互动作用。在人类的行为模式中，总会有某些模式比其他模式更有可能出现，这些常见的行为模式被称为吸引状态。

儿童在发育过程中，就如同身处一个复杂的系统中，在给定的时间点上，只存在有限数量的这种吸引状态。例如，虽然儿童有很多种爬行方式，但只有少数稳定的爬行方式会频繁地发生，最常见的是腹部爬行和手膝爬行。从这个角度来看，腹部爬行和手膝爬行就是吸引状态。同样地，儿童在早期的算术发展中，尽管会使用多种方法计算两个数相加，但只有少数稳定的算法会出现，例如，从1开始数两个加数，从较大的加数开始数，以及求解。在这里，计算两数相加的方法也被认为是吸引状态。

动态系统的加工过程

　　动态系统理论不包含通常意义上的"加工"。相反，多个因素会聚在一起产生与环境相适应的模式行为。这种行为在任何时刻的"软组装"可视为一个基本加工。需要注意的是，这个加工并不需要一个"执行者"来计划和实施。相反，行为是一种在各种可能性中自发产生的自组织过程。

　　由于发展系统的组成部分是不断变化的，所以吸引状态本身的数量和稳定性也随着时间的推移而发生变化。一些行为会变得更加稳定或一致，一些行为则变得不那么稳定。例如，当婴儿获得身体力量，并能控制自己的姿势时，可能会从腹部爬行转换为手膝爬行。如此，婴儿的手膝爬行可能就会变得更熟练和一致，而腹部爬行可能会变得不那么熟练。同样，随着儿童熟练掌握加法计算，他们可能会从基于计数的策略转向检索策略。他们使用检索策略可能变得更加一致，而对基于计数的策略的使用则变得不那么一致。

第 4 章

Children's Thinking

成年人在孩子的思维发展中扮演什么角色
社会文化发展理论

场景：一位母亲正在帮助她的孩子拼卡车拼图。他们使用一个完全相同的、已拼好的卡车拼图作为参照模型，好让孩子能拼出一个一样的卡车拼图。卡车拼图的货舱部分并不是由绿色的三角形拼板组成的，但孩子还是反复尝试把绿色的三角形拼板放到货舱部分。

孩子：（看也不看参照模型，从拼板堆里捡起两个绿色的三角形拼板）"我还需要一个绿色的三角形拼板。绿色的三角形拼板在哪里呢？"

母亲："这里是绿色的吗？"（指着参照模型问）

孩子：（看着参照模型）"这里是的。"（指向参照模型中不正确的位置）

母亲："我想那可能是剩下的。你认为呢？"

孩子：（点头）

母亲："我想我们并不需要绿色的三角形拼板，因为参照模型中的这个部分根本就不是绿色的，你看这里，是不是？"

孩子：（看着一堆拼板，把绿色的三角形拼板放了回去，然后挑了两块正确的拼板出来）

上述场景中的孩子最终正确地完成了拼图任务。但他并不能独立完成这个任务，是他的母亲通过问一些有引导作用的问题，给他提供了指导，促使他能够成功地完成拼图任务。母亲将孩子的注意力引导到参照模型中的正确位置，并帮助他对下一步该放哪块拼板做出有效的选择。母亲提供的帮助提高了孩子的能力，使孩子超出了自己独立完成任务时的能力水平。

这个例子表明社会环境对儿童的行为、思维和思考方式有着深远的影响。例如，与他人互动为儿童提供了学习机会，并帮助儿童完成自己无法完成的任务。文化环境也影响着儿童的一些典型行为，以及社会交往情况，像拼图、锤子等玩具和工具，以及语言、数学等符号，让儿童可以表达行为和思维。

强调社会文化因素在人类认知功能的发展中发挥着核心作用的发展理论被称为社会文化理论。以社会文化理论为指导的研究，主要讨论社会文化因素如何影响个体的认知和发展，以及社会文化如何塑造和定义人的思维。本章对这些理论和研究进行了讨论。

皮亚杰被称为认知发展阶段论之父，心理学家维果茨基是社会文化理论之父。虽然皮亚杰和维果茨基是同时代的人，但他们的理论方向却不同。皮亚杰把儿童看成小科学家，认为他们主要是依靠自身的力量来理解世界的，维果茨基则认为儿童生活在社会中，渴望有人帮助他们获得生活所需的各种技能；皮亚杰主要关注的是整个历史时期儿童在社会中的发展，维果茨基则强调在不同历史时期、不同的生活环境下，是哪些因素使得儿童的心理发展产生了差异。这两种理论是互补的，因为理解认知发展既需要了解发展的普遍规律，也需要了解发展的差异性。

维果茨基认为，人类与动物共有一些基本的心理功能，如注意力、知觉和记忆，而将人类与其他动物区分开来的是高级心理功能，如推理和概念。在他看来，人类和动物在心理功能上的主要区别在于人类思维是建立在社会环境和文化环境基础上的，所有的高级心理功能的实现都起源于社会交往。

发展在社会互动中产生

认知发展的社会文化理论有许多观点，其中的两个主要观点至今仍然是社会文化理论的核心：

- 认知发展产生于社会互动作用。
- 心理功能受到包括语言在内的文化工具的调节。

最近二三十年社会文化理论特别强调另外两个观点：

- 文化规范和他人影响儿童的学习机会。
- 社会和文化学习需要儿童具备特定的认知能力。

与他人互动深刻影响孩子的认知发展

维果茨基的核心观点之一，也是社会文化理论的一个重要观点，就是认知发展在社会互动作用中产生。在日常生活中儿童会与许多人进行直接的互动。这些人包括父母、兄弟姐妹、家庭中的其他成员、邻居、教师、同伴等。社会文化理论认为，与他人的互动行为对儿童的发展有着深远的影响。

值得注意的是，强调社会文化对儿童发展的影响作用，并不是维果茨基的社会文化理论独有的观点，甚至它也不是社会文化理论独有的观点。例如，皮亚杰也承认他人在儿童的发展中起着重要的作用。皮亚杰认为，同伴互动可以让儿童处于自身认知结构与环境不协调的不平衡状态，创造了认知冲突，相较于与成年人互动，儿童与同伴的互动更有可能引发自身认知的不平衡。他对此的解释是，儿童可能会毫不怀疑地接受成年人的观点，而更有可能批判性地分析和深入思考同伴的观点，特别是当这些观点与自己的观点不同时。

值得注意的是，皮亚杰认为社会环境是影响儿童学习和认知的一种外部力量，即环境为儿童的发展提供了外部力量，促使儿童进行学习和提升认知。因此，皮亚杰理论分析的基本单位是儿童个体，外部环境只是作为一种能够提供信息并促使儿童构建新的自身认知与环境平衡状态的因素。相反，社会文化理论认为社会环境是组成儿童思维和行为的一部分，因为儿童的思维和行为过程是不能脱离其所发生的社会环境的。因此，社会文化理论的分析单位是处在情境中的儿童个体。在促进儿童认知发展中，社会互动作用并不是简单地发挥着外部信息来源的作用，而是发展变化的来源，是发展的重要组成部分。

维果茨基提出了发展变化机制。该机制具有与生俱来的社会性，是通过社会共享过程的内化发生的。维果茨基认为，在发展变化过程中，所有的高级心理功能都会发生两次：第一次发生在人际心理层面（发生在参与社会互动的人们之间），第二次发生在个体心理层面（发生在个体内部）。例如，最初儿童在他人的支持下才能执行认知任务，但随着时间的推移，他人的支持逐渐被儿童的认知接纳并内化时，儿童便能够自己独立执行任务了。因此，人所特有的新的心理过程结构最初必须在人的外部活动中形成，随后才能转移至内部，成为人的内部心理过程。

维果茨基用婴儿指向动作的例子来说明内化的过程。婴儿尝试去拿想要的物体，但总是不成功，便做出了指向动作。当成年人将婴儿的这种行为解释为试图引起成年人对物体的注意时，指向动作的意义就从根本上改变为从获得物体转变为试图与成年人沟通。然而，这种意义最初只存在于婴儿与成年人的社会互动中，并不存在于婴儿的意识中。最终，婴儿会将尝试拿物体的行为与社会情境联系起来，并开始理解指向动作的目的是人而不是物体。当指向动作的社会意义被婴儿内化时，这个动作就从根本上改变了，成为婴儿"真正的手势"。由此可见，指向动作最先是在成年人和婴儿之间的社会互动中被社会建构的（即人际心理层面），然后才逐渐被婴儿内化（即个体心理层面）。

下面再举一个内化的例子——儿童学习系鞋带。学习初始时，成年人帮助儿童，给儿童提供口头指导，告诉儿童下一步该怎么做，如"先用一根带子绕一个圈，然后把另一根带子绕上去……"随着时间的推移，儿童将系鞋带的步骤内化于心，可以在没有成年人帮助的情况下独立完成系鞋带。儿童可能在心里回想成年人的指导过程，但他此时已经不再需要成年人提供外部支持来完成系鞋带的任务了。

需要注意的是，内化是认知责任从技能更高的个体向技能较低的个体的转移。为了描述这一过程，维果茨基提出了"最近发展区"（ZPD）的概念。最近发展区指的是儿童独立完成任务的能力与在成年人或具有更高技能的同伴的互动作用中完成任务的能力之间的距离。儿童在有他人帮助的情况下，往往能进行更复杂的推理，能够完成更困难的任务。例如，一个中学生自己独立完成作业时，只能解答较简单的代数方程，而在老师的指导下可以解出复杂的代数方程。老师的帮助为学生提供了一个内化解决问题的机会，这种内化使得学生今后能够独立完成这个任务。

维果茨基认为，要准确地描述儿童在某一特定时间的认知水平，必须考虑儿童在最近发展区所表现出的潜在能力，以及儿童在独立完成任务时的实际能力。图 4-1 是两个儿童的最近发展区。从图中可以看出，他们在独立完成任务时表现出的能力水平差不多，但是他们的潜在能力却存在显著差异。由此可见，对儿童的认知水平的考量，需要从实际能力和潜在能力两个维度进行。维果茨基的最近发展区理论表明教育对儿童的发展能起到促进作用。

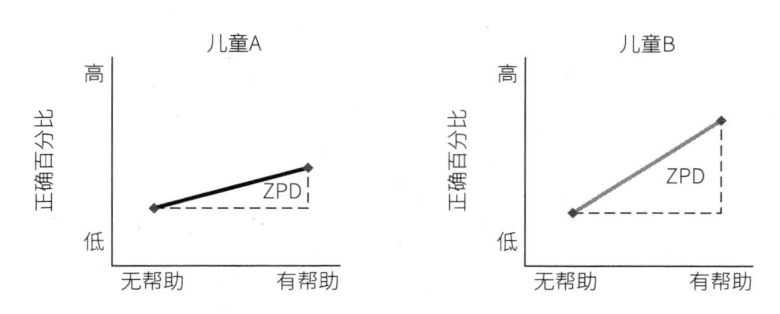

图 4-1　两个儿童的最近发展区

注：两个儿童独立完成任务的能力水平相近，但是儿童 B 从他人的帮助中获益更多。

心理功能受到包括语言在内的文化工具的调节

维果茨基认为，人类的行为不仅受到社会互动作用的影响，而且也受到从行为发展产生时所处的时间和地点中能够获得的各种文化工具的影响。文化工具既包括作用于环境的技术工具（如剪刀、银器、耕犁等），也包括用来思考的心理工具。语言就是首要的心理工具，人们把它作为调节行为、制订计划、记忆和解决问题的手段。除了语言，人们还发明了许多心理工具，如地图、图表、数字系统（阿拉伯数字、罗马数字）、代数符号、程序语言、解决数学问题的工具（量角器、计算尺、计算器、计算机软件）、计算和表示日期和时间的系统（日历、时钟）、整理和组织信息的系统（杜威十进制图书分类法、林奈的生物分类法）等。

心理工具影响人们组织和记忆信息的方式。例如，当人们背诵字母表的时候，"字母歌"就会不知不觉地跳入脑海。研究表明，人们使用字母歌来形成他们对字母的知识，例如，当被问到"K前面是哪个字母时"，人们通常回忆字母歌中由"HIJK"组成的"组块"，从字母H进入字母表。

人造物品材料也可以作为心理工具，如参考书、算盘和念珠等。这些思维工具被人们内化，从而对人们的思维产生影响。以人们熟练使用的算盘为例。在东亚一些国家，算盘作为一种常见工具，普遍用于解决数学问题。图4-2展示的就是一种常见的算盘的样子。它是以十进制呈现的，最末一列表示个位，倒数第二列是十位，再往前依次为百位、千位……每列的珠子又被中间的横条分为上下两个部分，上部分有一颗珠子，下部分有4颗珠子。横条上部分的一颗珠子代表数值5，下部分的每颗珠子代表数值1。当表示数值0时，代表数值5的珠子位于算盘的顶部，代表数值1的4颗珠子位于算盘的底部。如果要表示比0大的数值，人们就要向中间的横条移动珠子。例如，一个女孩要用算盘计算"3 + 4"，她应该先用手指把4个代表数值1的珠子移动到横条处，再用手指将该列顶部代表数值5的珠子朝下推至横条处，接着把两个刚才已经推上来的代表数值1的珠子往下推，使之回到它们最初的位置（表征数值3，即"5 - 2"）。最终，代表数值 5 的珠子和两个代表数值 1 的珠子留在算盘中间，说明 "4 + 3" 的答案是 7。

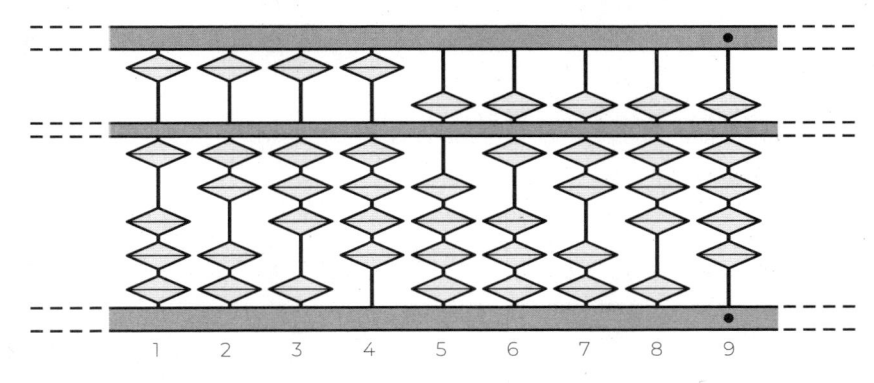

图 4-2　数字 123456789 在算盘上的呈现方式

资料来源：Stigler, 1984。

根据波多野谊余夫（Giyoo Hatano）、三宅芳雄（Yoshio Miyake）和马丁·宾克斯（Martin Binks）提出的假设，西格勒对熟练使用算盘的个体进行了调查，以了解他们在用心算解决问题时，是否使用了"心理算盘"。他给 11 岁的算盘能手们出数学题，要求他们心算出答案。这些儿童的出错模式表明他们形成了算盘的心理意象，心算时会想象打算盘的动作。首先，很多儿童都在数值 5 上犯了错，在使用算盘时，很容易出现这个错误。因为只有代表数值 5 的珠子能够区分 2 和 7、3 和 8 等。其次，很多儿童遗漏了某列数值，儿童犯此错误的比例是大学生和研究生的 3 倍。例如，一个问题的答案是 43296，这些儿童普遍给出的错误答案是 4396。如果儿童是从一个错误的算盘心理意象（如丢掉了某列数字）中得出答案，那么，这种类型的错误就会经常发生。由此可见，这些儿童在进行心算时，确实使用了心理算盘。

有趣的是，算盘能手们在进行心算时，会自发地做出类似于模仿算盘珠子移动的手势。手势动作的大小和数量取决于所解决问题的长度和难度。对于这些算盘能手们来说，算盘已经内化到他们的意识中，即使真正的算盘没有呈现在眼前，但依然会影响着他们的计算情况。

第 4 章　成年人在孩子的思维发展中扮演什么角色　　099

生活在东亚地区的儿童与生活在北美地区的同龄人相比，更有可能学习使用算盘。这也说明了在不同的文化环境中存在不同的文化工具。文化工具是文化塑造和决定人类行为的重要手段。纵观人类历史长河，随着新的文化工具的出现，人类的行为也会相应地发生变化。例如，计算器的发明导致了美国许多学校在数学教学中对计算的重视程度下降。可见，人们的行为在很大程度上是由他们所能获得的文化工具塑造的。

由于人类具有从社会互动中学习的能力，因此人类可以在过去成功经验的基础上不断扩展自己的认知资源，这也是其他物种所不具备的能力。通常，文化群体中的年轻成员更愿意接受文化工具，也会不断地完善文化工具。随着历史的发展，文化工具的功能逐渐提升，数量也在增加。例如，现代学生使用的书写工具（如木质铅笔、自动铅笔、圆珠笔、记号笔等）比 300 年前或更早之前学生可用的书写工具在功能和数量上均更胜一筹。同样地，心理工具也随着时间的推移不断演变、进化。例如，今天被人们广泛使用的许多数学符号（如 +、-、=）都是在 15 世纪和 16 世纪发展起来的。由此可见，文化工具的创新往往需要几代人的努力。文化工具的这种变革过程被称为棘轮效应。

维果茨基认为，在所有的文化工具中，语言对心理功能的发展具有特殊的意义。他声称语言与行动相结合的时刻是"智力发展过程中最重要的时刻"。语言不仅是儿童沟通交流的手段，而且也是儿童控制和调节自己行为的手段。语言是儿童能够用来规划他们的行动、记忆信息、解决问题和组织行为的一种工具，在这些方面，可以说儿童的行为受到语言的调节。

文化规范和他人影响儿童的学习机会

现代社会文化理论家不仅关注文化工具，还关注文化规范和社会实践是如何影响儿童参与活动，怎样影响儿童的学习机会的。例如，儿童所生活的社会环境决定了他是否可以接受正规的学校教育，如果可以，学校教育是不是义务教育？文化规范会影响儿童日常生活的许多方面，包括婴儿的日常护理、儿童的生活安排，对学习、娱乐活动的期望等。

不同种族之间的跨文化比较和深度研究表明，不同文化群体中的儿童度过童年的方式是不同的。即使在许多重要方面都相似的社会中（例如，所有儿童都能接受正规学校教育的工业化社会），儿童所进行的一些典型活动仍然存在很大的差异。曾经有一项研究比较了来自格林斯博罗（美国）、水原（韩国）、奥布宁斯克（俄罗斯）和塔尔图（爱沙尼亚）这4个城市儿童的日常活动情况。不同城市的儿童花在活动上的时间存在差异，这些活动包括玩耍、上课（包括正式和非正式的课程）、劳动和交谈。玩耍是4个城市中儿童最常进行的活动，但所花的时间各不相同。韩国儿童花在玩耍上的时间最多，俄罗斯儿童花在玩耍上的时间最少。俄罗斯、爱沙尼亚的儿童比韩国、美国的儿童要花更多的时间在学习和劳动上，韩国的儿童花在交谈上的时间最少。由此可见，儿童的典型活动因文化而异。

研究还显示，在这4个城市中，出身于中产阶级家庭和工人阶级家庭的儿童，在除工作以外的所有活动中，均存在系统性的差异。总的来说，中产阶级家庭的儿童花在学习和交谈上的时间会更多一些，而工人阶级家庭的儿童花在玩耍上的时间更多一些。由此可见，根据不同社会和不同社会阶层定义的不同文化群体，为儿童提供了不同种类的学习机会。

在整个文化框架内，父母、教师，以及儿童的其他照料者们会选择和组织他们认为适合儿童的社会交往活动。之所以为儿童选择和组织这些社会交往活动，这些照料者们经过了深思熟虑，具有明确的目标。例如，北美地区的许多父母会安排孩子听音乐会或参观博物馆，到图书馆阅读书籍。但是，有些活动和社会同伴的选择往往没有明确的意向要促进儿童学习。

活动和社会同伴的选择没有明确意向促进儿童学习的一个典型例子是女童子军队员饼干销售活动。她们的主要目的是为团队筹集资金。在活动中，童子军队员学习了各种价值观和技能：通过与团队的领导者、父母、顾客和其他儿童的直接交往互动进行学习；通过使用他人发展起来的文化工具进行学习，如用颜色编码订单来显示各种饼干分别销售了多少钱，还差多少钱；在规划送饼干的路线过程中学习；通过订单付款找零钱的过程进行计算学习等。在参与活动中，儿童不仅获得了多项技能，还培养了价值观，如责任感、文明礼貌、效率等。这些技能和价值观并不是饼干销售活动的明确目标，它们是队员们在追求主要目标——赚钱的过程中获得的有用的"副产品"。尽管不同的文化提供了不同的学习活动，但在所有文化中，儿童都是通过参与反映其社会价值观的活动来培养价值观、提升技能的。

社会和文化学习需要儿童具备特定的认知能力

现代社会文化理论的一个重要论点是对社会文化学习机制的论述。讨论这个论点的一种方法是描述学习者和教师在社会文化学习中所需具备的认知能力。

社会文化学习所需要的最基本的认知能力可能是建立主体间性的能力，即个体在与他人互动时理解和分享彼此思想、感受和意图的能力。主体间性能力能帮助人们更好地理解他人的观点、情绪和行为，从而促进有效的互动和协作。毫无疑问，与主体间性较少的社会互动相比，主体间性较高的社会互动能让人们进行更加深入的学习。

儿童早期就出现了主体间性能力。2个月大的婴儿和其照顾者开始有了相倚型互动——类似于对话中相互给予和接受的行为和反应。9个月大的婴儿可以很容易地跟随成年人的目光和手势了。通过这些行为，婴儿能够建立起联合注意，同照顾者共同关注某一物体或事件，这是主体间性的一个关键组成部分。在童年早期儿童获得和保持主体间性的能力是持续发展的，在这个阶段，他们采择他人观点的能力也逐步得到加强。

研究人员在对人类和灵长类动物进行比较研究时，对社会互动作用中所需的认知学习能力有了进一步的发现。像人类一样，许多灵长类动物可以通过观察其他个体的行为来学习。然而，根据迈克尔·托马塞洛（Michael Tomasello）和他的合作者的研究，只有人类有能力进行特定的、更高级的社会文化学习，因为社会文化学习需要理解其他个体的思想。依据此观点，从社会互动中学习的关键就是人类有能力理解与自己一样的其他人，特别是有能力理解和自己一样具有意图和心理状态的其他人。托马塞洛和他的合作者提出了3种建立在此理解上的文化学习形式：模仿学习、指导学习和合作学习。在此，我们简要讨论这些学习形式，并会在第9章对它们进行更详细的讨论。

根据托马塞洛的定义，模仿学习是指为了实现相同目标而重复其他个体的行为。因此，模仿学习需要理解其他个体的行为与目标之间的联系。模仿学习应与效仿学习区分开来。效仿学习只需要专注于他人个体行为的最终结果，不需要理解特定行为与预期目标之间的联系。效仿学习只涉及学习任务的某些方面，而模仿学习是对他人在任务中行为的学习。

指导学习是指学习者试图从老师的角度理解任务或材料，直接地、有目的地从一个个体将信息传递给另一个个体。在指导学习中，学习者要将老师的指导内化，然后运用这些指导来规范自己的行为。指导学习既可发生在正式的教育环境中（如学校的课堂上），也可发生在非正式的教育环境中（如父亲教女儿如何捕鱼）。所有文化中的成年人一般都要对他们孩子的学习进行指导。一些研究人员认为，人类的互动系统是专门为允许个体之间的知识传递而设计的，婴儿在进化过程中已经准备好接受这样的指导。无论是教学，还是通过教学进行学习，都至少要有理解他人心理状态的能力。

理解他人心理状态的能力也是合作学习所必需的。合作学习是指在多个个体参与的、合作的、以目标为导向的问题解决过程中发生的学习。两个儿童一起合作为一列玩具火车建造轨道就是合作学习的一个例子。两个儿童合作建造出来的轨道要比他们独自建造的轨道复杂得多，而且每个儿童都可能在合作过程中学到一些东西。模仿学习和指导学习是知识从一个个体到另一个个体的传递过程，合作学习则是新知识的联合建构过程。这个过程包括合作者建立一个共同的目标，以目标导向分工，再合作执行。总之，所有的这些活动都需要合作者具备在互动过程中采择其他参与者观点的能力。

> **Children's Thinking 划重点**
>
> 维果茨基在其20世纪早期的著作中提出了两个理论，奠定了社会文化理论的基础。第一，认知发展发生在社会互动中。维果茨基所定义的社会互动并不是激发个体内部变化的外部力量，而是发展变化机制本身的一个组成部分。第二，人类的行为受到文化工具的调节。文化工具既包括作用于环境的技术工具，也包括用于思考的心理工具。维果茨基认为语言是最重要的心理工具。
>
> 现代社会文化理论在这些核心观点的基础上建立了很多分支理论，其中一个重要的关注点是儿童所拥有的学习和参与活动的机会。这些机会取决于文化规范和社会实践活动。第二个关注点是社会和文化学习需要学习者具有认知能力。认知能力包括建立主体间性的能力，以及理解和自己一样具有目标、意图和心理状态的其他个体的能力。

孩子如何从社会互动中学习

现代发展心理学中的许多研究方向都受到了社会文化理论的启示。其中的几个重要的研究发现是，儿童在与成年人和同伴的互动中学习，儿童在有指导的情况下参与文化活动，以及语言作为心理工具的使用情况。

在与成年人的互动中学习

当成年人与儿童互动时，他们通常以促进儿童学习的方式来构建互动行为。成年人在这种互动中的角色常被比喻为"脚手架"。成年人为儿童提供社会"脚手架"。这样的"脚手架"可以让儿童扩展活动范围，并完成无法独自完成的任务。儿童一旦能够独立完成这些任务，就不再需要社会"脚手架"了。

在本章开头的场景中，母亲与儿童的对话体现了社会"脚手架"的作用。儿童最初并没有对他试图重现的参照模型给予太多的注意。母亲引导儿童把注意力放在参照模型上，并温柔地纠正他在选择拼板时犯的错误。在母亲的帮助下，儿童选择了正确的拼板，并用它们正确地拼出了模型。母亲的行为提高了儿童的操作能力，使他最终能够成功地完成拼图任务。

在给儿童提供社会"脚手架"支持时，成年人倾向于根据儿童的能力发展水平为他们量身定制一些支持和帮助。他们有时给儿童提供较为简单的任务，有时通过减少完成任务所需步骤的数量或强调任务的关键之处来简化任务。根据儿童完成任务的情况，成年人会调整相应的指导内容。例如，相比已经掌握了一些编织技能的女孩，玛雅妇女会给没有任何编织经验的女孩提供更多的指导；玛雅妇女还会在编织较难之处给予女孩们更多的帮助。这种互动过程有助于女孩提高编织技能，尤其是这种指导刚好超过儿童现有的技能水平时效果更为显著。在一项研究中，母亲帮助3～4岁的孩子搭建复杂的积木金字塔，如果母亲对儿童的现有技能水平很敏感，给予了恰当的指导和帮助，那么，儿童在后测任务中独立完成任务时就会取得更好的成绩。

成年人与儿童互动时保持敏感性在儿童的语言获得中也起着重要作用。婴儿不会说话，只能用手指着物体，此时，母亲会主动说出物体的名称。若母亲经常对不会说话的婴儿说出被婴儿指着的各种物体的名称，那么这个婴儿往往会有着丰富的词汇。同样地，即使初学走路的幼儿没有指着物体，只是集中注意力盯着物体时，母亲有时也会说出这些物体的名称。如果母亲经常以这种方式"跟随"儿童的注意力，幼儿所掌握的词汇量也往往更丰富。

成年人根据儿童的技能水平保持敏感并提供支持是非常重要的，且可以采取多种形式提供恰到好处的支持。一项研究对比了不同类型的结构性互动效果，在互动中，成年人帮助儿童将物品的照片（烘焙用品、餐具等）进行分类。在互动组，成年人采用以下3种方式为儿童提供支持：阐述自己如何分类，通过提问方式引导儿童进行分类，综合使用上述两种方法。在控制组，成年人并没有给儿提供帮助。与控制组的儿童相比，互动组的儿童在独立完成后测任务时表现得更好。如图 4-3 所示，儿童在成年人 3 种支持条件下的表现基本相同。由此可见，成年人提供的多种类型的支持对促进儿童的学习都是有效的。

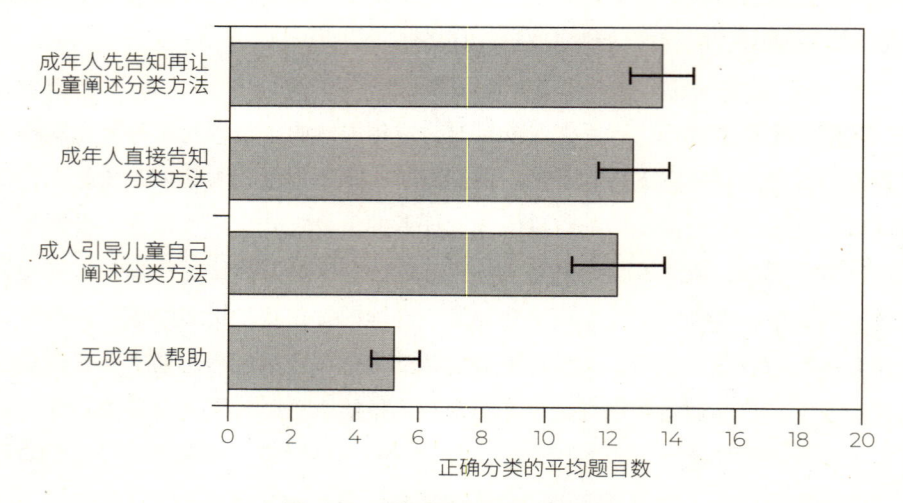

图 4-3　儿童正确分类的平均题目数

　　毫无疑问，成年人比同伴能够给儿童提供更好的社会"脚手架"，即提供思维活动上的支持。例如，成年人和同伴分别教儿童习得一种新技能。结果表明：儿童在和成年人一起互动时，学到的东西更多、效果更佳。成年人作为教师的优势，不仅仅是因为他们更了解如何解决问题，即使同伴和成年人对一项任务了解得一样多时，成年人仍能比同伴教得更好。这种优势在很大程度上取决于成年人与儿童的互动方式。成年人会先列出任务目标，与学习者讨论实现任务目标的策略。相比之下，同伴教学时经常告诉学习者该做什么，而不解释为什么要这么做。与上述结论一致的是，那些尽可能与学习者分担学习责任的成年人与没有这么做的成年人相比，能更有效地促进儿童的学习。

　　成年人与儿童的互动也会因儿童的特点而有所不同。研究者研究了孩子与父母在科学博物馆中的互动方式，由此证明了该观点。父母在和孩子一起参观科学博物馆时，会以多种方式支持孩子对博物馆展品的探索。首先，父母帮助孩子选择和编码证据，如指出展品的重要特征。其次，父母帮助孩子生成证据，如通过帮助儿童与展品互动，产生可以观察到的证据。最后，父母有时会解释展品的工作原理。当然，父母与孩子互动的方式也因孩子的性别而异。例如，父母向男孩提供的有关因果机制的解释要比女孩更多些。

在与同伴的互动中学习

许多儿童与同伴的互动要比与成年人互动更多。同伴之间合作有益于儿童的学习：同伴能够激励儿童尝试完成困难的任务，提供了模仿和学习彼此技能的机会，通过解释自己所知道的知识来深化对事物的理解，同时还能让儿童参与讨论从而提高理解力。这些潜在的优势使得合作学习在许多学校得到了广泛的应用。

但是，与同伴合作学习时总能达到预期的效果吗？答案似乎是"有时有，有时没有"。一些研究发现，同伴合作一起解决问题比儿童独自解决问题能产生更好的学习效果。一些研究则没有发现这样的结果。此外，还有一些研究发现，这两种结果都有可能发生，主要取决于任务、儿童与同伴之间的互动。接下来，我们将讨论合作的有效性如何随儿童的年龄、互动的质量、儿童的相关专业知识、任务的难度，以及儿童的文化规范不同而变化的。

年龄。儿童与同伴有效合作的能力发展得相对较晚。尽管5岁儿童已经具备在很多情况下解决问题的能力，但除了最简单、最熟悉的问题，他们很难一起合作解决所有问题。这种困难源于许多方面，包括抗干扰能力有限，协调注意力以使双方考虑问题的同一个方面的能力有限，使用语言充分准确地交流想法、协调联合行动的能力有限。

合作对年龄较小的儿童来说尤其困难。看看下面两名学龄前儿童的合作情况。其中一个孩子已经学会了用积木拼装房屋，被称为建造房屋的"小专家"，另一个孩子在这方面还是个"新手"。"小专家"和"新手"要一起合作搭建一座新的积木房屋。但在搭建过程中，这名"小专家"显然不太愿意让"新手"帮忙。下面是两人的对话：

新手："你得让我帮忙。你答应过的。"

小专家："我会的，等我先完成这个（门）。"

新手：（叹着气，向后坐下，双臂在胸前交叉，又皱起了眉头。22秒之后，拿起一些积木并开始构建房屋的一部分。当这部分完成以后，他将其交给了小专家）"我为我们的房屋建好了这个部分。"

小专家："我才是建筑师，我说找什么，你就按我说的去找，好吗？把那块黄色的积木拿给我。"

新手："我也要当建筑师。她（实验者）说过我们要一起搭建房屋。你看，我搭的窗户很漂亮……"

小专家："不行，这是我搭建的房屋。"（把自己搭建的房屋从新手身边拿开）

新手：（开始摇晃桌子，让小专家无法继续搭建房屋）

小专家："不许晃！如果你不停下来，我们就不能完成任务。我把门都快建好了。"

新手：（停止摇晃桌子，看着小专家的动作，直到小专家把门建好）"现在轮到我了！轮到我了！"

故事最后，因为"小专家"一直拒绝让"新手"搭建房屋，"新手"对"小专家"进行了强烈的反击——扔了积木。当"小专家"举起手来保护自己时，"新手"又推倒了"小专家"搭建的房屋，合作就此结束。

互动的质量。 即使儿童能够很好地合作，在合作过程中不互相攻击，他们的互动质量也会有很大的差异。互动质量是影响儿童能否从与同伴的合作中获益的一个非常重要的因素。愿意分担任务、乐于思考的儿童比那些不太关注彼此想法的儿童更有可能从合作中获益。例如，玛丽·高文（Marry Gauvain）和芭芭拉·罗格夫（Barbara Rogoff）研究了5岁儿童规划路线的效率，要求5岁儿童前往某个玩具店购买特定的物品。结果表明，两人一组共同规划路线的儿童比两人轮流完成任务的儿童表现得更好。

互动质量的差异可能反映这样一个事实：在教年龄小的儿童建造玩具房屋的过程中，相比其他年龄大的儿童，哥哥姐姐会给儿童提供更多的解释和更积极的反馈。年龄较小的儿童也更倾向于从哥哥姐姐那里得到问题的解释。因此，与没有亲属关系的其他儿童组合相比，兄弟姐妹组合在解决任务过程中表现出的共同参与度更高。

为什么儿童共同参与一项任务有助于完成任务呢？原因在于同时关注同一问题的儿童更有可能将彼此的想法结合成新的方法或规则，能够看到彼此观点的长处和弱点，并能够利用他人的意见来弥补自己的不足之处。不过，仅仅交谈并不能够提高解决问题的能力：当儿童独自解决问题时，即使是他们大声说出自己正在做什么也对解决问题毫无用处。解决问题的关键在于参与者对彼此观点积极进行思考的程度。

丹尼尔·施瓦茨（Daniel Schwartz）认为，成对合作的人往往比单独工作的人更能构建出复杂、抽象问题的表征。他发现：在不同类型的解决问题任务中，成对工作的儿童经常建立关于问题的共同表征来协调他们之间的不同观点。因为这种共同表征在不同的观点之间架起了一座"桥梁"，所以会比较抽象。抽象表征通常能够促进问题的解决。因为成对工作的儿童更能生成这种表征，所以他们会比单独工作的儿童在完成任务过程中表现得更好。

相关的专业知识。另一个影响同伴合作有效性的因素是合作者的相关专业知识。儿童通常会从与技能更高或知识更多的同伴的互动中受益。例如，一项研究表明，相比单独搭建积木的新手或与其他新手一起搭建积木的新手，与技能较高的同伴配对的5岁积木建造新手，搭建积木的能力提高得更多。当然，这种互动通常对于技能更高的同伴而言也是有利的。

儿童的初始知识状态也会影响与技能更高的同伴合作的效果。在某些发展阶段，儿童的知识已经固定，很难改变，因此社会互动就可能不会促进学习。例如，卡伦·派因（Karen Pine）和戴维·梅瑟（David Messer）研究了同伴合作对儿童保持在杠杆上平衡物体的能力的影响。结果显示：大多数儿童能在与更有技能的同伴合作中有所获益，已有"物体在中间时保持平衡"观点的儿童往往不会从与同伴合作中学到什么。即使合作伙伴提供了反面证据，但是儿童非常难改变他对这一理论知识的理解。

虽然儿童往往会从与更有技能的同伴合作中受益，但对于正在合作的儿童来说，并不是一定要同伴具有多高的技能水平才有利于自己学习。当儿童与自己技能水平相当的人一起合作时，儿童也会学到知识。已有一些研究表明，对于一项任务或一个问题都持有错误观点的两名儿童通常会从合作中受益，两个"错误的观点"甚至能够产生一个"正确的观点"。大多数此类研究以对同一个问题持有两种不同错误观点的成对儿童为研究对象。研究结果表明，在社会交往中，即使两名儿童所持的观点都不正确，但观点的不同可能会导致知识的变化。

然而，我们要知道相互冲突的观点并不是引发知识变化的必要条件。西格勒做了这样的实验：让五年级的学生两两合作比较两组分数的大小。他们发现，无论结对儿童在前测中使用的错误策略是相同还是不同，他们在社交互动中都取得了相似的成功模式。

整合这些发现，研究者发现了一个非常重要的变量：儿童是否收到关于他们任务解决方案正确性的反馈。当儿童收到这样的反馈时，不管他们的知识与同伴的知识是相似还是不同，他们通常都会做出调整和进步。在没有收到反馈的情况下，如果要促进同伴合作获得知识转化，相互冲突的观点就是必不可少的。事实上，只有当儿童没有收到关于他们的任务解决方案是否正确的反馈时，同伴合作的效果和益处才最显著，因为他们依赖于彼此的交流和讨论来改进任务解决方案。

任务难度。任务难度也会影响合作的效果。如果一名合作者已经理解了任务，或他很快能掌握任务，共同合作往往会促进合作者们成功解决问题，并从中获得知识。当然，若合作者都不能正确地理解任务，表明这项任务要远远超出他们现有的知识范围，合作往往会让他们倒退，或对他们理解这项任务没有任何帮助。

合作同伴对推理能力的相对信心似乎与合作效果有关。在相对简单的任务中，回答正确的儿童比回答错误的儿童表现得更自信。这可能会鼓励回答错误的儿童追随他们的同伴。相比之下，在较困难的任务中，推理能力较差的儿童往往更自信，因为他们无法认识到其他观点的合理性。有时这会产生不好的后果，即推理能力较强、但对自己的观点不确定和不自信的儿童可能会跟随推理能力较弱、但很自信的合作者。

文化规范。 文化规范也会影响儿童的合作方式和合作结果。研究者对比了纳瓦霍儿童和欧美儿童在合作解决问题上的表现，说明了文化规范的影响。研究任务是一个棋盘迷宫游戏。因为迷宫里有许多"死胡同"，所以在试图穿过迷宫之前，规划出一条合理的路线是很有必要的。实验者包括事先已经接受迷宫知识指导的儿童（在游戏中称为"教师"）和没有接受任何指导的年幼儿童（在游戏中称为"学习者"）。由于纳瓦霍文化并不像欧美文化那样高度重视解题速度，而且纳瓦霍文化同时非常重视个人自主性和合作性，所以研究者预测纳瓦霍"教师"和"学习者"合作的方式是："学习者"在没有"教师"的帮助下，会花费很多时间规划路线。事实证明，这些预测是正确的。特别是在最困难、最需要计划的问题上，纳瓦霍儿童比欧美儿童在计划上花费了更长时间。但纳瓦霍儿童在解决迷宫问题时，却鲜少出错。由此可见，文化规范，以及前文阐述的年龄、相关的专业知识、互动质量和任务难度都会影响儿童合作解决问题的效果。

在他人指导下参与文化活动

为了描述儿童在社会和文化背景下有哪些互动特征，芭芭拉·罗格夫（Barbara Rogoff）和她的合作者引入了指导式参与文化活动的概念。这一概念包含两方面内容：第一，儿童的行为受他人的指导；第二，儿童参与的活动是其文化群体经常参与的、有价值的文化活动。指导式参与不仅指成年人明确地希望指导儿童的互动，也指儿童在成年人或群体其他更有技能的成员（如哥哥姐姐、同伴）的指导下观察和参与日常活动。活动包括穿衣服、做家务、做饭等。儿童在指导下参与这些活动，得以融入其所在的文化实践中。

所有文化中的成年人都会指导儿童参与具有文化价值的活动。然而，儿童参与的特定活动因文化背景而异。在包括美国在内的一些文化中，儿童往往被隔离于成年人的社会和经济世界之外，他们的许多学习机会来自学校。而在其他文化中，儿童通常要融入成年人的活动，因此他们的许多学习是在日常生活情境中进行的。因此，不同文化背景下的儿童会体验到不同的学习，并被社会化。

指导式参与模式的跨文化研究。罗格夫和贾彦蒂·米斯特里（Jayanthi Mistry）、阿尔廷·贡丘（Artin Göncü）和克里斯蒂娜·莫热（Christine Mosier）研究了两类文化群体中的儿童活动和社会互动：一类是两个社区（美国盐湖城和土耳其凯其欧伦市的中产阶级社区）中的儿童与成年人的活动完全分开；另一类是两个社区（危地马拉圣佩德罗的玛雅土著人部落和印度多尔基帕蒂的部落）中的儿童都参与成年人的活动。研究人员观察了 4 个社区中初学走路的儿童和看护者进行日常活动（如吃饭、穿衣）、玩社交游戏（如躲猫猫和手指游戏），以及玩新奇的物品（如研究人员提供的木偶、铅笔盒等）的情况。

罗格夫等人发现，在不同文化中，指导式参与在某些方面都是相同的。在他们研究的 4 个社区的社会互动中，儿童和成年人经常试图沟通他们对某种情况的个人理解，寻求共同的意义或主体间性。在 4 个社区中，儿童和成年人也会随着互动的进行而调整自己参与任务的程度。这种调整可以通过语言和非语言的交流，以及成年人对儿童活动的指导来实现。

但是，不同群体的指导式参与也存在重要差异。在儿童与成年人的活动分开的两个社区（盐湖城和凯其欧伦市）中，成年人与儿童之间的社会互动往往是由成年人组织发起的,他们为儿童提供明确的口头指导,并使用表扬或是其他激励手段来激发儿童的活动动机。在儿童融入成年人活动的两个社区(圣佩德罗和多尔基帕蒂)中,儿童观察成年人正在进行的活动、试图参与其中、进行社会互动,在与成年人互动中承担了更多的责任。这些群体中的看护者支持儿童参与活动,并经常为他们提供非语言形式的示范。

注意力管理的潜在意义。 罗格夫等人还发现,在上述两类不同文化群体中,指导式参与模式存在的本质差异与注意力管理模式的差异有关。在儿童活动与成年人紧密联系的群体中,儿童与看护者能够同时注意多个事件;而在儿童活动与成年人分离的群体中,儿童与看护者往往一次只能注意一件事情。罗格夫等人认为,观察多个正在进行的事件有助于锻炼儿童的注意力管理技能。

注意力管理中的这些跨文化差异突出了指导式参与对各种情境下的行为组织的潜在重要性。事实上,一些证据还表明体验不同类型的指导式参与模式会产生长期的影响。有研究显示:接受过大量正规学校教育的母亲与没有接受过正规教育的母亲在与儿童进行解决问题的互动中的组织方式存在差异。研究任务:3名儿童分别与他们的母亲共同构建一个三维图腾柱拼图。接受过大量正规教育的母亲更倾向于采用"劳动分配"的方法,如小组中的成员负责拼图的不同部分,她们更喜欢指导儿童该怎么做。因此,在这些小组中,大多数关于下一步该做什么的建议都是由母亲提出的。相比之下,没有接受过正规教育的母亲倾向于和儿童一起拼图,如小组的所有成员都关注拼图的同一方面(如共同完成拼图的一行)。在这些小组中,关于下一步该做什么的建议,既可能由小组中的最大儿童提出,也可能由母亲提出。因此,母亲所接受的正式学校教育具有社会等级结构的特征,这些特征影响着母亲与孩子之间互动的性质。

"参与"在发展过程中的变化。 罗格夫理论的核心概念是文化活动中的"参与"。从这个角度看,发展变化涉及儿童参与性质的变化。在许多情况下,儿童在成长过程中会从活动的旁观者或外围参与者逐渐成为核心的参与者。在某些情况下,儿童承担起任务的主要责任或领导角色。例如,蹒跚学步的儿童可能会简单地观察家人准备饭菜的过程，学龄前的儿童可能会帮助家人布置餐桌，年龄稍大一点的儿童可能会准备一些菜肴，而更大一些的儿童可能会独自决定准备哪些菜肴。

除了儿童在活动中扮演的角色发生变化，儿童参与活动的其他某些方面也可能随着儿童的成长而发生变化，如他们参与活动的原因（是遵从父母的指示，还是为了完成需要完成的任务）、对承担新角色和责任的态度，以及他们对不同活动如何影响整个任务的理解等。我们要全面了解这些发展变化，就需要了解儿童参与社会文化活动时的变化。

语言如何影响互动

在每一种文化中，语言都是社会互动的一个普遍特征，也是思维和组织行为的一个普遍工具。事实上，语言通常被视为最重要的心理工具。这么说有几个原因：首先，语言是大多数社会互动形式（包括指导式参与、指导学习和合作学习）的组成部分，是社会互动导致学习产生的一个渠道；其次，语言是人们调节行为、制订计划和解决问题的手段，这在自言自语现象中体现得较为明显；最后，语言结构似乎会影响思维的习惯模式，即使在没有明显涉及语言的任务和情况下也是如此。

语言对行为的调节。自言自语现象是语言调节行为的证据之一。儿童在玩耍、探索和解决问题时经常自言自语。例如，儿童在解答两位数的加法题时（如17+28），就常常会自言自语："7加8等于15，进一，（停顿）2，3，4，所以等于45。"维果茨基把这种自言自语现象看作儿童使用语言来调节行为的一种表现。

由此看来，儿童在完成更具挑战性的任务时会更多地表现出自言自语现象也就不足为怪了。因为在这些任务中，自我调节的难度更大。此外，儿童在逐渐长大的过程中，自言自语现象会逐渐减少或"转入地下"。维果茨基认为，自言自语最终会变成"内部语言"——一种无声的、内化了的自我对话。这一观点的一层含义是大多数思维其实是内化的语言。

语言与思维的关系。如果思维至少有一部分是由"内部语言"组成的，那么，个体所说的特定语言的特征就有可能影响该个体的思维方式。这种观点被称为语言相对性假说。该观点认为，语言编码现实的差异性会相应地表现在该语言使用者的思维差异上。该观点的主要支持者本杰明·李·沃尔夫（Benjamin Lee Whorf）提出："我们把自然分割，然后加以组织、形成概念、赋予意义，主要是因为我们是同一语言群体的成员。我们同意以此种方式组织自然，对该方式加以遵守，并将其编纂在我们的语言模式中。"

语言真的能塑造思维吗？越来越多的证据表明，词语含义和语法模式的变化确实与涉及思维的认知任务完成情况有关，但这些任务并不直接涉及语言。对这种现象的一种解释是，语言的结构模式会产生思维的习惯模式。

斯蒂芬·莱文森（Stephen Levinson）对说依密舍语的澳大利亚土著居民进行了研究。该研究很好地说明了这一观点。在依密舍语中，空间信息并不像英语等语言中用与身体相对位置有关的语言信息进行编码，如"左边"和"右边"，相反，是用绝对方位的术语来表示，如"北边"和"东边"。莱文森对标记空间关系的语言系统是否影响非语言认知任务进行了考察。在其中一项任务中，实验者要先观看放在桌子上面的模型：人、猪和奶牛，然后，他们被带到另一个房间，坐在一张桌子旁，面朝与他们在第一个房间时相反的方向。此时，研究者再向他们展示完全相同的一组模型，并要求他们按照第一个房间里的模型排列方式来排列这一组模型（见图4-4）。大多数讲依密舍语的人在排列模型时保持了模型的绝对位置。例如，第一个房间中奶牛模型朝东，在测试房间中，也被摆成头朝东。相比之下，讲荷兰语（和英语差不多，讲话人以身体的相对位置来对空间位置进行编码）的人却是参照自己身体位置来摆放模型。例如，在第一个房间中，奶牛在面向说话人的右边（东边），在测试房间中，被安排在了说话人的右边（西边）。这表明，以绝对还是相对词汇来编码空间关系的语言模式延续到了摆放模型这样的非语言任务中。

实验者面朝北

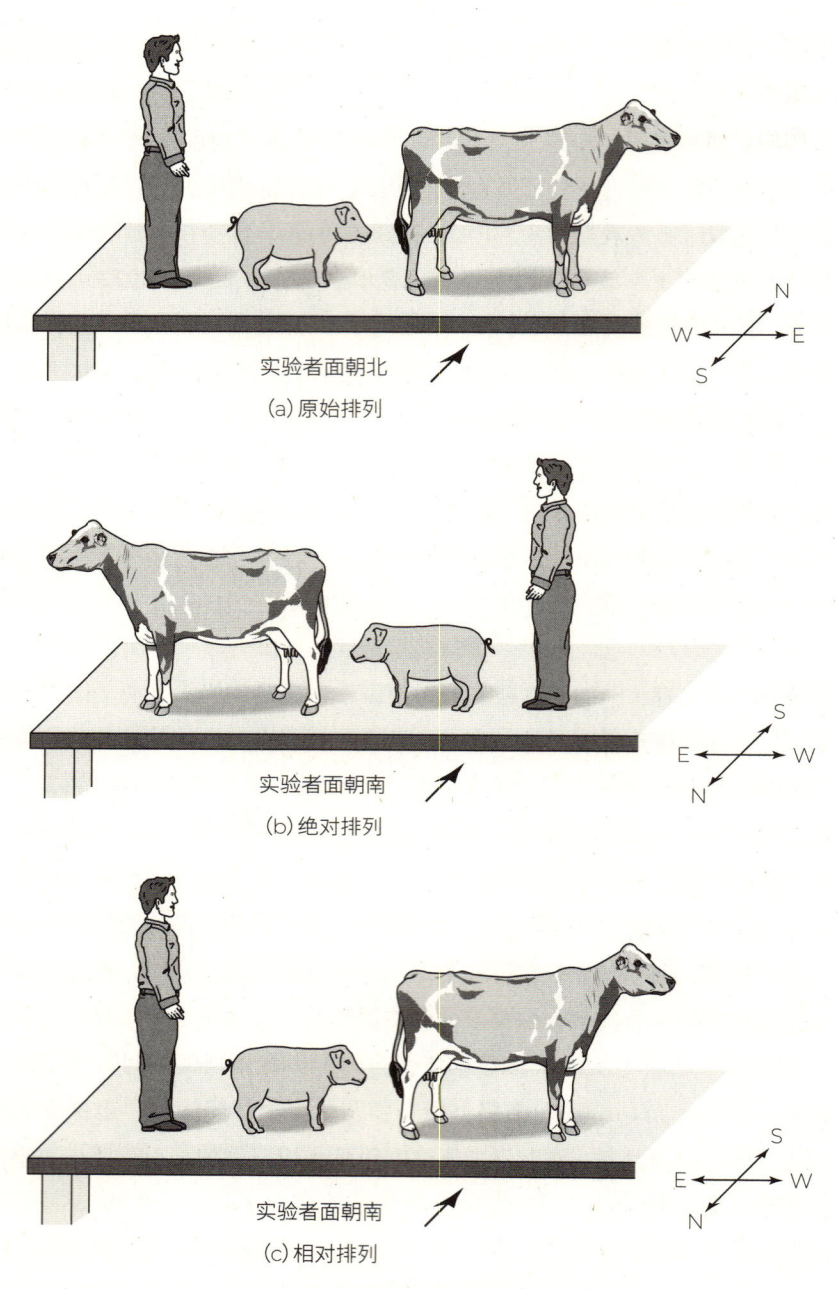

(a) 原始排列

实验者面朝南

(b) 绝对排列

实验者面朝南

(c) 相对排列

图 4-4 莱文森空间关系与语言系统实验

资料来源：based on Levinson, 1997, Figure4。

116　理解孩子　Children's Thinking

语言对思维影响的另一个令人信服的研究是研究者对讲尤卡坦玛雅语和讲英语的儿童和成年人的考察。在英语中，具体名词的意思通常包含描述物体形状的信息。例如，candle（蜡烛）表示长而细的物体。但在尤卡坦玛雅语中，具体名词常常与物体材料有关，描述物体形状的信息常常用其他词来表示，如英语中 a cube of sugar（方糖）的语言模式。例如，尤卡坦玛雅语对"一根蜡烛"的表达可以翻译成"一根又细又长的蜡"。因此，我们可以说英语的词语结构更关注物体的形状，而尤卡坦玛雅语的词语结构更关注物体的材料。

为了测试语言差异对物体分类的影响，研究者约翰·卢西（John Lucy）向讲尤卡坦玛雅语和讲英语的成年人呈现了一组物体。这组物体包括了3个物体，其中，一个物体被指定为"核心对象"（例如一个小纸箱），一个物体和核心对象具有相同的形状但材料不同（例如一个小塑料箱子），一个物体具有与核心对象相同的材料，不同的形状（例如一个扁平的小纸盒）。被试要判断哪个物体与核心对象更相似。几乎所有讲英语的被试都选择了形状相同的物体，而几乎所有讲尤卡坦玛雅语的被试都选择了材料相同的物体。因此，词语中编码名词含义的语言模式也会影响非语言任务。卢西和苏姗娜·加斯金斯（Suzanne Gaskins）对讲英语和尤卡坦玛雅语的儿童进行了类似的测试，发现与语言相关的分类偏好在儿童7～9岁时就开始出现了。

语言作为调节系统的发展。 上文所描述的一系列实验结果表明，语言和思维之间的关系本身可能经历着发展变化。当儿童语言表达变得更流畅时，当儿童逐渐接受和融入母语的习俗时，他们就能更好地将语言作为思维的工具。

儿童是如何获得将语言作为调节思维工具能力的？理论家凯瑟琳·纳尔逊（Katherine Nelson）对这个问题进行了讨论。她指出，在蹒跚学步和学龄前期，儿童使用语言作为表征系统的能力经历了4种水平的发展。在第一个水平上，儿童的世界知识由基于经验的事件的心理模型组成。在这个层次上，语言形式（如词语）可能是经验的一部分，但是，它们还没有被用来表征经验。例如，小女孩可能会把"气球"这个词语与她从父亲那里收到气球的事件联系起来，但此时，她还不能说出这个词语，也不能用这个词语调用该事件。

在第二个水平上，儿童能够将其心理模型的某些方面转化为语言形式，因此他们就能够使用心理模型与他人进行交流。然而，在这个层次上，儿童的心理模型仍然是建立在直接经验的基础之上，还不能根据语言获得的信息来改变心理模型。例如，孩子可能会记得从父亲那里得到一个气球，并且通过说"气球"这个词语来表达这件事情。但是，如果她的父亲回答说："是的，在集市上卖气球的人有很多漂亮的气球。"此时，这个孩子却不能根据这个信息改变自己对这个事件的心理模型。

在第三个水平上，儿童能够理解他人的语言表达，他们也可以利用这些信息来改变自己的心理模型。要达到这个水平，儿童必须习得语言技能，使得他们能够理解并参与他人的谈话。作为对父亲陈述的回应，处于这个水平的孩子可能会想象卖气球的人拿着各种颜色的气球。

在第四个水平上，儿童已经能够根据他人的陈述构建全新的心理模型。在最后这个水平，语言是表征事件的一种手段。因此，如果孩子听到她的哥哥说："在查理的生日派对上，我们每个人都得到了3个气球。"即使孩子没有亲眼看到或经历这个场景，她也可以根据哥哥的陈述来构建一个关于这个事件的心理模型。

请注意，根据纳尔逊的观点，语言作为心理工具，其功能在发展过程中发生了变化。在早期阶段，词汇只能用来标记从经验中发展出来的心理模型的某些方面。在后期阶段，语言可以用来构建新的心理模型，语言表征作为心理模型的组成部分。此外，纳尔逊还认为，儿童通过与他人更复杂的互动，学习将语言作为一种心理工具加以使用。因此，通过与他人的互动，儿童学会了使用语言来调节思维。

好的学习是帮孩子创造新的"最近发展区"

社会文化理论对教育实践有许多潜在的意义。其一，儿童的知识可以根据他们在有支持性社会互动下完成任务的能力来概念化。这种知识观意味着儿童的知识水平应该根据他们在社会互动中的学习能力来评估，而不是根据他们在没有任何帮助的情况下的表现水平来评估。其二，某种类型的社会互动，如在最近发展区内的指导式参与和"脚手架"支持，应该特别有利于儿童的学习。因此，设计课堂教学和其他类型的教育活动来促进这些类型的社会互动是非常有价值的。社会文化理论也关注人们如何使用文化工具，如数学符号和写作。很多的正规教育都涉及教授儿童使用文化工具，而不同的文化工具可能会对儿童的思维发展产生不同的影响。其三，社会文化理论为观察和理解社会互动提供了一扇窗。这种理论有助于我们理解在教育环境下发生的社会互动，以及理解这种互动是如何促进知识变化的。

评价儿童知识的社会文化取向

维果茨基认为，在教育环境中普遍使用的诊断性测试是面向已经充分发展的过程和技能的，即"昨天的发展"。他认为这不应该成为教育实践的重点。相反，他认为教育工作者应该关注儿童的动态发展变化，也就是刚刚开始发展的过程和技能（它们处于儿童的最近发展区）。在他看来，"唯一的'好的学习'是走在发展之前的学习"，因为这种学习创造了新的最近发展区。因此，为了获得对教育有用的信息，人们必须在支持性社会互动的条件下评估儿童的知识水平。

维果茨基观察到，在独立评估时表现出知识水平相当的孩子，在与技能更高的伙伴互动时，表现出的知识水平可能不一样。这意味着，如果像传统的教育领域一样，儿童的知识或技能水平是儿童在独立完成任务的情况下进行评估的，那么，关于儿童能力的一些重要信息可能会被掩盖。评估儿童在他人帮助下完成任务的潜在学习能力的方法，被称为动态评估。与传统评估方法相比，元分析已经表明了动态评估在预测成就方面的价值。动态评估方法提供的有关儿童能力的信息与静态方法（如 IQ 测验）所提供的信息不同。罗伯塔·费拉拉（Roberta Ferrara）、安·布朗（Ann Brown）和约瑟夫·坎皮恩（Joseph Campione）对此进行了研究。他们设计了一个实验：确定儿童在学习字母排序问题（如"ＮＧＯＨ ＰＩＱＪ"之后的字母是什么？）时需要多少次提示；在所有儿童都学会了正确解决简单的字母排序问题以后，研究者提出了更具挑战性的任务，这些任务中包括在简单问题中没有出现过的字母关系（如包含了倒序字母序列：ＵＣＴＤＳＥＲＦ）。结果表明，在解决有挑战性的任务上，那些在解决简单问题时需要较少提示的儿童往往比需要较多提示的儿童表现得更好。这并不是因为需要较少提示的儿童比需要较多提示的儿童智商高。因为即使实验中的儿童的智商相当，仍然能够得出同样的结果。因此，相比静态测量（如研究中的 IQ），对儿童在社会互动中学习能力的测量（如研究中的提示次数）能提供更多有关儿童能力的信息。

维果茨基对儿童知识水平的动态评估，为现代教育实践留下了宝贵的财富，影响深远。动态评估有利于评估儿童的学习潜力。因此，动态评估方法比一般方法能更准确地识别和评估有语言障碍或学习障碍的儿童。教师可以使用动态评估方法来挖掘那些可能被忽视的知识和技能，来提高儿童的能力。

第 5 章

Children's Thinking

孩子如何感知世界

研究者让一个4个月大的婴儿同时观看两部电影。在其中一部影片中，一个女人在玩躲猫猫的游戏。她先用手捂住自己的脸，而后把手拿开（露出脸来），并同时说："你好，宝贝，躲猫猫。"在另一部影片中，可以看到一只拿着一根鼓槌的手，有节奏地敲打着一块木头。实验者选择播放第一部影片中女人说"你好，宝贝，躲猫猫"的音频，或者播放第二部影片中敲木头的音频，但是不能同时播放这两个音频。

不知何故，这个4个月大的婴儿能将音频和视频画面正确匹配起来，且婴儿注视音频和视频相匹配的影片的时间要更长一些。

伊丽莎白·斯佩尔克（Elizabeth Spelke）发现，几乎所有4个月大的婴儿都能表现出和这个故事中的婴儿一样的能力。在她测试的24个婴儿中，有23个婴儿能更长时间地注视与音频匹配的影片。显然，这说明婴儿在还不到半岁时，就会将图像和声音进行有意义的联结。

斯佩尔克的这项研究在当前关于人类知觉发展研究中的很多方面都具有一定的代表性。虽然研究中的婴儿都不到6个月，研究者也使用了简单的实验程序，但却提出了一个关于人类天性的基本问题：婴儿是否在出生后不久就能将图像和声音结合？研究结果显示，婴儿的知觉能力超过了我们的预期。

本章有两个主要观点：第一，儿童的知觉功能可以非常迅速地达到或接近成年人水平。即使是新生儿，也能看到、听到和整合来自不同感官系统的信息，而且这些能力在婴儿出生后的第一年中就会不间断地快速发展。第二，知觉和行动联系密切，且从婴儿期这种联系就存在了。知觉为儿童提供了指导其行动的信息，而行动又为发展中的儿童提供了知觉信息。

感知是对从感官获得的信息进行组织和解释的过程。它与感觉是不同的，感觉是有机体遇到刺激（例如一个景象或一个声音）时启动的一系列物理过程。简言之，**感觉指的是信息，感知指的是理解这些信息**。知觉发展研究提出了关于人类天性的基本问题：生物遗传对人们感知世界的方式有何影响？经验又是如何帮助人类进行感知的？最重要的是，生物因素和经验因素是如何相互作用的？

洛克和伯克利等经验主义哲学家认为感知能力是后天习得的。婴儿最初体验到的世界可能是孤立的线条和棱角。渐渐地，他们知道物体就是由这些线条和棱角构成的。再后来，他们学会了推测物体的属性，例如通过观察物体的外观和爬行或步行至物体所需时间的关系，来推测物体和自己之间的距离。基于这些哲学家对于知觉发展最初的有限设想，早期心理学家威廉·詹姆斯（William James）于1890年提出假设：婴儿所体验到的是一个"巨大的、热闹非凡且嗡嗡作响的混沌世界"。

其他理论家，例如J. J. 吉布森（J. J. Gibson）和埃莉诺·吉布森（Eleanor Gibson）认为，婴儿具有生存所必需的知觉能力。他们指出，和所有的动物一样，人类是在一个充满物体和事件的环境中进化的。为了生存，人类需要准确地感知这些物体和事件。此外，为了生存，动物和人类需要通过知觉来指导自己的行动。因此，知觉和行动是紧密相连的。

同时，了解所处环境的细节也是一个人生存所必需的。吉布森学派认为知觉发展是一个学习检测环境中有用信息的过程。随着经验的积累，婴儿检测和解释有用信息的能力也会发生变化。与此同时，随着婴儿发育成熟，他们的行动能力也会提高。简言之，吉布森学派关于知觉发展的观点强调了生物因素和经验因素的作用，也强调了在整个发展过程中知觉和行动的联系。

与经验主义者的理论相比较，后续的研究更多地支持了吉布森学派的理论构想。即使在刚出生的几个月里，婴儿所体验到的由物体和事件构成的世界在许多重要方面都与成年人的世界非常相似。当前的理论都认为，人类生来就能以某种方式感知世界，许多重要的知觉能力是与生俱来的。此外，当前的理论也都认为，经验和学习有助于知觉能力的发展。

随后的研究也支持了知觉和行动从生命之初就密切相关的观点。例如，当婴儿看到一个球在他们面前滚动时，他们有时会伸手拦截它。值得关注的是，婴儿不是把手伸向球当前所在的位置，而是把手伸向球即将到达的位置。

知觉和行动之间的联系使我们深刻地理解了我们感知环境的意义。视觉和听觉等感觉系统帮助动物满足获取食物和躲避捕食者的基本需求。此外，动物的生存需要它们用知觉信息去指导行动反应。例如，儿童可能需要感知到他们面前的地形（坚实的地面还是水或台阶）是否可以行走，这样他们才能选择适当和安全的行动。

我们通过诸多感官系统来感知世界：视觉系统（看）、听觉系统（听）、味觉系统（尝）、嗅觉系统（闻）等。但是，不管通过哪种感觉系统，一般认为知觉都具有3种功能：注意、识别和定位。注意指确定情境中哪部分信息值得处理。识别指辨认我们正在感知的对象。定位指确定感知物体或事件与观察者之间的距离及其相对于观察者的方位。

所有这些功能的执行都是为了有效地指导我们的行动。假设你在丛林中，一只老虎正要冲向你，你需要将注意力集中在老虎身上，识别出它是一只老虎，并判断出它离你有多远。你对老虎最初的注意可能源于一个在周围模糊移动的光点。当你更仔细、更专注时，你就能识别出那个移动的光点是一只老虎。如果再仔细和专注一些，你能判断出老虎就在附近，且正在迅速向你靠近。你将利用注意、识别和定位获得的信息来决定是爬树、躲藏还是祈祷。因此，注意、识别和定位都有助于指导人们采取适当的行动。

视觉的发展

对视觉刺激的注意

自出生起，婴儿对某些事物注视时间就会格外长一些。这种注视偏好对发展至关重要。如果婴儿倾向于关注环境中信息丰富的事物，而非信息较少的事物，那么会加速其认知能力的发展。但是对婴儿而言，什么样的事物才是信息丰富的呢？那些远远超出婴儿当前认知范围的事物对他们来说是无法理解的。

莱斯利·科恩（Leslie Cohen）于1972年对刺激的获得性注意和维持性注意进行了区分。他的观点是：物体的整体物理特征吸引了个体最初的注意力，但物体的意义决定了这种注意力是否能够维持下去。科恩认为，获得性注意会影响个体一生的感知方式，但维持性注意会随着年龄和经验的变化而发生变化。运动的物体会吸引成年人和婴儿的注意，但婴儿和成年人要维持注意，其需要的刺激物却有很大的不同。在接下来的部分，我们先讨论什么样的视觉刺激能吸引婴儿的注意，然后讨论什么样的视觉属性能维持婴儿的注意。

定向反射。当人们看到一道亮光或听到一声巨响时，甚至在识别它为何物之前，人们就已经将注意力转移到亮光或巨响上了，这就是定向反射。定向反射似乎是与生俱来的。它能够帮助人们对需要立即行动的事件做出快速反应。它可以由大脑皮质控制，但更多是由大脑皮质下脑区控制。

扫视环境。即使在出生后的最初几天，婴儿也不只是注意他们视野中那些能吸引注意力的物体，他们会积极地寻找有趣的刺激。婴儿倾向于系统地扫视周围的环境，例如，他们最初的扫视范围很广，但当他们发现一个边缘时，就会专注于它，并更仔细地扫视周围的区域。这种倾向有助于婴儿发现环境中一些有趣的信息，但也可能会导致他们错过其他方面的信息。特别是，它可能导致婴儿在扫视物体边缘时，忽略其内部。如图 5-1 所示，1 个月大的婴儿会扫视面部和眼睛的外部轮廓，直到 2 个月大时，婴儿才会注意其他内部特征。

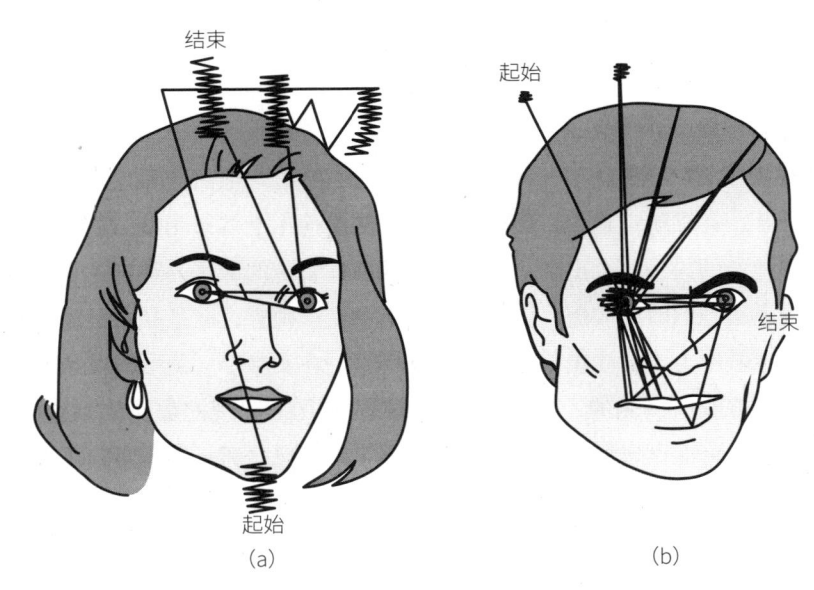

图 5-1　1 个月大和 2 个月大的婴儿扫视人脸的情况

注：(a) 图是 1 个月大的婴儿扫视的重点，集中在下巴和发际线处，这表明 1 个月大的婴儿关注人脸的外部轮廓。(b) 图是 2 个月大的婴儿扫视的重点，集中在眼睛和嘴巴上，这表明 2 个月大的婴儿更多地注视人脸的内部特征。
资料来源：after Salapatek, 1975。

这些与年龄有关的扫视模式的变化，以及婴儿注意力的其他变化，似乎在很大程度上取决于视皮质和皮质下视觉结构的相对成熟度。扫视既可以由视皮质控制，也可以由皮质下结构（例如上丘）控制。大脑皮质下结构在出生时更加成熟，因此在出生后最初的几个月里，皮质下结构在控制婴儿注意力方面发挥了更大的作用。这导致婴儿更多地注意物体的轮廓（例如人脸）和高对比度区域（例如眼睛），因为皮质下机制对这些部位的视觉信息特别敏感。

显性和隐性的注意配置。 当一个人的注意力被某个事物吸引时，这个人通常会转过头看向它。在这些情况下，注意反映在显性的行为中。但是，在另外一些情况下，虽然人们注视着某事物，但他们的心思却完全在另一个事物上。在这种情况下，注意的配置就是隐性的。

确定婴儿是否存在隐性的注意配置需要相当巧妙的实验设计。马克·约翰逊（Mark Johnson）、迈克尔·波斯纳（Michael Posner）和玛丽·罗思巴特（Marry Rothbart）于1994年设计了一种方法来研究这个问题。他们让4个月大的婴儿接受一项训练，在训练过程中，婴儿视野的一侧出现一个菱形图案，这通常意味着半秒后在他们的另一侧会出现一个有趣的发出嗡嗡声的旋转的彩色轮子。菱形图案在屏幕上出现的时间太短，以至于婴儿来不及注视它，而且在彩色轮子出现之前，婴儿也基本上不会注视菱形图案的那一侧。在实验中，菱形图案和彩色轮子是先后出现在视野两侧的。如果婴儿注意到菱形图案出现的那一侧而不去注视，那么他们就有可能迅速把眼睛转向彩色轮子将要出现的那一侧。实验结果的确如此。因此，即使4个月大的婴儿没有直接注视菱形图案，但他们仍能注意到它。这说明婴儿既能进行显性的注意配置，也能进行隐性的注意配置。

刺激的复杂性。 事物的哪种特性能在吸引婴儿的最初注意后使之保持呢？维持注意力的特性之一是事物具有适度的刺激性。假设在适中亮度的物体、非常昏暗的物体和非常明亮的物体之间进行选择，即使是刚出生一两天的婴儿也会选择适中亮度的物体。有趣的是，在这些不同刺激性的物体出现之前，如果给婴儿一个巨大的响声刺激，那么他们就会倾向于注视昏暗的物体。达夫妮·莫勒（Daphne Maurer）认为，这是由婴儿试图调节受到的刺激总量所致，巨大的响声和昏暗的光线组成了中等程度的刺激。根据这一解释，莫勒还发现，对婴儿的注意而言，在3种感觉形式（视觉、听觉和触觉）中分别增加少量刺激所产生的效果，与大量增加其中一种感觉形式（听觉）刺激的效果相同。

婴儿除了喜欢适度的刺激，也喜欢注视复杂程度适中的物体，而不是那些极其简单或极其复杂的物体。当然，适度复杂性的含义会随着婴儿的成长而变化。对 2 个月大的婴儿来说复杂程度适中的刺激，对 6 个月大的婴儿比较简单。根据这些观察结果，研究者提出了适度差异假说：婴儿最喜欢注视的是那些与他们现有能力和知识存在适度差异的事物。

婴儿行为的许多方面都符合适度差异假说。例如，随着婴儿不断成长，他们越来越关注复杂的刺激。在向婴儿展示棋盘的研究中，3 周大的婴儿注视 2×2 棋盘的时间比注视 8×8 棋盘的时间长；相比之下，14 周大的婴儿更喜欢注视较复杂的 8×8 的棋盘。

适度差异假说之所以受到研究者的关注，部分原因在于它提出了一种对认知发展的各个方面都具有潜在重要性的机制。如果人们持续不断地学习刚好超出他们当前理解能力的内容，那么，他们就会不断地提高自己理解更加复杂内容的能力。他们会先注意那些只需要非常简单的理解水平就能掌握的材料，然后注意那些需要稍微复杂一点儿的理解水平才能掌握的材料，依此类推。人们会自然地根据经验增长的顺序来学习，从而有效地调节自己的发展。然而，由于很难测量婴儿的知识，也很难知道对于婴儿来说什么是适度差异的刺激，因此，适度差异假说目前还只是一个假设，尚未得到科学验证。

预期。婴儿从出生后的第一天起，就拥有了现在，并面向未来。正是由于对未来世界状态的预期，婴儿才会在伸手去拿那些移动的物体时，直接把手伸向移动物体的目的地，而不是物体当前所在的位置。

至少在婴儿 3 个月大的时候，他们就会对有趣事件的发生地点产生预期，并用这些预期来指导他们的注视。这一结论在一个系列研究中得到了证实。在研究中，研究者向婴儿呈现一幅有趣的图画，图画出现位置的顺序有两种：要么是有规律地交替变化（左右左右……），要么是不可预测的顺序变化。如果在一分钟内以有规律的交替变化顺序呈现图画，3个月大的婴儿就能觉察出这种规律，并用它来预测接下来图画会出现的位置。也就是说，与无规律呈现图片组的婴儿相比，他们更有可能在图画出现在右边后注视左边，反之亦然。

3个月大的婴儿也会对更复杂的事件模式形成预期。例如，实验呈现了多个图画序列，序列中有趣的图画的位置以2/1的模式（左左右左左右……）变化或以3/1的模式（左左左右左左左右……）变化。3个月大的婴儿发现了这些模式，并用它们来指导自己的注视。相比之下，2个月大的婴儿对这些模式并未形成预期。因此，婴儿形成的预期会随着他们的发展而变化。

Children's Thinking 划重点　关于婴儿时期视觉注意的发展，我们能得出什么结论呢？某些类型的视觉刺激（例如明亮的光线）会吸引新生儿的注意力，正如这些也能吸引成年人的注意一样。即使在没有这些事件的情况下，新生儿扫视环境的方式也会使他们专注于最重要的信息。例如，他们的眼睛关注的是物体的轮廓，而不是内部细节。他们能够隐性地注意到真正感兴趣的东西，即使当时他们的目光集中在其他地方。另外，从生命早期开始，婴儿的注意就受到适度刺激偏好以及他们所形成预期的指引。

对物体和事件的识别

婴儿如何识别他们看到的物体和事件呢？婴儿的视觉敏锐度、物体的移动和颜色以及先验知识都有助于对事物进行识别。此外，人们似乎特别擅长识别具有重要进化意义的刺激，例如人体运动和面孔。下面重点介绍这些因素如何帮助我们识别物体和事件。

视觉敏锐度。识别物体和事件最关键的一项能力是将它们与不断变化的视觉刺激流区分开来。这种能力的一个组成部分是视觉敏锐度，或称为精细视力。视觉敏锐度使人们能够清楚地看到刺激之间的异同。

挂在每个验光师办公室里的斯内伦视力表就是用来测量视觉敏锐度的。以站在 20 英尺（约 6 米）外可看清的字母作为参照点，如果你能在 20 英尺处的距离看清楚一个视力正常的人在 150 英尺（约 46 米）处看到的字母，那么你的视力就可以表示为 20/150[①]。

不过婴儿的视觉敏锐度不能通过让他们读出视力表上的字母来测量。但我们可以通过观察婴儿偏好注视某物体来获得类似的信息。几乎所有的婴儿都喜欢注视黑白相间的条纹，而不喜欢看没有区分度的灰色区域。通过向婴儿并排呈现一幅灰色图片和一幅黑白相间的条纹图片，观察婴儿是否更喜欢注视条纹图片，研究人员就可以确定婴儿需要多大的条纹间距（空间频率）才能看出差异。

通过该方法得到的研究结果表明，新生儿在 20 英尺（约 6 米）远的地方看物体的清晰度，相当于视力正常（1.0）的成年人在 660 英尺（约 201 米）处看物体的清晰度。因此，新生儿的视觉敏锐度约为 20/660（0.03）。2 个月大的婴儿平均视觉敏锐度会提高到约 20/300（0.067），4 个月大时会提高到 20/160（0.125），8 个月大时会提高到 20/80（0.25）。为了更准确地描述婴儿的视觉现状，图 5-2 展示了大多数 1 周大的婴儿在约 30 厘米远的地方能够从灰色背景中区分出来的最细条纹。这样的视觉敏锐度水平足以看清楚物体的轮廓，但看不清细节。

婴儿和成年人的视觉差异不仅体现在绝对敏锐度上，还体现在个体对于何种视觉信息具有最大敏锐度上。1 个月大的婴儿在非常低的空间频率（即条纹间距很大）时敏锐度最高。在接下来的几个月里，婴儿在越来越高的空间频率（即条纹距离变窄）时表现出最佳的敏锐度。这意味着 1 个月大的婴儿对非常粗糙的轮廓非常敏感。在此之后，随着物体细节的增加，最佳视觉敏锐度开始出现。图 5-3 展示了婴儿在不同月龄与成年人分别观察一位女性面孔时的视觉能力。

---

① 在中国视力通常用小数表示，20/20 视力对应的小数形式视力为 1.0。视力 20/150 对应的小数形式视力是 0.13。——译者注

图 5-2　1 周大的婴儿能够从灰色背景中区分出的最细条纹

资料来源：after Maurer & Maurer, 1988。

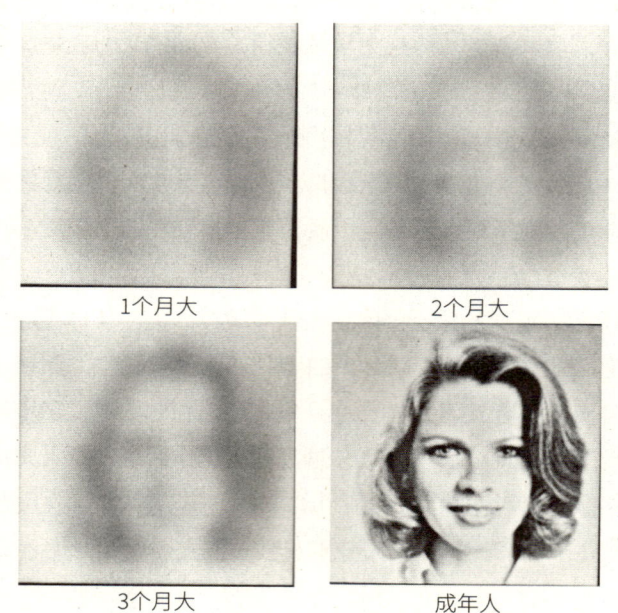

1个月大　　　　　2个月大

3个月大　　　　　成年人

图 5-3　1 个月、2 个月、3 个月大的婴儿和成年人在相距约 1.5 米外分别看到的一位女性面孔

资料来源：Ginsburg, 1983。

婴儿早期，视野的大小也在逐渐增加，从3个月大时的30度左右的视角增加到7个月大时的70度视角和11个月大时的80度视角。同时，婴儿外围视觉的分辨率也有所提高。

视觉敏锐度的发展依赖于视觉世界的经验。这一结论在患有先天性白内障而无法进行视觉输入的患儿身上得到了证实。这类白内障通常在婴儿出生后的6个月内被切除，婴儿在手术后会戴隐形眼镜，以便他们能接受适宜的视觉输入。虽然在刚刚手术后，婴儿的视觉敏锐度和新生儿差不多，但是，即便是在手术后的第一个小时，婴儿的视觉敏锐度也会迅速改善，并在接下来的一个月内持续改善。因此，视觉经验对视觉敏锐度的发展至关重要。

如果患有先天性白内障的患者直到晚年才摘除白内障，那么他们的视力可能永远达不到正常水平。例如，一名在12岁摘除白内障的女孩的视力永远不会达到正常的视力水平，尽管她在视觉加工的其他诸多方面变得熟练，例如匹配形状和区分面孔与非面孔等。

运动。婴儿的注意会被运动的物体所吸引，他们对运动的敏感度会随着年龄的增长而增强。即使是新生儿也具有稳定跟踪运动物体的能力，但这种能力最初仅限于大型且移动缓慢的物体。对于较小或快速移动的物体，婴儿的眼球运动就不那么稳定了。在物体移动后，他们通常会在物体原来所处的位置停留一两秒钟，然后将目光移向物体移动的大致位置，但通常和物体移动后的位置存在一定距离。随着年龄的增长，婴儿能够更好地利用头部和眼部运动平稳地跟踪运动的物体。随着婴儿跟踪运动物体的能力的提高，他们对视觉刺激持续注意的能力也在提高。

运动吸引我们注意这一事实能帮助我们识别物体。从直觉上看，识别运动的物体似乎比识别静止的物体更难。然而，在分析了物理环境中可用的信息后，吉布森于1966年指出，运动提供了有关物体在整个运动过程中持续存在的重要物体特性。因此，婴儿可能会发现，如果一个物体正处于运动状态，那就更容易感知到物体中各部分的整合。

后续的研究支持了这一分析。婴儿将物体视为单一实体在很大程度上是基于运动提供的信息。例如，如图 5-4 所示，当被遮住的木棒上下两端一起移动时，4 个月大的婴儿会认为这是一根木棒，但如果木棒是固定的，即使木棒的可见部分形状和颜色相同且对齐，他们也不会认为这是一根木棒。因此，运动不仅能吸引婴儿的注意，还能帮助他们识别所看到的对象。

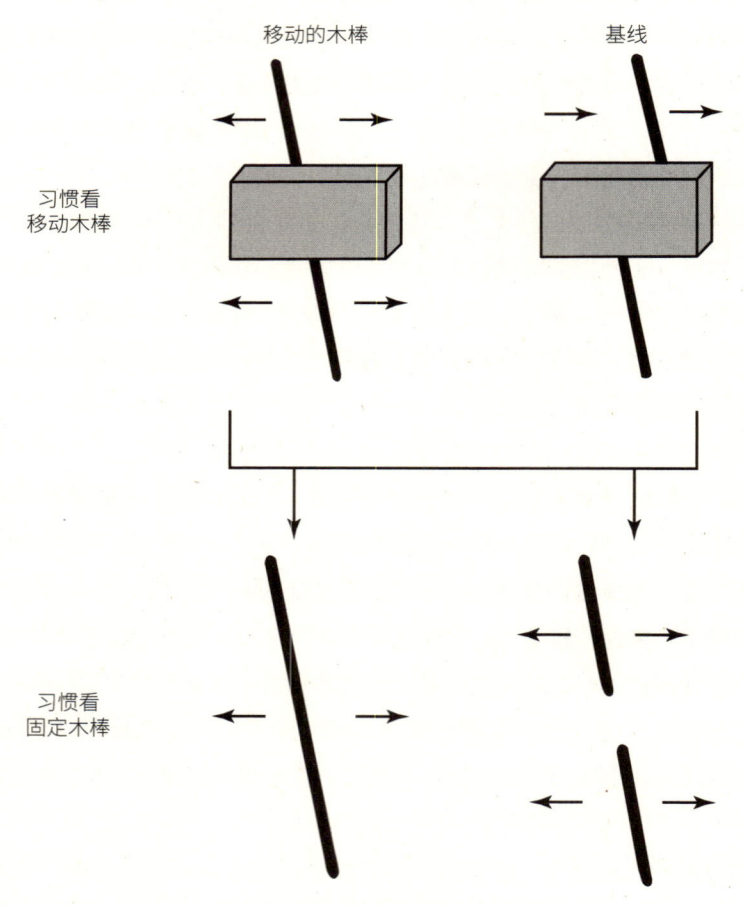

图 5-4 运动对婴儿注意的吸引

注：习惯了看在后面整体移动的木棒的婴儿，注视断裂木棒的时间比注视完整木棒的时间长，习惯了看固定木棒的婴儿没有表现出这种模式，因此，这种模式不是出于对断裂木棒的内在偏好。

事实上，婴儿似乎对人类的运动有特殊的偏好，这表明运动模式可能有助于婴儿识别人。即使是 4 个月大的婴儿，也会对类似人行走的卡通光圈保持更长时间的注意，而他们对数量相同、随机排列的单个光圈不感兴趣。在随机放置的灯光中，单个灯光的运动与"行走的人"显示器中匹配的灯光的运动相似。这种吸引力明显特定于人类的运动。4 个月大的婴儿对那些在成年人看来像会走路的四足蜘蛛的东西没有表现出类似的兴趣。

　　婴儿区分各种人类运动的能力相当高超。3 个月大的婴儿就能分辨出在成年人看来像走路和跑步的光线，5 个月大的婴儿就表现出对人类运动的高阶特性的敏感度，例如肢体对称模式的变化。婴儿对生物运动的感知很可能既包括由进化力量塑造的初始表征，也包括从观察人们运动的经验中学到的知识。

　　颜色。感知颜色对于识别环境中的物体也很有帮助。成年人可以感知波长约为 400～700 纳米的光。我们把特定的波长看作特定的颜色。例如，波长 450～480 纳米的光为蓝色，波长 510～540 纳米的光为绿色，波长 570～590 纳米的光为黄色，波长 615～650 纳米的光为红色。虽然我们看到有些波长的光为混合色（例如，500 纳米的光被认为是蓝绿色），但我们看到的大多数光仍是单一的颜色。

　　颜色是人类表现出"类别知觉"现象的一个领域。在类别知觉中，类别之间（绿色和黄色）的差异似乎比同一类别（不同深浅的黄色）内的差异更大，即使在物理差异相同的情况下也是这样（绿色和黄色的波长差异与不同黄色波长的差异相同）。类别知觉在很多领域都得到了证实，包括语音知觉和面部表情知觉。

　　由于说不同语言的人对颜色的标记不同，因此人类学家推测，不同文化背景下的人们对于颜色间界限的知觉是不同的。然而，关于婴儿知觉和其他领域的研究表明，这种观点是错误的。马克·伯恩斯坦（Marc Bornstein）、威廉·克森（William Kessen）和萨莉·韦斯科普夫（Sally Weiskopf）反复向 4 个月大的婴儿呈现特定波长的光，直到他们失去兴趣而不再注视它。然后，研究者再向婴儿交

第 5 章　孩子如何感知世界　　133

替呈现两种波长的光，这两种光在物理性质上都与先前呈现的、现在婴儿已经不感兴趣的光的波长距离相等。对成年人而言，在新呈现的两种光中，其中的一种光的颜色看起来与先前呈现的光的颜色不同，而另一种光与先前的光看起来颜色相同，只是光的明暗度不同。此时婴儿花了较多时间注视成年人认为波长不同的颜色，而较少注视成年人看起来颜色相同、明暗度不同的光。一些研究表明，即使是新生儿也对某些颜色具有辨别能力，1个月大的婴儿能辨别整个光谱上的颜色。

因此，和成年人一样，婴儿具有颜色的类别知觉能力，并且他们对各种颜色波长的界定也与成年人相同。值得注意的是，婴儿早在学会颜色名称之前就已经具备了这种辨别能力。有研究表明，有些细胞对不同颜色有不同反应，以及世界各地的人们对相同的波长来代表某一特定颜色的认识是相同的。综上所述，人类的生物结构在颜色知觉方面起着关键作用。

然而，也有证据表明，经验在颜色视觉的发展中发挥着重要作用。杉田阳一（Yoichi Sugita）在一个只有单色灯照明的房间里养了4只猴子。从1个月到1岁，猴子一直待在这个房间里。这些猴子对颜色相似性的判断与在正常条件下的猴子有所不同，在不同光照条件下对颜色稳定性的感知也出现了缺陷。因此，在物种典型环境中成长的经验对于颜色感知的正常发展是必不可少的。

面孔知觉。其他人在婴儿发育过程中扮演着许多重要的角色，所以注意和识别面孔是极其重要的。从出生的第1个月开始，相比其他大多数物体，婴儿更喜欢注视人脸。但是这种偏好是由于婴儿能感知面孔，还是由于面孔的其他属性吸引了婴儿的注意力呢？婴儿喜欢面孔的许多特征：对称、高对比度、能运动和能发出声音。因此，婴儿之所以喜欢注视面孔可能是因为他们喜欢人脸的特征，而不是感知到了面孔。

然而，詹姆斯·丹内米勒（James Dannemiller）和本杰明·斯蒂芬斯（Benjamin Stephens）在1988年的一项研究中证实，在3个月之前，人脸对婴儿而言还是很特别的对象。研究者给 6 周和 12 周大的婴儿呈现一些如图 5-5 所示的计算机生成的图案。虽然（a）图和（b）图的差别仅在颜色对比上相反，但成年人认为（a）图更像人脸。6 周大的婴儿注视这两幅图的时间相等，但 12 周大的婴儿更加喜欢像人脸的（a）图，他们对（c）图和（d）图的偏好都没有任何变化。这表明，对（a）图中人脸的偏好并不仅仅是因为 12 周大的婴儿更喜欢深色边缘或者图中有深色的暗块。因此，12 周大的婴儿似乎能从图中识别人脸，他更多地注视（a）图至少部分出于这个原因。

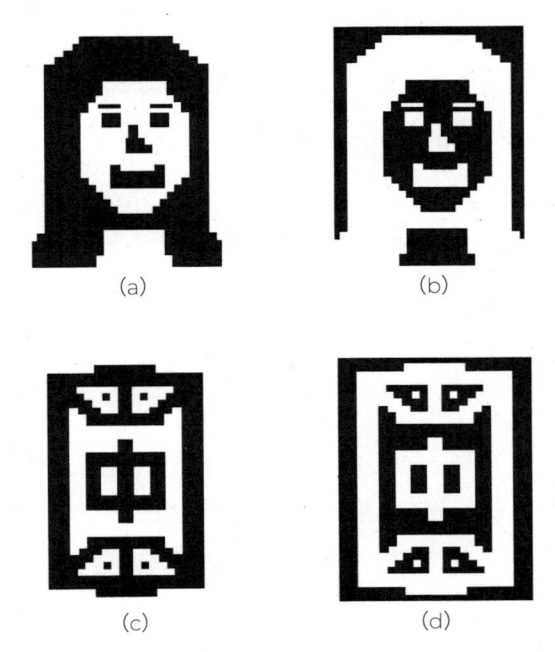

图 5-5 丹内米勒和斯蒂芬斯在 1988 年的研究中呈现给婴儿的刺激

年幼的婴儿也喜欢注视人脸，图中即使没有真实人脸的细节，也能吸引他们的注意。他们只需要两个点来提示眼睛的位置，另一个点来提示嘴巴的位置。以图 5-6 为例，新生儿对（a）图和（b）图的注意多于（c）图和（d）图。同样，刚出生还不到 1 小时的新生儿更喜欢注视（b）图中的面部斑点，而不是（c）图中的面部斑点。然而，同一组新生儿在图 5-5（a）图和图 5-5（b）图所示的正

第 5 章 孩子如何感知世界 135

对比刺激和负对比刺激之间没有表现出偏好。

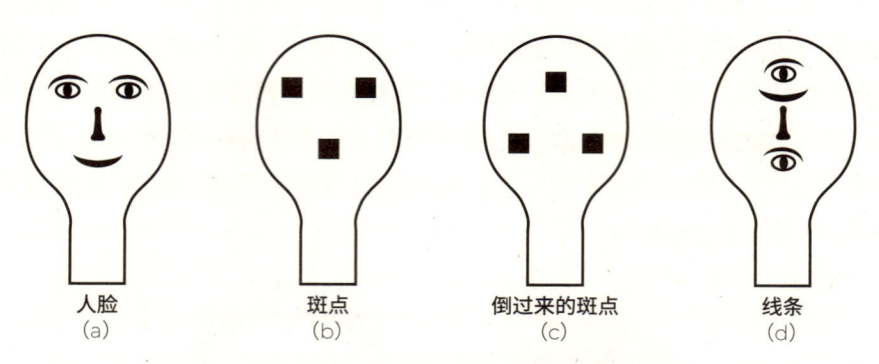

人脸 斑点 倒过来的斑点 线条
(a)   (b)   (c)   (d)

图 5-6　研究人员给新生儿呈现的 4 张 "人脸"

资料来源：Johnson and Morton, 1991。

后来的研究表明，新生儿普遍偏爱上视野对比度高于下视野对比度的模式——这一模式适用于所有人脸。到了 3 个月大的时候，这种非特异性的偏好似乎只局限于面部。3 个月大的婴儿更喜欢正立的脸而不是倒立的脸，但他们不喜欢 "上重下轻" 的几何图形，也不喜欢 "底重" 的脸状图形。

综上所述，这些研究表明，可能存在一种先天机制，将婴儿的注意引向人脸。该机制似乎操纵着一个相当粗糙的人脸初始表征，因为婴儿无法对只是颜色对比相反的类似人脸的刺激做出区分。在婴儿出生后的第 1 个月里，相比大多数运动的物体，他们会更多注视运动着的面孔。这种对人脸的关注为婴儿详细了解人脸特征提供了信息。

在出生后 4～6 周，婴儿追踪运动面孔的倾向急剧下降，在这个时期，许多基于皮质下的反射行为发生的频率也有所下降。到 3 个月大时，婴儿对图 5-6 中 4 种刺激的追踪程度基本相同。据此，马克·约翰逊和约翰·莫顿（John Morton）提出，皮质下机制在婴儿早期面部视觉追踪方面具有重要作用。之后，视皮质在人脸识别中发挥了更大的作用，特别是在区分不同面孔方面。

婴儿对面孔的偏好还表现在他们倾向于在复杂的场景中注视面孔。迈克尔·弗兰克（Michael Frank）、爱德华·瓦尔（Edward Vul）和斯科特·约翰逊（Scott Johnson）用眼球追踪的方法观察了3个月大、6个月大和9个月大的婴儿在自由观看动画电影《查理·布朗的圣诞节》（A Charlie Brown Christmas）中的片段时的眼神。随着年龄的增长，婴儿对场景中的面孔的注意逐渐增加。此外，小龄婴儿的注意力主要集中于知觉显著特征，而年龄相对大一些的婴儿关注的是面孔本身。

面孔之间的区别。 婴儿除了喜欢注视人脸外，对不同面孔的喜欢程度也不一样。12～36个小时大的婴儿更喜欢他们母亲的脸，而不是陌生女性的脸。无论婴儿看到的是真人，还是照片或视频，这种偏好都是一样的。

婴儿在6个月大时就能熟练地辨别人脸了。他们会从很多方面（包括熟悉度、物种、种族、性别和年龄）区分人脸。此外，婴儿会由于经验而对某些类别的面孔表现出偏好。

随着经验的积累，婴儿的偏好逐渐适应于区分他们通常看到的面孔类型了。奥利维尔·帕斯卡利斯（Olivier Pascalis）、米歇尔·德·哈恩（Michelle de Haan）和查尔斯·纳尔逊（Charles Nelson）发现，6个月大的婴儿能够区分新面孔和他们不久前见过的旧面孔（对人类和猴子的面孔他们都能做到这一点）。然而，婴儿区分猴脸的能力会随着年龄的增长而下降：在9个月大的时候，婴儿只能区分人脸，却无法区分不同的猴脸，这与成年人的觉察模式一致。在后续研究中，帕斯卡利斯和同事们要求6个月大的婴儿的父母在婴儿3个月大的时候让婴儿观看一组猴子脸的照片。在这些婴儿9个月大接受测试时，他们能区分不同的猴脸。然而，在此期间没有接触过猴脸的同龄婴儿则无法区分不同的猴脸。因此，婴儿早期的面部感知能力是由经验形成的，经验会使人们感知辨别能力缩小。

婴儿对其他种族面孔的感知也凸显了经验在面孔感知中的重要作用。其他种族效应指成年人辨别其他种族面孔的能力比辨别自己种族面孔的能力要差。这种效应在婴儿时期就出现了：婴儿在 3 个月大的时候，对注视自己种族的面孔没有表现出偏好，但在 9 个月大的时候，婴儿注视自己种族的面孔的时间变长。这种效应取决于视觉经验，与其他种族的人接触较多的婴儿不会表现出注视自己种族面孔的偏好。此外，在一项针对 8～10 个月大婴儿的研究中，通过让婴儿在 3 周内每天短暂地接触其他种族的面孔，婴儿注视偏好产生了变化。视觉经验的类似效应也出现在年龄较大的儿童和青少年身上。随着年龄的增长，人们更能准确地识别来自他们经验中的种族群体面孔。因此，面孔经验深刻地影响着人们的面部感知。

婴儿不仅能容易地识别面孔，而且在辨别时具有审美偏好。婴儿注视具有吸引力的成年人面孔的时间更长，这种偏好在出生 3 天的婴儿身上就可以观察到。偏好有吸引力的面孔跨越了不同种族、性别，甚至是年龄。

为什么婴儿更喜欢特定的面孔呢？很大一部分原因在于，被感知为有吸引力的面孔，在一定程度上符合平均脸的原型。该原型类似于将许多黑白人脸照片中每一像素的明暗度进行平均，然后采用平均值像素来合成人脸。通过这种程序产生的人脸比任何真实的人脸都更具吸引力，也会更吸引婴儿。

一些研究者认为，人们对平均脸的偏好是通过进化产生的，因为平均脸是健康的一个重要指标，有一个健康的伴侣，生育成功的可能性更大。然而，我们对此存疑，因为面孔吸引力和健康之间的联系相对较弱，而且婴儿对有吸引力的面孔的偏好同时适用于动物（例如猫和老虎）和人类。

另一种解释是，人们对平均脸的偏好源于人类大脑处理信息的方式。从这个角度来看，对脸的感知经验导致了对平均脸的偏好。为了证实这一观点，6 个月大的婴儿在熟悉了 8 张面孔后，对一张他们从未见过的平均脸做出了相应的熟悉反应。基于这些发现，婴儿似乎很可能在出生后不久就可以从他们所经历的人脸中迅速抽象出一张原型脸。因此，新生儿早期的人脸经验似乎丰富了其对人脸的最初表征。

如果对漂亮面孔的偏好取决于对面孔的经验,那么对平均脸的偏好应该会随着发展而增强,事实也确实如此。跨文化研究也支持了这一解释。一项关于狩猎—采集社区的非洲成年人的研究表明,他们更喜欢平均水平的哈兹达人的脸,而不是平均水平的欧洲人的脸。此外,人们对平均的偏好不仅体现在面孔上,也体现在其他种类的物体上,例如鱼和汽车等,这就表明其为一般机制,而并非针对面孔。综上所述,面孔经验会导致人们对平均脸的偏好。

知识影响知觉。 虽然国际象棋程序能与国际象棋世界冠军一决高下,有时甚至会击败他们,但没有任何计算机视觉系统能像1岁幼儿那样识别物体。这是因为即使是在相对简单的情况下,识别你所看到的东西也需要大量的知识。

埃米·尼达姆(Amy Needham)、巴亚尔容和莉萨·考夫曼(Lisa Kaufman)认为,至少有3种类型的知识会影响婴儿(和年龄较大的儿童)对物体的知觉:结构知识、物理知识和经验知识。以图5-7为例,结构知识使我们认识到(a)图描绘的可能是一个球和一个盒子,而不是一个球和球旁边的两个单独的物体;球两边的物体形状相似,说明球是在一个物体的前面,而不是在两个单独的物体之间。物理知识告诉我们,如果(b)图描绘的是真实的球和盒子,那么球和盒子一定是粘在一起的,否则球就无法悬浮在半空中。经验知识表明,(c)图中的球和盒子可能是两个物体,我们经常看到球和盒子,但很少看到球粘在盒子上。

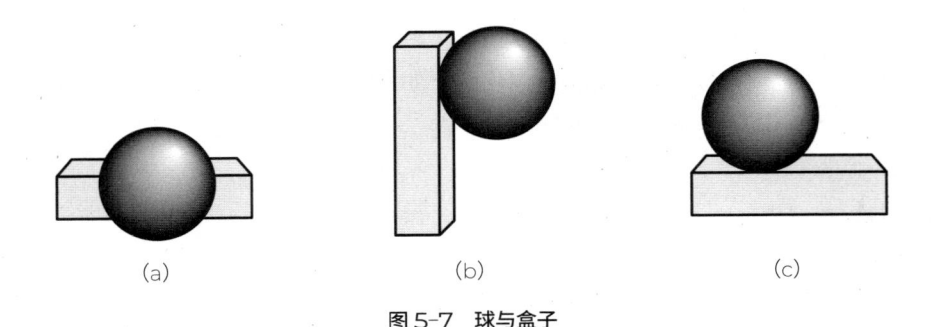

(a)　　　　　　(b)　　　　　　(c)

图 5-7　球与盒子

资料来源:examples from Needham, Baillargeon & Kaufman, 1997。

婴儿在 5 个月大的时候，就能够使用结构知识和经验知识来确定他们看到的对象。到 8 个月大的时候，他们也能使用物理知识了。例如，在一项研究中，四个半月大的婴儿在观看一个静止的画面，这个画面由一个高高的蓝色盒子和一个较小的黄色圆柱体组成。然后，实验者伸出一只手将圆柱体移到了旁边。当蓝色盒子随着圆柱体移动时，婴儿注视蓝色盒子的时间更长一些，当圆柱体移动而盒子不移动时，婴儿注视蓝色盒子的时间要短一些。这表明婴儿把画面知觉为两个物体，当蓝色盒子和黄色圆柱体像一个统一的整体一起移动时，他们会感到非常惊讶。在这项研究中，婴儿使用结构知识推断出盒子与圆柱体是不同的两个物体。

对四个半月大的婴儿来说，他们很难理解更为复杂的盒子和圆柱体的画面。然而，婴儿对其中一个物体的简单经验能帮助他们理解画面。在婴儿单独观察盒子或圆柱体 5 秒钟后，他们能正确地将盒子和圆柱体理解为两个物体。因此，通过经验获得的知识在很早的时候就在婴儿对物体的感知中起着重要作用。

Children's Thinking 划重点

婴儿的视觉敏锐度以及他们看到颜色和察觉运动的能力都有助于他们识别事物。婴儿的视觉敏锐度在出生后 6 个月及后期的发展都非常迅速。即使是在出生后的第 1 个月，婴儿也能很清楚地看到物体的轮廓，甚至一些高对比度的内部细节。他们似乎也和成年人一样能看到不同的颜色。有证据表明，婴儿在生物学上倾向于识别进化中重要的刺激，例如面孔和人类的运动。知识也是婴儿识别和辨别不同物体能力的重要因素。婴儿在出生后的前 6 个月内就开始利用结构知识、经验知识和物理知识来识别和辨别物体了。

定位物体

除了识别物体，婴儿如果伸手去拿物体或者接近物体的话，还需要在空间中定位物体。感知一个物体的位置需要同时感知物体的方向和物体与自己的距离。当个体可以看到物体时，感知物体的方向并不难；然而，确定物体的距离就比较困难了。在任何时候，光线投射在视网膜上的影像，仅能确定出宽度和高度，而不能确定深度，那么如何在二维视网膜影像中表征三维世界呢？即使是出生仅一两天的婴儿也能解决这个问题，而且他们对深度的知觉有一定的准确性。接下来我们将讨论一些使深度知觉成为可能的单眼线索（单只眼睛可单独获得的线索）和一些双眼线索（只有当两只眼睛都聚焦在同一个物体上时才能获得的线索）。

深度的单眼线索。 单凭一只眼睛就能知觉到的深度线索分为两类：一类是依赖于运动的深度线索，另一类是在静态场景中产生的深度线索。下面，我们来看一看与运动有关的线索。当物体接近我们，或者我们接近物体时，物体会占据我们越来越多的视野，这种现象被称为视觉扩张。同样，当一个人转动头部时，近处物体的视网膜影像的运动速度要快于远处物体的视网膜影像速度，这就是所谓的运动视差。另一个基于运动的单眼线索是遮挡，当一个物体移动到另一个物体的前面时，较近的物体会遮挡较远物体与之重叠的部分。婴儿在出生后的前几个月里，就会使用以上基于运动的单眼线索了。因此，深度知觉是运动有助于知觉的另一种情况，这一点在婴幼儿的知觉中表现得尤其明显。

关于婴儿在多大时候能根据非运动的单眼线索来推断距离，还存在很多争议。这些线索通常被称为图画深度线索，因为它们最初被达·芬奇描述为绘画中表达事物相对距离的方式。第一个线索是相对大小，即在其他条件相同的情况下，距离越近的物体在视网膜上覆盖的面积就越大。第二个线索是纹理线索，即在其他条件相同的情况下，距离较近的物体表面的差异会更大。第三个线索是重叠，与遮挡类似，只是重叠指向静态物体。

使用优先到达方法的研究表明，婴儿在 5～7 个月大时对图像深度线索有反应。然而，只有少数研究报告在 5 个月大婴儿中有积极的发现。相比之下，使用视觉偏好法和习惯化方法的研究显示，3 个月大的婴儿就对一些图像深度线索非常敏感。由于不同的研究方法有不同的行为需求，所以不同的研究方法在研究婴儿的能力方面会得出不同的结论。

深度的双眼线索。由于人的双眼相距几厘米，所以两个视网膜上的刺激模式几乎总是不同的。视网膜视差对于判断近距离的两个物体的相对距离或物体不同部分之间的距离都是有价值的。设想一下，你来到一个陌生的地方，闭上一只眼睛，试着判断两个物体中哪一个离得更远。大多数人用双眼判断距离比用单眼判断距离更准确。

立体视觉指仅根据双眼线索知觉深度的能力，该能力在婴儿大约 4 个月大时突然出现。婴儿的双眼线索知觉一般都能在一两周内突然发生明显的、从无到有的变化（见图 5-8）。最关键的变化似乎是从眼睛到大脑的神经通路的分化。在婴儿 4 个月大前，来自双眼的信息会传递到视皮质的相同细胞处。之后，传递通路突然产生变化，使得来自左眼和右眼的信息分别传递到不同细胞。另外的双眼神经元接收来自双眼的信息输入。大脑会检测到来自双眼的信息输入的差异，并根据差异程度推断出深度（物体越远，差异越小）。

立体视觉在 4 个月左右发展得如此一致且迅速，似乎是由于发育成熟促成了这样的发展。然而，事实证明，视觉经验也很关键。如果服用阻断对视觉经验产生反应的神经活动药物，就会导致神经通路无法在既定的时间内形成分化。通常情况下，成熟不是在真空中发生的。即使是在固定年龄发生的普遍发展，也同时需要正常的经验和发育上的成熟。

> **Children's Thinking 划重点**
>
> 婴儿使用各种线索来确定物体与自己的距离，其中包括单眼线索和双眼线索。即使是 1 个月大的婴儿也能从基于运动的单眼线索中提取深度信息，但至少要到婴儿 3 个月大时，图像线索才会有效。基于双眼线索感知深度的能力称为立体视觉，它在婴儿大约 4 个月大时突然出现。很明显，它依赖于连接眼睛和大脑的神经通路的分化。然而，这并不意味着立体视觉的发展完全由生物因素控制，正常的视觉经验也至关重要。

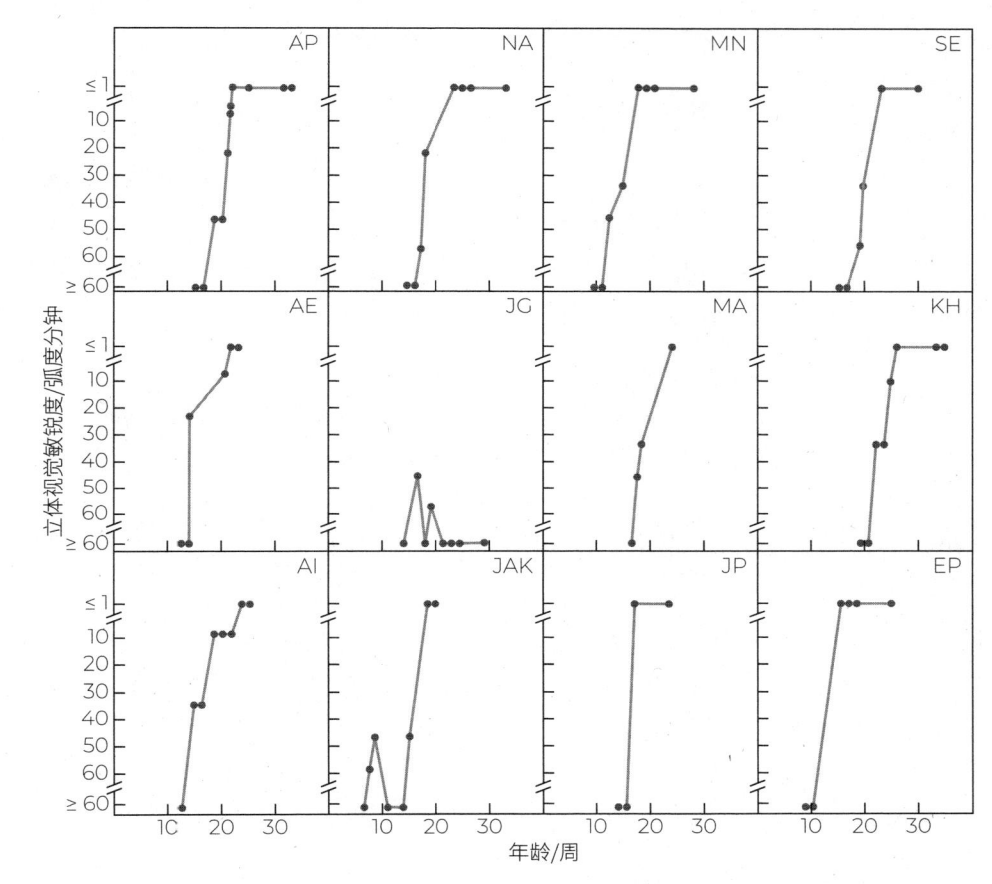

图 5-8　12 个婴儿在 10～30 周内立体视觉敏锐度的变化情况

注：大多数婴儿的立体视觉敏锐度会在 15～20 周有明显的增加。

资料来源：after Shimojo, Bauer, O'Connell & Held, 1986。

听觉的发展

对声音的注意

婴儿甚至在出生前就对声音有反应。当胎儿还在妈妈肚子里时，如果听到巨响，他们的活动会增加，并且心跳也会加快。在出生 1 周后，婴儿能听到各种声音并做出反应。当听到巨响时，他们会表现得像受到了惊吓一样，四肢会无规律地抖动，快速眨眼或紧紧地闭上眼睛。对于较小的响声，婴儿的反应就小一些。因此，婴儿的听觉系统从出生的第一天起就开始发挥作用了。

某些声音更容易引起婴儿的注意，特别是说话声。婴儿对大多数说话声的频率反应最明显。婴儿对说话声频率的听觉注意让我们联想到了他们对人脸和人类运动的视觉注意。在这两种情况下，婴儿都倾向于注意那些有助于他们了解他人的信息。

婴儿也喜欢听自己的母语。此外，即使对两种语言都很陌生，婴儿也能区分不同语言的片段。然而，新生儿如果要能进行这种区分，这两种陌生的语言必须来自不同的语系。例如，刚出生的法国婴儿可以区分英语和日语，但他们不能区分英语和德语，因为英语和德语有相似的韵律模式。

有一种声音对婴儿特别有吸引力，那就是他们自己的名字。在 4 个月大的时候，与在同样的压力模式下倾听扩音器中其他的名字相比，婴儿会花更多的时间注意扩音器中自己的名字。

对声音的识别

婴儿识别和区分有细微差别的声音的能力令人印象深刻。许多研究认为，这一强大的能力与婴儿对语音的感知有关。其实，婴儿识别和区分其他声音的能力也非常强，例如音乐的音调。

语音。2 个月大的婴儿能区分极其相似的语音，例如"ba"和"pa"、"ma"和"na"以及"s"和"z"。他们对这些语音之间差异的感知似乎是类别化的，就像他们对颜色之间差异的知觉一样。这一现象最初是在测试 1 个月大和 2 个月大的婴儿区分"ba"和"pa"两个音的实验中得到了证实。这两个音只在声音启动时间（voice onset time，VOT）上有所不同，VOT 是说话者声带振动开始发出声音的时间。尽管这个时间维度是连续的，当某些声音的 VOT 低于一定值时，成年人听到的音是"ba",而当这些声音的 VOT 高于某个阈值时,成年人听到的音则是"pa",但成年人听不到"ba"和"pa"的混合音。

显然,1 个月大和 2 个月大的婴儿也能分类感知语音。在多次听到"ba"这个音后,婴儿听到"pa"这个音时,他们的反应(去习惯化)比听到另一种"ba"更强烈,即使这个不同的"ba"和原来的"ba"之间的语音起始时间(VOT)距离相等,但方向相反。同样地,婴儿也能区分仅在发音者嘴唇位置上存在区别的音节(例如"ba"和"ga"),舌头位置上存在区别的音节(例如"a"和"i"),以及许多其他特征的音节。

婴儿对某些声音的区分并不意味着婴儿对同类别音的变化完全不敏感(例如,所有被分类为"ba"的声音之间的变化)。在某些情况下,8 个月大的婴儿可以区分同一类别内的不同声音。

婴儿的这种能力取决于他们的语言输入。杰茜卡·梅耶(Jessica Maye)、珍妮特·沃克尔(Janet Werker)和卢安·格肯(LouAnn Gerken)将 6 个月大和 8 个月大的婴儿暴露在"ta"到"da"连续的声音中。一些婴儿主要暴露于连续体两个端点附近的声音;另一些婴儿则被暴露在来自整个连续体相对均匀的分布中。研究者发现只有那些暴露在两个端点附近声音的婴儿能区分这些声音,而暴露于连续体相对均匀分布处的声音的婴儿认为这些声音来自同一类别。因此,婴儿接触的语言会影响其所构建的声音类别的性质。

虽然婴儿最初能辨别世界上所有语言的语音。但这种能力不会永远存在。随着时间的推移,婴儿会逐渐对他们没有经历过的对比音失去敏感性。沃克尔、约翰·吉尔伯特(John Gilbert)、基思·汉弗莱(Keith Humphrey)、理查德·蒂斯(Richard Tees)以说英语和印地语的成年人以及在加拿大长大的 7 个月大的婴儿为研究对象进行研究。研究者给被试呈现的刺激是两个不同的语音,这两个对比音可以帮助区分印地语中的词语,但不能区分英语词语。在反复给婴儿播放一个语音后,研究者突然切换成另一个语音。为了得到奖励,被试需要在语音改变时把头转向另一边。几乎所有 7 个月大的婴儿和所有说印地语的成年人都准确地感知到了这一变化。然而，只有 1/10 说英语的成年人能准确地感知到这一变化。这种能力会随着年龄的增长而下降，这让我们想到了个体随年龄增长在辨别其他物种个体面孔的能力上也是下降的，两者都是随着个体经验的增长而导致知觉狭窄的例子。

婴儿失去辨别非母语音素对比的能力，恰好与他们学习说母语的时间一致，这两者大约都发生在婴儿 10 个月大的时候。在这个时候，学英语的婴儿在辨别多种音素对比的能力上开始下降，主要包括祖鲁语中使用但英语中没有的 3 种对比，以及 Nlaka'pamux 语（加拿大太平洋西北部一种土著语言）中的一种对比，而这种对比在英语中不存在。这种能力的下降会持续 8～10 年，到那时辨别声音的能力会下降到成年人的水平。

为什么儿童的音素辨别能力会下降，并且为什么会在特定时间下降？这可能是因为，儿童在学习母语的过程中，会将语音按照不同的特征进行分组，但是这些差异不会影响到语音的意义。这种分组特点会导致对其他可能的但未使用的类别边界的敏感度下降——包括那些在其他语言中对意义有影响的边界。接触多种语言的婴儿比只接触一种语言的婴儿在更长时间内保持语音知觉的灵活性，但这种灵活性只针对语言，并不延伸到其他知觉领域，例如面孔辨别。因此，知觉窄化的时间过程也取决于经验。

婴儿在丧失对声音差异的敏感性之前，对他们所接触到的声音模式表现出高敏感性，而这些声音差异对他们的母语意义并不重要。9 个月大的婴儿与 6 个月大的婴儿相比，表现出以下几个方面的特点：

- 与母语中含有不常用音素的词汇相比，他们更喜欢听含有母语中常用音素的词汇。
- 与母语中含有不常用重读模式的词汇相比，他们更喜欢听含有母语中常用重读模式的词汇。

- 当两个音节都符合母语中典型的重读模式时，他们更可能将这两个音节的序列整合成一个新的语言单位（例如一个词语）。

因此，婴儿对母语中声音模式的敏感度的增强，发生在其对母语中没有意义的语音差异的辨别能力降低之前（可能前者还会导致后者的发生）。可见，通常情况下，发展过程也伴随着一定的失去。

语音感知能力不仅包括辨别声音的能力，它还包括识别不同说话者的声音的能力。出生仅 3 天的婴儿就能识别自己母亲的声音，他们也更喜欢自己母亲的声音。安东尼·德卡斯珀（Anthony DeCasper）和威廉·菲弗（William Fifer）设计了一个实验程序，婴儿可以用不同的方式吮吸一个特殊的安抚奶嘴，从而触发自己母亲或陌生女性声音的录音。实验结果表明，仅 3 天大的婴儿就学会了如何更多地引出自己母亲的声音，他们这样做的频率远高于引出陌生人声音的频率。

在德卡斯珀和菲弗的研究中，所有婴儿出生后与母亲在一起的时间都未超过 12 个小时。虽然这种经历可以解释他们对母亲声音的偏好，但另一种可能性是，婴儿在出生前已经非常熟悉母亲的声音，由此产生对母亲声音的喜爱。另外一项研究支持了这一观点，该研究要求怀孕的母亲们在怀孕的最后 6 周每天大声朗读苏斯博士（Dr. Seuss）《戴帽子的猫》(The Cat in the Hat)的故事。婴儿出生以后，实验者通过播放录音的形式对婴儿进行测试，录音的内容是由母亲朗读的这个故事，或者是母亲朗读的婴儿完全不熟悉的另一个故事。婴儿在听到熟悉的故事时吮吸的频率更高，这表明他们在出生前就已经习得了故事的声音模式。根据这一发现，婴儿似乎在出生前就对母亲的声音有所了解。

当成年人与婴幼儿交谈时，他们通常用一种被称为婴儿导向言语的方式说话。这种方式的特点是音调较高、语调夸张。在一项针对德国母亲的研究中，丹尼尔·斯特恩（Daniel Stern）、苏珊·斯派克（Susan Spieker）和克里斯廷·麦凯恩（Kristine MacKain）发现，母亲对 0～6 个月大的婴儿说的话中有 77% 属于这种方式。后续的研究表明，婴儿导向言语在各种文化和语言中都被广泛使用。

成年人有充分的理由使用婴儿导向言语。出生 2 天的婴儿似乎很喜欢这种方式。研究者用听录音作为奖励来研究出生 2 天的婴儿注视棋盘的时间。当听到一个女人用婴儿导向言语说话时，婴儿注视棋盘的时间较长；当同一个女人以对成年人说话的方式说同样的话时，婴儿注视棋盘的时间要短。婴儿对婴儿导向言语的偏好在很早的时候就表现出来了，这表明他们喜欢这种言语并不是依赖于母亲在说话时提供的奖励，这似乎与出生后的经历无关。

一些证据还表明，婴儿导向言语可能会促进言语知觉的发展。一项研究表明，婴儿导向言语能帮助婴儿从流畅的言语流中分割出单个词汇，可能是因为这种语言吸引并维持了婴儿对该言语特征的注意。另一项研究表明，婴儿导向言语能帮助婴儿学习重要的音素对比。元音的调节是婴儿定向言语的特征，它突出了声音之间的区别，这对婴儿学习元音很有帮助。此外，一种针对婴儿导向言语的计算机算法可以学习元音类别，这表明婴儿可能以类似的方式根据婴儿指向性言语的数据进行学习。

音乐。婴儿可以准确地感知不同类型的音乐声音之间的区别，就像他们能准确地感知颜色和语音的不同类别一样。成年人听到小提琴发出的声音时，能辨别拨弦声和拉弓声的差异。这二者之间的差异可以用一个简单的物理维度——上升时间来表示。虽然 2 个月大的婴儿也能区分拨弦音和拉弓音，但不能区分上升时间相等且成年人听起来都是两种拨弦或两种拉弓的声音。

婴儿也会注意不同声音的音高。他们可以区分协调的音程（令人愉悦的乐声）和不协调的音程（令人不愉快的乐声）之间的差异，而且他们更喜欢听包含更多协调音程的音乐。因此，婴儿对相邻音调的相对音高比较敏感。

婴儿也可以把音高编码成绝对的条目。为了研究婴儿的这一能力，珍妮·萨夫兰（Jenny Saffra）和格雷戈里·格里彭特罗格（Gregory Griepentrog）给 8 个月大的婴儿和成年人播放了一系列音调，其中一些音调总是同时出现。之后，实验者对被试进行测试，以确定他们是根据相对音高（即相邻音调间的音程）还是绝对音高（即精确音调，例如 A 大调和 C 大调）来对听到的乐句进行编码的。结果表明，婴儿能够分辨出先前乐句中一直同时出现的两个音，以及具有相同的相对音高但并未同时出现的两个音。婴儿更喜欢新奇的两音组合。这些结果表明，婴儿能对他们听到的乐句中的精确音调进行编码。该实验中，成年人被试所使用的测验材料与婴儿相同，但实验任务由偏好性选择变成了强迫性选择。在每个实验试次中，成年人都要从两对音调中选择更熟悉的那一对。成年人的选择更具随意性，这表明他们编码的是相邻音符间的音程，而不是精确音调。上述这些研究结果表明，个体从早期对绝对音高的关注到后来对相对音高的关注，有一个发展性的变化。人类可以在两个年龄段用这两种方式对音高同时进行编码，但对于最显著的信息，其编码方式存在着发展性变化。

婴儿辨别不熟悉的音乐声音的能力就像他们辨别不熟悉的语音的能力一样，会随着时间的推移而逐渐减弱。迈克尔·林奇（Michael Lynch）和丽贝卡·艾勒斯（Rebecca Eilers）给 6 个月大和 12 个月大的婴儿播放了一段简短的旋律，该旋律要么是常用的大音阶旋律，要么是很少使用的增音阶旋律。实验中，研究者通过立体声扬声器反复播放这段旋律，直到婴儿熟悉为止。然后，再给婴儿播放一些旋律，这些旋律或是刚刚播放过的两种旋律，或者是对这两者旋律的改动版（其中一个音有点走调）。6 个月大的婴儿在这两种音阶中都能区分旋律的变化。无论是熟悉的还是不熟悉的音阶，当听到走调的音符时，他们会倾向于把头转向扬声器。相比之下，12 个月大的婴儿（也包括成年人）的辨别能力就相对有限了。他们只能对熟悉的音阶中走调的部分进行区分，但无法区分不熟悉的音阶。同样地，婴儿和成年人在听熟悉的西方大音阶和不熟悉的 pelog 音阶（佳美兰音乐中的一种基本音阶）中走调的旋律时，也存在类似的状况。6 个月大的婴儿能够分辨出这两个音阶中走调的旋律，而缺乏音乐学习背景的成年人却无法分辨。

这些发现提出了一个有趣的问题：个体的音乐和言语感知能力在相似的时间段里变得有限是因为巧合，还是表明了听觉感知系统的总体重组？目前，这还是一个谜。

听觉定位

婴儿从出生开始,就在寻找声音的来源。迈克尔·韦特海默(Michael Wertheimer)于 1961 年首先证明了这一点,他对自己的女儿做了一个简单的实验:女儿一出生,他就带了一个会发嘀嗒声的玩具进入产房,并在房间的不同角落让玩具发出声音,以探测女儿的听觉。当第一次听到玩具发出的响声时,女儿就将头转向声音发出的方向。后来,在更大的新生儿样本中也发现了同样的结果。后来的研究结果也表明,婴儿具有根据声音来源进行定位的能力。婴儿在定位声音时所依赖的一个线索是声音到达双耳的时间差,这一线索被称为两侧声音时间延迟差别。据此,先到达右耳的声音来自右边,而先到达左耳的声音来自左边。

婴儿的听觉定位能力使其能够使用声音来引导自己伸手拿物体的行为。在 3 个月大的时候,婴儿在完全黑暗的房间里时,就会把手伸向正在发出声音的物体。婴儿不仅用声音来推断方向,还用声音来推断距离。6 个月大时,婴儿会伸手去拿 10 厘米外发出声音的物体,但不会伸手去拿 100 厘米外的发出声音的物体。

令人惊讶的是,新生儿的听觉定位能力似乎比 2～3 个月大的婴儿更强,尽管这种能力比不上 4 个月大的婴儿。这种数据模式出现在认知发展的许多领域,可以用 U 型曲线来表示。起初,婴儿的听觉定位能力水平较高,然后下降,最后再上升。U 型曲线的有趣之处在于,它表明了同一行为在不同的发展阶段有不同的机制在发挥作用。人类听觉定位的发展状况似乎也是这样。

达尔文·缪尔(Darwin Muir)、韦恩·亚伯拉罕(Wayne Abraham)、布雷恩·福布斯(Brain Forbes)和莱纳德·哈里斯(Leonard Harris)在 1979 年进行了一项纵向研究。研究中,他们对 4 名婴儿出生头 4 个月的听觉定位能力进行重复测查,发现其中 3 名婴儿在该能力上的发展呈 U 型曲线。如图 5-9 所示,刚出生时,婴儿正确将头转向声音来源的百分比很高,然后出现下降,大约 4 个月后,又恢复到刚出生时的高水平。U 型曲线中间降低的部分不是因为婴儿对声音不感兴趣。在这段时间里,即使婴儿的父亲或母亲在嘈杂的环境中叫他们的名字，他们转头反应的模式也不发生改变。

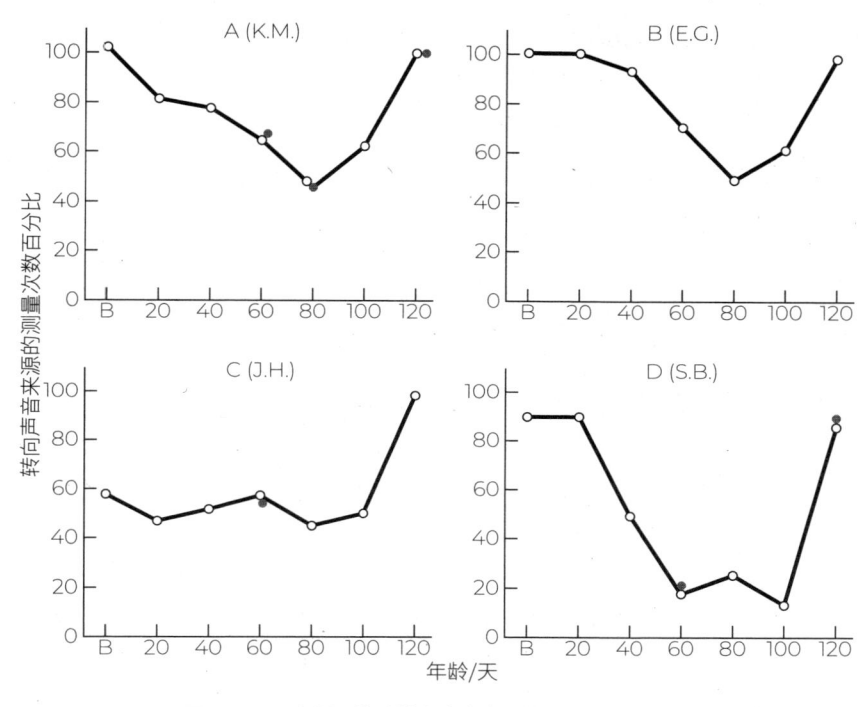

图 5-9　4 名婴儿将头转向声音来源的测量次数百分比

注：这些婴儿自出生起至 120 天中每隔 20 天进行一次测试。

资料来源：from Muir, Abraham, Forbes & Harris, 1979。

缪尔等人对婴儿听觉定位的 U 型曲线的解释与戈登·布朗森（Gordon Bronson）关于视觉行为中 U 型曲线的解释类似。他们认为，婴儿出生后的第 1 个月的听觉定位能力主要反映了大脑皮质下结构的功能。在第 2 个月和第 3 个月里，大脑皮质活动增加，并取代了大脑皮质下结构的活动，成为影响婴儿听觉定位的主要因素。然而，此时皮质活动尚未发展到像之前的皮质下结构那样成熟，无法对声音进行精确定位，只有到第 4 个月，皮质活动才发展得足够成熟，使听觉定位能力得以恢复。

听觉定位的精确度在婴儿 2～5 个月大的时候迅速提高，并且继续缓慢地发展到一岁半左右。在听觉定位能力迅速提高时，婴儿控制头部的能力也在迅速提高，这可能不是巧合。更好的控制能力使婴儿能更精确地将头转到听觉的最佳位置。

Children's Thinking 划重点

婴儿来到这个世界上时就有很强的听觉能力，而且这一能力在出生后的前几个月里会进一步发展。例如，声音吸引婴儿注意，婴儿识别声音和定位声音等。与言语特性相似的声音特别容易吸引婴儿的注意。和成年人一样，婴儿似乎也能对言语和音乐进行分类加工。个体言语和音乐知觉的发展既有得也有失。在快满 1 岁的时候，婴儿的知觉能力关注的范围变窄，这使得他们把注意力集中于自己所处文化中的言语和音乐上。在 0～4 个月，婴儿的听觉定位能力呈 U 型曲线模式发展，U 型两端的能力较强，中间能力较低。对该发展模式的一种合理解释是，最初的高水平听觉定位能力是因为皮质下结构的功能，而 4 个月后相似水平的定位能力是因为皮质活动的作用。

来自不同感官的信息如何通过发展整合

婴儿是如何将来自不同感官系统的信息整合成单一而连贯的经验的呢？为了将事物视为有意义的实体并适当地指导行动，跨通道的整合是必不可少的。一种可能的发展路径是：每个感觉系统先独立发展，然后，当所有的感觉系统都达到一定的成熟度后，各个系统再相互联系。皮亚杰曾提出过该理论。然而，最近对婴儿多感官系统信息整合的研究表明，实际情况可能不大相同。现在看来，尽管多感官的整合能力会在早期发展中有大幅提高，但这种能力从一出生就有了。

注意中的多感官整合

联觉。 一些研究者认为婴儿的知觉本质上是联觉的，即一种通道（如视觉）的感官刺激会引起与其他通道（如听觉）相关的知觉。有联觉的成年人和年龄较大的儿童表示，视觉亮度的体验会引起对听觉音高的感知，或者看到字母会引起对颜色的感知。有关婴儿阶段的联觉的证据越来越多。在一项视觉偏爱的研究中，婴儿看到了一个橙色的球上下移动，并伴有音调变化的滑动哨声。球的运动和哨声中音调的变化要么是一致的（两者同时上升或下降），要么是不一致的（随着球下落，音调上升；反之亦然）。结果表明，在变化一致的情况下，婴儿注视的时间更长（表现出视觉偏爱）。

其他证据表明，人们经历的联觉的具体表现可能是基于经验的。在年龄较大的儿童和成年人中，联觉的一种常见表现是，看到字母会产生对颜色的感知。内森·维特霍夫特（Nathan Witthoft）和乔纳森·威瑙尔（Jonathan Winawer）让一位自称有联觉的 30 岁女性，通过移动色轮上的指针，指出她在看字母时所感知到的颜色。这名女性在两次不同的任务中选择的色调高度相关，这支持了她有联觉这一观点。此外，在她选择的颜色或字母配对中，每 6 个字母有相似的色调（例如，A、G、M、S 和 Y 都是红色的）。这名女性说，她小时候有一个带有彩色字母的玩具，于是，研究者从她的父母那里获得了一张这个玩具的照片。她报告的每个字母的颜色与玩具的颜色间的对应关系高度一致，这表明她对特定颜色或字母的联想来自她童年的玩耍经历。

对于年龄较大的儿童和成年人的联觉，一种可能的基于神经机制的解释是，在发育过程中，皮质区域间的连接不像没有联觉的人那样被适当地"修剪"。事实上，一些证据表明，皮质区域间的交叉连接可能导致联觉。按照这种说法，联觉是婴儿知觉的一个正常方面——对大多数人而言，联觉会随着个体的发展而衰退。

定位。 婴儿行为的其他方面也揭示了他们通过感觉通道的整合传入信息的能力。定向反射就是很好的例子。婴儿听到巨响会看向声源，即他们利用听觉信息来引导视觉注意。

婴儿以系统的方式扫描他们的视觉环境，当他们基于听觉信息进行扫描时也是如此。例如，当婴儿听到一个声音时，他们会朝声源方向看。如果他们已经在注视声源，他们的注意力就会集中在那个声源上，并减少眼球运动。这些倾向似乎会促使人们更好地将注意力集中在人和其他会发出声音的动物等生命体上。

与这些倾向一致的是，当5～7个月大的婴儿听到一个声音时，他们会增加对眼前人脸的扫视，尤其是眼睛。这种视觉和听觉的协调可以帮助婴儿将特定的人脸与特定的声音联系起来，这种联系能力在婴儿3个月大时就已经具备了。

注意中的多通道信息整合。婴儿的注意力特别容易受到在多个感觉系统中同时出现的信息吸引。因此，婴儿在学习只有一种通道的信息之前，会先学习多通道呈现的信息。关于这个问题的一项研究讨论了婴儿学习节奏的能力。5个月大的婴儿在听觉和视觉上同时呈现某一特定节奏时，比单独以任何一种方式呈现时都更有效。

这种关注多通道信息的倾向也有助于婴儿将面孔和声音联系起来。当人们说话时，他们的嘴唇和面孔会以一种与声音同步的节奏和时长进行运动，这种多通道的表现会更好地吸引婴儿的注意。事实上，一些研究者认为，新生儿感知多通道信息的能力，加上出生前对母亲声音的学习，使新生儿能够注意并快速识别母亲的面孔。

刚出生的婴儿就会注意与声音相对应的面部动作——包括人类的面部与语言动作以及猴子的面部与猴子的咕咕声和咕噜声等。随着个体的发展和经验的增加，婴儿的感知敏感性缩小到人脸和说话声上。关注相关联的视觉和听觉信息对学习语言发音很重要。当婴儿对相应的面部动作有经验时，他们就能更好地辨别语音。因此，从婴儿期开始，语言感知本质上就是多通道的。

识别物体和事件中的多感官整合

图像和声音也被婴儿用来识别物体和事件。在斯佩尔克的一项研究中，4个月大的婴儿在观看影片时，如果图像与他们所听到的声音（例如妈妈跟他们玩躲猫猫的声音或敲鼓声）一致，那么婴儿会更多地注视屏幕。如果婴儿没有整合影片中的视觉和听觉信息，那么他们就不会这样做。

4个月大的婴儿在识别物体时也会整合触觉和视觉信息。在一项实验中，研究者准备了两个物体：一个是用一根坚硬的棍子连接的两个圆环；另一个是用有弹性的绳子连接的两个圆环。他们随后让婴儿用手触摸其中一个物体。婴儿的眼睛被一块厚布蒙上，以免婴儿在触摸物体时看到他们摸到的是什么。在婴儿熟悉了他们所摸的物体后，解开厚布，让他们看到这两个物体。结果显示，4个月大的婴儿会花更多时间注视他们没触摸过的物体。这个实验过程特别有趣，在婴儿触摸物体时，大部分婴儿都只对两个圆环进行把玩，并未碰过两个圆环中间的连接物。因此，婴儿在推环和拉环过程中会观察到物体的反应，并形成关于物体类型的推断，而他们的视觉识别似乎正是基于这种判断。

这项研究引出了这样一个问题：视觉经验会促进还是会阻碍个体通过触摸识别物体的能力？为了一探究竟，芭芭拉·莫伦吉勒（Barbara Morrongiello）、汉弗莱·布雷恩·蒂姆尼（Brain Timney）、琼·乔伊（Jean Choi）和帕特里克·罗卡（Patrick Rocca）对比了3～8岁先天性失明儿童与同龄的戴上眼罩的视力正常的儿童识别物体的能力。实验结果之一可能是视力正常的儿童表现较好，因为他们用手触摸探索物体特性时，能够推断出物体的是什么样子。实验的另一种可能的结果是，失明儿童会表现较好，因为他们更多地使用触摸探索，因此这项技能更熟练。

事实上，在用手触摸来识别物体方面，失明儿童和正常视力儿童的能力是一样的。他们在测试中的正确率相当，探索过程中花费的时间也相当，并且他们在探索中完成了相同的任务。然而，年龄较大的儿童在所有这些测试指标上都优于年龄较小的儿童。这些研究结果表明，动手探索能力随着年龄的增长而逐渐提高，但这种提高是由一般的认知能力和运动能力的发展，而不是特定的视觉经验或与动手探索、视觉信息相关的经验造成的。

定位中的多感官整合

对婴儿听觉定位的研究表明，婴儿的视觉和听觉自出生起就是协调运作的。在大多数有关听觉定位的研究中，测量定位的主要方法都是观察个体能否将头转向声源。如果婴儿没有注视声源，利用转头反应来定位就不是一个有效的测量方法。对大月龄的婴儿的研究有时依靠触摸作为听觉定位的测量。婴儿伸手去拿发出声音的物体，也体现了视觉和听觉的融合。

婴儿在空间中控制自己身体位置的能力也需要多种感官信息的整合。众所周知，前庭觉（平衡）信息与保持和控制姿势有关。而很少有人知道的是，视觉信息也包括在里面。"移动房间"实验很好地说明了视觉信息的重要性。在一个移动的房间里，被试坐在或站在固定的地板上，而天花板和周围的墙壁是可以移动的。当墙壁移动时，刚学会站立的婴儿也蹒跚摇摆起来，这表明他们会根据视觉信息来调整自己的姿势。同样，当看到墙壁移动时，坐着的婴儿也会摇摆他们的身躯。因此，儿童会整合前庭觉和视觉信息来控制身体在空间里的位置。

不同知觉是同步发展的吗

为了更全面地了解知觉发展，有必要讨论婴儿在出生后第一年里不同时间段，在视觉、听觉和多感官信息整合上所具有的能力。表5-1列出了婴儿在各年龄段所发展的能力。表中对年龄的估计较为保守，婴儿拥有一些能力的时间可能比表中估计的要早。

该表显示了一个有趣的模式：听觉似乎比视觉或多感官整合的发展迅速得多。表中列出的关于听觉的基本发展在婴儿3个月大时已经基本完成了。当然，这并不表示所有的发展均已经完成。婴儿的听觉能力在出生3个月以后仍在不断发展。例如，他们能够听见更柔和的声音，特别是听见较低频率声音的能力逐渐增强。而当他们熟悉母语以后，可能会失去感知某些言语差异的能力。未来对婴儿听力的进一步研究也有可能会发现他们在3个月大之前根本不具备的一些能力。而目前令人惊讶的是,婴儿早期听力的发展就如此发达。

表 5-1 婴儿在不同年龄段所具备的知觉能力

年龄	视觉	听觉	多感官信息整合
刚出生	定向反射 注视规则 颜色视觉 大小恒常性 扫视物体的外部轮廓	定向反射 在中高频范围内听觉的音量阈限与成年人接近 偏爱母亲的声音	注视声音的来源 遵循对声音做出反应的注视规则 对物体的接触受到视觉的指导 整合脸部运动和声音信息
1个月大	基于运动的单眼深度线索	对言语声音的类别化知觉	声音加强个体对物体的扫视
2个月大	扫视物体内部	对音乐声音的类别化知觉	
3个月大	形成预期 视线跟随移动的物体平稳移动 偏爱母亲的脸		
4个月大	喜欢有组织的生物运动模式 双眼深度线索(立体视觉)		能将具有相同节奏的图像和声音进行整合 整合视觉和触觉信息
7个月大	有效的图像深度线索:重叠、相对大小等		

知觉和行动如何相互影响

为什么人类会用既定的方式感知世界?原因之一是知觉为有机体提供了在环境中采取有效行动所必需的信息。反过来,行动也可以产生知觉信息,并提高可用信息的质量。因此,知觉和行动是一个整合的系统,两者相互影响、相互促进。

知觉指导行动

知觉对于指导行动是十分必要的，这些动作既包括控制姿势那样的基本动作，也包括避免危险那样的复杂动作。事实上，知觉的目的就是指导行动。到目前为止，本章中的很多研究都证明了这一点。例如，在"移动房间"实验中，婴儿利用视觉来指导他们的姿势以适应空间的变化。同样地，在黑暗中触摸发声物体的研究中，婴儿利用听觉，通过物体发出的声音指导自己拿到物体。

关于运动表现的研究也体现了知觉信息在指导行动（例如位移）方面的重要作用。有知觉障碍的婴儿存在运动发育迟缓。例如，失聪或有中度视觉障碍的儿童在平衡和姿势控制方面存在困难，同时，他们在掌握大多数运动技能的方面表现出明显的延迟，包括坐、爬、站和走。失聪儿童也表现出运动发育延迟和运动行为缓慢。因此，视觉和听觉都和指导运动行为有关。

行动产生知觉信息

知觉与行动之间是一种互补的关系。一方面，知觉技能的提高为个体做出更多精细动作提供可能，另一方面，行动也会产生知觉信息。例如，转动头部可以使声音听起来更大，而这些信息可能有助于听觉定位。同样，空间中的移动可能会生成一些有助于识别物体的视觉信息模式。正如 J. J. 吉布森所说："我们必须有知觉才能移动，同样，我们必须通过移动才能生成知觉。"

为了产生知觉信息而进行的行动通常被称为探究运动。如果探究运动的目的是产生知觉信息，那么当婴儿需要借助知觉信息来选择行动时，就应该经常进行这种行动。例如，当婴儿面临必须下陡坡的情况时，他们需要决定是爬下来、滑下来，还是放弃。为了做出这个决定，婴儿会利用探究运动来收集信息，例如用手轻拍斜坡，在斜坡边缘来回摇晃。婴儿在陡坡上比在缓坡上产生更多的这种探究运动，也许是因为在陡坡上做出错误的决定的后果（例如从陡坡上摔下来）更严重。在一项研究中，实验者让婴儿穿上厚重的马甲（口袋里装满了铅）后，他们进行探究运动的能力极大下降。这件马甲使婴儿在斜坡上用手轻拍或在悬崖边缘摇晃时很难保持平衡。当婴儿穿上这件衣服时，他们在是否要从斜坡上下来以及如何下来两个问题上都做出了比较糟糕的决定。

由于行动产生知觉信息，因此新的行动能力的发展对知觉发展有重要的影响。运动技能的提高使婴儿有可能以新的方式探索他们所处的环境，从而产生新的感知信息来源。

斯科特·约翰逊和朱丽叶·达维多夫（Juliet Davidow）等人做了一个实验。他们给2～3个月大的婴儿呈现了一根在有纹理的背景前来回移动的杆子，杆子的中间被遮挡，他们观察了婴儿对移动杆子部分的眼球运动轨迹。一段时间以后，婴儿习惯了移动的杆子，此时再向他们呈现一根"断了的"杆子（即杆子的两部分在最初的呈现中是可见的，而中间没有任何东西），或者一根完整的杆子来回移动。在观看原始画面时，之前表现出更复杂的眼球移动模式的婴儿对"断了的"杆子表现出更强烈的偏好，这表明他们发现"断了的"杆子更令人惊讶。因此，婴儿的眼球扫描行为预测了他们在感知完成任务上的表现。婴儿从这些眼球运动中获得的知识影响了他们对物体的知觉。

婴儿的手动物体探索技能也会影响他们的物体知觉。尼达姆在2000年研究了婴儿的物体探索技能和在视野中确定相邻物体之间边界能力之间的关系。研究发现，在实验第一部分中更积极地探索物体的婴儿，更有可能在实验的第二部分中区分物体之间的边界。尼达姆认为，具有较强的物体探索技能的婴儿能够收集到更多关于物体的信息，这些信息能帮助他们更好地理解物体的特征。

这一发现表明，增强婴儿手动探索物体的能力有助于他们以更复杂的方式接触物体，反过来这也有助于他们获取关于物体的知识。在一系列的研究中，尼达姆和他的同事通过给婴儿"粘手套"（把魔术贴粘在他们的手掌上）和让他们玩特殊的东西来给婴儿额外的触摸物体的经验。那些还不能抓住或拿起物体的婴儿在戴上这种特殊的连指手套后就可以做到了。在2周的时间内每天都有粘手套经验的婴儿比没有粘手套经验的婴儿表现出更高级的物体探索和物体导向行为。而且，粘手套训练还存在长期的影响：在 3 个月大时接受训练的婴儿在 12 个月后表现出更高级的视觉和手动探索物体的能力。

探索物体也取决于婴儿的体位和他们独立坐着的能力。无论是视觉上的还是手动的探索，婴儿在坐着的时候会比俯卧或仰卧的时候探索更多的物体。此外，能够独立坐着的婴儿能够更好地协调视觉和手动探索物体，如图 5-10 所示。此外，婴儿从这种探索中获得的信息可以帮助他们感知整个物体（即使这些物体有一部分是不可见的）。因此，婴儿开始独立坐着时，便有了新的作用于物体的行动模式，而这些行动为婴儿感知物体提供了信息。

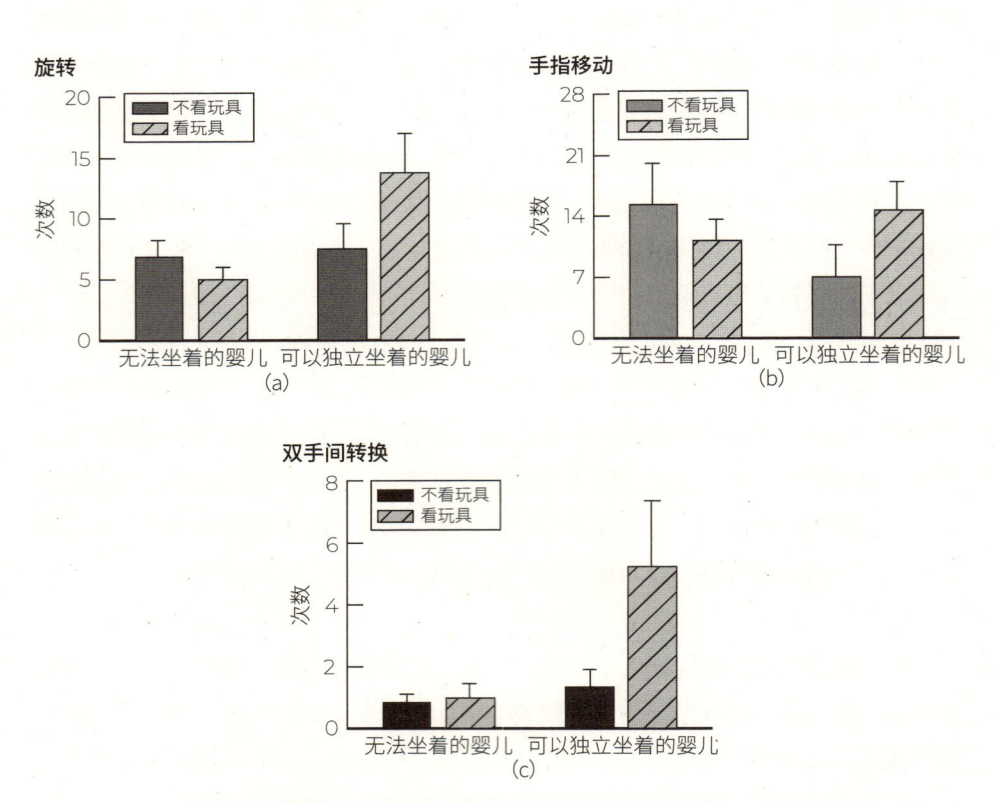

图 5-10　婴儿旋转、手指移动和在双手之间转移新奇玩具的平均次数

资料来源：Soska et al, 2010。

婴儿爬行运动的发展也与社交技能、认知技能、知觉技能等许多其他领域的重要变化有关。会爬行的婴儿比不会爬行的同龄婴儿在各种环境中表现出更好的感知技能。例如，在"移动房间"中，会爬行的婴儿比不会爬行的婴儿表现出更多的补偿姿势，这表明他们对视觉信息的反应更灵敏。类似地，会爬行的婴儿比不会爬行的婴儿更能注意远处的物体。因此，运动技能的提高与婴儿所注意到的信息变化有关。

最能诠释运动技能和知觉之间关系的任务是视觉悬崖实验（见图 5-11），它是由埃莉诺·吉布森（Eleanor Gibson）和理查德·沃克（Richard Walk）于 1960 年发明的实验装置。这个装置是一个透明的有机玻璃板，婴儿可以在上面爬行，玻璃板的一侧压着一块印有棋盘格图案的桌布，另一侧也有同样图案的桌布，但这块桌布距离玻璃有几十厘米远。在成年人看来，玻璃板似乎在边界处急剧下降。实验者将会爬行的婴儿放在玻璃板较"浅"的一边，靠近悬崖边缘（即"深"的一边的边缘），然后让婴儿的母亲鼓励他们从"浅"的一边爬到"深"的一边去。已经有 6～8 周爬行经验的 7 个月大的婴儿经常拒绝爬过去，当母亲催促他们这样做时，他们的心跳会加快（一种恐惧的迹象）。相比之下，同龄的还不会爬行的婴儿不会表现出类似的恐惧迹象。

图 5-11　一名靠近视觉悬崖的婴儿

资料来源：photo courtesy: Dr. Joseph Campos。

是什么让婴儿害怕视觉悬崖？造成这种差异的关键似乎是自我生成位移的经验，而不是爬行经验。在另一项实验中，让一组不会爬行的婴儿接受40小时的学步车学习，使得他们能够坐在学步车里用双腿推动车子独自移动。当要求这组经过训练的婴儿爬过视觉悬崖时，通过对心率指标的测量，发现他们比没有学步车经验的同龄婴儿表现得更害怕。学步车为婴儿提供了一个新的行动机会，通过执行这样的行动，婴儿获得了新的信息，这使他们对视觉悬崖上明显的下降有不同的感知，从而对它产生了恐惧。因此，自我生成位移的经验似乎使个体对物体的高度更加警惕。与这一观点一致的是，自出生起就能进行位移运动的哺乳动物在其生命早期就懂得远离悬崖。

为什么自我生成位移会产生这样的影响？婴儿经常会有被父母从一个地方带到另一个地方的经验。约瑟夫·坎波斯（Joseph Campos）等人认为，自我生成位移和他人生成位移之间的关键区别在于从不同来源收集的知觉信息之间的对应关系，这些来源包括视觉信息、前庭觉（平衡）信息和体觉（躯体感觉，例如肌肉和关节位置）信息。当婴儿被抱起时，他们可能不会朝着运动的方向看（事实上，他们经常朝着相反的方向看，看向父母的身后），所以他们获得的视觉信息往往与他们从自己身体上获得的前庭觉和体觉信息不一致。因此，被抱着的婴儿对这些不同的信息来源之间的关系没有形成一致的预期。相反，当婴儿自己移动时，这些信息来源就会系统性地关联在一起，所以婴儿开始形成对这些信息来源如何对应的预期。在视觉悬崖实验中，婴儿对视觉信息、前庭觉信息和体觉信息之间关系的预期被打乱，这就导致他们害怕越过视崖边缘。

第 6 章

Children's Thinking

孩子如何学习语言

> 去哪儿你？
> 我要走了。
> 鞋子好了。
> 和妈妈聊聊。
> 安东再见。
> 安东尼晚安。
> 明天早上见。

以上独白是2岁半的安东尼睡前在他的婴儿床上说的话。安东尼的自言自语表明了语言发展的几个关键特性。第一，儿童的语言传递了有意义的信息。尽管他们的表达方式与成年人或者年龄较大的儿童不同，但是他们所说的大部分内容是很容易理解的。第二，儿童的语言表达有些模糊。当儿童刚开始学说话时，他们的表述中只包括一些关键成分，而省略了许多形容词、副词、介词和冠词（这些词能起到精确表达语言、充满感情色彩和完善语法结构的作用）。第三，儿童的语言是内部驱动的。在安东尼自言自语的时候,房间里没有其他人。尽管如此,他还是觉得说话很有趣,所以在那儿自言自语。

儿童的语言发展涉及几个基本问题。其中最基本的问题与第 5 章关于知觉发展的内容相似:儿童是如何理解那些嗡嗡作响的、模糊不清的、混乱的语音的?仅把语音区分成一个个独立的词语就已经非常困难了,目前还没有一个计算机程序能很好地做到这一点。理解他人的话语还需要另外一种技能:不仅要理解字面意思,还要理解隐含之义。准确表达语言也需要更多的技能:能清晰正确地发音,正确地连词成句、连句成段,以及能连贯地表达思想。

要具备上述能力,儿童需要进行大量的认知活动,这些认知活动使他们能够理解和产生语言。如第 5 章所述,完善的听觉系统有助于儿童将语音划分为单个词语。基于儿童对他人言语的感知和早期发展的模仿能力,他们能够学会正确发音。他们注意并记住特定短语的语序,同时也寻找其中普遍适用的语法规则。

最重要的是,儿童不仅关注自己要表达的意思,而且关注他人试图要表达的意思。强调语义是语言学习的一种有效方法。语言是一种适应社会的工具,即使在发音和语法上都存在严重缺陷,表达既定意义的句子也会对这种适应性产生进一步的促进作用。反之,如果句子不能表达出既定的意义,那么即使语法和发音都很完美,它也不具有适应性。

除了儿童自身的努力外,父母、兄弟姐妹、其他成年人和儿童也会促进他们的语言学习:他们以各种方式改变自己说话的语调以吸引婴幼儿的注意;他们和婴幼儿说话会用简单易懂的短句;他们会关注当时环境中的物体和事件。文化历史也有利于婴幼儿的语言学习。语言是由人类创造并不断发展变化的,所以儿童能学会语言。尽管语言非常复杂,但几乎所有的儿童都能快速、轻松地习得母语。

本章先介绍了关于语言发展的两个一般性问题。一个是语言学习是否具有特殊性，即语言学习是否区别于其他更一般的学习形式？另一个是语言的生物学基础是什么？这两个一般性问题为本章接下来讨论语言发展奠定了基础。

本章内容分为4个主要部分，分别对应语言的4个主要方面：语音、语义、语法和交流。语音指言语声音的结构和序列。语义一方面涉及特定词语和短语之间的对应关系，另一方面涉及特定对象、对象的属性、事件和观点之间的对应关系。语法是人们用来造句使用的规则系统。交流就是运用语音、语法和语义向他人传递信息并理解他人想法的过程。

儿童的语言知识在各个方面的发展既反映在他们理解语言的能力上，又反映在他们表达语言的能力上。一般来说，语言理解先于语言表达，而且二者常有明显的界限。例如，婴儿感受到母语中两个语音的差异要比他们能发出这两个有差异的语音要早，婴儿先是理解许多词汇，然后才学会说这些词汇。

语言的这4个方面在儿童语言学习的不同阶段都起着重要的作用。语音知识在婴儿出生后不久就开始发展，他们能逐渐识别和掌握母语中的语音特点。在婴儿1岁后，语义变得非常重要。许多婴儿在6个月大的时候就能理解一些简单的词汇，1岁前后就能说话。在2岁时，语法对儿童来说变得相当重要。到了2岁半，大多数儿童对各种句法结构之间的差异表现出一定程度的理解，而在这之后，大多数儿童开始把词语组成短语。最后，交流与语言的其他3个方面都有复杂的联系，它可以位于语言发展过程中的任何一个阶段。因为只有在语言其他3个方面的背景下，我们才能更好地理解交流这一发展阶段。因此我们将在最后介绍有关交流的内容。

语言是否具有特殊性

毫无疑问，绝大多数儿童都能又快又好地学习语言，但对于他们为什么能够做到这样却众说纷纭。伟大的语言学家乔姆斯基给出了一个解释：人们拥有一个语言器官，这一器官使得人们可以很轻松地习得语言。乔姆斯基认为，如果没有这样的语言器官，儿童就不可能在他们现有语言输入的基础上学习像语言这样复杂的系统，因为语法规则太复杂，而输入的语言又千差万别。此外，乔姆斯基还认为，一般的学习机制（例如模仿和强化）不可能产生学习者所表现出来的那种语言知识，也就是说，让他们说出以前从未听过的话语的抽象知识。在乔姆斯基看来，只有语言器官这样的特殊机制，才能解释幼小的儿童如何在如此贫乏的语言输入的基础上又快又好地学习如此复杂、抽象的语言系统。乔姆斯基提出，语言器官体现了适用于世界所有语言的语法方面的先天知识，这种语法知识被称为通用语法。这种先天的知识使儿童识别他们的母语可能存在的几种语法类型，因此不管它有多复杂，都能很快学会。

其他研究者赞同语言具有特殊性这一观点，但是他们不同意语言学习能力是通过具有通用语法这种先天知识的语言器官来体现的这一具体主张。例如，布雷恩·麦克温尼（Brain MacWhinney）于2002年指出，人类的语言学习能力已历经600万年的发展，在此期间，不仅与语言学习相关的大脑结构发生了进化，而且更普遍的认知能力和灵长类群体的社会结构也发生了进化，因此产生了对更精确的交流系统的需求。从这个角度来看，语言学习的特殊性不是因为通用语法是天生的，而是因为语言学习是从神经、认知和社会因素的独特和复杂的相互作用中产生的，这种相互作用会随着历史的进展而逐步得到进化。

从某种意义上说，语言学习不同于其他一般的学习形式，有多类证据支持语言学习具有特殊性这一普遍观点。语言学习的第一个特殊性在于其具有普遍性。语言学习发生在各种各样的环境中，并且发生得很迅速。在成年人跟儿童讨论他们特别感兴趣话题的文化中，或者是在成年人拒绝讨论这些话题的文化中，以及成年人根本就不鼓励儿童和他们说话的文化中都存在儿童的语言学习行为。而大多数其他复杂认知技能的学习更多地依赖于有利的环境和直接的指导。

语言学习的第二个特殊性是它的自我驱动性。有些儿童对卡车感兴趣，有些儿童对鸟感兴趣，还有一些儿童对恐龙感兴趣。相比之下，几乎所有的儿童都对语言非常感兴趣，这使得他们能够在相对较短的时间内掌握一个极其复杂的语言系统。其中一部分原因在于他们渴望交流，这种渴望是人类特有的表现，曾经人们以为其他动物也有这种需求，然而，人类似乎是唯一对交流感兴趣的动物，而交流的信息对生存并不是最重要的。在野外，几乎没有任何一种动物能像一个正常发育的3岁儿童那样频繁地与外界交流。即使是已经学会了通过手语交流的黑猩猩也很少仅仅为了交流而交流。

人们对语言的兴趣已经不局限于交流，还试图用合乎语法的语言来表达，即使不符合语法的语句也能用于交流。初学语言的人经常会问些像安东尼问的问题——"去哪儿你？"，人们能理解这样的话，并会对此做出相应的回答，且很少纠正他们的语法问题。然而，儿童很快就会放弃这些不合语法的表达方式，转而选择符合语法的正确形式。这种动机不能归因于模仿成年人或者年龄大的儿童的一般性愿望，如同儿童在服装、音乐和食物方面所表现出的特殊喜好一样。相反，该动机是对学习语言的渴望，就像渴望接近他人和了解我们周围的世界一样，这似乎是人类的天性。

尽管有一些证据支持乔姆斯基关于语言学习在某些方面具有特殊性的观点，但他的这种关于儿童具有先天的通用语法知识的观点却没有得到太多的支持。问题之一是通用语法的存在证据不足。研究人员通过对世界语言语法的比较发现它们之间存在巨大差异。即使是像"a"和"the"之间简单的语法区别也各式各样，差异非常大。在英语中，"a"和"the"是两个不同的词语，尽管它们都放在名词前面。而在匈牙利语中，它们之间的区别通过动词和直接宾语的顺序来表现。在一些非洲语言中，这两个词是通过不同的语调来区分。在汉语、日语、波兰语和俄语中，这两个词的区别却完全是从上下文推断出来的。考虑到差异的多样性，语言学习似乎不太可能只是简单地识别听到的几种可能的语法类型。相反，语言学习似乎既需要一般的学习能力，又需要特定的语言习得能力。

语言的生物学基础是什么

语言学习不同于其他类型的学习，这一观点表明，语言可能具有生物学基础。在思考这个问题时，有两个概念特别重要。一个是定位，即认为进行特定认知功能的大脑活动集中在特定的脑区。另一个是可塑性，即认为大脑功能会随着经验的变化而发生变化。

我们先来看一下语言定位的相关证据。语言具有清晰明确的解剖基础。对大多数人来说，语言加工的主要区域在大脑左半球的中间部分，尤其是布罗卡区和韦尼克区（见图 6-1）。对脑损伤（大脑部分损伤或切除）患者的研究表明，这些区域的损伤对语言功能的损害比大脑右半球相应区域同等程度的损伤更严重。无论手语能力还是口语能力都是如此，这表明这一区域的关键加工并不局限于言语或听觉形式。

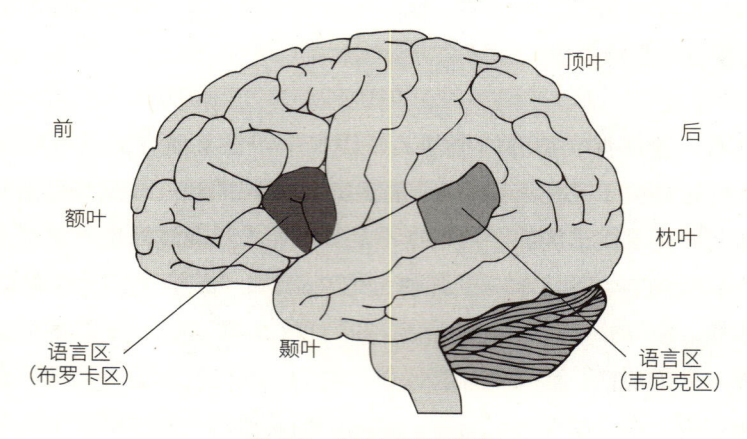

图 6-1 大脑左半球侧面图

特定的语言功能往往集中在大脑左半球的特定区域。例如，对脑损伤患者的研究表明，给颜色命名至少涉及大脑的 3 个区域。大脑后部（枕叶下部）区域的病变会导致颜色视觉丧失。韦尼克区病变会导致患者无法说出颜色名称。若这两大区域之间的部位发生病变，患者通常会保留对颜色的识别能力和说出颜色名称的能力（例如，说出红色、绿色、蓝色、棕色等），但却难以把名称与颜色对应起来。

具有特定语法功能的词语在大脑中的加工位置与其他词语不同。当人们读到一个起主要语法作用的词语（例如"the"）时，脑电反应在左半球颞叶前部最为明显，并且在读完这个词语后约 1/4 秒达到峰值。相比之下，当人们读到实词（例如"狗"）时，脑电反应在两个半球的后面部位最明显，在读完这个词语后约 1/3 秒达到峰值。此外，由语法功能词汇引起的脑电活动取决于个体对该语言语法的掌握情况。在 8～13 岁的儿童和聋哑成年人中，语法知识丰富的儿童对语法词语的反应通常非常明显，而那些语法知识掌握较少的人则不是这样。语法功能词汇主要在左颞叶前部进行加工，这一事实证明了特定语言功能的定位情况。

然而，大脑特定部位的语言功能定位情况通常很复杂，即使大脑左半球的语言优势已得到广泛认可，例外情况也依然存在。大约 1/3 的左撇子的语言加工主要在大脑的右半球。语言功能越具体，大脑定位的例外情况就越多。

有研究表明，在婴儿早期，大脑左半球就已经开始专门负责语言活动了。然而，个体发育早期，大脑左半球的损伤对语言能力的损害要比发育后期发生的类似损伤小得多。简单地说，大脑在面对损伤时的可塑性会随着年龄的增长而降低。

关于这一点的有关证据，可以从天生患有癫痫的婴儿经历中看到。目前所知防止癫痫发作的唯一方法就是切除导致癫痫发作的整个大脑半球，这一手术过程被称为大脑半球切除术。通常，这种手术会导致一定程度的认知障碍，但还是有一些人接受过半脑切除术后上了大学，并且在毕业后进入了职场。

令人惊讶的是，尽管大脑左半球在语言加工中通常占主导地位，可是在 1 岁前接受左半球切除术的人也能发展出正常的语言能力，而那些在童年后期接受左半球切除术的人通常显示出一些语言障碍，尤其是在他们的语言产生方面。在早期接受左半球切除术的儿童中，大脑右半球似乎接管了通常由大脑左半球执行的功能，所以在绝大多数情况下，他们的语言运用能力发展得相当正常。语言功能恢复的一个明显原因是，通常负责知觉—空间功能的大脑右半球中的某些区域接管了语言加工。而更让人感到奇怪的是，左半球切除手术有时会对婴儿知觉—空间能力（主要由右半球负责）的损害远比对语言能力（主要由左半球负责）的损害大。这种结果表明，大脑左半球可能更适合进行语言加工，但如果左半球不可用时，这些加工就由大脑右半球承担。或者说，语言加工可能存在一个基因程序倾向于占用左半球的脑组织，但如果左半球不可用，该基因程序就会征用大脑其他地方的脑组织。

大脑早期更强的可塑性可以从更多功能部位损伤的例子中看到。如果左脑半球功能部位损伤发生在 1 岁之前，那么儿童的语言发展接近正常情况的可能性就会很大。他们在 3 岁前的语言学习速度会比较慢，但到了四五岁的时候，他们的语言能力一般来说能达到正常范围。相比之下，1 岁以后出现的左半球损伤，带来的伤害往往更持久。因此，正如此例所标明的那样，加工位置的强大可塑性在发展早期就存在了，后来随着大脑发展可塑性降低。

孩子如何理解听到的声音

语音知识的发展

婴儿在说出第一个字之前就了解了很多语音知识。正如第 5 章所述，大约从 2 个月大起，婴儿就能区分相似的语音，例如 "ba" 和 "pa" 或 "a" 和 "i"。在早期，婴儿对母语中不使用的语音之间的差异十分敏感。然而，在 1 岁后期，儿童开始失去对语音差异的敏感性。

婴儿在很小的时候就能识别母语的发音。事实上，婴儿似乎在母亲子宫里时就开始学习母语的语音了，因为才出生 2 天的婴儿就对他们的母语产生了偏好。在 1 岁以内，婴儿学会了更多的母语语音。例如，在 9 个月大的时候，婴儿更喜欢听由母语语音组成的词语，而不是由非母语语音组成的词语。

婴儿会运用母语中的语音知识来帮助他们识别语音流中的单个词汇，这一技能对语言学习来说至关重要，因为大多数话语在词语间没有停顿。在 6 个月至 1 岁期间，婴儿至少会使用母语的 3 种语音模式作为线索来识别句子中包含哪些词汇，这一点在第 5 章的转头偏好研究中已经提到了。

婴儿用来分离词语的第一个线索是他们母语中词语的主要重音模式。在 7 个半月大的时候，学习英语的婴儿可以成功地分离出以重读音节开头的词语，如"doctor"（医生）或"candle"（蜡烛），这是英语中一种常见的语音模式，但他们往往会错误地分离以非重读音节开头的词语，如"guitar"（吉他）和"surprise"（惊喜），而这种重读模式在英语中并不常见。

婴儿用来分离词语的第二个线索是语音相邻的可能性，也就是在语言中，某些语音紧跟在另一些语音之后的可能性。以短语"pretty baby"（漂亮宝贝）为例，在英语中，音节"pre"很可能后面跟着音节"ty"，因为这两个音节总是在词语"pretty"中一起出现，而"pretty"又是一个很常见的英语词语。然而，音节"ty"后面不太可能跟音节"ba"，因为"pretty"这个词语经常和除了"baby"之外的其他词语搭配在一起，如"pretty dress"（漂亮的衣服），"pretty eyes"（漂亮的眼睛），等等。"pre"后面跟"ty"的高概率表明"pretty"很可能是一个词语，而"ty"后面跟"ba"的低概率表明 tyba 不太可能是一个词语。使用由无意义词语组成的人造语言的研究表明，大约 8 个月大的婴儿就能够从语音流中提取这些统计信息，并利用这些信息识别词语。婴儿也可以用真实的语言提取和使用这些统计信息。这种能力可能是与生俱来的，在（睡觉时）接触一种有统计线索的人工语言 15 分钟后，出生仅 1 周的婴儿在音节出现在意料之外的位置和出现在无意义词语中的"正常"位置时，大脑对音节表现出的反应不同。

第三个线索是音序信息，它涉及语言中单个词语中允许出现的语音序列的限定。例如，语音序列（以下简称音序）"nt"出现在许多英语词语中，例如"ant"

（蚂蚁）和"tent"（帐篷），但音序"mt"只出现在少数词语中。因此，音序"nt"表明其所在字母串很可能是一个词语，但音序"mt"则很可能代表两个词语间存在着一个界线，例如在"come to me"（来找我）中。9个月大的婴儿就能使用这些线索来分离语音流中的词语。

综上所述，婴儿在开口说话之前，他们已经具备有效追踪语言输入可能特征的能力，这些特征包括重读模式、各种相邻可能性和音序模式，并利用从统计学习中获取的信息来帮助他们识别语音流中的词语。在本章后面我们会了解到，这些能力可以使婴儿辨别诸如词语这样的组件，并最终可以将这些词语与意义联系起来。

发音能力的发展

婴儿在出生后的第一年里，不仅要学会辨认和使用母语中的语音模式，而且开始发出各种各样的声音。在讨论发音能力的发展之前，让我们先看看发音过程中所涉及的内容。

人们说话的方式。 当人们沉默不语时，空气在气管、鼻腔和口腔中畅通无阻。我们通过阻断气流来说话。语音的两种基本类型——元音和辅音就是由不同类型的气流阻断产生的。元音是在气流通过声带进行阻断形成的，在舌头、牙齿、嘴唇以及声带等部位都没有阻断。辅音则涉及气流在舌头、牙齿或嘴唇以及声带部位的阻断。这种区别可以从发元音和发辅音上看出来。例如，"hat"（帽子）中的"a"和"ball"（球）中的"b"。发元音时，我们不需要用嘴唇；而发辅音时，我们则需要用嘴唇。所有的语言都包括元音和辅音。

不同的元音主要通过发音时舌头的位置来区分的。如表6-1所示，"meet"（遇见）中的元音发出时，起始于舌尖并在嘴里朝向前方。然而，发"mat"（垫子）中的元音时，舌头位置要低得多（因为人们通常意识不到发音时舌头在口腔中的位置，所以当你发这些音时，可以用你的手指来辅助确定舌头的位置）。

表 6-1　发英语元音时的舌位

	口腔前部	口腔中部	口腔后部
高舌位	m**ee**t		c**oo**ed
	m**i**tt		c**ou**ld
中舌位	m**a**te	glass**e**s	c**o**de
	m**e**t		c**a**wed
低舌位	m**a**t	m**u**tt	c**o**d

发音能力的发展过程。发音能力是如何发展的？婴儿通常在发出某些音时感到很困难。但随着发音能力的发展，他们能够随意地发出各种音。以下内容描述了一个大致的发展过程：

1. 啼哭。婴儿一出生就会哭。哭声可以传达婴儿的需求。许多父母相信，他们可以仅从哭声中就可以推断出婴儿想要什么。然而，父母通常不能根据磁带录音上的哭声判断婴儿想要什么。因此，父母一定是根据情境来推断婴儿哭的原因，而不是仅仅通过哭声来判断。

2. 喃喃低语。在 1~2 个月，婴儿开始发出哭声以外的声音。特别是，他们会把舌头靠近口腔后部，然后嘴巴变圆发出喃喃低语。这些声音听起来像成年人在说"fun"这个词时发出的"呃"的音。

3. 简单发音。大约在 3 个月大的时候，婴儿发出的辅音数量大幅增加。

4. 牙牙学语。到 6 个月大的时候，婴儿会把辅音和元音结合起来，从而发出音节。这些音节以序列形式重复出现，例如"babababa"。

5. 最初的语音。在快 2 岁的时候，婴儿会发出越来越多母语中的语音，而非母语语音的声音会减少。在 1 岁左右，大多数婴儿会说出他们人生中的第一个词。

在婴儿学习手语的过程中我们也观察到类似的发展过程。失聪婴儿与正常婴儿在啼哭、喃喃低语和牙牙学语阶段上具有差不多的发展进程。接触手语的失聪婴儿和正常婴儿都会表现出手语上的"牙牙学语",这是由有节奏的、重复的手部动作组成的。人工牙牙学语被认为在手语习得中起着类似于口语习得中牙牙学语的作用。

随着时间的推移,婴儿的牙牙学语会发生变化。随着语音能力的提高,婴儿会发出更多的非重复序列语音(例如,"bala"而不是"baba")和更多的辅音和元音。他们牙牙学语的语调模式也越来越类似于真正话语中的语调模式。婴儿牙牙学语中声音模式的分布也取决于他们所接触的语言。

社会反馈同样会影响婴儿的牙牙学语。照顾者对不同类型的牙牙学语声有不同的反应。当照顾者对婴儿的牙牙学语做出反应时(例如,微笑、触摸婴儿或自己发声),婴儿会发出更复杂和成熟的牙牙学语声。当照顾者对婴儿的牙牙学语做出回应时,婴儿会调整他们的牙牙学语模式,使其更接近照顾者的话语。因此,婴儿会根据社会反馈调整他们发出的声音,而照顾者的行为会为婴儿学习语言奠定基础。

尽管父母通常将婴儿说出的第一个词语(或第一个手势)视为婴儿成长过程中一个重要的里程碑,但在此之前,随着婴儿牙牙学语能力的发展,婴儿的语音能力也一直在提高。对于学说话的婴儿来说,牙牙学语声与他们说出的第一个词语的发声往往是相似的。在15种语言中,语音"b""p""m""d"和"n"是婴儿牙牙学语中最常见的发声。这种倾向解释了为什么在极其不同的语言中,带有这些发音的词语,例如"papa""mama"和"dada"之类的词语都是用来称呼父母的,也是婴儿最先学会的词语(见表6-2)。不管怎样,说不同语言的婴儿总会发出这些声音,各种语言可能也正好利用了这一事实。

表 6-2　10 种语言中关于"母亲"和"父亲"的早期词语

语种	母亲	父亲
英语	mama	dada
德语	mama	papa
希伯来语	eema	aba
匈牙利语	anya	apa
纳瓦霍语	ama	ataa
俄语	mama	papa
西班牙语	mama	papa
汉语（北方）	mama	baba
汉语（南方）	umma	baba

如表 6-2 所示，辅音"m"和"n"与"母亲"的词义有关，而与"父亲"的词义大多数无关。这种模式是很典型的，一项对来自世界上各种语言的 1000 多个词汇的调查显示，55% 的表示"母亲"的词汇中都含有"m"和"n"等鼻音，而"父亲"词汇中只有 15% 含有"m"和"n"等鼻音。罗曼·雅各布森（Roman Jakobson）对这种差异提出了一个有趣的解释。当婴儿的嘴唇贴在母亲的乳房上时，他们只能发出鼻音，例如"m"和"n"。之后，婴儿只要一看到食物，可能就会发出这些声音，以表达对食物的兴趣，或表达想要一些其他东西的需求。因此，对于经常为自己提供食物、满足自己需求的母亲，包含"m"和"n"的词语就很方便用来称呼自己的母亲。使用这种容易发音的语音来称呼母亲是文化在用一种满足父母和孩子的方式来适应儿童天性的绝好例子。

各种文化也会根据稍大一点儿童发音能力有限的情况下进行调整，不会使用很难发音的词语来表达幼儿最想说的对象（例如人、动物和交通工具）。虽然语音序列"str"在英语中相当常见，例如，"strong"（强壮）、"strap"（皮带）、"straight"

（直的），但幼儿很少用它们来命名自己特别感兴趣的东西。

大多数儿童在将近学龄时才具备完整的语音能力。幼儿和学龄前儿童所遇到的一些问题主要是因为他们无法发出他们想要发出的声音。他们的发音是不一致的，有时能正确发音而有时又会出错。还有一部分原因是有些语音发音难度大，例如发出"sh""th""s"和"r"等声音需要声带、舌头、牙齿和嘴唇的精确协调。如果发音的同时还要应对其他的认知需求，这种困难还会加剧。例如，当儿童试图说出语法复杂的句子时，错误的发音也会增加。

幼儿通过小心地遣词造句来应对这样的挑战。当词汇量只有 25～75 个词语的幼儿知道有多个词语可以表达同一意思时，他们往往会选择更容易发音的那一个。相反，一旦他们掌握了某种语音模式，他们就会更多地使用包含该语音模式的词语。

幼儿似乎很清楚自己的发音问题。在一项实验中，研究人员向一个 3 岁的儿童呈现了一些句子（例如，"I mell a 'kunk'."），并问他这是他的发音方式还是他父亲的发音方式。这个男孩在 30 次试验中都能准确识别出他和父亲谁会使用这些发音方式。这种知识就是元语言意识（关于语言，意识到自己知道什么和不知道什么）的早期例子。以下是一位心理语言学家和他 2 岁半的儿子之间的对话，它可以作为这种元语言意识的一个具体例子：

父亲："说'跳'。"

儿子："掉。"

父亲："不对，是'跳'。"

儿子："掉。"

父亲："不对，是'跳'。"

儿子："只有爸爸才能说'掉'！"

孩子如何理解词语的意思并用词语表达意思

即使只是学习一个词语的意思也并不简单。例如，如果父母指着一只狗说："那是一只狗。"对儿童来说，这种表述是不清楚的。儿童会知道"狗"指的是动物、柯利牧羊犬、哺乳动物、四条腿、毛茸茸的东西、有尾巴和耳朵，或其他什么东西吗？对于不表示物体的词语，例如动词，情况就更复杂了。举个例子，动词"给"，不管在什么时候，只要有人"给出"东西，另一个人就会"得到"东西。因此，使用词语"给出"的情境也适用于词语"得到"。考虑到任何给予事件中都存在固有的模糊性，那么，一个既不知道"给出"，也不知道"得到"的儿童怎么能理解这两个词的正确含义呢？更糟糕的是，儿童都是从人们快速交谈中听到的这些词汇，同时，所谈及的事物又都不在眼前。然而，他们似乎能够领会这些词语的意思。问题是他们是怎么做到的呢？接下来，我们先描述儿童在 1 岁半以前学习词语和词语含义的相对缓慢的发展过程，然后讨论之后出现的较快的语义习得过程。

早期的词汇与语义

理解词汇。 婴儿是什么时候开始把语音和语义联系起来的？对于非常熟悉的词语，即使是 6 个月大的婴儿也能做到这一点。鲁思·蒂科弗（Ruth Tincoff）和彼得·贾斯齐克（Peter Jusczyk）用注视偏好法来研究婴儿对母亲和父亲称呼的理解情况。他们先给每个被试婴儿的父母录像，然后把父亲和母亲的录像并排呈现给婴儿，同时还播放一个合成的儿童音频，音频内容是由童声合成的母亲或父亲（或被试的父母用来称呼他们自己的任何词汇）的名字。在试验中，6 个月大的婴儿对有对应录像的注视时间要比没有录像的时间长一些。然而，当录像中出现陌生的男性和女性头像时，他们并没有表现出这种注视偏好。因此，在 6 个月大的时候，婴儿就会把"母亲"和"父亲"与特定的个人联系起来。婴儿可能是通过将称呼与他们社交圈中的重要人物联系起来的过程，形成他们自己的词汇库（已知的词汇集）。

父母的名字并不是 6 个月大的婴儿唯一知道的词语。埃利卡·贝格尔森（Elika Bergelson）和丹尼尔·斯温格利（Daniel Swingley）在 2012 年做了如下实验。他们向 6 个月大和 9 个月大的婴儿呈现了两张常见物体的图片，他们的父母会同时给这两个物体命名。偶然间发现，婴儿将目光投向有名字图片的次数比预期的要多，这表明他们知道哪个词语指哪个物体。婴儿似乎也知道哪些词语会一起出现：与另一个词语是相关的词语时的注视时间相比，例如"milk-juice"（牛奶-果汁），当其中一个词语是不相关的词语时，例如"milk-foot"（牛奶-脚），他们的注视时间更长。在大约 10 个月大的时候，婴儿在使用短视频而不是图片的类似范式中，表现出对更抽象的词语的理解，例如"吃了和全部走了"。因此，在婴儿 6～12 个月，语义理解就已经发展得较完善了，这比大多数婴儿能清楚地说出可听懂的词汇要早得多。

产生早期词汇。婴儿牙牙学语和他们说出的早期词汇十分相似，以至于难以确定婴儿产生早期词汇的准确时间。父母通常比其他亲朋好友早几个月就能识别婴儿的话语。目前尚不清楚这种差异是源自父母的期望和自豪感，还是因为父母更理解自己的孩子。不过通常来说，我们观察到儿童大概在 10～13 个月之间就开始说话了。

到 18 个月大时，婴儿的有效词汇量为 3～100 个词汇。在许多观察者看来，这些词汇具有很强的儿语特征。1 岁的儿童经常使用"球""狗狗"和"更多"这样的词；他们几乎从不使用"炉子""动物"和"更少"这样的词。一般来说，儿童最初所说的词汇是他们感兴趣的、相对具体的、他们想要的物体和行动。

世界各地的儿童用他们最早形成的词汇来指代同一类型的物体。他们谈论人时，会说"爸爸""妈妈"，谈论交通工具时，会说"汽车""卡车""火车"。他们还会谈论食物、衣服和家用器具，例如钥匙和时钟。图 6-2 列出了美国儿童早期词汇中最常使用的 50 个词汇。学习美国手语的儿童最早产生的 50 个手势也与此相似，其中包括"妈妈""爸爸""饼干""婴儿""鞋子""牛奶""狗""再见"和"球"等。

类别与词汇*	出现频率+	类别与词汇	出现频率
食品和饮料		**交通工具**	
果汁	12	汽车	13
牛奶	10	船	6
饼干	10	卡车	6
水	8	**家具及家用设备**	
面包	7	钟表	7
苹果	5	电灯	6
蛋糕	5	毯子	4
香蕉	3	椅子	3
饮料	3	门	3
动物		**个人用品**	
狗（含变体）	16	钥匙	6
猫（含变体）	14	书	5
鸭子	8	手表	3
马	5	**饮食器具**	
熊	4	瓶子	8
鸟	4	杯子	4
牛（含变体）	4	**户外物体**	
衣物		雪	4
鞋子	11	**地点**	
袜子	4	游泳池	3

类别与词汇*	出现频率+	类别与词汇	出现频率
玩具			
球	13		
积木	7		
玩偶	4		

图 6-2　美国儿童早期词汇中最常使用的 50 个词汇

*表示成年人使用的词汇形式。很多词语有多种变体，尤其是动物词汇。
+表示在 18 个儿童中，前 50 个习得词汇中使用该词汇的儿童数目。
资料来源：改编自 Nelson，1973。

这些例子表明，名词在儿童早期词汇中很普遍。事实上，一些研究者认为，幼儿具有"名词偏好"，因此相比动词，他们更容易习得名词。一项关于儿童学习英语、意大利语的研究支持了这一观点，儿童早期词汇中有很大一部分是名词。然而，也有研究表明，名词偏好可能不具有普遍性。学习韩语儿童的早期词汇中，动词和名词出现的频率一样，而学习汉语的儿童早期词汇中，动词的数量远远超过名词。照顾者对儿童所说的话的差异可能是造成这些跨语言差异的一个原因。与说英语的照顾者相比，说汉语和韩语的照顾者在对儿童说话时会更多地使用动词。因此，儿童早期词汇的内容似乎在一定程度上取决于他们接收的语言输入。

单字短语。在儿童开始讲话的最初半年里（大约 12～18 个月），他们通常只用一个词语说话。即使是说出单个词，对婴儿的认知资源也是负担，这也是为什么儿童在说话时经常把多音节词语说成单音节词语，例如用 "po" 表示 "piano"（钢琴），且经常在一个词语的音节之间停顿。所以说出词语的认知需求似乎限制了幼儿表达意思。

幼儿通过选择语义更广的词语，来部分弥补这种限制。这些词语通常被称为单字句，因为一个词语就能表达整个短句的意思。当一个 1 岁的儿童说"球"时，这个词似乎表达了一个完整的想法，例如"把球给我"、"这是一个球"或"狗把球叼走了"。语境和儿童选择的特定词语都让这些单字能被理解。例如，处于单字表达阶段的孩子想要一个香蕉，通常会说"banana"（香蕉）而不是"想要"。因为儿童想要的东西很多，而"香蕉"一词儿童可以谈论的方面相对较少，因此，"香蕉"是一个更有信息量的词语。然而，当我们拿了一根香蕉给孩子而他们不想要时，1岁左右的儿童通常会说"不"，而不是"香蕉"，这大概是因为说"香蕉"可能会引起误解。

过度扩展、扩展不足和重叠。 儿童使用一个词语时想要表达的意思与成年人并不完全相同。在2岁前，标准词义的明确偏差是很常见的，而更为细微的偏差会持续数年。

儿童的语义偏差分为三大类：过度扩展、扩展不足和重叠。杰里米·安格林（Jeremy Anglin）在他大女儿埃米的讲话中注意到了这些现象。过度扩展指一个词语不仅指代其标准含义所指向的物体，还用来指代其他物体。例如，埃米使用的"狗狗"一词，不仅用来指代狗，还用来称呼羊、猫、狼和牛。扩展不足就是将词语限制使用到其标准意义的子集内。例如，埃米用"瓶子"来指代她的塑料饮料瓶，而不会将其用在其他瓶子上，如可乐瓶。重叠则是儿童有时过度扩展某一词语，而有些时候却又对该词语扩展不足。例如，埃米拒绝将"伞"一词用来称呼一把折叠伞，这是扩展不足，而同时埃米又用"伞"来指代风筝和故事书中小猴用来遮雨的树叶，这就表现出过度扩展。

过度扩展是最能引起人们注意的一类语义偏差。当儿童将猫称为"狗狗"时，几乎所有人都会意识到儿童将这个词义过度扩展了。扩展不足则不那么引人注目。在日常生活中，当儿童看见狗，却不说"狗狗"时，我们很难判断是因为儿童是对该词的扩展不足，还是因为儿童不想谈论狗。这给人一种儿童的过度扩展比扩展不足更常见的初步印象。然而，通过更为直接的方式对幼儿语义进行测试（向儿童呈现一个物体，并问他们"这是什么？"或"这是一个＿＿＿吗？"）发现，扩展不足现象实际上比过度扩展更为普遍。初学语言的人将新学到的词语扩展到新物体上时表现得十分保守。

形状与功能。什么特征在早期词义中起着最大的作用？有两个特别重要的特征是形状和功能，即客体的视觉外观及它们具有的功能。形状在儿童的过度扩展中的影响是十分明显的。例如，世界各地的儿童都会把圆的东西，例如核桃、石头和橙子，称为"球"。虽然这些物体不具有球的功能，但它们都有一个类似的圆形外观。早期语义中功能的重要性在儿童使用早期词汇中体现得尤为明显。这些词汇往往指的是儿童想要的东西（例如"更多""上面""饼干"）或他们感兴趣的物体（"狗狗""汽车""钥匙"等）或活动。

图6-3给出了一个很好的例子。伊芙第一次使用"踢"这个词是在踢地板风扇的语境中。后来，她过度扩展了这个词，用它来描述具有类似形状和功能的活动，尽管她提到的许多事件在英语中通常不用"踢"这个词。例如，她用"踢"来指扔东西、把泰迪熊推到姐姐的面前等。

伊芙，踢。

原型：用脚踢球，使球向前进。

特征：1. 肢体晃动。
　　　2. 突然急速碰触（特别是身体部位与其他物体之间的碰触）。
　　　3. 物体被推动前进。

举例：第18个月时：（首次使用）踢一个风扇（特征1、2）；看一张小猫的照片，猫爪附近有一个球（所有的特征，在预期将要发生的事件中?）；注视飞蛾在桌子上拍动翅膀（特征1），看电视上一排卡通乌龟做康康操（特征1）。
第19个月时：扔东西前（特征1、3）；"踢瓶子"，用脚踢瓶子，使它滚动（所有特征）。
第21个月时：用婴儿车前轮碰撞球，使球滚动（特征2、3）；用玩具泰迪熊的肚子去推克里斯蒂的胸口（特征2），把玩具泰迪熊的肚子去推镜子（特征2）；用玩具泰迪熊的胸部去推水池（特征2）等。

图6-3　早期词汇及其指代事物

资料来源：Bowerman, 1982, p.284。

这个例子说明了学习词义的要求。当儿童听到一个不熟悉的词语时，他们不能确定这个词语所描述的是哪方面的内容。有些词主要指功能（如"帮助"），有些词主要指形状（如"大"），有些词则主要指动作（如"击打"）。有趣的形状和功能可以增加儿童对一个物体或动作产生足够的兴趣，从而试图推断出正确的词语并在早期使用这个词语。因此，形状和功能在儿童赋予早期词语含义时占有重要地位。

形式、功能和其他特征对早期词语的语义起主导作用，但它们不能单独起作用。鲍尔曼通过对女儿伊芙和克里斯蒂的观察证实了这一点。伊芙和克里斯蒂都将许多早期词汇过度扩展化。他们的大多数过度扩展都与他们第一次学习这个词的特定情形一致。尽管形式和功能是最常见的，但过度扩展强调了他们所命名的物体和行为的各种特征。

早期词汇和词义的后续发展

词汇习得过程。 在大约18个月前，儿童的词汇学习进展得非常缓慢。然而，从18个月起，一些儿童（虽然不是全部）会经历一个"词汇骤增"期，在此期间，儿童的词汇量急剧增长。如表6-3所示，18～21个月大儿童的词汇量呈双倍速度增长，在21～24个月大时，再次出现这种词汇量的成倍增长现象。这种快速增长会持续数年。到一年级时，一个普通儿童的词汇量至少能达到1万个，到五年级时，达到4万个。这意味着从18个月大到10岁期间，儿童的词汇量平均每天增加10个以上。儿童的口语词汇量也以同样的速度增长。

表 6-3 不同年龄段儿童的词汇量

年龄	月龄	词汇总量/个	新增词汇量/个
0	8	0	
0	10	1	1
1	0	3	2

续表

年龄	月龄	词汇总量/个	新增词汇量/个
1	3	19	16
1	6	22	3
1	9	118	96
2	0	272	154
2	6	446	174
3	0	896	450
4	0	1540	644
5	0	2072	532

资料来源：改编自 M.E.Smith，1926。

这种快速的学习速度表明，儿童是在仅有的几次接触中就推断出新词语的意思。对儿童词义习得的研究支持了这一结论。尽管一个词语有很多可能的含义，但 1 岁的儿童通常可以通过不到 10 次的接触来识别一个新词语的意思（至少很接近词义）。2～3 岁的儿童通常在 1 次语言接触后就能大致掌握词语的正确含义。但是，正如前所述，即使是指着一只狗说"这是一只狗"，也会有多种解释，那么词语与其含义之间的"快速映射"是如何实现的呢？哲学家奎因把这个问题称为"归纳之谜"。

研究者对这个谜题提出了不同的可能解决方案，主要有四大类解决方案：

- 学习的制约性。
- 语法线索。
- 一般认知过程。
- 社会线索和社会认知知识。

学习的制约性。 埃伦·马克曼（Ellen Markman）提出，儿童在解决归纳之谜时，从不考虑绝大多数词语在逻辑上可能的语义。相反，他们关注的是成年人最有可能指向的词义。这并不是说儿童会读心术。相反，马克曼认为，他们对词义的假设受到限制，从而缩小了词义的可能性范围，而这通常会导致他们一开始的猜测刚好是正确的。马克曼提出关于猜测的 3 个制约分别是：客体整体制约、分类制约和相互排斥制约。

客体整体制约假定一个物体的名字指的是整个物体，而不是它的某个部分或属性。当一个成年人指着一个新奇的物体说"这是我的小夹板"，2 岁的儿童会认为"夹板"是这个新奇物体的名字，而不是它的颜色或质地。在同样的情况下，成年人也会做出同样的假设。

当儿童被告知"这是一个 X"时，他们对"X"含义的猜测特别容易受到该物体形状的影响——这种现象被称为形状偏差。学龄前儿童和成年人都会使用一个新词来指代与最初提到的客体具有相同形状，但在颜色、质地、材料或大小上不同的物体。他们不太可能使用这个新词来指代形状不同，但在颜色、质地、材料或大小上相似的物体。

相互排斥制约指如果一个物体有一个已知的名称，那么一个新词语就指向一个不同的物体。因此，当儿童在一个情境中遇到一个新词语，这个词语可能指的是两个物体中的一个，而考虑到他们已经知道其中一个物体的名字，所以他们的第一个猜测通常是这个词语指的是另一个物体。例如，如果儿童已经知道"勺子"这个词，但不知道"钳子"这个词，那么，给他们呈现一个勺子和一把钳子，并对他们说"给我指出 gug"时，儿童通常会选择钳子。这一制约不仅适用于物体的名称，学龄前儿童也会用新动词指代他们不知道名称的动作，而不是他们已经知道的动作。

这种相互排斥制约似乎在儿童 1 岁半时就已经存在了。在 16 个月大的时候，儿童学会一个他们没有现成词语来称谓的物体的名称比学习已经有现成词语称谓物体的名称要快得多。在接下来的几年里，儿童依赖这种相互排斥制约的一致性显著提高。然而，双语婴儿经常会用多个词语来表示同一个物体，他们不太可能表现出与制约相一致的词语学习模式。因此，单语儿童相互排斥制约的发展可能是基于他们的语言经验。

分类制约指当一个新词命名一个物体时，这个新词也可以用来指代同一类别中的其他物体。例如，让 18 个月大的儿童看一张狗啃骨头的照片，并告诉他们"这是 sud"时，儿童会认为"sud"指的是狗这一类动物，而不是指狗的鼻子、身体、皮毛或狗啃骨头这件事。

但是，儿童怎么知道"sud"是指一个一般的类别，如"动物"，还是一个具体的类别，如"狗"，抑或是"德国牧羊犬"这样更具体的词语呢？部分原因是，儿童倾向于认为不熟悉的词语包含一个基本的水平的描述，这一描述涉及物体的主要感知和功能属性，而不涉及非常具体的特征。儿童会认为"sud"是狗的意思，因为知道客体是一只狗就能表示狗的主要特征。这个假设很有道理，因为儿童言语中涉及许多基本水平的词汇，例如"狗"，而不是更抽象或更具体的词汇。

在某些情况下，这些制约原则相互冲突。例如，在一项实验中，研究者给儿童展示了一个生日蛋糕，并告诉他们蛋糕叫"fep"，然后问儿童另外两个物体是否也是"fep"。这两个物体一个是形状与蛋糕不同的馅饼，另一个是一顶形状与蛋糕相似的帽子。当面对物体形状和其类别之间的冲突时，3 岁儿童比 5 岁儿童更有可能认为形状相似的那个物体是"fep"，而 5 岁儿童更有可能把来自相同类别的物体称为"fep"。从这个实验可以看出，物体的外观在年幼儿童猜测词义时尤为重要。随着年龄的增长，属于同一类别（例如，糖果）和具有相同的功能（例如，好吃）就变得更加重要。

语法线索。学习上的制约并不是帮助儿童在无须反复试错的情况下解决归纳之谜的唯一因素，语法线索也有影响，至少在儿童两三岁的时候是这样。在对这一问题的最早研究中，布朗发现学龄前儿童将"a wug"理解为一个物体，把"some wug"理解为一个没有差别的一堆物体，而把"wuging"理解为一种活动。2岁的儿童也知道，"这是X"这句话中"X"通常是专有名称（例如，"这是罗伯特"），而"这是一个X的东西"（如"这是个好吃的东西"）时，"X"则是一个形容词，用来描述物体的属性。

语法线索在儿童学习动词的意义方面显得尤为重要。每个动词的句法结构各不相同。有些动词是及物动词，这意味着它们后面需要跟一个直接宾语。例如动词"打"，"莫莉击打那个球"是符合语法的，但"莫莉击打"就不符合语法。有些动词是不及物动词，这意味着它们后面不能直接跟宾语。例如动词"睡觉"，"苏茜睡觉了"是符合语法的，但"苏茜睡觉床"就不符合语法。特定动词的句法结构传递了该动词的语义信息。例如，及物动词通常涉及导致某种结果的行为，而不及物动词通常涉及非因果关系的行为。再如，与介词短语搭配的动词（例如，"贝基走上山"）倾向于表达动作。这些句法结构和动词意义之间的系统关系在父母与儿童的对话中表现得非常明显。

在一项相关的研究中，3岁和4岁的受试儿童观看了关于动作的视频片段，这些动作既可以被解释为及物性动作（例如兔子推大象），也可以被解释为不及物性动作（例如大象摔倒）。当儿童观看这些视频片段时，一个木偶在一旁用"木偶话"来描述这些动作，例如"兔子在咬大象"或"大象在咬大象"等。这些儿童的任务是把"木偶话"翻译成英语。正如实验预期的那样，如果儿童注意到语法线索，他们将会依赖于句子结构来解释"木偶话"中的动词。当儿童在及物句中听到"咬"这个词时，他们会把它理解为"推"，但当他们在不及物句中听到这个词时，他们会把它理解为"跌倒"。

一般认知过程。语法线索视角强调语言输入的特征是早期词汇学习发展的源泉，而一般认知过程视角强调语言学习者的特征。根据这一观点，感知、注意和记忆这些基本认知过程本身就足以使儿童快速有效地学习新词语。重要的是，这些基本认知过程在某种意义上是通用的，它们适用于学习多种不同类型的信息，而不仅仅是语言。这是与制约观点形成对比的一个关键方面，制约观点认为，儿童能够如此快速地学习大量词汇，是因为专门用于语言学习的制约原则起了作用。

洛丽·马克森（Lori Markson）和保罗·布卢姆（Paul Bloom）在1997年强有力地证明了一般的学习和记忆过程可以促进儿童快速学习词语。在他们的实验中，3岁和4岁的儿童玩了一个包含6个新奇物品的游戏。在游戏中，受试儿童被告知其中一个物品叫作"koba"，另一个物体是由研究者的叔叔给研究者的。随后，研究者向儿童展示了一系列物品，并要求他们找到"koba"以及研究者从他叔叔那里得到的物品。正如预期的那样，大多数儿童找到了那个叫"koba"的物品，而且这个新名称还能保持一个星期到一个月。然而，更令人惊讶的是，儿童对于叔叔给研究者的那个物品的学习和记忆同样很好。对新词语和新事件的学习类似的事实表明，产生学习的是一般的认知过程，而不是专门用于语言的加工过程。

一般的认知过程甚至可能是制约词义发展的原因。琳达·史密斯（Linda Smith）和同事在一项研究中证实了这种可能性，研究重点是幼儿对形状偏差的习得。在为期7周的系列训练课程中，他们教训练组的儿童学习某种形状（共4种形状）的物品名称（见图6-4）。每次训练都会用一个新词语对该物品所属类别中的其他物品进行反复标识（"看，一个zup！"），此外，还会呈现一个不属于该类别物品（一个形状不同的物体）的相反情况（"哦，那不是一个zup！"）。非训练组的儿童没有参加这些训练课程。

在研究的最后一周，研究者给两组儿童都呈现了全新的物品和新词语，并对他们进行了测试，以确定他们能否根据形状将新词语推广到其他物品。训练组儿童确实能够做到这一点，而非训练组儿童做不到。因此，在训练过程中，学习基于形状分类知识的儿童能够通过形状来推断新词语的含义，他们还会将形状的重要性推广到新的物品和词语。这些数据表明，基本的认知过程（如注意和概括化），可能是儿童早期词汇学习中一些模式（如"形状偏好"）的重要来源。

图6-4 史密斯等人使用的4类物品

注：每个类别的物品都有着相同的形状，但在其他属性如质地和颜色上不相同。

更引人注目的是训练对儿童词汇量的影响，该影响可以在研究开始和结束时通过父母清单来衡量。在整个研究过程中，训练组的儿童在输出的词汇中关于物品名称的数量显著增加，增幅远远超过非训练组的儿童。可见，学习注意物品的形状确实给这些儿童带来了词汇的骤增。在更自然的环境中，儿童最初可能会学习一些基于形状类别的词语（如球、杯子、鞋子等），然后通过对这些实例进行归纳，来推断出形状是确定和物品对应关系的一个重要特征。第3章讨论的联结主义模型能够说明这种学习可能的发生机制。

统计学习是语言习得中极其重要的一个认知过程，它包括从输入中提取一般模式。在本章的前面部分，我们讨论了语言声音模式的统计学习。同样的统计学习过程会在甚至可能是在同一时间将声音与意义联系起来的过程中发挥作用。儿童使用统计学习来汇总关于词语及其意义在不同情境中同时出现的信息，并使用这些信息来推断哪怕是在包含许多词语和许多可能的指代的模糊语境中词语的词义，这种学习模式被称为跨情境词语学习的能力。如图6-5所示，一个婴儿在一个球和一个球棒面前听到"球"这个词，然后在一个球和一只狗面前听到"球"这个词，此时，婴儿就有足够的信息去识别这个词指的是球，而不是球棒或狗。婴儿在12个月大的时候就具有这种能力了。然而，接触的细节也很重要，接触的时间越近，幼儿学到的东西就越多。

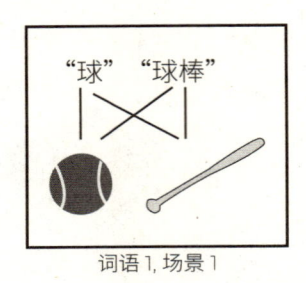

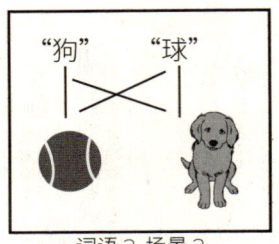

图6-5 两种情况下的词语及其指代之间的关联

资料来源：Smith and Yu，2008。

统计学习也可能是儿童使用语法线索推断词义的基础。语言输入为儿童提供了一个丰富的数据库，使他们可以从中推断出语法线索和词语含义之间的关系。通过统计学习，儿童还可以发现句法结构（如及物句和不及物句）和意义之间对应的规律。

社会线索和社会认知知识。儿童解决归纳谜题的另一个可能来源是社会环境。大量的语言学习是在社会互动中进行的，包括儿童和成年人共同关注的方面，读书等文本类活动，以及躲猫猫等日常活动和游戏。儿童和成年人都在这些社会互动中发挥了作用。例如，儿童会注意到他们感兴趣的物体，而成年人通常会告诉儿童关注的物体的名称。当被标记的物体靠近视野的中心而不是边缘时，儿童就能更快地学习被用来标记物体的词语。

随着儿童语言能力的提高，他们会试图交流他们脑海中的东西，而大多数成年人对这些早期的交流努力都会进行积极的回应。这样的社会互动为儿童学习语言和使用语言提供了一个环境。此外，随着儿童越来越了解他人，他们也可以在语言学习中利用这些知识来促进语言学习。

到 2 岁时，儿童会意识到语言通常指的是说话者正在注意的东西，却不是他们自己注意的东西。为了证明儿童具有这种理解能力，鲍德温创设了一个情境：让一个成年人注视着一个新奇的物体，同时一个 18 个月大的儿童注视另一个新奇的物体，当这个成年人说"一个 modi！"时，儿童的反应是将注意力转移到成年人正在看的物体上。当要求儿童去拿 modi 时，婴儿更有可能选择成年人在说 modi 之前一直注视的那个物体，而不是他们自己正在看的物体。

理解他人的意图也有助于语言学习。如果一个成年人在说一个词语时不小心做出了一个新奇的动作，儿童不会把这个动作和这个词语联系起来。但如果成年人再次有意做同样的动作，儿童就会把那个词语与他们的动作联系起来。因此，对交流以及社会情境的理解，影响着儿童对词义的学习。

社会环境也在其他方面促进儿童的词汇学习。当儿童使用错误的词语时，成年人有时会提供纠正性的反馈。儿童还认识到，成年人可以作为词汇含义的信息库，一个 4 岁孩子提出的以下问题就证明了这一点：

"妈妈，mud 是 dirt 被雨水淋湿，变得黏糊糊的那堆东西，而 dirt 是这种东西变干之后的样子，对吗？"

因此，通过社会互动、纠正性反馈和回答问题，成年人为儿童创造了促进语言学习的条件。通过与父母建立联合注意，区分有意和无意的行为，以及提出问题，儿童也对这一社会学习过程的形成发挥了作用。

超越归纳之谜。前面的章节已经描述了儿童在试图推断所听到的词语的意思时，用来解决"归纳之谜"的线索和能力。儿童似乎依赖于一些制约原则、语法线索、领域一般性的认知过程和社会信息的某种组合来确定词语的含义。然而，解决归纳之谜并不是儿童在学习词义时面临的唯一挑战，另一个挑战是表达没有合适词语表达的含义。

为了应对后一种挑战，儿童经常发明新的方法来表达他们想要表达的意思。克拉克举了这样一个例子。一个 24 个月大的儿童说"鼠叔叔来了"，一个 25 个月大的儿童说"妈妈刚修好了这个长矛纸"。其中"鼠叔叔"是该儿童父亲的同事，他在一个心理实验室里用老鼠做研究；而"长矛纸"是一张被撕破的照片，上面是一个丛林部落成员拿着她母亲用胶带粘在一起的长矛。克拉克还举了一个例子，一个 28 个月大的儿童说："你是剑手，我是枪手。"正如这些例子所表明的那样，儿童对语言的创新式使用绝非偶然，而是反映了儿童构建新词汇的规则，例如合并词语或将有意义的要素放在一起，用来表达一个明确的含义。这种语言创造性使得儿童得以表达超出他们有限词汇量所能表达的意思。

当涉及更复杂的词语意义（如词语之间的关系）时，儿童该怎么办呢？即使是蹒跚学步的婴儿也会注意到这些关系。埃丽卡·沃伊西克（Erica Wojcik）和珍妮·萨夫兰教 2 岁的幼儿给 4 个物体贴上新奇的标签，这些在视觉上相似的物体被分成两组。在学习了这 4 种标签之后，幼儿会听到两组标签，这两组标签指的是相似的物体或不同的物体。即使在没有类似物体的情况下，幼儿也会花更长的时间听那些指向相似物体的集合，这表明他们对词语之间的关系进行了编码。

孩子如何学会连词成句

所有的人类语言都有语法，即构成句子的规则。儿童有学习这些语法的动机，即使他们很少被纠正语法错误。儿童对学习语法的兴趣将人类与类人猿区别开来。尽管类人猿会使用符号来表达意思，但它们也对所学语言的语法毫无兴趣。

世界上许多语言的语法都极其复杂。儿童在很小的时候就能学习如此复杂的系统，这使得一些研究者提出，早期发展阶段存在一个"关键期"，在这个时期，大脑特别容易接受语法知识。下面，以英语为例，我们将讨论儿童在2岁前及年龄稍大时的语法能力发展情况，以及有关儿童学习语法的一些理论解释。

早期的语法发展

语法学习的知觉基础。即使是新生儿似乎也对语法信息有一定的敏感性。史如深等人研究了新生儿对语法词（如"the""in""its"）和实词（如"play""chair""ball"）之间区别的敏感性。这两类词在语言中起着不同的作用：实词（如名词、动词、形容词和副词）具有实际意义，而语法词（如冠词、介词和助动词）起着结构方面的作用。这两类词在知觉特征上也有所不同，例如语法词中的元音发音较短、音节构成更简单。

为了测试新生儿是否能够区分实词和语法词，史如深和同事给出生1～3天的新生儿呈现了一组由语法词或实词组成的词语。在习惯化阶段，让新生儿吮吸一个可以记录婴儿吮吸频率的特殊奶嘴。当新生儿对这些词语的兴趣大大下降时，他们的吮吸频率就会降到一个预定的标准，这时再给他们呈现另一组新的词语。对一些新生儿来说，这些新呈现的词语是由他们在习惯化阶段中已经听过的那些同一类别的词语（语法词或实词）组成；对另一些婴儿来说，新的词语由另一类别的词语组成。在习惯化和测试阶段接触了不同类别词语的新生儿对新词语表现出了更大的兴趣，从吮吸频率的增幅来看，换了类别的新生儿对新词语表现出了更大的兴趣。因此，新生儿能根据词语的感知特征来区分语法词和实词。后续的一项研究表明，到6个月大时，婴儿就更喜欢听实词而不是语法词。因此，语言以某种方式标记某些语法差异，这对婴儿来说是感知上的显著差异，这种标记有助于语法的学习。

句子。句子是语法的基本单位。它们不仅仅是一串简单的词语。相反，它们是表达意思、遵循有关语序和语调的连贯单位。莫舍·安妮菲尔德（Moshe

Anisfeld）曾说："从真正意义上来说，语音和词语只有在句子中使用时才有意义。"

从很小的时候起，婴儿就能发现句子中词语序列方面的规律。为了研究婴儿的这种能力，丽贝卡·戈麦斯（Rebecca Gomez）和卢安·格肯使用了一种由 8 个无意义的词语组成的人工语言，由这些词语构成的句子是按照任意语序规则构成的。实验者给婴儿呈现的句子就是这种人工语言，这些句子遵从语序规则，因此是"合乎语法"的。对于这些句子 1 岁大的婴儿在只听 2 分钟后就能区分新颖的"合乎语法"的句子（之前没有呈现的句子）和违反词序规则的"不合语法"的句子。

另一项研究表明，7 个月大的婴儿就能抽象出诸如"ga ti ga"和"li na li"中的"ABA"模式。已经习惯了 ABA 人工语言句型的婴儿，在随后听 ABB 模式的新句子（如"wo fe fe"）时，比听 ABA 句型的新句子（如"wo fe wo"）的时间更长，而习惯了 ABB 句型的婴儿则表现出相反的偏好。这些研究结果表明，婴儿很容易习得抽象的、有规则的语法信息。

即使儿童在开口说话前，他们对他人表述的理解就反映了儿童对母语中一些语法规则的了解程度。例如，在儿童主要使用单字词的阶段，他们已经对句子中语序的规则有了一些理解。在一组研究中，实验者给 17 个月大的幼儿同时观看两段视频，这两段视频的区别只在于"是谁对谁做了什么"。在其中一个视频中，大鸟在给饼干怪物洗澡，而在另一个视频中，饼干怪物在给大鸟洗澡。当被问道"大鸟在哪里给饼干怪物洗澡？"时，幼儿通常会注视有这种行为描述的视频。这种模式表明，17 个月大的幼儿认为最先提到的角色可能是行为的发起者，这与英语中常见的语法规则一致。

对于儿童自己的言语，他们最早的双字词似乎介于单个词语的配对和真正的句子之间。每个双字词短语中的两个词语都倾向于表达有关的意思，但它们不是非常连贯，经常被长时间的停顿分开。有时，它们被称为词语（序列），以区别于真正的句子。因此，一个 20 个月大的男孩会说出"train/bumped""Cows/moo""Trucks/beep"这样的短语。这些短语似乎表达了与简单句子一样的意思（"The train bumped.""Cows say moo.""Trucks beep."）。然而，它们缺乏语调模式和句子的连贯性。

随着儿童能说这些双字词，他们开始说真正的句子。起初，他们很少说这样的句子，但几个月后，这些句子就成为他们言语的主要内容。马丁·布雷恩（Martin Braine）认为，24～30 个月大的儿童的话语中，有 30%～40% 是"替换序列"，即儿童在先前的陈述基础上构建新的句子，直到成功地产生他们想要的有意义的句子。因此，布雷恩描述了一个 25 个月大的儿童说的话："Want more. Some more. Want some more."而一个 26 个月大的儿童这样说："Stand up. Cat stand up. Cat stand up table."

在语言学习的早期，语法知识常常与语义知识交织在一起。来自不同语言背景的儿童在他们产生的双字词中都强调相同的语义关系：发起者—动作（"Mommy hit"），占有—被占有（"Adam checker"），属性—对象（"big car"），反复（"more juice"）和消失（"juice allgone"）。在每一种关系中，儿童都以一种有规律的方式排列词语。因此，当描述一个已经消失的物体时，儿童会说"juice allgone"，但很少会说"allgone juice"或"allgone milk"。然而，词序的一致性还取决于句子所要表达的意思。

起初，儿童在将他们已有的语法能力进行概括化推广时显得非常保守。例如，斯坦·库克扎依（Stan Kuczaj）观察到，他的一个孩子最初只在以"these"或"those"开头的陈述句中使用"are"（例如"those are good toys."）。他的另一个孩子最初只在句末使用"is"（例如"There they is."）。儿童不愿意将新习得的语法形式扩展到新语境中的现象，与儿童在将新习得的词义扩展到新的事物时的保守以及他们对发音困难的词语的回避类似。

后期的语法发展

一旦儿童开始说真正的句子时，他们就开始习得成年人语言中的许多语法规则。例如，说英语的儿童学会了在动词后面加 ed 来表示过去发生的事件，他们学会了在名词后面加 s 或 es 来表示不止一个人参与了一件事。他们学会在不同的情况下使用"am"、"is"和"are"。两种语法规则的习得能特别清楚地说明语法的发展，即过去时态和疑问句。

过去式。在英语中，大多数动词的过去式都是在不定式动词后面加 ed 组成的（例如，在"help"后面加 ed 就变成了"helped"）。然而，一些特别常见的动词的过去式却不适用这条规则，例如，"came""went""hit""ate"。因此，要表明事情发生在过去，就需要同时掌握这一规则和例外情况。

儿童在开始学习过去式时，似乎是把每个词语都当作一个单独的情况来对待。这导致他们习得的第一个动词过去式是他们所听到的形式的正确重复，包括规则的（如"jumped"）和不规则的（如"ran"）。一旦儿童学会了相当多的动词（大多数情况下大约 60~70 个），并抽取出"ed"变化模式时，他们就会泛化使用这种模式，不管适不适合。这种做法有助于儿童推断出许多从未听说过的规则动词的过去式，但这也会导致他们产生过度规则化的形式，如"runned"和"eated"。这些过度规则化的形式并不是儿童在任何时候都会说的唯一形式。同一个孩子在一句话中说"runned"，在下一句话中又会说"ran"，偶尔也可能会说"ranned"。

过度正规化现象会持续很长时间，大多数儿童在 2 岁左右至学龄前期开始偶尔会出现。这一现象也不会像偶发事件那样消失。当要求 5 岁和 6 岁的儿童判断某些特定形式是"可以接受"还是"不能接受"时，多数儿童认为"ate"和"ated"都是"可以接受的"，尽管大多数儿童认为"eated"是"不能接受"的。直到 7 岁时，儿童才能判断出正确的动词过去式。

疑问句。儿童在开始使用双字词后不久，就开始学习一系列通用但又异常复杂的语法形式，如用于提问的语法形式。通常，他们问的第一个问题是："What dat?"之后，很快就会用"where"提问（"Where Mommy boot？"），以及是非疑问句（"Go now？"），以及涉及 doing 的问句（"What Billy doing？"）。

显然，从使用这些简短的问句到完全符合语法的问句还需要很长时间。儿童要经历好几年的练习，才能一直使用符合语法的疑问句提问。例如，以儿童学习"wh"问句的过程为例。最初，说英语的儿童通常会遵循基本的主谓宾次序（这是英语的典型次序），他们只是在曾听到过的句子前添加一个以"wh"开头的特殊疑问句。一个听到"Billy likes Mary"的儿童，可能会问"Why Billy likes Mary?"。后来，儿童意识到必须添加诸如"does"之类的助动词。有时他们会把助动词放在错误的位置（例如"Why Billy does like Mary?"）。还有一些时候，他们会把助动词放在正确的位置，但动词中没有去掉"s"（例如"Why does Billy likes Mary?"）。然而在另外的时候，儿童可能会说出完全正确的形式。直到大约 5 岁的时候，儿童才能正确地提问而不出错。儿童坚持学习这种复杂问句的形式，再次表明他们有学习合乎语法语言的强烈动机。

语法学习的关键期。为什么上述语法形式的学习正好在特定时期，而不是在更早或更晚的时候？埃里克·海因茨·伦内伯格（Eric Heinz Lenneberg）提出了一种有趣的可能性：从 18 个月大到青春期之间的这段时间是一个关键时期，在这段时间里，大脑特别容易接受语法学习。

对语法习得的最初解释似乎与伦内伯格的假设相矛盾。例如，对第一年在荷兰生活的成年人与学龄前儿童的比较研究表明，成年人对荷兰语语法的掌握程度更好。

然而，一些研究关注的是语法习得的终点，而不是接触语言一年或几年之后积累的语法知识，这些研究表明，很小就开始学语法的人最终会达到更高的水平。杰奎琳·约翰逊（Jacqueline Johnson）和埃莉萨·纽波特（Elissa Newport）

第 6 章　孩子如何学习语言　197

在 1989 年调查了 3～39 岁时移居美国，并在美国生活了 3～26 年的韩国人和中国人的英语语法知识。由于在他们研究的群体中，被试到达美国时的年龄和他们在美国居住的时间只有中等程度相关，因此，研究者可以将他们开始学英语的年龄方面的影响从他们学英语所花的时间方面的影响中分离出来。

到达美国的年龄与其语法掌握的最终水平密切相关。相比之下，在美国居住的时间与此几乎没有关系。7 岁以前移居美国的移民语法掌握的程度与出生在美国的成年人相当；8～10 岁之间移居美国的移民语法掌握的程度稍微差一些；而那些 11～15 岁移居美国的移民语法掌握的程度更差。最引人注目的是，年满 15 岁后移居美国的移民几乎很少有英语语法掌握得很好的（见图 6-6）。有 1 个年满 15 岁的移民，他的语法知识与 11 岁前移居美国的移民中最差者的语法知识相当。此外，在那些 15 岁以后移居美国的移民中，其到达美国时的年龄和其在美国居住的时间都没有与语法的掌握程度呈现出高度相关性。与以英语为母语的人普遍掌握英语语法基础不同，一些成年的英语学习者掌握英语语法的水平很一般，而另一些人则很差。

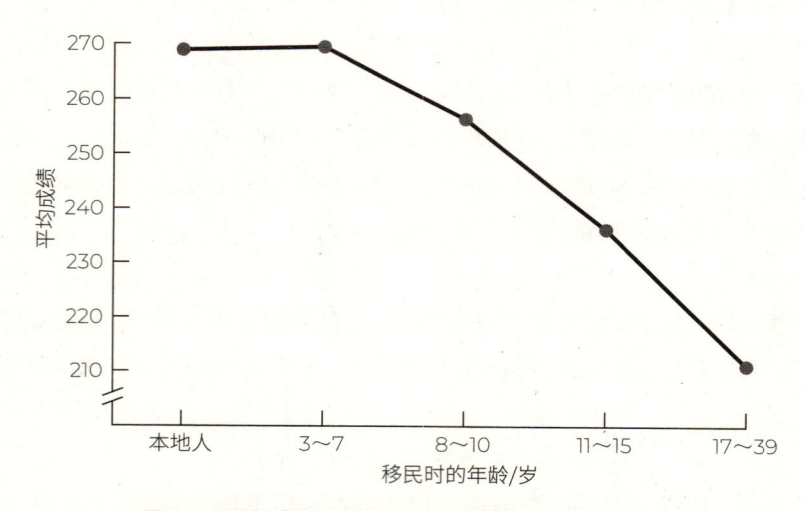

图 6-6 移民到美国时的年龄对儿童语法测试成绩的影响

资料来源：Johnson & Newport, 1989。

与约翰逊和纽波特的研究一样，大多数关于语法学习关键期的研究都集中在第二语言的学习上，因为不让一个正在发育的儿童接触母语是不道德的。然而，也有一些罕见的案例，有些儿童因为极度的忽视或虐待，在没有语言输入的情况下长大。有一个名叫杰妮的孩子，从 20 个月大时就被关在一个小房间里，到 13 岁 7 个月大时才被发现。被发现后，杰妮在语言习得方面取得了很大的进步，但她无法掌握语法中许多更为复杂的内容，例如助动词系统（她总是在"I will go home"这样的句子中漏掉"will"）和被动语态（她不会说"The ball was hit by Molly"这样的句子）。这些事实能够证明关键期的语言输入对于掌握语法的某些方面是必不可少的。然而，除了缺乏语言环境之外，杰妮可能还有其他的发展或学习问题，所以不能肯定地说，她无法习得这些语法结构是因为在关键期缺乏语言输入。

一种自然的情况是，儿童在他们的早期成长过程中可能没有语言输入，这就是父母听力正常的失聪儿童所遇到的情况。其中一些儿童直到进入学校才接触到流利的手语。同样与关键期假设相一致的是，在对语法能力要求较高的测试中，例如回忆复杂的句子，这些手语的"后来学习者"的平均成绩都不如从出生就开始学手语的人。而且当他们后来学习书面英语时，他们的表现也比母语手语者差。

当儿童从照顾者那里学习语言时，会发生什么呢？珍妮·辛格尔顿（Jenny Singleton）和纽波特对西蒙进行了深入研究。西蒙是一个聋哑儿童，他唯一的美国手语输入来自他的父母，而他的父母也是美国手语的后来学习者。像大多数后来学习者一样，西蒙的父母在使用美国手语的许多语法规则时会出现前后不一致的情况。即使面对如此混乱、不一致的手语输入，西蒙的语法也表现得非常一致，且在许多方面与接触母语手语模式的儿童相当。这个案例研究表明，儿童强大的语法学习能力可以产生超越他们语言模型的表现。

这些发现清楚地支持了在早期发展阶段学习语法会更好的观点。然而，其他研究提出了一些质疑。一些研究表明，至少有一些将英语当作第二语言的成年学习者对语法的精通程度与英语是母语的人不分上下。其他研究表明，与关键期假设相反，随着年龄的增长，学习第二语言的能力是逐渐下降的，而不是突然变化的。一些研究者认为，单一的机制，例如统计学习，可以在早期发展阶段中产生卓越的学习能力，而在之后的学习中则会产生更慢、更低效的学习能力。因此，关键期的争论还会继续下去。

孩子如何学会交流

学习语言的最终目的是用于交流。在本节中，我们主要讨论口语交流。

与婴儿的交流

基本的交流技能甚至在婴儿出生后的第 1 个月就已经存在了。3～4 个月大的时候，婴儿就会以某种方式促使成年人和他们说话。当成年人和他们说话时，他们往往很安静，当成年人停止说话时，他们会发出更多的声音。大约在这个年龄段，婴儿与照顾者的互动演变成一个流畅的轮换过程，类似于大龄儿童和成年人之间的对话。这个年龄段的婴儿也经常模仿他们母亲说话时的总体语调模式。

反过来，成年人可以用鼓励婴儿倾听和做出回应的方式和他们交流。就像婴儿模仿母亲的语调一样，母亲也会模仿婴儿发出的声音。当母亲模仿婴儿的类语音而不是其他声音时，婴儿发出类语音的概率就更大。

正如在第 5 章中提到的，许多文化中的成年人和年龄较大的儿童也使用一种婴儿导向语，在这种语言形式中，他们使用高音调、夸张的语调、简短的句子和拉长的元音（例如说 "Wheeee"）。当照顾者使用婴儿导向语时，婴儿会更加关注照顾者所说的话以及照顾者的活动。从很小的时候起，婴儿就更喜欢婴儿导向语而不是成年人导向语。在实验研究中，婴儿更喜欢看一个曾经使用过婴儿导向语的成年人，而不是一个陌生的成年人，但他们对一个曾经使用过成年人导向语的成年人没有表现出这种偏好。

越来越多的证据表明，婴儿导向语对婴儿的语言习得很重要。例如，埃里克·西森（Erik Thiessen）、埃米莉·希尔（Emily Hill）和萨夫兰研究了婴儿从无意义词语（如 dibo 和 lagoti）组成的句子中区分有意义词语的能力，当词语间边界的唯一线索是音节之间的过渡概率时。一些婴儿听到了带有婴儿导向语语调特征的句子，而另一些婴儿听到了带有成年人导向语语调特征的句子。在简短地接触这些句子后，使用转头偏好程序测试婴儿从跨越词语边界的音节序列中区分词语的能力。听到婴儿导向语特征句子的婴儿能够区分词语和分离词语，然而，听到成年人导向语特征句子的婴儿则不能。

照顾者的婴儿导向语的质量也很重要。母亲在改变言语的程度上各不相同。例如，刘惠美等人指出，说普通话的母亲在跟婴儿说话时在多大程度上夸大了元音之间的声学差异存在不同。研究表明婴儿的语言感知能力与母亲扩大元音空间的程度有关。使用更夸张的婴儿导向语的母亲，其婴儿能够更好地感知声音之间的区别。

婴儿导向语在世界上很多文化中都很常见，但也并不是普遍现象。例如，在爪哇岛、危地马拉的部分地区和西萨摩亚的部分地区，父母很少和婴儿说话。当新几内亚的卡卢利成年人看到西方人使用婴儿导向语与婴儿说话时，他们想知道婴儿是如何学会说正确的语言的。在这些社会中，婴儿主要通过观察成年人说话来学习语言。这些情况不能因为只是少数特例而被忽略。有 1 亿人生活在爪哇岛，这种做法似乎对他们学习语言不太有利，但儿童仍然能有效地掌握其母语。

与幼儿和年龄较大儿童的交流

照顾者的交流实践仍然是儿童整个童年时期语言习得的重要因素。贝蒂·哈特（Betty Hart）和托德·里斯利（Todd Risley）的一项经典研究记录了照顾者对幼儿（7个月～3岁）说话量的巨大差异。由于社会阶层功能的不同，来自脑力劳动者家庭的儿童每小时听到的词语大约比来自接受福利救济家庭的儿童多 300 个。在儿童 4 岁以前，词语差异量大约是 3000 万个。语言接触量的差异与儿童

9岁时词汇量、语言发展和阅读理解的显著差异有关。尽管后来的研究对词语差异的多少提出了质疑，但很明显，幼儿的语言接触量存在很大的差异。

除了照顾者交流的多少外，照顾的质量也很重要。梅雷迪思·罗（Meredith Rowe）发现，虽然照顾者的语言量是影响儿童2岁时词汇量的一个关键预测因素，但语言输入的多样性在儿童3岁时更为重要，照顾者使用的去语境化语言（例如，谈论过去、未来或非现在的事件）在儿童4岁时最为重要。

当儿童开始组合词语时，他们就会发展出新的交流策略。其中一些策略是初学者所特有的。例如，一些蹒跚学步的儿童在语法上只做小改动就能重复完整的短语。一位父亲问他2岁的儿子："Are you a great big boy?"他回答："I are a great big boy."本章前面描述的幼儿对特殊疑问句的早期回答也体现了这种模仿。这些模仿通常比该阶段儿童能说出的典型句子要长得多。因此，模仿可以为儿童构建更长、更复杂的句子提供基础。

另一个可以作为语言发展基础的交流策略是手势。还不会组合两个词语的儿童有时会组合一个词语和一个手势。例如，儿童可能会指着一个杯子说"妈妈"以传达更复杂的概念"妈妈的杯子"。在18个月大时产生更多这种组合的儿童，在42个月大时也会产生更多复杂的句子，这表明组合一个词语和一个手势是组合两个词语的基础。

随着儿童语言技能的增长，他们在使用语言时越来越能考虑到他们的交流对象。例如，2岁的儿童与年龄更小的儿童在跟玩偶娃娃说话时，会简化他们的语言。儿童还会根据他们的倾听者是否能看到他们来改变他们的交流行为。

3岁的儿童在与蒙着眼睛的人交谈时，会比与没有蒙着眼睛的人交谈时，表达得更清楚。相比和面对面的人交谈，学龄前儿童在与坐在窗帘后面的人交谈时，会使用更少的手势。因此，即使是年龄很小的儿童也会根据倾听者的需要调整他们的交流行为，而且他们的这种能力还会随着年龄和经验的增长而提高。

尽管儿童在交流中发挥了很大的作用，但要理解其中一些细节还是需要父母的直接帮助。学习礼貌习惯就是一个很好的例子，如下面的对话所示：

儿童："Mommy, I want more milk."（妈妈，我还想要牛奶。）

母亲："Is that the way to ask？"（是这样说的吗？）

儿童："Please."（请。）

母亲："Please what？"（请什么？）

儿童："Please gimme milky."（请给我牛奶。）

母亲："No."（不对。）

儿童："Please gimme milk."（请给我牛奶。）

母亲："No."（不对。）

儿童："Please …"（请……）

母亲："Please may I have more milk？"（请问能再给我些牛奶吗？）

儿童："Please may I have more milk？"（请问能再给我些牛奶吗？）

第 7 章

Children's Thinking

孩子如何发展记忆能力

哥哥科林想把我的"喷灯"人偶拿走，我不让，于是他把我推到了放捕鼠器的木头堆里，结果我的手指被夹住了。后来，妈妈、爸爸和科林开车送我去了医院，因为医院很远，他们用我们家的货车送我。医生在我的手指上绑了绷带。（比利，4岁）

比利对这件轻微创伤事件的详细回忆，只有一个问题，那就是这件事从来没有发生过！

这个4岁的孩子令人信服地讲述了他被捕鼠器夹住手指的"记忆"，这是某个实验的一部分。该实验的目的是判定儿童关于虐待和伤害自己的证词是否可信。实验情境与日常情境有点不同，在连续10周的实验中，研究者每周都会向儿童提问一些从未在他们身上发生过的事件的引导性问题。例如，有人问比利这样的问题："如果你遇到过这种事情请告诉我。你还记得手指被捕鼠器夹了去医院的事情吗？""你能多说点吗？""接下来发生了什么？"上述引文就是比利向另一个成年人讲述的经历。

虽然这种情况是人为的，但这与儿童在虐待案中经常要面临的情况并没有太大的不同。儿童证人在案件开庭审理前经常被反复约谈，他们经常被问到一些具有引导性的问题。让我们来看看 1989 年一场备受关注的审判中的情节，在这次审判中，一家日托中心的负责人被指控虐待该中心的儿童。其中一些虐待情节被认为使用了厨房用具：

> 检察官："她用勺子碰你了吗？"
> 儿童："没有。"
> 检察官："没有？好的。你喜欢她用勺子碰你吗？"
> 儿童："不喜欢。"
> 检察官："不喜欢？为什么呢？"
> 儿童："我不知道。"
> 检察官："你不知道？"
> 儿童："是的，我不知道。"
> 检察官："当凯丽用勺子碰你时，你对她说了什么？"
> 儿童："我不喜欢那样。"

我们怎么才能知道儿童何时是可信的？年龄较小的儿童可能无法清楚地区分幻想和现实，他们是否比年龄较大的儿童更有可能报告从未发生过的事情？还是年龄较大的儿童能想象出更广泛的事情，他们是否比年龄较小的儿童更容易报告从未发生的事情？我们究竟该怎样提问，才能让儿童去证实那些他们不愿意讨论的事情，又不引导他们报告从未发生的事情？如何以适合儿童发展的方式对儿童证人进行面谈和询问？出于多方面的原因，回答这些关于儿童记忆的问题至关重要。

心理学研究可用于评估儿童目击者证词的可信度。在实验中，与法庭案件不同的是，我们可以确切地知道到底发生了什么，并可以将其与儿童报告做对比。这些实验告诉我们很多关于记忆发展的，特别是关于儿童目击者证词的信息，它们为如何更好地引出这些证词提供了指导。

对记忆发展的研究在其他方面也很有用。无论是在学校，还是在其他非正式的环境中，记忆对学习非常重要。但是，什么样的课程活动和教学内容最有助于儿童学习呢？教师和课程设计者可以借鉴记忆发展研究来指导他们设置课程活动、创设学习环境。

记忆发展研究除了具有实用价值外，还提出了一些有趣的科学难题。大多数成年人很少记得他们早年经历的事情。想想看：你还记得你3岁前的生活吗？虽然有些人最早的记忆可以追溯到2岁左右，但大多数人对3岁之前发生的事情几乎没有印象。成年人对3岁后几年的记忆往往也很少。大多数人只记得几件非常有意义和特别的事情，例如去迪士尼乐园、去医院，或者自己的弟弟妹妹出生等。这种现象被称为"婴儿健忘症"，它提出了关于记忆本质的重要问题，以及记忆是如何在生命的不同阶段形成和恢复的。例如，与记忆相关的过程是在儿童早期就发生了变化，还是其他领域（如语言和世界知识）的发展会影响记忆的发展？利用儿童记忆的新方法表明，儿童对他们早期生活的记忆比原先想象的要多。然而，早期记忆与后期记忆是否在程度或性质上有所不同，尚不确定。

因此，理解记忆的发展具有重要的科学和实践意义。研究者从不同的理论角度关注记忆的不同方面，通过研究不同的因素来试图理解记忆的发展。理解记忆发展的两个最典型的理论是信息加工的发展理论（第3章）和社会文化理论（第4章）。

从信息加工的角度来看，按照时间维度将记忆分为3个阶段是有用的：编码、存储和提取。任何事件的记忆都需要在事件发生时对信息进行编码，然后将这些信息存储在记忆中以备使用，最后在需要时提取出来。每个步骤都有可能出错。在事件发生时，人们可能无法接收所有的重要信息；也可能接收了信息，但以一种容易遗忘的形式将其储存；或者可能有效地编码和存储了信息，但在需要时却无法提取。

这些记忆阶段不会在社会隔离中出现；相反，记忆通常在社交环境中被编码或者提取。记忆发展的社会文化视角强调了发生在更广泛的社会和文化背景下的社会互动（如亲子对话）在记忆形成和提取中的作用。文化习俗和价值观可以通过多种方式影响与记忆相关的过程。要深入理解记忆的发展变化过程，我们需要从"从神经元到邻近区域"的多个层面对这些因素进行分析。

在本章的开始部分，我们会简要地讨论记忆发展的神经基础。然后，我们会讨论记忆发展的信息加工以及社会文化理论观点，并考虑这些观点是如何应用于婴儿健忘症现象研究的。在本章的余下部分，我们将关注记忆发展中的发展内容，并考虑基本过程、策略、元认知和内容知识。

陈述性记忆与非陈述性记忆

关于记忆的生物学基础的研究，包括对导致失忆的脑损伤患者的研究，都支持存在多种记忆系统的观点（见图 7-1）。陈述性记忆和非陈述性记忆通常有一个基本的区别，即陈述性记忆可以通过有意识的回忆获得，而非陈述性记忆则不能。陈述性记忆可细分为两种主要类型：一种是情景记忆，即对特定事件的记忆，例如你昨天的一次对话，或者你的第一次约会，或者你小时候经历的一次家庭度假；另一种是语义记忆，即对一般事实和概念的记忆，例如猫会打呼噜或 1 元等于 10 角。

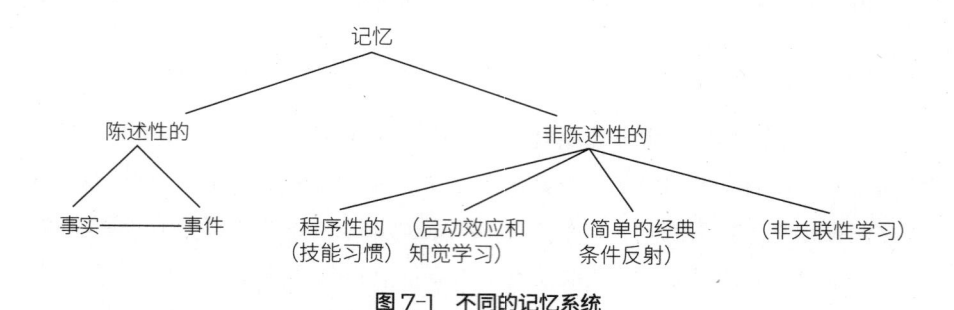

图 7-1 不同的记忆系统

非陈述性记忆，有时被称为程序性记忆，虽然它不能被有意识地回忆，但可以在行为中表现出来。非陈述性记忆可以有不同的形式，如运动技能的知识（如何系鞋带或骑自行车），通过经典或操作性条件反射获得的知识，或通过知觉学习获得的知识。举个例子，儿童要将完整的脸和部分的脸进行匹配时，相较于不熟悉的脸，儿童能很好地匹配曾经认识的人的脸（例如以前的同学）。

非陈述性记忆也表现在生理反应中，例如被认为是生理唤醒指标的皮肤电导。诺拉·纽科姆（Nora Newcombe）和内森·福克斯（Nathan Fox）向9岁的儿童展示了5年前他们幼儿园同学的照片，以及其他幼儿园孩子的照片。大约有一半的9岁儿童对他们的幼儿园同学表现出陈述性记忆：他们更有可能说和他们一起上幼儿园的儿童是他们班的，而不说其他幼儿园的儿童是他们班的。另外一半的9岁儿童没有明确地认出他们的幼儿园同学。然而，不管他们是否表现出明确地认出了同班同学，当儿童看到他们原来班级的孩子的照片时，比看到其他孩子的照片时更经常地表现出记忆特征的皮肤电导反应。这也说明了，儿童在对照片的生理反应中会表现出非陈述性记忆。

陈述性记忆和非陈述性记忆由大脑中不同的网络提供支持。陈述性记忆依赖一个涉及内侧颞叶（包括海马）和皮质结构的多成分网络。非陈述性记忆也依赖于一个多成分网络，但不同类型的非陈述性记忆涉及不同的大脑结构。纹状体对技能和习惯的记忆至关重要，新皮质对启动和知觉学习至关重要，杏仁核对情感记忆至关重要，小脑对联想记忆至关重要。因此，不同类型的记忆依赖不同的大脑系统。

最近的研究揭示了记忆发展的神经基础。一个核心观点是，记忆的发育变化可以追溯到构成记忆基础的神经结构和网络的变化。神经结构及其之间的联系成熟速度不同，例如，海马的某些部分成熟较早，但前额叶皮质和海马的其他部分成熟相对较晚。网络不同组成部分的发育变化表现为记忆不同方面的变化。例如，前额叶皮质的成熟被认为是记忆提取能力提高的基础。颞叶皮质网络其他方面的发展，特别是导致颞内侧皮质和海马之间交流改善的变化，被认为是记忆痕迹编码、巩固和存储发展变化的基础。随着对相关神经结构和网络发展的不断探究，我们终将更好地解释儿童行为中的发展变化。

研究记忆发展的框架

记忆发展的研究从一系列理论视角展开。在本书的前几章中，我们介绍了信息加工的发展理论和社会文化理论的核心原则。这些理论框架指导了大量关于记忆发展的研究。

关于记忆发展的信息加工视角

如第 3 章所述，信息加工的发展理论关注儿童所表征的信息以及他们应用这些信息的过程。当信息加工的观点应用于记忆发展时，该观点强调的记忆过程涉及记忆编码、存储和提取。

编码。当对信息进行编码时，人们会形成两种表征：字面表征和要点表征。字面表征包括对情境的表面细节：所说的话、面部表情、墙壁的颜色等。要点表征包括事件的意义或本质：谁对谁做了什么。人们采用这两种方式对信息进行编码，但是要点表征比字面表征记忆持续时间更久。日常经验也说明了这一点。当你读一个故事时，你只能暂时记住确切的用词，但故事的主要情节你会记很久。

幼儿记忆不如年龄大一些的儿童的部分原因是他们的编码更强调字面表征，而不是要点表征。对每个人来说，字面信息都比要点信息更容易被忘记，所以幼儿强调字面信息，导致了更多的遗忘。像年龄较大的儿童一样，幼儿也对事件的要点信息进行编码，然而，他们对要点信息的重视程度并不高。因此，他们仍然会漏掉事件的某些重要方面。

幼儿对要点的编码不够完整，很大一部分原因与他们的知识水平较低有关。对一个事件的记忆不是凭空产生的，它反映了人们对情境中重要、合理事件的先验知识。例如，在一项研究中，研究者询问3～7岁的儿童看医生的情况，当被问及诸如"护士舔你的膝盖了吗？"这样奇怪的问题时，7岁的儿童很少回答"是"。相比之下，3岁的儿童通常会肯定地回答这些问题，特别是在看病后很长一段时间（3个月）后再被询问时。年龄较大的儿童在看医生的时候对什么该做什么不该做有更多的了解，这可能有助于他们对真实发生的事件进行编码，同时帮助他们排除"护士舔他们膝盖"的可能性。

然而，先验知识是一把双刃剑。它通常会使回忆更准确，但它也会扭曲记忆。对他人的刻板印象就是造成这种现象的原因之一。例如，研究者向一组学龄前儿童讲述了山姆的故事。听完4个这种类型的故事后，一个名叫山姆的人来教室待两分钟，这次见面愉快而平静。第二天，儿童"发现"一只泰迪熊玩偶被弄脏了，一本书被撕破了，那么，这是谁干的呢？

儿童之前对山姆的了解本身并没有让他们认定这是山姆干的。然而，当这种刻板印象与暗示山姆是罪魁祸首的引导性问题共同起作用时，3～4岁的儿童中有72%的人认为是山姆做的，44%的儿童声称他们亲眼看到山姆做了这件事，即使在被问到"你并没有真正看到他做了这件事，对吗？"时，21%的儿童仍然坚持自己的说法。在与山姆见面之前没有听过那些故事的儿童和听过故事但年龄较大的儿童（5～6岁）则不太会这样认为。

正如这个例子所示，人们的记忆并不局限于实际发生的事情。相反，**记忆是人们所见、所听和所推断的混合体**。儿童的推论常常是正确的，但有时也是错误的。因此，在山姆故事的实验中，一些儿童报告说自己看到山姆把泰迪熊浸泡在水里，用蜡笔在泰迪熊玩偶上乱涂（这可以解释他们第二天发现泰迪熊玩偶的情况）。正是这些貌似合理的推论，在很大程度上甚至让专家都很难分辨儿童的证词何时准确，何时不准确。当100多名专门研究儿童目击者证词问题的临床医生和研究者观看儿童讲述山姆所做事情的录像时，他们无法识别哪些儿童的描述是正确的，哪些是错误的。

存储。更好的信息存储也有助于年龄较大的儿童更准确地记忆。影响信息存储质量的一个主要因素是时间。随着时间的流逝，人们开始遗忘。然而，这种遗忘在幼儿中尤其明显。即使幼儿在一件事情发生后立即记住了和年龄较大儿童一样多的东西，他们也会更快地忘记这些东西。大部分遗忘发生在事件发生后不久，但遗忘会无限期地持续下去。随着时间的推移，儿童更有可能从他们对事件的回忆中忽略重要的信息，包括那些看似合理但没有发生过的信息。

在记忆存储期间的经历也会影响信息存储的质量。幼儿往往比年龄较大的儿童更容易受到暗示，他们的回忆在很大程度上受到事件最初发生和提取之间这段时间（即信息存储期）的经历的影响。例如，在事件发生后，当被问及引导性问题时，学龄前儿童通常会根据问题所暗示的含义更改他们的回忆。暗含性问题不仅能让儿童回忆起不重要的事情，还能让他们回忆起影响他们身体的事情，例如"护士对着他们的耳朵吹气""陌生人把恶心的东西放进他们的嘴里"等。年龄较大的儿童和成年人也容易受暗示，但所受影响比学龄前儿童小得多。

提取。当我们向儿童提问关于事件的开放式问题（例如，"今天在学校发生了什么？"）时，他们倾向于提供准确和相关的信息。然而，他们报告的事情经常不完整，尤其是在学龄前期。如果提出更具体的问题，他们可以更好地报告实际发生的事件。只要问题没有暗含提问者倾向的某个答案，在事件发生后立即向儿童提出具体问题，可以保护记忆不被遗忘，也不大可能会产生错误的记忆。

儿童提取信息时的条件极大地影响了他们记忆的内容和数量。一个重要的影响因素是他们是否需要从记忆存储中提取信息（"医生碰你哪里了？"）或仅仅识别就可以（"医生碰你的舌头了吗？"）。所有年龄段的人都觉得识别比回忆要容易得多。

当鼓励儿童深入思考一个事件时，他们也能记住更多的内容。例如，当要求5～6岁的儿童报告并画出他们参观消防站时发生的事情时，他们回忆起来的东西比仅仅要求讲述此次参观要多得多。可以设想，画出消防站让他们更深入地思考了这次参观活动。同样，儿童报告他们直接参与的事件时，比报告他们只是观察或听到的事件要更准确。相比仅仅是看到或听到的事件，儿童可能对他们实际经历的事件思考得更深入。

提问的频率也会影响儿童的记忆表现。如果一个问题被多次提问，儿童往往会给出不同的答案。通常情况下，儿童在早些时候无法回忆起某一个重要细节，但在后来又想起来了，所以这并不完全是由遗忘导致的。当被重复提问时，儿童会改变答案以取悦提问者。例如，德布拉·普尔（Debra Poole）和劳伦斯·怀特（Lawrence White）发现，无论是在单次面谈还是多次面谈中，当 4 岁的儿童被反复问到他们是否目睹了一件事这类问题时，孩子们经常会改变答案。研究儿童对事件的记忆对判断儿童目击者证词的准确性有重要意义。

有关儿童对事件记忆的研究得出了以下 5 个关于儿童目击证词的结论：

- 儿童对事件的回忆反映了他们最初对事件的编码、信息存储期间他们的经历以及他们提取信息时的条件。
- 如果访谈者不带着偏见提问，即使是学龄前儿童也能准确地回忆起许多与法律案件有关的内容。证词可能缺乏细节，但他们说的基本上是准确的。
- 学龄前儿童尤其容易受到误导性问题和刻板印象的影响。每个人都会受到这些影响，但学龄前儿童比年龄较大的儿童和成年人更容易受到这些影响。
- 这种易受影响的现象往往出现在涉及儿童自己的身体、带有性暗示的事件上，以及较少个人经验的事件上。
- 为了获得准确而完整的记忆，应以一种中立的方式提出问题，问题应该足够具体，以引出可能不会被报告出来的记忆，并且提问不应过于频繁。

关于记忆发展的社会文化视角

研究记忆的社会文化理论强调社会互动，尤其是亲子互动。那么，这种互动是如何影响儿童对事件的编码、存储和提取，以及这些互动是如何被文化价值观、文化实践和文化工具所塑造的呢？

社会互动与记忆发展。 父母经常和儿童谈论过去的事情和经历，而这些谈话会影响儿童的记忆。关于过去事件的对话有助于儿童理解关于记忆的文化价值，也为儿童示范了人们如何将过去的经历融入个人"生活故事"。

照顾者在组织关于过去事件的对话的方式上有所不同。一些照顾者属于"高精细"的风格——他们提供跟过去事件有关的丰富信息，并定期确认和扩展儿童在其中的贡献。还有一些照顾者属于"低精细"的风格——他们很少提供叙述结构和内容细节，也不太可能详述儿童在事件中的贡献。"低精细"风格的照顾者在谈到过去事件的时候往往采取简单重复的方式。

下面这个 3 岁儿童与母亲关于过去事件的对话体现了这些差异。在一个关于博物馆之旅的对话中，一位"高精细"风格的母亲几乎提供了所有的叙述结构和内容：

> 母亲："约瑟夫，你还记得很久以前……"
> 儿童："嗯哼。"
> 母亲："当我们和其他人一起登上 MARTA 列车时……"
> 儿童："嗯哼。"
> 母亲："我们还去了博物馆。"
> 儿童："嗯哼。"
> 母亲："你还记得我们在那里做了什么吗？"
> 儿童："嗯哼。"
> 母亲："我们做了什么？"

儿童："我不知道。"

母亲："你还记得我们看到了你非常喜欢的东西吗？"

儿童："什么？"

母亲："你还记得直升机吗？"

儿童："嗯哼。"

母亲："我们还看到了什么？"

儿童："嗯（长时间停顿）。我不知道。"

母亲："你、马修和汉娜都在那儿。"

儿童："嗯哼。"

母亲："你们要玩很多东西，如乘坐街道清扫车。"

儿童："嗯。"

下面的对话是关于一个"低精细"风格的母亲和她的儿子去动物园游玩的对话，将上面的例子与下面的对话进行对比：

母亲："跟我说说动物园吧，你还记得去动物园的事吗？"

儿童："我看到了动物，再见。"

（母亲试图让孩子坐下的3个回合。）

母亲："你还记得你看到了哪些动物吗？"

儿童："棒棒糖。"

母亲："棒棒糖是动物吗？"

儿童："（听不清声音。）"

母亲："你看到了什么动物？"

儿童："长颈鹿。"

（两个回合，包括声音澄清。）

母亲："你看到长颈鹿了？还看到了什么？"

儿童："咆哮！"

母亲："什么是咆哮？"

儿童："狮子。"

第7章 孩子如何发展记忆能力　215

（两个回合，母亲问儿童为什么小声说话。）
母亲："你还看到了什么动物？"
儿童："咆哮！"
母亲："你还看到了什么动物？"
儿童："不，我想去看电视。"
母亲："嗯，你可以看电视。你还看到了其他什么动物？"
儿童："嗯，一只猴子。"
（两轮声音澄清。）
母亲："猴子吗？还看到了什么动物？"

这位母亲没有详细说明孩子的贡献，只是一遍又一遍地重复她的问题，好像在寻求孩子的"正确"答案。

这些父母风格的差异与儿童记忆发展的差异有关。无论是在评估父母风格的时候，还是在以后的发展过程中，母亲是高精细风格的儿童比母亲是低精细风格的儿童更倾向于报告过去的事件。此外，当母亲使用高精细风格与学龄前的孩子互动时，他们的孩子在以后的发展中往往会产生更精细的个人叙述。

高精细风格如何促进记忆？一些证据表明，高精细风格会同时影响记忆的编码和提取过程。本研究中的儿童参加了一个阶段性的露营活动。对一些儿童，研究者使用高精细风格来描述活动发生时的特征，例如，通过提出让儿童提供信息的问题并将活动与儿童先前的经验联系起来。对其他儿童，研究者使用了低精细风格，问"是/否"问题，并提供重复性的评论。第二天，另一名研究者询问儿童关于露营活动的情况，并在记忆对话中使用了高精细或低精细的风格。结果发现那些在露营活动或记忆对话中经历了高精细风格的儿童比经历了低精细风格的儿童要记得多。因此，无论是在编码时，还是在提取时，高精细风格的对话都影响了儿童的记忆。

照顾者的精细风格也会影响儿童的易受暗示性。然而，高精细风格不会导致儿童错误地美化自己的记忆。相比之下，高精细父母的孩子似乎比低精细父母的孩子更能抵抗与先前事件有关的错误暗示。造成这一现象的原因可能与儿童对事件的编码有关，即与高精细父母的日常互动使儿童对事件建立了强烈而连贯的记忆从而能发现错误的暗示。

鉴于照顾者和儿童之间的互动会影响儿童的记忆，所以可以推测其他类型的社会互动似乎也会影响儿童的记忆。社会互动对儿童记忆影响的一个特别典型的例子是提问儿童目击者。在儿童目击者接受提问的情况下，提问者某些方面的行为可能会对儿童的记忆报告产生深远的影响。例如，当提问者确信某些事件发生了，学龄前儿童就更有可能报告这些事件。有偏见的提问者可能会通过各种方式传达他们的期望，例如，通过在面试中设定指责的情绪基调，提供错误的信息，或者使用非常具体的、引导性的问题等。为了配合提问者，儿童有时会告诉提问者他们想听的话。

另一个对记忆有重要影响的社会互动真实环境是课堂。毫无疑问，教师与学生之间的即时互动在儿童对特定概念和事实的学习和记忆方面有着非常重要的影响。广义上说，教师的一般互动方式可能对儿童的记忆表现有长期影响。

珍妮弗·科夫曼（Jennifer Coffman）及其同事观察了一年级教师在语言艺术和数学方面的教学，重点关注教师呈现元认知信息（如解决问题的策略）的形式，以及教师提出的记忆要求的性质。在这些观察的基础上，研究者将教师分为高助记倾向和低助记倾向。高助记倾向的教师在教学过程中倾向于提出更多的策略建议（例如，"再读一遍"），提出更多的元认知问题（例如，"你用什么策略帮助自己更好地理解？"），并提出更多刻意的记忆要求（例如，"昨天我们讨论了物质的形态，那么水有哪3种形态呢？"）。

科夫曼和他的同事还在一年中的3个时间点评估了儿童的记忆表现。在一项研究中，研究者让儿童观看一组15个物体，并允许他们在接下来的2分钟内做任何他们想做的事情来帮助他们记忆这些物体。然后研究者把这些物体都藏起来，让儿童去回忆。在另一项研究中，研究者让儿童观看了4组图片，并要求他们回忆这些图片。在第一次评估中，研究者简要地教了儿童增强对图片记忆的策略，即将图片分类，在相关项目的集群中回忆项目，并在每个时间点评估他们使用这些策略的情况。到一年级结束时，有高助记倾向教师辅导的儿童在对象记忆上比有低助记倾向教师辅导的儿童表现得更好。他们在记忆物体和图片上都使用了更复杂的记忆策略，而且他们在记忆图片过程中，记忆能力也提高了更多。因此，在课堂环境中教师与记忆相关的互动模式会影响儿童的记忆表现和从记忆教学中的学习结果。

一项相关研究考察了教师互动方式的变化是否会影响儿童在一学年里的数学学习。在过去的一年里，那些使用更多与记忆相关教学方法（包括刻意的记忆要求和策略建议）的教师教授的儿童，在数学成绩上比那些教师较少使用这些技巧的儿童取得了更大的进步。因此，教师与记忆相关的互动模式可能会影响儿童对学科内容（如数学）的学习。

记忆发展的文化背景。每一次社会互动都发生在更广泛的文化背景中。文化的许多方面塑造了人们的行为和互动方式，而这些行为和互动方式可能对记忆产生影响。物理环境、对自我的看法以及照顾者与儿童谈论过去事件的性质上存在的文化差异导致了儿童记忆内容和质量的差异。

在不同物理环境中生活的人们有不同的记忆需求。例如，与在城市地区长大的儿童相比，在澳大利亚沙漠环境中长大的土著儿童更需要记住他们所处环境中的视觉空间关系，觅食和寻找水源等知识在土著文化中非常重要。与这些物理环境的差异相一致，土著儿童在视觉空间记忆测试中的表现优于城市地区的同龄人。此外，两组儿童似乎也使用了不同的记忆策略，土著儿童使用的是视觉策略，而他们的城市同龄人使用的是语言策略（如标签）。

在不同文化中，人们看待自我的方式也不同。有些文化（如美国文化）非常强调个人特征和自主性。来自这种文化的个体倾向于用他们独特的个人特征和经历来解释自己。相比之下，中国、日本和韩国等国的文化，更强调社会关系。来自这种文化的个体倾向于根据他们的社会角色和关系来解释自己。毫无疑问，来自不同文化的人们对自我看法的差异可能会影响他们参与的记忆过程。强调个人特征的文化鼓励个体对他们的个人经历进行编码，这种精心编码方式会使他们以后能够回忆起这些事件的许多细节。相反，强调社会关系的文化可能会使人们更关注事件的社会层面，而不是个人层面。

有关儿童记忆的跨文化研究证实了以上预测。例如，王琪要求来自欧美国家和中国的学龄前儿童、幼儿园儿童和二年级学生回忆4件个人事件。在3个年龄组中，欧美国家儿童的记忆更详细，包括更多的个人信息（他们的个人偏好、观点和行为）。相比之下，中国儿童的记忆更多地提到了事件的社会维度及他们与他人的互动。

文化也会影响人们拥有最初记忆的年龄。一般而言，强调个人特征和自主性文化的年轻人往往比强调相互依存和社会关系文化的年轻人更早（多达6～17个月）拥有最初的记忆。同样的模式也适用于儿童。8～14岁的加拿大儿童比同龄的中国儿童能回忆起更多早期事件，且在这一年龄段，两种文化的儿童之间的差异会越来越大。

儿童是如何获得基于主流文化的自我观的呢？正如与人们记忆相关的行为在不同文化中存在差异一样，不同文化之间也存在着差异。与强调相互依存文化的母亲相比，强调自主性文化的母亲往往会更多地谈论过去，她们的风格也更精细。这些文化差异也导致了儿童记忆行为的文化差异。在非常注重个人特征的文化中，照顾者与儿童以记忆为中心的互动往往强调为儿童创造一个独特的"个人故事"。相反，在强调相互依存的文化中，以记忆为中心的互动往往强调通过遵守社会规范和对适当行为的期望来"适应"社会结构的需要。因此，通过照顾者与儿童的互动，照顾者促使儿童社会化，形成适应文化的自我观，而这些观点会影响儿童的记忆发展。

婴儿健忘症的多重视角

婴儿健忘症之谜很好地说明了理解记忆发展的不同方法的价值。为什么成年人几乎永远记不住他们早年发生的事情？时间流逝并不能解释这一现象，根据成年后的遗忘模式，儿童对早期的记忆要比预期的少得多。例如，40 岁的人记得他们在 30 岁时发生的很多事情，但大多数 12 岁的人不记得他们在 2 岁时发生的事情。这种差异并不是因为婴幼儿没有形成陈述性记忆。2.5～3 岁的儿童可以记住几个月前发生的事情，有些儿童甚至还记得 1 岁前发生的事情。例如，接触简单动作序列（敲锣等）的 1 岁儿童在 1 年后依然记得这些动作序列，而且儿童在 13～20 个月时，记忆会变得越来越牢固和持久（见图 7-2）。那么，为什么年幼儿童会形成陈述性记忆，然后忘记呢？对于这一现象，人们提出了多种解释，其中包括关注于神经发育的解释，以及从信息加工和社会文化的角度进行的解释。

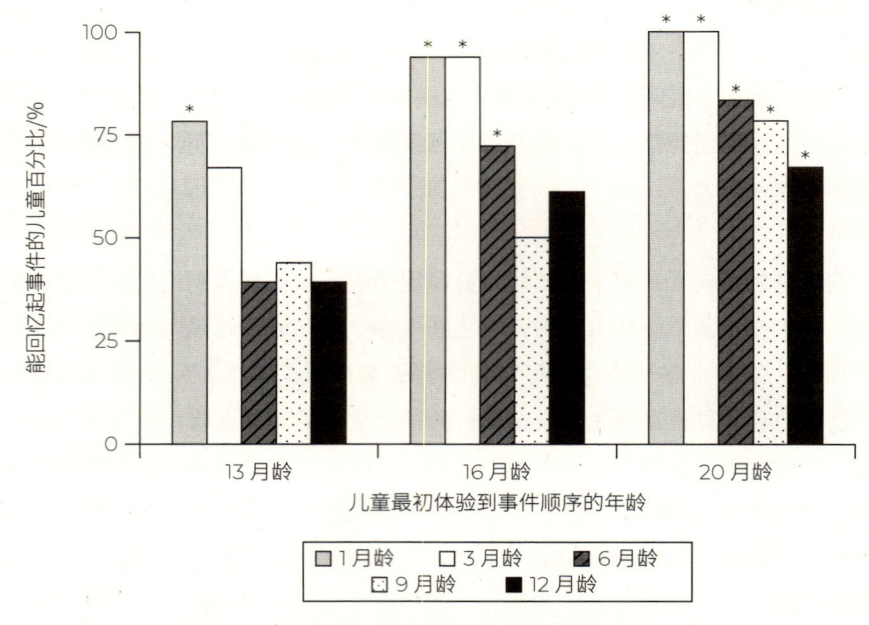

图 7-2　儿童在不同延迟间隔后对事件顺序回忆的百分数

注：*表示与随机水平具有显著差异的值。

儿童早期大脑的神经变化可能是原因之一。一种可能性集中在大脑的额叶，特别是前额皮质。大脑的这个部分可能对记忆特定的事件至关重要，这些事件以后可以被回忆起来。另一种可能是海马的发育变化。一些研究者提出，儿童时期海马中新神经元增加的过程被称为神经发生，这一过程实际上可能会导致遗忘。就像在儿童早期发生的那样，当新的神经元整合到现有的海马回路中时，可能会影响已经存储在这些回路中的信息，当这些回路被改变时，成功的记忆检索就无法实现了。这是因为检索涉及重新调用编码时发生的神经活动模式。如果海马回路本身由于神经元的增加而发生了变化，那么检索线索重新激活先前活动模式的可能性就变小了。

关于婴儿健忘症的信息加工观点集中在婴儿编码信息的方式与年龄较大的儿童和成年人提取信息的方式不匹配。人们能否记住某件事，关键在于他们之前对信息进行编码的方式与后来试图提取信息的方式是否匹配。一个人如果能更好地重建信息编码的视角，那么，回忆效果就更好。

有多方面原因会造成年幼儿童的信息编码与年龄较大的儿童和成年人的信息提取不匹配。对于一个个头矮的人和一个个头高的人来说，他们看到的世界是不同的。对事件类别（生日聚会、生病去医院、棒球比赛）的总体知识有助于年龄较大的儿童对他们的经历进行编码（"我记得我7岁生日时去看的那场棒球比赛"），但婴幼儿不太可能在这样的知识结构中编码经历。同样，婴幼儿也不会用语言来编码事件，但年龄较大的儿童的回忆往往是通过口头线索和问题来调节的。儿童有一定的能力将言语期前的记忆重新编码为言语形式，特别是当他们再次体验最初事件发生的情境时。然而，在叙事技能开始之前经历事件的儿童在以后的时间里很少能以口头形式回忆起它们，即使对于创伤性事件也同样适用，例如受伤需要紧急护理。

婴儿健忘症的社会文化解释集中于成年人如何通过社会互动来支撑儿童的记忆。婴幼儿参与成年人引导的关于事件的对话，可能有助于幼儿使用一种可持续到童年后期和成年期的编码方式对信息进行编码。与这一观点相一致的是，在儿童3岁左右的时候，父母和儿童越来越多地谈论过去发生的事情。

早期记忆的叙述连贯性各不相同，叙述连贯性涉及是否有一个明确的焦点或主题，以及它们是否包含有关时间、地点和事件顺序的信息。与叙事连贯性较差的记忆相比，叙事连贯性较强的记忆更有可能持续较长时间。因此，在某种程度上，社会互动有助于儿童形成结构良好的记忆，影响儿童记忆的形成，并且这些记忆可能在几十年后恢复。

这些关于婴儿健忘症的不同解释并不相互排斥，事实上，它们互相支持。神经系统的不成熟可能是婴幼儿不能形成持久记忆的部分原因，即使他们听到的故事能够促进学龄前儿童的持久记忆。成年人引导的对话和故事可能会引导学龄前儿童以某种方式对事件进行编码，从而形成他们成年后可以提取的记忆。相反，对他们听到的内容更好地编码可以帮助他们更好地理解和记忆故事，从而使这些故事对记忆未来的事件更有用。因此，这3种解释似乎都能用来克服婴儿健忘症。

记忆涉及哪些认知过程

信息加工和社会文化视角为思考儿童记忆提供了概念性框架。这些框架是如何解释记忆表现的发展变化的呢？年龄较大的儿童通常比年幼儿童的记忆更准确，为什么会这样呢？在本节中，我们给出了4种方式来解释，其中年幼的儿童和年龄较大的儿童在记忆相关的能力和行为方面不同。我们从信息加工和社会文化视角来考虑这些有关记忆发展的内容。

第一种解释是年龄较大的儿童在基本加工和容量方面具有优越性。用计算机做类比的话，也就是说发展发生在存储器的硬件上，即存储器的绝对容量或运行速度。第二种解释强调策略。年龄较大的儿童比年幼儿童知道更多的记忆策略，并且更经常、更有效、更灵活地使用这些策略。第三种解释强调元认知，即关于自己认知活动的知识。年龄较大的儿童更能理解记忆是如何工作的，他们可以利用这些知识来选择策略，并更有效地分配记忆资源。第四种解释强调内容知识。年龄较大的儿童通常对他们需要记住的内容类型有更多的先验知识，这可能是他们记忆力更好的一个主要来源。当然，这4种解释并非相互排斥，所有这些解释或它们的任意组合，都可能导致年龄较大的儿童存在记忆优势。

基本加工和容量

基本加工是经常使用的、快速执行的记忆活动，如联想、概括、识别和回忆。它们是认知的组成部分，因为所有更复杂的认知活动都是由它们以不同的方式组合而成的。由于基本加工的使用频率很高，与年龄相关的差异可以解释记忆中大量的其他差异。

基本加工在记忆功能中的作用在生命早期尤为重要。婴儿没有记忆策略，他们不知道自己的记忆是如何运作的，也缺乏对世界的认识。尽管如此，他们还是能学习和记住很多东西。这都是源于他们对基本加工的相对熟练的执行。由于基本加工在生命的早期就已经形成，所以大多数关于基本加工的研究都使用了信息加工的方法。

联结。联结是非常重要的基本加工之一。如果没有将刺激与反应联结起来的能力，也就谈不上认知发展。考虑到联结的重要性，婴儿一出生就具有将刺激和反应联结起来的能力就不足为奇了。有一项实验证明了这一事实。在实验中，当蜂鸣器响起，新生儿如果转向右边即能尝到糖水；而当某一纯音乐响起，新生儿转向左边就能尝到糖水。结果显示，新生儿很快学会了转向正确的方向，这表明了他们将一种声音与向左转联系在了一起，将另一种声音与向右转联系在了一起。

识别。与联结一样，识别能力从婴儿出生起甚至更早时期就存在，正如在新生儿的习惯化和去习惯化模式所表现的那样。当给早产儿反复呈现一张图片时，他们对图片的注视时间会逐渐减少；而当给他们呈现不同的图片时，他们的注视时间又会立即增加。因此，他们通过内隐的方式再认出旧图片是熟悉的图片，并减少注视时间，然后认识到新图片是不熟悉的图片，并花更长的时间去注视它。

婴儿对物体的识别能力非常持久。即使在他们习惯于一种特定的图形两周后，2个月大的婴儿仍然偏爱注视他们以前没有见过的其他图形。此外，如第1章所述，婴儿对刺激形成的习惯化速度可以预测他们以后的智商。这可能是由于能快速再认物体的婴幼儿有更多的时间和精力来认知世界的其他方面，也可能是因为婴儿时期的快速习惯化反映了他们更有效的信息加工能力。

婴儿是靠什么识别出熟悉物体的？为了回答这个问题，研究人员让5个月大的婴儿对特定大小、颜色、形状和方向的物体（例如，一个向下的黑色大箭头）产生习惯化。之后，向婴儿呈现这个物体和另一个在一种或多种属性上存在差异的物体（例如，一个向下的白色大箭头）。在这个例子中，如果婴儿表现出偏爱新物体，他们就需要记住原来物体的颜色，因为颜色是区分新旧物体的唯一维度。

当5个月大的婴儿看到最初的物体时，他们立即记住了这个物体4个方面的属性。15分钟后，他们只记得形状和颜色。24小时后，他们只记得形状。因此，婴儿对他们所看到的物体类型（例如，箭头）的记忆是相当持久的，但他们对物体的其他属性（例如大小、方向和颜色）的记忆却不那么持久。

即使在很小的时候，儿童识别的准确性也非常惊人。2岁儿童识别图片比成年人更准确。到4岁时，儿童识别的准确性更加惊人。在一项研究中，4岁的儿童100%正确地完成了图片识别任务，尽管他们在看到重复的图片之前已经看过多达25张其他的图片。即使图片间只存在很小的差异（例如狗在图片中是坐着的还是站着的），学龄前儿童仍能正确识别95%的图片。识别细微差别的能力在学龄前期后会进一步提高，但总体来说，再认能力在儿童发展早期就已经非常优秀了。

模仿和回忆。出生后不久，婴儿就能很好地回忆起某些行为，并进行模仿。例如，当6周大的婴儿看到一个成年人在做婴儿有时会做的动作时，例如吐舌头、张嘴、闭嘴，24小时之后，他们会比没有看到成年人这样做的婴儿更多地做出这些动作。婴儿的模仿仅限于他们所见的动作。当婴儿看到成年人吐舌头，他们会频繁吐舌头，但不会频繁张嘴或闭嘴。当然，当婴儿看到成年人张嘴或闭嘴时，他们也会更频繁地张嘴或闭嘴。为了模仿这些动作，婴儿必须记住他们之前所见的动作。

在出生后的一年里，婴儿模仿的动作种类和模仿时间大大增加。到9个月大的时候，婴儿能在24小时后回忆和模仿不太经常出现的随机动作，例如按下启动按钮发出嘟嘟声。到14个月大时，儿童会在更长的时间以后重复更多不常见的动作。例如，他们会先看到一个成年人将额头压在面板上让灯亮起来，4个月以后他们仍会模仿这些动作。婴儿模仿行为的发展变化让我们想起了皮亚杰的循环反应假设，即婴儿最初只重复与自己身体有关的动作，然后才会重复与外部物体有关的行为。这种早期模仿为婴儿提供了一种向他人学习的方式，也证明了婴儿在看到某种行为的几个月后，仍能够回忆起该行为。

因为不同文化强调模仿学习的程度不同，所以我们有理由认为延迟模仿的模式在不同文化中是有差异的。虽然很少有研究去解释这个问题，但现有的数据表明，婴儿早期的延迟模仿在不同文化中是相似的。

顿悟、概括化和经验整合。一系列关于移动设备的实验揭示了婴儿的几种基本能力。在这些实验中，研究者将一个移动设备放在婴儿床的上方，并用一根绳子将移动设备系在婴儿的脚踝上，这样，当婴儿踢腿时，移动设备就会移动并发出声音（见图7-3）。3个月大的婴儿在这项任务中表现出的学习行为往往发生得很突然。在踢腿期间的某个时候，他们突然开始频繁地踢腿。这种突然的变化表明，和成年人一样，婴儿有时可能对事物的运作方式产生了顿悟。

然而，令人惊讶的是，3个月大的婴儿对踢腿和移动设备之间的关系进行编码时，经常局限于最初的情境。如果第二次在婴儿床上铺了不同颜色的布，这种变化对于成年人来说不会有任何影响，却会使得婴儿不能将早期习得的行为概括化到新的设备上。然而，如果给婴儿呈现几个类似的设备，他们就能够学会概括化。因此，3个月大的婴儿具有概括能力，但他们只有在非常便利的情境下才会表现出来。

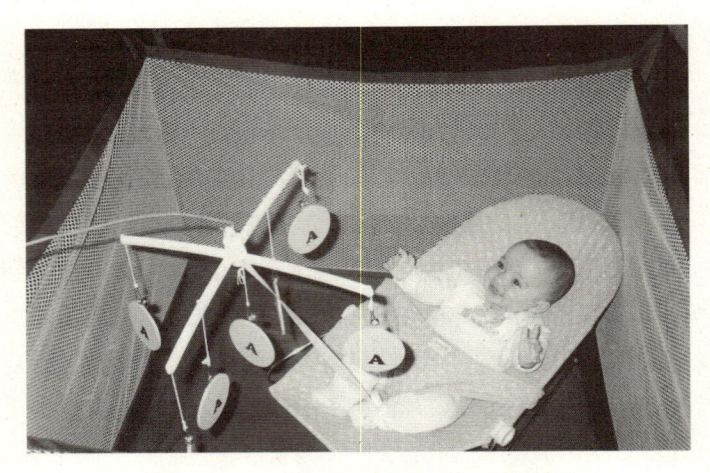

图7-3 婴儿通过踢腿使"床铃"动起来

（照片经 Carolyn Rovee-Collier 允许使用）

婴儿也能够整合在相当短的时间内发生的相关经历。如果3个月大的婴儿在初次接触一个设备后的3天内再次接触该设备，那么，相比只接触过一次，或者两次接触间隔4天或更长时间的情况，他们会在5～7天后更好地回忆起踢腿与设备移动之间的关系。

为了解释这种跨时间的记忆整合，卡罗琳·罗伊-科利尔（Carolyn Rovee-Collier）提出了"时间窗口"的概念。其基本设想是，在一定时期（即窗口打开的时期），儿童可以整合信息，强化最初的记忆。一旦这段时期结束，窗口就会关闭，即使是高度相似的事件也会被单独存储，而不会与初始记忆相整合。时间窗口打开的时间在很大程度上是由初始记忆的遗忘速度决定的。一旦信息被遗忘，时间窗口就会关闭。由于年龄较大的儿童通常遗忘得更慢，所以他们在任何给定任务中的时间窗口开启的时间都会更长。

当关于初始事件细节的记忆不如刚开始那么深刻，但尚未遗忘时，在时间窗口末期呈现第二个类似的事件，对保留最初的记忆就会很有效。这不仅适用于婴儿，也适用于年龄较大的儿童和成年人。这一发现对目击证人证词很有意义。当儿童对最初事件的记忆开始消退时，就相关问题对儿童进行提问可能对记忆的保留效果更好。

Children's Thinking 划重点

从婴儿早期开始，基本加工就对记忆的发展起着重要而直接的作用。即使是很小的婴儿也会进行联结、识别、回忆和概括化等基本加工。这些能力使他们在掌握策略、理解记忆或内容知识之前就能记住大量的内容。而且，如果没有这些基本能力，所有其他的记忆活动都将是徒劳的。例如，如果我们不能将电话号码与号码主人联系起来，那么复述这个电话号码就毫无意义。在婴儿期及以后的阶段，联结的数量、回忆经验时长、进行经验整合的时间窗户的持续时间以及进行概括化推广的情境多样性都会大幅度增加。然而，基本加工使得婴儿从生命的早期就开始进行学习和记忆活动了。

记忆策略

一个 9 岁的男孩记住了一辆持枪抢劫后逃逸汽车的车牌号，法庭于星期一开庭……男孩和他的朋友透过药店的橱窗看到一个男人抓住了一名 14 岁收银员的脖子……抢劫发生后，男孩们在心里重复着车牌号，直到他们把车牌号告诉警察。

这是 1981 年刊登在《埃德蒙顿杂志》上的一段目击者证词。如果没有使用这种被称为复述的记忆策略，男孩们几乎肯定会在告诉警察之前忘记车牌号。那么，什么是记忆策略呢？儿童如何习得记忆策略？当需要时又该如何选择策略呢？

记忆策略是"个体有意控制的、用以提高记忆水平的认知或行为活动"。儿童在记忆的编码、存储、提取阶段都会使用策略。许多与年龄相关的记忆水平的提高都反映了新策略的获得、现有策略的改进以及现有策略在新情境中的应用。

尽管不同的策略存在很多细节上的差异，但所有策略的发展都具有某些普遍的特征。当儿童第一次获得一种记忆策略时，他们只在部分情境中使用它。儿童将策略局限在该策略易于使用的材料和对策略要求不太高的情境中。儿童在使用策略方面缺乏灵活性，经常不能适应不断变化的任务需求。而所有这些情况都会随着发展而发生改变。年龄较大的儿童使用策略的情境更加多样化，包括那些难以执行策略的情境；他们使用策略的高质量版本；他们会根据情境的特定需要调整策略；他们也能在策略使用中获得更大的益处。

策略使用的另一个普遍特征是，它会随儿童的经验变化而变化。物理、社会和文化环境等诸多方面都会影响儿童获得的具体策略，以及他们应用策略的范围。例如，德国二年级和三年级的学生比同龄的美国学生更经常使用某些特定策略来组织材料。为什么会这样呢？德国儿童和美国儿童之间并没有任何先天的差异，因为两国的儿童在接受组织策略的简短培训后，两国儿童使用策略的频率持平。这种差异的根源可能在于学习和实践策略背后的文化差异。当被问及儿童的父母是否教授儿童这样的策略时，德国的父母和教师比美国的父母和教师更常教授这样的策略。

接下来，我们将会讨论儿童使用的一些具体策略、策略的使用如何随着年龄的变化而变化，以及为什么会发生这种变化。

搜索物体。儿童早在 2 岁前就开始使用基本的策略了。其中一些策略在他们搜索隐藏物体时表现明显。在一项研究中，18～24 个月大的儿童看到一个大鸟玩偶被藏在枕头等各种物体下面。然后，他们必须等待 3～4 分钟，直到实验者要求他们寻找这个玩偶。幼儿使用了各种各样的策略性活动来保持他们对玩偶位置的记忆。在等待的过程中，他们会盯着隐藏的地方，并指着它，还给它命名。当"大鸟"在显眼的地方时，他们不会那么频繁地进行这些活动，这表明这些记忆策略仅限于需要他们记住"大鸟"位置的情况。

很小的孩子使用这些策略的能力较差，他们只会在最有利的情境下使用。当一个物体被藏在3个相同杯子中的一个下面，而不是藏在一个较为独特的物体（枕头）下面时，2岁的儿童不会使用诸如注视或触摸藏有物体的杯子之类的策略活动。相比之下，3岁的儿童会在相同的杯子上进行一些策略活动，例如命名和指向，而更小的孩子只会在更独特的物体上进行这些策略活动。一般来说，熟悉的任务场景会使儿童更一致而有效地使用策略。

寻找隐藏物体策略的发展贯穿儿童发展早期。例如，当要求8岁的儿童从放置在旋转转盘上的6个相同的杯子中找出隐藏在其中一个杯子下面的物体时，他们会自发地从桌子上拿起一颗金星或一个回形针，并把这些记号放在相应的杯子上。5岁的儿童通常需要实验者的提示才会使用这种策略。而3岁的儿童要么根本不使用这种策略，要么在大量的提示下才会使用这种策略。

复述。当需要逐字回忆时，一遍又一遍地重复信息会非常有用。学龄前儿童经常使用这一策略，正如本节开头提到的车牌证词所说明的那样。然而，6岁或7岁以下的儿童不太可能去复述车牌号。在一项研究中，研究者向5岁和10岁的儿童呈现了7张图片，并让他们指向其中的3张。儿童知道他们要在15秒后，以相同的顺序指出这3张图片。在呈现图片和要求儿童指出图片之间的15秒内，10岁儿童比5岁儿童默念或一遍又一遍地重复图片名字的次数要多得多。以这种方式复述的儿童比那些没有使用这种策略的儿童回忆起的内容更多。

这些结果有时被解释为5岁的儿童不能复述，而大一点儿的儿童会。然而，实际情况可能要复杂得多。对儿童系列回忆的逐个试验研究表明，在一些试验中，大多数5岁儿童的复述方式与年龄较大的儿童相同。和不复述的试验相比，他们在需要复述的试验中回忆的正确率要高。

教授5岁儿童复述策略，会增加他们使用该策略的频次，回忆更多的内容。

然而，他们的回忆水平还没有达到年龄较大的儿童的水平，而且幼儿通常不会在新情境下频繁使用复述策略。

组织。当人们需要回忆材料，但不一定要按照原来的顺序回忆时，他们通常会把材料重组成更容易记忆的形式。例如，当要求10岁的儿童记住沙发、香蕉、狗、椅子、苹果、老鼠、桌子、奶牛、橙子这些词语时，他们通常会把这些词语分成三类：家具、水果和动物。然后，他们试着通过以下思考方式来回忆：好吧，这是家具，一张桌子、一把椅子和一张沙发。在提取时，他们可能还会将物品分类，例如，家具，让我想想，有张桌子，是的，桌子；有灯吗？没有；有椅子吗？是的，有椅子；等等。

组织策略的发展在很大程度上与复述策略的发展是平行的。和复述策略一样，幼儿比年龄较大的儿童更少使用组织策略，而他们有时也会使用组织策略，而那些使用这种策略的儿童往往比不使用这种策略的儿童记住更多信息。儿童早在4岁时就学会了使用组织策略，学习这些策略有助于他们记住更多信息。儿童从使用多种组织策略中获得了极大益处。例如，在编码时对项目进行排序，在提取时进行分类等。

从不使用组织策略到经常使用它们，许多儿童转变得相当突然。这种表现上的快速"跳跃"已经被一项研究证实。该研究以每周为一小阶段的一系列实验构成，从中了解个体儿童在此过程中的记忆表现。儿童开始认识到组织策略的益处，一旦他们发现了这些组织策略，他们就会经常将这些策略与容易组织的材料一起使用。

一些证据表明，儿童可能通过与照顾者的互动获得这种策略。当儿童和母亲一起参与记忆任务时，母亲通常会使用组织策略来组织孩子的编码和提取过程。无论是在最初观察母子互动的时候，还是在一年后，母亲更经常使用组织策略的儿童都表现出更好的记忆成绩，且这些儿童在单独进行记忆任务时，也会使用更复杂的策略。

选择性注意。第 5 章讲到了刺激能引起注意。婴儿的很多注意都是由刺激引发的，是不自觉的。然而，儿童很快就开始对重现重要信息进行更有选择性的注意。例如，当实验者告诉 4 岁的儿童过一会儿要回忆某些玩具时，这些儿童在等待期间往往会更频繁地说出这些玩具的名字。这表明他们会有选择性地注意那些他们需要记住的玩具。

与复述和组织策略一样，选择性注意策略在学龄前期和儿童中期变得相当普遍。在如图 7-4 所示的任务中，选择性注意的增加尤其明显。在这个任务中，儿童看到两排盒子，每排有 6 个盒子。每个盒子里都有一个动物玩具或家用玩具。装有动物玩具的盒子上面有一张笼子图片，装有家用玩具的盒子上面有一张房子图片。实验者告诉其中一些儿童，他们要记住每个动物玩具所在的位置；再告诉另外一些儿童，他们需要记住每个家用玩具所在的位置。然后给儿童一段学习时间，在此期间，他们可以打开任何他们认为有助于他们记住相关物品位置的盒子。对于需要记住动物玩具位置的儿童来说，其明智的策略是打开每个有笼子图片的盒子，查看每个盒子里有什么动物，而忽略其他的盒子。

图 7-4　帕特里西娅·米勒（Patricia Miller）及其同事在选择性注意实验中使用的装置

在 3～8 岁，儿童的选择性注意发展得很快（通过选择儿童将注意力集中在相关类别上）。在学习阶段，最落后的儿童常常是最年幼的儿童，他们在学习阶段不加区分地查看两类盒子。稍微进步一些的儿童会更多地查看相关类别的盒子，但也会频繁地查看其他类别的盒子。而更进步一些的儿童几乎只查看相关类别的盒子，但他们的回忆效果并不比那些同样查看某些不相关盒子的儿童更好。只有最先进的儿童才能将他们的注意力完全集中在相关的盒子上，并且比那些不太会选择性注意的儿童记得更多。

年龄较大的儿童在注意力分配上更有优势，部分原因是他们的注意更有系统性。这一点在对 4～8 岁儿童眼动分析中得到了证实。在该实验中，实验者给儿童呈现有 6 扇窗户的房子图片，如图 7-5 所示。儿童需要确定左边的房子和右边的房子是否相同，如果不同，则需要找出它们的不同之处。理想的做法是，儿童会先扫视左边房子的一扇窗户，再扫视右边房子的对应窗户，然后扫视左边房子的另一扇窗户，再扫视右边房子的对应窗户，以此类推，直到他们发现了不同之处，或者检查完了所有窗户。系统地观察不同的窗口，例如，按照从上到下、从左到右等顺序似乎也是注意力分配的理想方式，因为这样可以确保比较所有窗户，同时不会重复比较。

图 7-5　埃利亚娜·沃皮洛特（Eliane Vurpillot）用来研究视觉注意发展的刺激
（版权所有 1968，经 Elsevier 允许使用）

随着年龄的增长，儿童的扫视变得越来越系统化。年龄较大的儿童会更多地在两个房子对应的窗户之间来回查看，也会更多地沿着一个房子内的竖列或行扫视。他们也更经常地检查所有的窗户后才回答说这些房子是一模一样的。总而言之，随着年龄的增长，儿童的注意力会更加集中在相关信息上，也变得更加系统化。

有关策略变化的其他解释。这些研究发现提出了一个问题：为什么儿童不总是使用有用的策略？为了理解学龄前儿童对复述和其他记忆策略使用的有限性，我们需要对他们使用策略的益处和需要付出的代价进行深入探究。在大多数情况下，幼儿比年龄较大的儿童意识到使用策略更加得不偿失。一般来说，当人们第一次学习某种策略时，使用策略比后期使用时需要花费更多的心理成本。

这一分析表明，可以通过增加使用策略使用的益处或减少策略使用的代价来提高幼儿对策略的使用率。与这一预测相一致的是，当使用策略的益处增加时，例如，当他们成功回忆后会得到金钱奖励，儿童会更频繁地使用复述策略，并且以更复杂的方式进行复述。当使用策略的代价降低时，例如，通过呈现相对容易复述的材料，策略的使用也会增加。因此，策略使用会随着年龄的增长而增多，反映了策略使用对于年龄较大的儿童来说意味着益处的增加和代价的减少。

相反的现象也同样会发生。儿童频繁使用那些最初不能帮助他们更好记忆的策略，这种现象被称为利用性缺损。记忆没有进步，似乎反映了使用策略所花费的心理成本抵消了使用策略产生的益处。与这一分析相一致的是，当实验者通过替儿童执行部分策略的方式来减少儿童使用策略所需的心理成本时，幼儿就会从这些策略中获益，即使这些策略原先不能提高记忆。

利用性缺损的存在提出了一个问题：为什么儿童会使用不利于他们记忆的策略？回答这个问题的关键可能在于这样一个事实，利用性缺损通常与新策略有关。任何加工效率都会随着练习的增多而提高，这一发现非常一致，因此被称为"练习法则"。如果一个新学习的策略已经能产生提高记忆的良好效果，或者与一个被熟练使用的策略那样产生几乎相同的记忆效果，那么通过练习，新策略很有可能会产生更好的效果。如此，我们为什么不使用新策略呢？

回答这个问题的第二个关键可能在于获取记忆策略的社会背景。最近的研究表明，如果儿童在学校或与照顾者的互动中学习记忆策略，那么他们可能会被激励使用这些策略来取悦或变得像他们的教师或照顾者。社会互动可能有助于新策略进入儿童的策略库，即使这些新策略起初并没有多大益处，但是社会因素可能会鼓励儿童使用它们。

Children's Thinking 划重点

随着年龄的增长，儿童使用策略的频率和质量都会提高，这在学龄前期和青春期之间的记忆发展中起着重要作用。在这段时间里，复述、组织和选择性注意等策略的使用频率与质量都大大提高。记忆策略的发展并不局限于策略使用频率的变化。年龄较大的儿童会使用更有效的策略，这些策略涵盖了简单和困难的情境，并且当他们使用这些策略时，他们的记忆效果会大幅度地提高。

与记忆策略相关的一个有趣现象是，训练儿童使用这些策略并不能保证他们会继续使用。这就提出了一个问题：儿童是如何决定使用哪种策略的？一种可能是儿童依靠他们的元认知知识（有关策略、任务难度和他们自己的认知能力的知识）来做出相应的决定。

元认知

元认知可分为两类知识：外显的、有意识的、事实性的知识和内隐的、无意识的、程序性的知识。关于外显元认知知识的一个例子是，即使是学龄前儿童也能意识到，记住几个词比记住许多词更容易。然而，许多元认知知识是无意识的，也就是说，这类知识在不知不觉中影响着我们的行为。优秀的读者在读到书中较难理解的内容时，会无意识地放慢阅读速度，这正是内隐的元认知知识在起作用。在本节中，我们将考虑外显和内隐元认知知识的发展以及它们对儿童记忆能力的影响。

外显的元认知知识。学龄前儿童和成年人拥有大量关于思维，特别是记忆的外显知识。这些知识包括任务信息（记住文章的要点比记住全文更容易）、策略信息（复述电话号码对记住它是有用的），以及关于人的信息（年龄较大的儿童通常比幼儿记住的东西更多）。这些知识取决于儿童理解心理状态的能力，这种能力在学龄前期发展迅速，第9章将详细讨论这些问题。儿童关于记忆的元认知知识大部分是在5～10岁获得。

我们关于记忆最基本的认识可能是记忆是不可靠的。几乎所有6岁以上的儿童都知道他们会遗忘，但有相当一部分5岁的儿童（30%）否认他们曾经遗忘过。幼儿对自己记忆能力的过度乐观在其他情境中也有所体现。例如，当询问4岁的儿童他们能记住10张图片中的几张时，大多数儿童认为他们能记住全部10张图片。他们对自己能记住的东西的估计比年龄较大的儿童要高，尽管他们实际上记住的更少。学龄前儿童的过度乐观可能反映了他们一厢情愿的想法以及较少的抽象知识。当这些儿童被要求预测其他孩子会记住多少东西时，他们就不像预测自己的表现那样过于乐观了。

在小学及以后的阶段，儿童和青少年获得了关于任务、策略和特征影响记忆的广泛知识。大约一半的小学一年级学生知道记住故事的要点比记住全文更容易。几乎所有的五年级学生都知道这一点。同样地，大约一半的一年级学生知道识别比回忆更容易，而几乎所有的五年级学生也都知道。

在这一时期，元认知知识的增长可能是由于儿童在学校需要记忆的内容的增加，以及他们所得到的回忆是否正确的反馈而激发出来的。事实上，学校是对与记忆有关的元认知知识发展有极大影响力的社会环境。回想一下，在科夫曼及其同事对教师的研究中，教师记忆取向的一个关键组成部分是他们对元认知信息的强调。此外，在该研究中，教师记忆取向的变化与儿童记忆表现的差异有关。如果教师的记忆取向影响儿童的元认知，进而影响他们的表现，就可能出现这种模式。通常来说，关注元认知知识的教师可能会促进学生获得这些知识。

许多关于认知的外显的事实性知识的研究都是由一个看似合理的假设推动的，即儿童的记忆和一般认知系统知识的增加会使他们选择更好的策略，并更有效地记忆。然而，这种直觉上合理的假设却很难被证实。元认知知识和记忆表现之间的关系并不像许多人直觉感受到的那样强烈。一些研究揭示了元认知知识和记忆表现之间的联系，以及早期元认知知识和后来的记忆策略使用之间的联系。总的来说，儿童使用外显元认知知识来指导他们记忆行为的证据并不多。

内隐的元认知知识。与他们有限的关于记忆的外显、事实性知识相比，幼儿和学龄前儿童表现出的内隐元认知知识令人印象深刻。这在他们监控自己的认知活动时表现得尤为明显。例如，2岁儿童会自发地纠正自己的发音、语法和物体命名方面的错误，这表现了他们会监控自己的语言使用。

这种自我监控甚至可以让幼儿体验到一种"知道"的感觉，这种感觉可以帮助他们预测自己以后的记忆水平。例如，在一项研究中，研究者向4岁和5岁的儿童呈现了一组儿童照片，这些儿童对照片上儿童的了解程度各不相同。即使4岁和5岁的儿童不记得照片上儿童的名字，但如果告诉他们照片上所有儿童的名字，他们也能准确地预测出自己能否记住这些名字。

这种对思维过程进行监控的准确性在小学阶段有所提高。例如，7岁的儿童对更强的记忆（例如，对已制定的行动的记忆而不是想象的行动的记忆）有了更高的信心评级，儿童区分不同强度记忆的能力在整个小学阶段会不断提高。在此期间，儿童也越来越有可能根据自己表现的各个方面来做出元认知判断。例如，儿童对他们能更快给出的答案更有信心，这种联系在发展过程中会变得更强。和成年人一样，儿童的元认知判断至少部分是建立在对自己行为观察的基础上的。

儿童的元认知判断的某些方面可以通过对启发式的依赖来表征。刚才的例子就可以用启发式来表达，"我反应越快，我越有可能是正确的。"另一个例子是，儿童对自己记忆事物可能性的判断会随着他们花在学习这些事物上的时间的增加而减少，这表明他们使用了一种启发式的方法，例如"易学易记"。随着年龄的增长，儿童也越来越倾向于依靠事件的可记忆性来判断一件事是否会被遗忘或是否发生过（"如果发生了一件真正值得纪念的事情，我会记住它"）。在采访儿童证人时，了解这种元认知判断的发展过程非常重要，因为儿童证人经常被问及可能发生或可能没有发生的令人难忘的事。

尽管在小学阶段元认知监控能力会得到进一步提高，但即使是年龄较大的学生和成年人，这种能力也远未发展到完美的状态。尤其是在监控自己对他人话语的理解时，个体很难觉察到自己的理解是不够的或是存在误解的。例如，有相当大比例的大学生没有发现下面这段话有明显的矛盾之处：

> 有些蛇是有毒的，但有些蛇是无害的，甚至会帮助我们。例如，束带蛇帮我们驱赶花园里的害虫，因为束带蛇吃这些昆虫。它们靠听来寻找昆虫。昆虫会发出一种特殊的声音。束带蛇没有耳朵。它们听不到昆虫。它们能听到昆虫的声音。这就是他们寻找昆虫的方法。

高水平阅读者和低水平阅读者在如何监控他们的认知能力，以及他们发现问题后的做法上有很大的不同。例如，年龄较大的高水平阅读者在遇到难理解的地方时会放慢阅读速度并重新阅读。相比之下，年幼的低水平阅读者很少回到问题所在之处重新阅读。这种情况是矛盾的，因为年幼的低水平阅读者有更多的重读理由（因为他们通常在第一遍阅读时理解得不太好），但他们却很少这样做。这可能会导致一连串的问题，因为无论是在当下，还是在发展过程中，较弱的理解监控与低水平的阅读理解都是有关的。

自我监控能力对于选择学习内容和学习的任务量非常重要。毫不奇怪，年龄较大的儿童能更有效地监控他们的知识，也能更有效地根据他们对学习内容的掌握程度来调整学习策略。从4岁到12岁或13岁，儿童在认为他们掌握了学习内容之前，学习时间在稳步增加，这可能是因为年龄较大的儿童对自己知识的监控使他们明白，直到学习过程的后期，他们才能掌握这些学习内容。年龄较大的儿童也会把更多的注意力集中在他们尚未掌握的学习内容上，这可能也是因为他们的监控表明，这些学习内容需要更多的注意力。支持儿童的理解监控（例如，通过鼓励他们为文本生成关键词），可以帮助他们更好地决定是否需要重新学习内容。

然而，分配学习时间是一件棘手的事情。设想一下这种困境：儿童刚拿到先前测试的结果，就要为了之后的测试学习同样的内容。那么，此时什么才是最好的策略呢？是把注意力主要集中在上次测试出错最多的地方，还是把时间也分配给其他方面的学习内容？把时间花在之前没记住的部分，有助于提高这部分内容的记忆成绩，但也可能导致在第一次测试中正确回忆的那部分内容的成绩下降。另一方面，复习已经掌握得很好的内容可能是在浪费时间。

毫不奇怪，刚刚学会学习的儿童很难做出这些选择。在一项实验中，儿童在最初的记忆测试中只有部分回答正确，当给予他们再次学习的机会时，7岁儿童和9岁儿童的学习策略有所不同。9岁儿童专注于他们没记住的内容，7岁儿童的注意力分布范围更广。9岁儿童的学习策略听起来更老练，但并不比7岁儿童的学习策略更有用。在第二次测试中，这两种策略所带来的进步是一样的。儿童在第一次和第二次测试之间遗忘的内容，抵消了他们之前没记住但后来又记住的内容。有些问题其实就是没有好的解决办法。

Children's Thinking 划重点

用元认知解释记忆的发展，既有趣又令人沮丧。其部分魅力在于其核心假设的合理性，即儿童对记忆的了解会影响他们的记忆方式。另一部分魅力在于元认知技能和知识影响的潜在普遍性。例如，了解策略的相对有用性可以优化儿童在各种情境下的策略选择，这对教育情境中的学习具有重要意义。还有一部分魅力在于教授元认知知识和技能的潜在好处。元认知知识和技能具有潜在的指导性和广泛的应用性。这使得它们比基本加工更适合教学，因为基本加工即使可以改变，也是很难的。除此之外，教授元认知知识比教授只能在很小范围内使用的具体策略有优势，例如复述，只能用于机械记忆。提高元认知技能的知识（如何监控理解），可以对儿童的学习产生广泛的有益影响。

当我们试图确定儿童不断增长的元认知知识是否有助于他们更好地记忆时，元认知令人沮丧的一面就显现出来了。记忆成绩和记忆知识都随着年龄的增长而提高和增长。然而，记忆成绩和记忆知识量之间的关系并不是特别强。这就提出了一个问题：元认知对记忆发展到底有多大的影响？

元认知知识只有在一系列条件都满足时，才会影响记忆成绩。设想一下，一个女孩使用元认知知识选择一种策略来记住一长串数字可能涉及什么。女孩需要知道她的记忆力并不完美，她可能记不住所有的数字。当她听到这一长串数字时，她需要很好地监控自己的记忆，以便认识到在不使用某种策略的情况下她不可能把所有数字都记住。她还需要知道相关的策略，如复述，并在需要的时候选择这一策略，而不是选择效果较差的策略。最后，为了将来能更频繁地使用这个策略，她需要将自己获得的益处归因于该策略，而不是其他因素，比如更努力。

这一观点既可以帮助我们理解教授儿童元认知技能可以获得巨大成功，也可以帮助我们理解在日常情境中元认知知识与记忆成绩之间存在弱相关。如果各个环节中的所有联系都存在，那么元认知知识就可以极大地提高记忆成绩。然而，就像在日常环境中经常发生的那样，哪怕有一个联系缺少，元认知知识与记忆成绩之间的相关就可能消失。

试想一下，策略是如何迁移到新情境中去的？即使儿童知道某个策略，也会使用该策略，并且记忆水平也得到了提高，他们还是很少把这种策略迁移到新情境中，除非他们也把记忆成绩的提高归因于该策略的使用。而学会某种策略，并由此提高记忆成绩的儿童和成年人，往往把记忆成绩的提高归因于策略以外的因素。例如，威廉·法布里修斯（William Fabricius）和约翰·哈根（John Hagen）曾创设了一个情境，在这个情境中，6岁和7岁的儿童有时使用组织策略，有时不使用。当儿童使用组织策略时，他们的记忆成绩大大提高。尽管所有的儿童都观察到了这一点，但只有一些儿童将这种差异归因于组织策略的使用。另一些儿童则将进步归因于长时间的观察、积极动脑或者减慢速度。儿童对记忆提高的归因可以预测他们一周后在稍微不同的情境下是否会使用这种策略。在之前将自己记忆力的提高归功于使用了新策略的儿童中，有99%的儿童在后来的情境中都使用了该策略。相比之下，将记忆力的提高归因于其他因素的儿童中，只有32%的儿童在后来的情境中使用了该策略。

无论元认知知识的理论地位如何，其实践意义都是显而易见的。在第11章关于儿童阅读的讨论中，我们将提到一个由安妮玛丽·帕林科萨（Annemarie Palincsar）和安·布朗（Ann Brown）发起的一个非常成功的培训项目，该项目旨在教阅读水平低的读者更好地理解他们正在阅读的内容。该项目教他们有效地监控自己对所读内容的理解，并使用策略去解决理解困难的问题。任何与该项目一样有效的研究都非常值得我们学习。

内容知识

几乎在所有事情上，年龄较大的儿童都比幼儿知道得更多。一般来说，人们对一个主题知道得越多，他们越能更好地学习和记忆与此相关的新信息。因此，即使年龄较大的儿童和幼儿之间不存在其他差异，更多的内容知识也会使年龄较大的儿童记得更多。

对相关内容的先验知识在多方面影响记忆。它会影响儿童记忆的数量和内容，也会影响儿童对基本过程和策略的执行情况、元认知知识的掌握以及对新策略的习得。在某些情况下，先验知识的影响比所有其他因素加起来的作用还要大。

对儿童记忆数量的影响。 事实上，年龄较大的儿童通常比幼儿记得更多，这在很大程度上是由于年龄较大的儿童对他们要记住的材料了解得更多。内容知识的影响是非常大的，以至于在某方面知识丰富的儿童往往比知识贫乏的成年人记住的更多。例如，研究者给被试呈现一个棋局，然后要求他们在一个空的棋盘上将刚才看到的棋局重现，10岁的专业棋手比成年人新手的表现要好。这一发现并不是因为儿童更聪明或记忆力更好。在标准数字广度任务上，成年人比儿童记住得更多（见图7-6）。随后对儿童专业棋手和同样精通下棋的成年人高手的比较表明，他们的回忆成绩一样好。对于熟悉的内容类型，儿童通常比成年人记得更清楚，例如儿童电视节目和童书的名称。因此，内容知识的差异可能会使儿童拥有超过成年人的其他记忆优势。

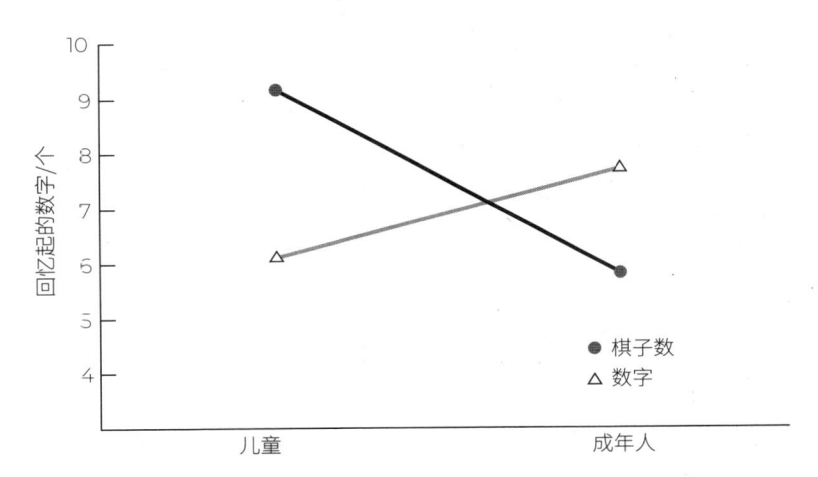

图7-6　8～10岁儿童专业棋手和成年人新手对棋子数和数字的即时回忆

内容知识的差异比儿童智商对记忆的影响更大。沃尔夫冈·施奈德（Wolfgang Schneider）等人研究了德国儿童对一个虚构的年轻足球运动员及其参与"大型比赛"相关经历的记忆。参加实验的儿童被分为人数相等的4组：高足球知识水平高智商组、高足球知识水平低智商组、低足球知识水平高智商组和低足球知识水平低智商组。

正如所预期的那样，与低足球知识水平的儿童相比，高足球知识水平的儿童记住的故事内容更多，得出了更多正确的推论，并注意到了故事中的不一致之处。然而，令人惊讶的是，当知识水平相当时，高智商的儿童并不能比低智商的儿童记住更多关于足球比赛的知识。高智商的儿童获得专业知识的速度更快，因为他们能在更广泛的领域掌握更多的知识。然而，当知识水平相当时，他们对新信息的记忆则趋于相等。

对儿童记忆内容的影响。正如在儿童目击证词的讨论中所指出的那样，儿童先前的知识会极大地影响他们对这件事的记忆。因此，那些已经知道"山姆"是个笨手笨脚的学龄前儿童，"记住"了他就是那个在参观教室时弄脏泰迪熊的人。

儿童在某次经历后获得的知识也会影响他们的记忆。安德烈亚·格林胡特（Andrea Greenhoot）给学龄前儿童讲述了一个目标人物与另一个儿童相遇的故事，然后评估了儿童对故事中事件的记忆情况。几天后，实验者告诉儿童关于故事主人公的其他信息：要么是说主人公很好，很受欢迎的信息；要么是说主人公很刻薄，不受人欢迎的信息。在得到这些信息后，儿童再次接受关于最初故事的采访。儿童按照他们收到的新信息改变了他们对故事的记忆。得知主人公是善良、受人欢迎的儿童报告出更多积极的行为，而得知主人公刻薄、不受人欢迎的儿童则报告出更多消极的行为。因此，在最初的故事体验之后获得的知识影响了儿童的记忆报告。

如果其他人以影响儿童记忆报告的方式与儿童互动，那么其他人的知识也会影响儿童的记忆。在记忆分享的对话中，错误的信息有时会传递给儿童，当这种情况发生时，它就会改变儿童的记忆。在一项研究中，研究者给母亲提供了关于儿童经历过的一件事的错误信息。当母亲收到了错误信息，她们的孩子后来更有可能报告与该信息一致的事件。有使用高精细风格说话的母亲的儿童在这种模式中表现得更加明显。

知识有时会导致儿童记忆错误，但更多时候是帮助他们正确记忆。这很大程度上来自于能让儿童做出正确推断的知识。因此，当幼儿听到一个一只折断翅膀的小动物的故事时，即使没有明确提到这个事实，他们也会记得这个故事是关于一只鸟的。同样，知识也会帮助儿童记住没有发生过的事情。回想一下前面的例子，7岁（而不是3岁）的儿童知道医生办公室的护士没有舔过他们的膝盖。因此，内容知识有助于人们记忆发生过的和未发生过的事情。

脚本。许多事件经常以相似的方式出现。当儿童烤饼干、参加生日聚会、吃饭或去看医生时，虽然具体情况因场合而异，但事件的基本结构是相同的。例如，去看医生通常包括到达医院、挂号、在候诊室里等候、叫到你的名字时站起来、去医生办公室、等待医生或护士给你进行诊疗。

到3岁时，儿童会用脚本的形式来表现类似的日常活动，脚本是描述事件一般如何进行的知识结构。即使是学龄前儿童也有在日托中心和餐馆吃饭、参加生日聚会、进行日常活动和从事其他熟悉活动的脚本。在儿童记忆事件中，可以明显看到这种脚本，这些事件在很大程度上符合脚本，但在某些细节上偏离了脚本。例如，当学龄前儿童在一家不错的餐馆吃饭时，他们通常会回忆起吃饭前付钱，就像他们在快餐店吃饭一样。这种脚本和特定事件之间的混淆在学龄前期尤为普遍。到7岁时，儿童能更清楚地区分通常发生的事情和在特定场合下发生的事情。

哪些经验会使儿童形成脚本？一个影响似乎是父母给儿童讲的故事和父母针对过去事件提出的问题。例如，朱迪思·哈德森（Judith Hudson）观察到，在大多数家庭中，父母对幼儿回忆信息的要求主要集中在回忆过去的事件上。父母倾向于按照通常的活动顺序提问题，例如"我们怎么去参加生日聚会？""你到那儿的时候给了比利什么？""你在聚会上吃东西了吗？"，问题的顺序可以帮助儿童认识到什么是重要的，以及重要事件通常发生的顺序。

在事件发生之前激活脚本知识可以影响儿童通过该事件形成的记忆。例如，如果父母在儿童接受牙科手术前与他们讨论过，那么儿童在手术后会记得更多有关手术的细节。

儿童使用脚本不仅是为了记住自己的经历，还为了记住别人的故事，例如童话故事。许多儿童故事都遵循一套标准模式，在这个模式中，故事场景的描述、事件开端、人物的内在反应、设定目标、努力实现目标，以及达成（或未达成）目标——呈现出来。这种模式通常还包括几个这样的序列：早期的结果产生了新的目标，故事中的人物为此继续努力实现这些目标。

通常，3岁儿童在复述这类故事时，会忽略故事中人物的主要目标和内在反应，但会记住与主要线索无关的细节。4岁儿童的复述更专注于相关行为，但他们仍然经常忽略人物的目标和意图。直到5岁，儿童的复述才会始终包含故事的所有关键部分。因此，在3～5岁，儿童都会简化神话故事的脚本，把重点放在最重要的事件上，同时又会拓展脚本，使之包括推动人物活动的心理状态。

内容知识作为其他记忆变化的解释。基本加工、策略和元认知的变化有助于儿童对特定内容的记忆力随年龄增长而提高，反之亦然，增加内容知识可以提高基本过程、策略的获取和执行以及元认知知识习得的效率。

首先，我们来看看增加内容知识对基本加工执行效率的影响。至少从5岁起，儿童就会自动地对一些经常发生的事件进行编码，而且非常准确。5岁儿童对熟悉内容的编码（如同学的照片）比对不熟悉内容（如陌生人的照片）的编码更加准确。

接下来，我们看看内容知识如何影响记忆策略的使用和效率。比起记忆一组不太熟悉的内容，儿童在记忆一组熟悉内容时更经常使用组织等策略。此外，对于熟悉的内容，策略执行的效率更高。因此，复述熟悉内容的8岁儿童记住的内容与复述不熟悉内容的11岁儿童一样多。

熟悉的内容也有助于学习新策略。季清华研究了一个5岁儿童为了记住她同学名字而学习字母检索策略的情况（首先想想所有以A开头的名字，接着想所有以B开头的名字，依次类推）。虽然是新策略，但儿童学会了，并通过新策略很容易地记住了同学的名字。然而，这个儿童不能把她在熟悉的环境中已经学会的字母检索策略应用到记忆一组她从未见过的人的名字上。

这些结果可能对了解儿童如何学习新策略具有重要意义。在学习过程的早期，儿童可能只在熟悉的情境中有效地使用策略。儿童在熟悉情境中不断练习使用策略，可以使策略的执行变得自动化，并减少对儿童加工资源的需求。这种自动化反过来又使得儿童将策略应用于要求更高和更不熟悉的情境中。因此，熟悉情境可以作为儿童练习新记忆策略的实践场所。

最后，内容知识会影响元认知。在一个领域有更多的知识和经验，可以让儿童更好地预测他们对该领域内容的记忆和学习，因为更多的经验为他们提供了更多的可以作为判断基础的信息。例如，儿童专业棋手不仅比成年人新手能记住更多他们所看到的棋子的位置，而且在根据记忆完美地重建棋局之前，儿童专业棋手还能更准确地预测出相对较多的棋局。显然，记忆的各方面都受到内容知识的影响。

内容知识如何促进记忆发展？ 内容知识通过许多机制促进记忆发展。一是特征编码。内容知识通过将注意力集中在鲜明的特征上，帮助儿童记住事物和事件。之前我们已经学习过具有更强叙事连贯性的记忆往往会被记得更久。具有高度叙事连贯性的记忆包含了更多鲜明的特征，如时间、地点和事件顺序。更多的内容知识使人们能够对这些关键特征进行编码，从而构建更持久的记忆。

脚本还通过指导儿童应该对哪些内容进行编码来帮助记忆。例如，儿童的生日聚会脚本会告诉他们应该注意给过生日的儿童的礼物、其他儿童送的礼物、玩过的游戏、生日蛋糕是什么样的，以及他们带回家的所有礼物。

事实上，专业知识带来的大部分益处在于让儿童知道应该编码哪些信息。儿童专业棋手之所以能如此准确地回忆棋局，主要是因为他们对具有特定功能的棋子群进行了编码——保护国王、攻击主教，等等，并将它们与整体棋局联系起来。当面对随意布局的棋盘时，专业棋手并不比新手回忆得更好。因此，在某种程度上，内容知识是通过强化编码来促进记忆提升的。

内容知识发挥作用的另一个关键机制是扩散激活。当人们思考某个主题时，这个主题就会被激活，使人们可以快速检索到关于这个主题的信息。这种激活会自动从受到关注的主题扩散到与之相关的其他主题上，从而便于相关信息的提取。例如，一想到暑假，儿童就可能想起在度假地吃龙虾，这可能会使他们想起在其他地方也吃过龙虾以及贻贝和蛤等。如果有人刚好在这个时候问他们贻贝是否有壳，他们很可能会比平时更快地回答"有"。

当儿童学习某个主题时，扩散激活可以帮助他们更有效地记忆。试想一下为什么在某个主题上知识丰富的儿童可能更有效、更经常地使用组织策略。假设两个 8 岁男孩的鸟类知识水平不同，他们都需要记住一组包括"鹰""企鹅"和"鸡"的词语。知识较丰富的男孩可能知道这 3 种都是鸟，而知识较贫乏的男孩只知道鹰是鸟。对于知识较丰富的男孩来说，激活会在所有 3 个术语和鸟类的一般范畴中扩散，而对于知识较贫乏的男孩来说，激活只会在"鸟"和"鹰"之间扩散。这将导致知识较丰富的男孩更有可能把"鸟"作为一个类别，来组织他对 3 个例子的记忆，而且这样做将在很大程度上帮助他回忆（因为"鸟"这一类别会激活所有 3 个最初的术语）。因此，扩散激活能够使知识丰富的儿童更频繁地使用策略，并在更大程度上帮助他们回忆。

Children's Thinking 划重点

任何关于记忆发展的解释都必须为不断增加的特定内容知识预留一定的空间。从婴儿期到成年期，内容知识稳步增长。这显然与儿童的记忆力有关，对棋局、足球比赛、牙科手术和童话故事的记忆研究都体现了这一点。内容知识提供了儿童组织新信息的脚本，使他们检查自己记忆的真实性，引导他们得出结论,并帮助他们对物体和事件的独特特征进行编码。内容知识还有助于其他记忆能力的发展,如基本加工、策略和元认知。毫无疑问,不断增加的内容知识是年龄较大的儿童比幼儿记忆力更好的一个重要原因。

记忆发展过程中会发生什么

记忆的不同方面不仅对记忆的发展发挥着不同作用,而且还在不同的时期做出最大的贡献。表 7-1 总结了人生不同阶段中,基本加工和容量、策略、元认知和内容知识的贡献。

表 7-1 记忆的 4 个方面在不同记忆发展时期的贡献

发展来源	0~5 岁	5~10 岁	10 岁~成年
基本加工和容量	表现出很多能力:联结、概括化、识别等。最迟 5 岁时,感觉记忆的绝对容量大概达到成年人水平	加工速度提高	加工速度继续提高
策略	一些基本的策略,如命名、指向和选择性注意	掌握多种策略,如复述、组织等,并增加使用频率	所有策略的质量不断提高
元认知	关于记忆的少量事实性知识,对实时操作有一定的监控	关于记忆的事实性知识增多,对实时操作监控的能力有所提高	外显和内隐知识不断发展
内容知识	稳定增加的内容知识有助于知识所在领域的记忆	稳定增加的内容知识有助于知识所在领域的记忆,同时也有助于新策略的学习	继续发展

许多基本加工,例如将物体彼此联系起来和识别熟悉物体的能力,都是与生俱来的。这些加工对儿童生命早期的学习和记忆至关重要。

记忆策略对记忆发展的作用要晚于基本加工。一些策略出现在幼儿时期，但许多其他重要的策略，如复述、组织和精细加工，在5～7岁开始占据优势。这些策略的质量、使用频率以及根据具体情境需求进行调整的灵活性在儿童后期和青少年时期继续发展。

两种类型的元认知技能，即外显的关于记忆的事实性知识和内隐的程序性知识，似乎有不同的发展过程。内隐的元认知知识很早就显现出来了。即使是幼儿有时也会监控自己的理解能力，并发展出知晓感，尽管在此后的许多年里，他们这样做的情境范围仍在继续发展。相比之下，关于记忆的外显元认知知识似乎主要是在5岁之后发展起来的，这可能是由于儿童在这个阶段对心理状态的理解有所提高，以及上学以后需要记住大量的随机信息。

内容知识从婴儿期开始就对记忆发展有重要作用。它会影响儿童记忆的数量和内容。它还影响基本加工、学习新策略，以及关于记忆的元认知知识的有效性。总之，基本加工、策略、元认知和内容知识共同构成了记忆发展的两个本质特征：第一，即使是新生儿也有学习和记忆他们所学内容的能力；第二，记忆的有效性在婴儿期、儿童早期、儿童中期和青春期都在不断提高。

第 8 章

Children's Thinking

孩子如何理解概念

实验者:"现在是中午 12 点,外边阳光明媚。你今天已经吃了一些东西,但你还是很饿,所以你决定吃些薄煎饼,喝点糖浆、橙汁、麦片粥和牛奶。这可以当午餐吗?"

幼儿:"不能……因为午餐必须吃三明治之类的东西。"

实验者:"可以把麦片粥当午餐吗?"

幼儿:"不能。"

实验者:"可以把薄煎饼当午餐吗?"

幼儿:"不,不能。"

实验者:"好吧,你怎么知道哪些东西可以当午餐,哪些东西不行呢?"

幼儿:"如果用餐时间是 12 点,那就是午餐了。"

实验者:"现在就是 12 点。"

幼儿:"但我不这么认为。"

实验者:"(重复前面所述)那是午餐吗?"

幼儿："我知道……那不是午餐……午餐时你必须吃三明治。"
实验者："除了三明治，还能吃其他东西吗？"
幼儿："你可以喝点饮料，但不是早餐喝的那种。"

这个幼儿对午餐的概念明显不同于年龄较大的儿童和成年人。我们能从差异中得出什么结论呢？这仅仅是对午餐的典型特征和基本特征的混淆吗？或者说，这是一种更普遍的情况，即幼儿对概念的理解很浅显，不能理解其核心含义。

概念是基于某些相似性将不同的事物归类在一起。相似性既可以是非常具体的（如"狗"的概念），也可以是非常抽象的（如"正义"的概念）。概念使我们能够将经验组织成连贯的模式，并在缺乏直接经验的情况下做出推断。如果告诉儿童雪橇犬是狗，他们就会立刻知道它们有四条腿、一条尾巴且有皮毛，它们是动物，它们可能对人很友好，等等。概念还能让我们把以前的知识应用到新情境，从而节省我们的脑力。一旦我们知道了"小猫"的概念，我们就不需要费力去想这只骨瘦如柴的棕色小猫想吃什么了。

概念化倾向是人类的一个基本特征。婴儿甚至在出生后的第一个月就能形成概念。在短短的几年内，儿童会获得大量的概念。大多数 5 岁的美国儿童都能掌握一些概念，如动物、树木、书、电脑、甜点、超级英雄、骑自行车、跑步、冬天、生日、时间和数字。其中一些概念涉及物体、事件、观点、活动和存在状态的其他维度。有些物体是自然形成的，有些则是人们为了达到特定目的而创造的。有些概念是全世界儿童都掌握了的，并且贯穿了不同历史时期，还有一些概念是专门针对生活在当代先进工业社会中的儿童的。有些概念被广泛应用，有些概念的应用范围相当狭窄。

如果人类意识的本质使人们形成某种类型的表征，且幼儿的意识与年龄较大的儿童有着根本的不同，那么幼儿的概念可能就完全不同于年龄较大的儿童。例如，幼儿的概念可能是具体的，而年龄较大的儿童的概念可能是抽象的。许多著名的发展理论家都赞同这种表征发展假说。表 8-1 列出了一些已经提出的幼儿和年龄较大的儿童概念之间的对比。

有一些研究主要关注几个与生俱来的重要概念的发展。某些概念，如时间、空间、数字和生物，是我们理解世界的基础，因而，这些概念的发展本身就很重要。这些概念在康德等哲学家和皮亚杰等心理学家的理论中发挥了核心作用。这些概念的发展也可能与其他概念不同。与大多数概念不同，这些概念具有跨文化和跨历史的普遍性，它们自婴儿期就以基本形式存在，并被经常使用。如果没有一些相对特定的生物基础，很难想象人们是如何习得这些概念的。例如，如果人们不会按照事件发生的先后顺序进行编码，那么，是什么样的经验使人们获得这种本领的呢？对这些基本概念的理解在发展过程中往往会发生巨大变化，但它们的核心似乎已经成为人类遗产的一部分。

表 8-1 幼儿和年龄较大的儿童描述概念的典型特征

幼儿对概念的描述	年龄较大的儿童对概念的描述	理论提出者
具体的	抽象的	皮亚杰
知觉的	概念的	杰尔姆·布鲁纳（Jerome Bruner）、杰奎琳·古德诺（Jacqueline Goodnow）和乔治·奥斯汀（George Austin）
整体的	分析的	海因茨·沃纳（Heinz Werner）和伯纳德·卡普兰（Bernard Kaplan）
主题的	分类的	维果茨基
普遍的	特殊的	英海尔德和皮亚杰

孩子如何理解时间、空间、数字和生物概念

有些概念特别重要，无处不在，值得我们特别关注。在各种文化背景下，各个历史时期中的儿童都拥有这些概念。这些概念发源于早期。其发展方式也反映

了儿童所处文化的影响。这些特别重要的概念有时间、空间、数字和生物等。

时间

时间概念包括经验和逻辑两个方面。经验时间指我们对事件的顺序和持续时间的主观经验。逻辑时间指通过推理推断出来的时间属性。一件事如果比另一件事开始得晚，结束得早，那么它所花费的时间必然较短。

经验时间。如果我们不能感知事件发生的顺序，世界将变得难以理解。因此，不满1岁的婴儿能注意到这种顺序也并不奇怪。例如，将一组有趣的照片以"照片在右边，照片在右边，照片在左边"的顺序重复呈现给婴儿，3个月大的婴儿就能觉察到这种顺序模式，甚至在照片出现之前他们就向照片即将出现的位置望去。如果婴儿没有对事件顺序进行编码，他们就不知道该看哪里。

对婴儿模仿行为的研究也表明，婴儿能理解时间顺序。12个月大的婴儿，能按照正确的顺序模仿两个连续的动作。因此，不满1岁的婴儿已经建立起对时间顺序的理解了。

还有一些证据表明，婴儿能够估计事件的持续时间。约翰·科隆博（John Colombo）和艾伦·里奇曼（Allen Richman）给婴儿呈现了一系列事件：先亮灯2秒，然后关灯，保持3秒或5秒的黑暗时期。这种模式重复了8次，在第9次重复时，省去亮灯的步骤。婴儿在预期的灯光再次出现的时间里，表现出心率降低的现象。这表明婴儿可以准确估计短短几秒钟的时间长度。

当然，直到很久以后，儿童才能够准确地估计事件的持续时间。到5岁时，儿童可以相当准确地估计长达30秒的持续时间，特别是对持续时间做出正确判断并得到反馈后更是如此。年龄较大的儿童越来越擅长用计数来帮助他们估计时间的长短。然而，只有当计数的时间单位相等时，计数才能产生准确的估计。快速数到10和慢速数到10所需的时间不同。许多5～7岁的儿童用不同的时间单位来计数，这使他们在使用计数策略时会错误地估计所经历的时间。

在后期的发展中，儿童对持续时间的估计就发展到几个星期或几个月。到 4 岁时，儿童开始获得这种能力，他们总是认为 1 周前发生的事件比 7 周前发生的事件要近。如果儿童的生日或圣诞节这两项活动中，有一个发生在过去最近一段时间内（过去 60 天），而另一个没有，这个年龄的儿童也能准确地判断出他们的生日和圣诞节哪一个是最近发生的。到 6 岁左右，儿童可以判断两个关于个人的事件顺序，一个发生在最近（大约 5 周前），另一个发生在更遥远的过去（大约 12 周之前）。

对儿童来说，理解延伸到未来的持续时间是一个更大的挑战。4 岁儿童通常不能区分近期会发生的事件和遥远未来将发生的事件。例如，在情人节前一周接受测试的 4 岁儿童并不总是能判断出情人节早于圣诞节。在 5 岁左右，儿童逐渐具备区分未来事件之间时间间距的能力，在接下来的几年里，这种区分能力会不断提高。

为什么对过去发生事件的理解会先于对未来事件的理解？一个可能的原因是，儿童的记忆质量可能会为他们提供关于过去的线索，因为儿童会更清晰地记得更近发生的事情。而在关于未来的推断中，不可能获得这样的经验线索。

在小学早期，儿童学习了传统的表征时间的方法，如周、月、季和年。这些表征开始在他们判断过去和未来事件的过程中发挥作用。4～8 岁，儿童以月或季节为单位表征过去事件的时间。8～10 岁，儿童开始能通过以年为单位的心理表征准确判断未来事件（如假期）距离现在的时间。

逻辑时间。为了衡量儿童对时间的逻辑理解，皮亚杰给儿童呈现了两列沿着平行轨道向同一方向行驶的火车，然后问儿童哪列火车行驶的时间更长？虽然这两列火车同时启动和停止，但六七岁以下的儿童普遍认为，在轨道上停得更远的火车行驶的时间更长，距离更远，速度也更快。皮亚杰的结论是，前运算阶段儿童缺乏对时间、速度和距离的逻辑理解。

后续的研究结果与皮亚杰的类似，但对他的解释提出了质疑。例如，当 5 岁儿童观察到汽车沿着环形道路而不是沿着直线行驶时，他们很容易就能从汽车的起止时间推断出哪辆汽车行驶的总时间更长。在比较两个在相同或不同时间入睡和醒来的玩偶的睡眠时间时，5 岁儿童也表现出对这些逻辑特性的理解。在这些情况下，并不存在导致儿童做出错误判断的强干扰线索，例如不相等的停止点。因此，5 岁儿童似乎能理解开始、结束和总时间之间的逻辑关系，但是他们的理解太不牢固了，以至于在出现干扰线索时，儿童就可能会做出错误判断。

空间

和其他动物一样，人类不仅会对事件发生的时间进行编码，还会对事件发生的地点进行编码。在理想情况下，这些编码从生命早期起就非常准确。例如，如图 8-1 所示，1 岁儿童看到一个玩具埋在一个又长又细的沙箱里，等实验者把沙子弄平后，他们可以非常准确地指出在哪儿能把玩具挖出来。

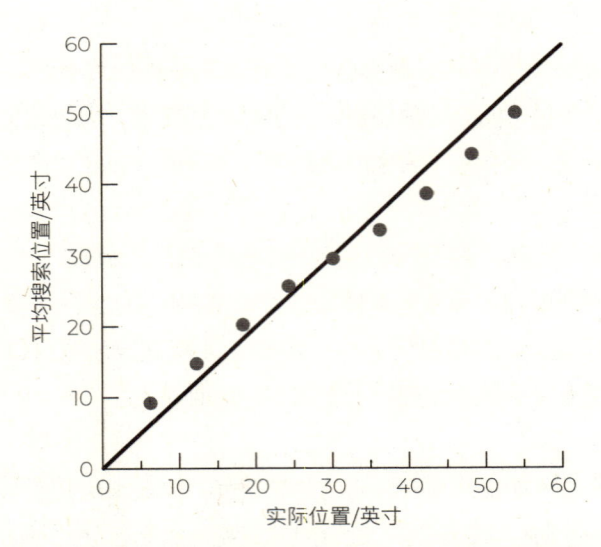

图 8-1　1 岁儿童寻找埋在沙箱中玩具的平均搜索位置与实际位置的对比图

注：1 英寸 =2.54 厘米

这种空间编码的基本能力让我们开始拥有基本的空间感,但它并不能解决需要定位自身和空间物体所带来的许多复杂的问题。我们主要通过两种方式来表征空间位置和距离:与我们自身的关系以及与外部环境特征的关系。自我中心表征包括以我们自身的定位为参照物,例如:"目标在我左边10步处"。非自我中心表征独立于自我来定位客体,例如:"我把车停在了B区标志附近的黄色区域"。"非自我中心"一词表明,在这样的表征中,任何位置都可以作为周围空间的中心或参照物。

自我中心表征。皮亚杰指出,婴儿在1岁时表现出一种感觉运动以自我为中心的倾向。回顾第2章,自我中心指幼儿只从自己的角度看待世界的倾向。皮亚杰认为,在婴儿期,自我中心表征很刻板,婴儿只从自己的角度出发来表征物体的位置。例如,婴儿可能会一直把物体表征为"在自己右边",即使他们后来移动到物体的另一边,即物体现在在他们的左边,但婴儿仍认为物体在自己右边。事实上,幼儿往往无法校正他们空间位置的变化。琳达·艾克瑞多罗(Linda Acredolo)将6~11个月大的婴儿放在一个T形迷宫中,在这个迷宫中,婴儿可以通过转至特定方向找到一个玩具。当研究者把婴儿放在一个新的起始位置,即婴儿需要转至相反的方向才能找到玩具时,大多数6~11个月大的婴儿会继续转向原来的方向,这表明他们对这个空间有自我中心的表征。直到16个月大的时候,儿童才能根据他们自身的位置变化进行方向的调整。

非自我中心表征。与自我中心表征相反,非自我中心表征独立于观看者。一种常见的非自我中心表征是用地标定位物体。例如,我们注意到自己喜欢的一家餐馆在国会大厦对面。另一种非自我中心表征的方法是用抽象参照系(例如由地图或坐标系统提供的参照系)来定位物体。

婴儿是从什么时候开始使用非自我中心表征的呢?一些证据表明,6个月大的婴儿就开始使用基于地标的非自我中心表征了。在刚刚描述的T形迷宫例子中,如果独特的地标给婴儿提供了关于物体位置的线索,那么对于婴儿来说,适应空间位置变化上的难度就会降低。在这种情况下,6个月大的婴儿通常会转向正确的方向,即使这个方向与之前转动玩具的方向不同。人和物体都可以成为这样的地标，9个月大的婴儿有时会把母亲的位置作为地标来定位附近有趣的物体。因此，即使在婴儿早期，感觉运动自我中心主义也不是绝对的。

在婴儿发展早期，他们使用非自我中心表征的能力会得到极大的提升。6个月大的婴儿会使用紧邻目标的标记，但不会使用更远的标记，除非这些标记非常显著，并且任务的设计是为了减少持续反应。随着个体发展和经验的积累，儿童可以使用地标的情况范围也不断扩大。年龄较大的儿童可以通过关联多个地标来表征物体的位置，这是确定精确位置的有效方法。例如，可以将一个对象表示为在两个物体中间。

尽管直觉告诉我们，基于地标的自我中心表征比抽象的自我中心表征更简单，但一些证据表明，在某些情况下，婴儿确实会使用抽象的自我中心表征。这在琳达·赫尔默（Linda Hermer）和斯佩尔克的一项研究中得到了证实。研究者在如图8-2所示的矩形房间里对1岁儿童和成年人进行了测试，房间的每个角落前都有一个红色的障碍物。被试看到研究者把一个玩具藏在房间的一个角落里，然后被蒙住眼睛转10圈，之后研究者要求他们找到被藏的玩具。有时房间的四面墙都是白色的。在这种情况下，定位玩具的最佳方法是基于空间几何性质形成表征，这意味着玩具在一个角落里，左边有一堵长墙，右边有一堵短墙。使用这种类型的几何表征会使他们在两个符合描述的角落进行同样的搜索。事实上，1岁儿童和成年人都会这么做。

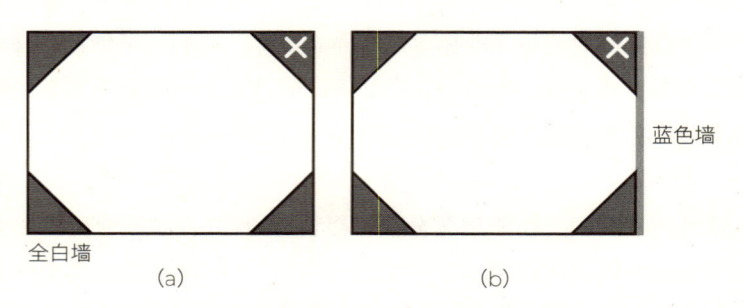

全白墙　　(a)　　　　　(b)　　蓝色墙

图 8-2　赫尔默和斯佩尔克用于研究儿童搜索行为的房间示意图

注：图中的"X"表示藏起来的玩具位置，两种实验条件的唯一区别是，(b) 图所示房间里紧挨隐藏地点的那面墙为蓝色，这为寻找隐藏玩具提供了地标线索。

婴儿不仅会使用几何信息，而且甚至他们在可以依赖地标信息的时候也会使用几何信息。在同一项研究的另一个条件下，实验者建立了一个地标，要么把一件蓝色衣服挂在靠近玩具隐藏位置的一面墙上，要么在那里放一只泰迪熊。成年人在这种情况下会借助地标来搜寻隐藏玩具的位置。相比之下，1岁儿童却无视地标的存在，依赖几何信息，且婴儿与成年人在两个几何上相同的角落搜索的频率相同。简言之，婴儿似乎更喜欢基于空间几何特性的表征。

然而，另一组研究者的后续研究表明，1岁儿童实际上可以将地标和几何信息结合起来。埃米·利尔蒙思（Amy Learmonth）等人在一个有各种地标（一个书柜，一扇门和一堵彩色的墙）的全白色房间里对儿童进行了测试。无论一个角落是有地标（如门），还是没有地标（在门对面），儿童都能准确地找到目标物体所在的角落。因此，儿童似乎同时使用几何信息和地标信息来对空间进行表征。

是什么原因导致同龄的儿童在一项研究中依赖几何信息，而在另一项研究中依赖地标信息呢？解答这一谜题的关键在于房间的大小。那些表明儿童只关注几何信息的研究多是在非常小的房间（1.2米×1.8米）里进行的，而那些表明儿童将几何和地标信息结合起来的研究则是在更大的房间（2.4米×3.6米）里进行的。利尔蒙思等人比较了儿童在不同大小房间中的表现，发现幼儿确实不会在小房间中使用地标信息，但他们能在大房间中使用地标信息。关于这一发现的可能解释是，不同大小的房间里可能需要不同的空间思维，从而使儿童做出不同的行为。与小房间不同的是，大房间有足够的活动空间，所以儿童更有可能借助位移来进行思维。

概括地说，这组研究强调，人们使用的空间思维类型主要取决于任务的性质和环境的特点。此外，不同的空间信息来源可能会被不同年龄的儿童以不同的方式加权或整合。从这个角度来看，儿童空间思维的发展既包括儿童对不同来源空间信息的注意方式的变化，也包括儿童对这些信息的组合方式的变化。通常情况下，这些信息包括几何线索、地标线索和其他可能的空间信息来源，例如他人的口头线索。要想了解空间认知的发展，需要进一步研究人们如何权衡和组合线索，以及这种能力如何随着认知的发展而变化。研究者正在通过实证研究和计算模型来解决这些问题。

如何获得空间知识？ 空间信息的一个明显来源是环境中的行动。婴儿行动能力的发展变化，如开始爬行，使他们能获得关于环境的新信息，而这些信息形成了他们的空间表征。事实上，有证据表明，自发运动在儿童超越以自我为中心的空间表征及更普遍地了解空间等方面上是很重要的。8个月大、会爬的婴儿或有丰富学步车经验的婴儿，在定位隐藏物体的空间位置方面，比不会爬的也没有学步车经验的同龄婴儿要优秀得多。儿童运动的时间越长，优势就越大。

为什么自发运动能帮助儿童克服以自我为中心的观点？贝内特·伯滕萨尔（Bennett Bertenthal）等人认为，当婴儿爬行时，他们必须不断更新他们相对于周围环境的位置表征。与这一观点一致的是，当12个月大的婴儿走到房间的另一边，能始终看到物品所藏位置时，他们比被抱着的婴儿能看到的更多，随后他们再从新的位置转向物体时会表现得更好。

对视觉障碍人群的研究表明，其他形式的知觉经验也对空间表征发挥着重要作用。研究者对比了在生命早期（差不多在出生前）或后期（通常在10岁之后）出现严重视觉障碍的成年人的空间表征。该实验任务是让被试想象自己在家附近的一个较熟悉的地方，站在一个地标前面朝某个特定方向，然后指出其他想象中的地标位置。与生命后期视觉损伤或周边视觉完好的人相比，那些生命早期出现视觉损伤或周边视觉遭到损伤的人空间布局的准确性更低。这一发现表明，早期的知觉输入对空间表征的发展似乎起着重要作用。

空间知识在个体所处文化中的地位也会影响儿童的空间思维，对澳大利亚西部沙漠土著儿童的研究显示，在大多数认知能力测试中，这些儿童的表现远不如欧洲和北美的同龄儿童。这是因为这些土著居民几千年来一直过着游牧狩猎和采集的生活，他们的孩子没有上过正规的学校。

然而，朱迪思·凯瑞斯（Judith Kearins）推断，如果把重点放在土著文化中重要的思维类型上，可能会出现不同的结果。空间思维正是其中一个重要的思维类型。许多土著居民的一生就在相距甚远的清泉和溪流之间艰辛跋涉。某个特定地方是否有水取决于多变的降雨模式。在多石的沙漠中，几乎没有明显的地标来指示水源和溪流的位置，因此，高质量的空间思维对生存十分重要。

这一推理促使凯瑞斯对比了在沙漠中长大的土著儿童和在城市中长大的澳大利亚儿童的空间记忆。实验者给儿童呈现了 20 个排列在一个 5 × 4 的矩形中的物体。30 秒后，实验者收起这些物体，然后让儿童按之前的方式重新排列它们。实验结果表明土著儿童对空间位置的记忆更好。两组儿童在记忆策略上也存在差异。土著儿童会默默地记忆，当实验者随后问他们如何记住物体位置时，这些儿童通常说他们记住了它们的样子。相比之下，居住在城市里的儿童使用口头复述的记忆策略，实验者可以听到他们大声或小声地说出这些物体的名字。城市儿童的策略在记住取得好成绩所需的语言材料方面更有效，而在记忆空间信息方面，土著儿童的策略更有效。因此，每组儿童都更倾向于选择对他们日常生活中最重要的任务有用的策略。

数字

数字是所有数学思维的基础。关于理解数字概念的一个重要假设是，存在两种不同的系统来处理非符号数量。第一个系统是对象文件系统，它可以精确地跟踪单个对象的数量，最多可达 3 或 4 个。第二种是近似数量系统（Approximate Number System，ANS），用来表示对象集合的近似数量，可以应用于小集合或大集合。一些研究者认为，ANS 是一个基于生物学的核心知识系统，它的运作可以在动物和婴儿以及没接受过正规教育的个人身上观察到。

对数字大小的理解。研究者通常采用习惯化范式来研究婴儿对数字大小的理解。在实验过程中，研究者给婴儿呈现一系列数量相同而其他属性（大小、亮度、距离）不同的集合。当婴儿习惯了这些集合后，研究者会给他们呈现一组不同的数字，这些数字在其他方面与他们之前所见的数字集合相同。如果婴儿对有新数字的集合的注视时间增加，则表明婴儿能够根据数字来区分集合。

使用这种方法的早期研究表明，6个月大的婴儿，可以区分少量的物体，例如，他们可以从2个或3个物体中区分出一个物体。婴儿在这种小数量任务上的表现可能是基于他们跟踪单个对象的能力，这被称为"物体档案系统"。后来的研究表明，只要两组数字的比值足够大，婴儿也能区分较大的数字——这是ANS的特征。6个月大的婴儿，能区分比例为1∶2的数组（例如8∶16，16∶32），但他们无法区分比例为2∶3的数组（例如16∶24）。10个月大的婴儿则能做出更精细的区分。

对数字的区分是否体现了婴儿对数字本身的真正理解？或者这种区分是不是因为其他一些与数字相混淆的变量，如物体轮廓的长度、物体的可见表面积？一些研究者为了区分这些因素设计了相关研究，结果显示婴儿确实是基于物体轮廓的长度或物体的可见表面积做出回应，而不是依据数量本身。事实上，在严格控制条件下的研究表明，婴儿也可以仅根据数字来区分数量。因此，婴儿能够区分基于数字，以及诸如物体可见表面积和物体轮廓长度等连续维度辨别数量。然而，当连续维度和数字都发生变化时，婴儿往往依赖于连续维度来辨别数量。

在发展过程中，人们在数量基础上区分集合的精度会不断提高。在需要明确判断的任务中（例如，哪一组的数量更多？），5岁儿童可以区分比例为4∶5的数组，成年人可以区分10∶11的数组。

个体间根据数字来区分大集合的能力上的差异，被称为ANS敏锐度，这与他们在一系列任务中表现的数学能力的差异有关。此外，童年时期ANS敏锐度的个体差异与童年后期和成年期数学成绩的差异有关，尽管这种关系相对较弱，且并不是在所有研究中都能观察到。与此同时，在正规教育环境中学习数学的经验也与更好的ANS敏锐度有关。综上所述，这些发现表明，在数学能力发展的过程中，符号和非符号的数字思维是相互支持的。

理解数字的序数属性。序数指数字的相对位置或大小。一个数字在顺序上可以是第一或第二，也可能大于或小于另一个数字。

最基本的序数概念是指多与少。评估婴儿对这些基本序数概念的认识的一种方法是让他们从两组食物中进行选择。这种方法是基于这样一种观点，即像其他动物一样，婴儿应该会主动使获得的食物的量最大化，所以他们应该总是选择食物更多的那一组。以饼干为例，用这种方法进行的研究表明，10～12个月大的婴儿在1与2和2与3的比较中选择数量较多的一组的概率高于婴儿通过跟踪单个物体进行比较的概率。最近的研究表明，婴儿也可以用更大的集合进行顺序判断。在相同的年龄，婴儿在4∶6的数组和6∶9的数组之间的比较中选择较大一组的概率也更高（即2∶3的比例），但在6∶8的数组或7∶9的数组之间的比较中则不是这样。

另一种评估婴儿对序数概念的认识的方法是测试他们能否区分增加和减少的序列。要做到这一点，婴儿必须认识到，在一种序列变化中，每一后续项都比前面的大，而在另一序列变化中，每一后续项都比前面的小。例如，实验者让婴儿对递增序列（如2、4、8和4、8、16）习惯化，然后用新的递增序列（如3、6、12）或递减序列（如12、6、3）进行测试。基于这种方法的研究表明，7个月大的婴儿可以区分递增序列和递减序列。在这些研究中，相邻数字之间的比值足够大时，可以被ANS检测到。

早期的运算。婴儿早期对数字的认识使他们能理解简单的算术运算。卡伦·韦恩（Karen Wynn）通过研究发现，5个月大的婴儿能理解较小数字的加减法运算。在附加实验中，婴儿先看到舞台上有一只老鼠玩具，然后面前的屏幕升起来了，一只手从屏幕后面又拿来了另一只老鼠玩具，接着屏幕落下，显示出加法运算的结果。此时呈现的老鼠玩具个数有时和加一个新物体的结果预期一样，而有时（通过作假）不一样。婴儿对非预期的结果（1只或3只老鼠玩具）比预期结果（2只老鼠玩具）注视时间更长，这表明他们预期 $1 + 1 = 2$。在测试减法的实验中，婴儿先看到舞台上有两只老鼠玩具，然后从屏幕后拿走其中一只老鼠玩具。最后，屏幕下落，显示出减法运算的结果。同样，婴儿注视非预期的结果（2只老鼠玩具）比预期结果（1只老鼠玩具）的时间更长，这表明他们预期 $2-1=1$。

基于这些发现，韦恩认为，婴儿能计算出简单算术运算的精确结果。但这些研究中的婴儿真会做算术吗？后来的研究证实了这些发现，并测试了婴儿的表现是否基于他们对物体身份或空间位置的追踪。原则上，我们可能无法区分婴儿对较小数字的运算能力是基于真正的算术知识，还是基于他们将少量物体进行个性化处理并在时间和空间上追踪它们的能力。事实上，对于较小数字，目标追踪与数字计算的结果相差不大，所以这些形式的知识可能的确难以区分。

然而，要想理解不可能进行目标追踪的较大数字，必须基于算术知识。科琳·麦克科林克（Koleen McCrink）和韦恩对9个月大的婴儿能否理解较大数字的加减法运算进行了研究。在加法运算试验中，婴儿看到屏幕上出现了5个物体，然后这些物体被遮光板盖住。接着又有5个物体出现了，并移动到遮光板后面。遮光板向下移动，显示了10个对象（正确的结果）或5个对象（错误的结果）。结果显示，无论是在这些加法运算试验中，还是在类似的减法运算试验中，婴儿注视错误的结果的时间都更久。这些发现表明，即使是很小的婴儿也具有一些加法和减法运算的直观知识，而且婴儿可以使用ANS来推理算术运算。

学龄前儿童在具有符号算术知识之前，也对非符号加减法运算表现出直观理解。在一项研究中，学龄前儿童先看到一组蓝点，然后蓝点被遮光板盖住。接着第二组蓝点出现，也被遮光板盖住。然后出现一组红点，此时，研究者要求儿童判断是蓝点多还是红点多。结果显示，儿童判断的成功率高于随机概率，他们的准确率取决于两组之间的比例，如果他们使用ANS来解决问题，就会预料到这一点。

其他使用类似方法的研究表明，儿童也可以进行近似乘法的运算。在研究中，儿童先看到一个数字（要么是一个蓝条，要么是一组蓝点），然后听到一个音调，表示这个数量发生了乘法变换——要么翻倍，要么减半。在实验中，一个遮挡物在变化发生前遮住了初始数量，且音调表明数字已经发生了翻倍或减半。接着，一个比较量（一个红条或一组红点）出现，研究者要求儿童将转换后的量（遮挡住的）与新的数量进行比较。和加减法运算一样，儿童的成功率高于随机概率，他们的准确性取决于数量的比例，这是 ANS 的特征。

通过这些研究发现，儿童在近似算术上表现的评估结果，与他们后来在学校的数学成绩有一定的相关性。这一发现再次表明，非符号和符号的数字能力是密切相关的。

计数。在 3 岁或 4 岁的时候，儿童开始熟练掌握另一种确定一个集合基数值的方法——计数。计数使人们能够处理比个体能够追踪的目标更大的数量。罗谢尔·格尔曼（Rochel Gelman）和 C. R. 加里斯特尔（C. R. Gallistel）注意到儿童能快速习得计数。他们假设幼儿能在计数原则知识的指导下，快速学习。他们也假设幼儿知道以下计数原则：

1. 一对一原则，即为每个对象分配一个且指定一个数字。
2. 固定顺序原则，即始终以相同的顺序分配数字。
3. 基数原则，即最后一个计数的数字代表这个集合的数量。
4. 顺序无关原则，即被计数物体的顺序不重要。
5. 抽象原则，即其他原则适用于任何数量合集的物体。

多种证据表明，儿童在 5 岁时能理解所有这些原则，而在 3 岁时只能理解部分原则。即使当儿童数错时，他们也会表现出具有一对一原则的知识，因为他们能正确地给大多数物体指定一个数字。例如，儿童可能在计数的过程中，漏数或把某个物体数了两次。这些错误似乎是执行上的问题而不是被误导而出的错。儿童总是以固定顺序说出数字，这体现了儿童具有固定顺序知识的原则。通常这都是惯常顺序，但有时它是某个儿童一贯使用的个人独有的顺序（例如，跳过一个特定的数字）。重要的是，即使儿童使用一种特殊的顺序，他们在每次计数时也都会使用这一相同的特殊顺序。学龄前儿童计数时会特别强调地说出最后一个数字，并用该数字回答"该集合中有多少个物体"等问题，这说明学龄前儿童具有基数原则知识。儿童会毫不犹豫地对包含不同类型物体的集合进行计数，这表明他们具有理解抽象原则的知识。最后，顺序无关原则似乎是最难的，但事实上，5岁的儿童也能理解该原则。许多儿童认识到，计数可以从一排物体的中间开始计数，只要每个物体最终都被计算在内即可。虽然很少有儿童能说出这些原则，但他们的计数表现表明他们知道这些原则。

一些证据表明，即使是很小的儿童也能理解一对一原则，哪怕是初步的理解。在一项研究中，研究者给18个月大的婴儿观看了两段不同的视频，其中一段是正确计数的视频，视频中一只手逐一触摸一组物体中的每一个，同时进行口头计数。另一段是违反一对一原则的计数视频。研究结果表明，幼儿更喜欢正确计数的视频。然而，当音轨被一系列嘟嘟声或一组陌生语言的计数词取代时，这种偏好就消失了。因此，18个月大的婴儿听到熟悉的计数序列时，他们就会给每个物体做标记，但当他们听到不包含熟悉数字词语的其他声音时，他们就不会这样做。

格尔曼和加里斯特尔认为理解这些原则能够指导儿童习得计数技能。这一论点是基于这样一个假设，即儿童在准确计数之前就已经理解了这些原则。事实上，正如斯劳特及其同事的研究表明的那样，儿童在能够计数之前可能对这些原则已经有了基本的理解。然而，也有证据表明，儿童在理解潜在的计数原则之前就已经掌握了计数技能。计数经验和看别人计数可以提供一个数据库，儿童可以从中区分通常计数过程（例如每次只数一个物体并且只计数一次）和偶然计数过程（例如从一排物体的最左端或最右端开始数）的本质特征。

儿童最初学习计数是用一组物体来实现计数的过程，但他们对表示数字的词语的理解需要很长时间。事实上，计数似乎在这种对应中起着重要作用。儿童先学习有关较小数字词语的意思，然后把这些意思和他们对精确的、较小数量的知识联系起来。在早期，儿童通常可以理解"1"的含义，因此当被要求"给1"时，他们会只给一个物体，但不理解"2"或任何更大的数字词语的含义。正如格尔曼和加里斯特尔所描述的那样，在这一点上，儿童理解了表示数字词语的子集的基本值（即"1"），但他们对基本原则没有一个完整的、一般性的理解。

有了数数的经验，儿童逐渐认识到计数词以更普遍的方式反映了数字的数量。具体来说，数数的顺序代表数量是系统且递增的，每个数字都比前一个数字大 1。在这一点上，儿童就能够使用计数来确定任意集合的基数值，也就是说，他们理解了计数的基本原理。从这个角度来看，计数对精确表示较大数字至关重要。因此，计数是儿童丰富和明确其在 ANS 中体现的数量知识的一种手段。

生物学概念

与时间、空间和数字一样，生物学一直被认为是人类认知的基础领域，因为有关生物现象的知识对人们的基本生存和日常生活都很重要。从这个角度来看，人类儿童对生物这一存在着迷就不足为奇了。

生物学知识包括多个相互关联的概念。这些概念包括基本的生物学范畴，如生物、动物和植物，以及基本的生物过程，如生长、遗传、疾病、死亡和进化。关于儿童生物学理解的研究主要集中在儿童何时表现出对生物范畴和生物过程的理解，儿童如何获得这些知识，以及儿童的生物学知识在多大程度上形成了连贯的生物学领域的理论。

生物学范畴。儿童从什么时候开始区分生物实体和其他类型的实体？最基本的生物学区分（也是最早获得的生物学区分）是对生命体和非生命体的区分。甚至在 1 岁之前，儿童就能将鸟和飞机区分开来，把动物和交通工具区分开来。儿童还认识到，动物在喝水和睡觉方面与其他类型的物体不同。

婴儿是根据什么区分生命体和非生命体的？一种可能是根据某些存在的特征，如面孔。对于婴儿来说，面孔具有极大的吸引力，而眼睛可能尤其重要。婴儿早期对眼睛或面孔的偏爱可以为区分生命体和无生命体提供依据。

婴儿用来区分生命体和非生命体的另一个信息源是运动。在1岁的早期，婴儿就能区分生物运动和非生物运动，并开始将不同类型的运动与生命体和非生命体联系起来。例如，9个月大的婴儿似乎期望人类能够自发运动，但对无生命体却不会这么做。当他们看到机器人（通过遥控设备）独立移动时，他们会表现出更多的负面情绪，但当他们看到人类这样做时则不会。婴儿似乎也期望人类会进行目标导向的运动，而不期望非生命体这么做。到6个月大的时候，婴儿对人类伸出手臂触摸物体和机械手臂触摸物体这两种现象表现出不同的注视模式。

对儿童来说，区分生物和非生物比区分生命体和非生命体要困难得多，而且儿童很晚才能习得这种区分能力。即使是小学生，当被问到"什么东西是活的"这个问题时，也经常犯错。对儿童来说，特别难的一个范畴是植物。在3～5岁时，儿童认为植物像动物一样，需要每天进食、喝水，会生长，受伤后会痊愈，也会死去等。此外，儿童认识到，植物像动物一样会因疾病或衰老而死亡，它们死后会被分解，且不能复生。然而，在学前班的几年里，儿童仍不确定植物是否应该和动物一样被归为生物。直到小学后期，大多数儿童才对包括动物和植物在内的生物有了一个完整的概念。

生物过程。只有不依赖于心理机制（如愿望）或物理机制（如物理力量），而依赖于特定的生物学机制的过程才被视为真正的生物过程。在学龄前早期，儿童就开始理解许多独特的生物过程了。

自发运动是基本的生物过程之一。学龄前儿童就能很好地区分生物运动和非生物运动。学龄前儿童能够准确地预测什么样的物体能够运动，并对生物运动和非生物运动做出不同的解释。例如，学龄前儿童会报告说，一只跳跃的灰鼠是自发运动的，而一个上了发条的跳动玩具是由于人的干预而运动的。因此，儿童认识到产生运动的生物机制不同于物理机制。学龄前儿童之所以将运动视为一个基本的生物过程，可能与他们难以认识到植物是有生命的东西有关。植物自我产生的运动是很难被感知的。为了准确地判断植物是否有生命，儿童可能不需要把运动看作生物的一个重要特征。

学龄前儿童把成长也看作一个基本的生物过程。到 3 岁或 4 岁时，儿童知道只有生物才能成长，玩具和家具等非生命体则不能成长。学龄前儿童也认识到成长取决于生物机制，而不是心理机制，比如愿望。学龄前儿童还认识到，人们不能阻止动物幼崽的成长，即使他们希望又小又可爱的它永远不长大。学龄前儿童也能理解生物的成长本质上是单向的，即从小到大，而不是从大到小。同样地，儿童知道成长是以一个从简单到复杂的形式进行的（从毛毛虫到蝴蝶，从蝌蚪到青蛙），而不是相反。然而，与年龄较大的儿童相比，学龄前儿童更不可能相信动物可以经历戏剧性的变化，如那些发生在变态中的变化，也不太可能为戏剧性的变化提供生物学上的解释。

遗传是另一个基本的生物过程，儿童在学龄前期就开始理解它了。当然，学龄前儿童并不知道基因传递或脱氧核糖核酸（DNA），但他们对遗传有初步的了解。他们知道，即使刚生下来的幼小动物看起来和本物种的成年个体一点也不像，但它长大后也会和它们一样。然而，类似的事情不会发生在玩具娃娃或其他非生命体上。儿童也认识到，即使幼小动物由其他物种的父母抚养，它长大后仍然会变成本物种的成年个体。同样，儿童也能理解如果一种动物被饲养在一个适合另一种动物的环境中，这种动物仍具有本物种的特征。例如，在猪群中饲养的奶牛仍会哞哞叫（而不是像猪一样叫），而且尾巴是直的（而不是像猪那样有着卷曲的尾巴）。儿童还把这种理解应用到有关植物的认识中。比如，把一种种子种在更适合另一种植物的环境中，这种植物也仍然具有本物种的特征。例如把苹果种子种在花盆里。

儿童早期的遗传概念似乎涉及特定的生物机制。肯·斯普林格（Ken Springer）和弗兰克·凯尔（Frank Keil）让儿童对金属罐、花和狗获得颜色的多种不同可能机制进行了排序。对于花和狗，儿童选择了自然机制，包括自然的内部机制（如"花变成粉红色，是因为它在生长的时候，母体给了它一些东西使它变成粉红色"）和自然的外部机制（如"当种子生长时，阳光和雨水洒在它身上使它变成粉红色"）。相比之下，对于金属罐来说，儿童更倾向于将其颜色解释为人类机械加工的结果（如"制造金属罐的工人做了一些事情，使金属罐变成绿色的了"）。

尽管有这些早期儿童理解遗传概念的证据，学龄前儿童对遗传概念的理解在几年内仍然是有限的。许多学龄前儿童相信欲望等心理机制可以影响遗传。米歇尔·韦斯曼（Michelle Weissman）和查尔斯·卡利什（Charles Kalish）告诉儿童，一位母亲有一双棕色的眼睛，她希望她的女儿有一双绿色的眼睛，并要求儿童从两个女孩中选择哪个更有可能是这位母亲的女儿。学龄前儿童经常选择有自己喜欢的特质的女孩，而不是与那位母亲有相同特质的女孩。直到7岁左右，儿童才会明白亲子关系和血缘在解释父母和后代子女身体相似方面的重要性。

学龄前儿童也将疾病理解为一个基本的生物过程。四五岁的儿童意识到疾病可能是由一种看不见的机制，即细菌感染引起的。基于对细菌的了解，学龄前儿童预测，如果没有细菌，食用从垃圾堆里捡来的食物等危险行为就不会引起疾病，而如果有细菌，即使食用掉在水里的食物之类的无害行为也会引起疾病。此外，学龄前儿童能将疾病与心理状态（如悲伤）区分开来。他们还意识到，身体与污染物接触会引起疾病，即使受污染物侵袭的个体对污染物的知识完全不了解。然而，对污染物的情绪反应（如认为某物令人恶心或呕吐）取决于对污染物的了解。因此，他们能区分出对污染物的生物反应（疾病）和对同一污染物的情绪反应（厌恶）。

尽管学龄前儿童对引起疾病的机制有一些了解，但他们对疾病的其他方面的了解仍然很有限。大多数学龄前儿童不明白疾病的发展需要时间。相反，他们倾向于认为污染物会在瞬间引起疾病反应。此外，他们倾向于以一种全有或全无的方式看待疾病造成的结果。例如，如果一间教室里所有的儿童都和一个生病的儿童一起玩，学龄前儿童倾向于预测，要么所有的儿童都生病，要么没有儿童生病。因此，儿童无法认识到疾病的发作是与概率有关联的。

儿童在学龄前期和学龄早期开始理解死亡也是一种生物过程。儿童对死亡的认识涉及许多子概念，包括终极性（死亡是永久的，不能逆转），普遍性（所有生物最终都会死亡），非功能性（死亡涉及所有对生命有决定性作用的机能的停止，如呼吸、说话、进食等），以及因果关系（一系列内部和外部因素会导致死亡）。研究者追踪了不同年龄的儿童对这些子概念的理解，并将其应用于不同类型的实体（人类、动物、植物）上。到了学龄前期，大多数儿童对终极性表现出了一定程度的理解，并在较小程度上对非功能性表现出理解。在小学早期，儿童对普遍性开始有了理解。因果关系通常是所有子概念中最后一个获得的。

在这些普遍模式之外，儿童对有关死亡的子概念的习得也存在文化差异。例如，巴基斯坦儿童往往比英国的同龄儿童更早明白死亡意味着终结，且他们对死亡原因的解释也不同。墨西哥裔美国儿童比欧洲裔美国儿童更有可能认为死去的人类、宠物和植物仍然具有生物和心理属性，从而表现出对非功能性的不同理解。

Children's Thinking 划重点　　尽管学龄前儿童在一些重要的生物学方面的知识是有限的，但他们的确已经理解了一些有关基本生物过程的知识，包括运动、生长、遗传、疾病和死亡。此外，在大多数情况下，学龄前儿童能将生物机制、心理机制和物理机制区分开来。因此，在学龄前期，儿童已经习得了独特的有关生物学因果机制的知识。

儿童如何获得生物学知识？ 从发展的角度来看，我们不仅有必要了解儿童掌握的生物学知识的性质，而且需要了解他们是如何获得这些知识的。一些研究者认为，人类天生就有特殊的大脑结构或大脑加工过程，这种结构或过程能促进人们对生物学概念的学习。例如，斯科特·阿特兰（Scott Atran）认为，人类生来就有一个在进化过程中发展起来的"生物模块"，它能促进人类在发育早期迅速习得生物学知识。这一观点的一个关键证据是儿童的生物学知识的性质和内容具有跨文化相似性。

其他研究者关注的是经验和环境输入在儿童获得生物学知识中的作用。有3种输入来源特别有影响力：语言、对自然界的直接体验和社会互动。

第 8 章　孩子如何理解概念　269

语言的不同之处体现在它们在更广泛的生物类别中使用的子类别不同。例如，在英语中，"动物"这个词语有两种不同的用法：一是表示与人类做对比的类别（人类有语言，但动物没有语言）。二是表示包括人类在内的动物的一般类别。然而在印尼语中并不是这样，印尼语中没有表示包括人类在内的动物的术语。弗洛伦西亚·昂格罗（Florencia Anggoro）及其同事让说英语和印尼语的儿童把人类、动物、植物、无生命的自然物（如岩石）和人工制品（如铅笔）的图片分为有生命组和无生命组。许多说英语的 9 岁儿童经常分类错误，他们认为人类和动物是有生命的，而植物、自然物和人工制品是没有生命的。印尼儿童能准确识别植物、人类和动物。昂格罗及其同事认为，说英语的儿童把"活着"这一词语和"动物"这一词语混为一谈。由于印尼语中没有这样的词，所以说印尼语的儿童就不会犯这样的错误。这些发现与其他研究结果都一致表明正确理解"活着"这个词语对说英语的儿童来说是一个挑战。

　　从自然界中获取的直接体验，特别是有关植物和动物的体验，也会影响儿童习得生物概念。当要求儿童说出生物的名字时，从自然界中获取不同经历的儿童往往会做出不同的反应。在阿根廷进行的一项研究中，说西班牙语的城市儿童比说西班牙语的农村儿童更有可能说出外来动物的名字（他们可能从书本或电视上学到），而不太能说出本地动物的名字。农村儿童在自然界中获取的经验较为丰富，也更倾向于使用具体的名字，而城市儿童则倾向于使用更高级的名字（如角豆树 / 植物，鸽子 / 鸟）。

　　儿童与动物的直接接触也会影响他们的生物学思维。例如，学龄前儿童在课堂上看到毛毛虫变成蝴蝶后，更有可能认同动物变化的生物学机制（包括生长和变态）。在家里有养金鱼经历的 5 岁儿童比没有养过金鱼的儿童能更好地预测不熟悉的动物（如青蛙）的行为。与没有养过宠物的儿童相比，养过宠物的 3 岁儿童和 5 岁儿童更有可能将生物特性（例如，有内脏，需要睡眠等）归因于对其他动物的认识。观察、照顾动物以及与动物互动的经历有助于儿童习得生物学知识，并将其推广到其他动物物种。养宠物的儿童也更有可能在与家人的非正式互动中讨论动物的生物学特性。

有证据表明，儿童与父母及其他照顾者的非正式互动也会影响儿童拥有的生物学知识的水平。格尔曼及其同事观察了母亲带着 1 岁和 2 岁儿童阅读动物绘本的情况。他们发现，母亲的陈述和肢体语言往往强调不同类型动物之间的生物学分类关系，有时还描述或指出了不同种类动物或一般动物的特征。书籍也是了解复杂生物过程的重要信息来源。年龄较大的儿童可以从故事书中学习到颜色伪装和自然选择等过程，他们还会把从书中学到的概念应用到推理其他动物特性中去。

以动物为主要角色的书籍（即使它们不直接关注生物学概念），也会影响儿童基于生物学的推理。桑德拉·韦克斯曼（Sandra Waxman）及其同事比较了 5 岁儿童在阅读《贝伦斯坦熊的睡前战斗》（一本把熊猫拟人化的图画书）和《动物百科全书》（一本把熊猫描述为动物的图画书）后，在生物推理任务中的表现。在读完其中一本书后，儿童知道了一种适用于人类或狗的新的生物学特性（例如，人类/狗体内有雄烯二酮）。然后，让儿童判断其他动物是否也具有这些特性。读过《贝伦斯坦熊的睡前战斗》的儿童把人类的新特性投射到其他动物身上，而不是从一种动物投射到另一种动物身上，即他们展示了一种以人类为中心的模式，在这种模式下，人类拥有推理的"特权"。相比之下，读过《动物百科全书》的儿童没有表现出这种模式。相反，他们将人类的新特性投射到其他动物身上，也以同样的方式将一种动物的新特征投射到另一种动物身上。

当然，先天和后天因素在儿童对生物学概念的习得中都起着重要的作用。全世界的儿童都对动植物着迷，他们了解动植物的积极性很高。儿童成长的社会和文化环境为他们提供了许多了解生物的机会。在某些文化中，部分生物学知识的学习是在正规教育中进行的。此外，儿童还可以通过自己从大自然中获得的直接体验，通过与宠物、农场动物和室内植物的接触，以及通过对话、故事、书籍和电视节目来学习生物知识。

Children's Thinking 划重点　　儿童在很小的时候就把生物学知识纳入基本的生物学范畴了，如生命体、生物、动物和植物。到学龄前期，儿童理解了反映生物学领域独特因果过程的生物行为，如生长、遗传、疾病和死亡。儿童还明白，有一些过程是由生物学领域特有的难以观察的解释性建构引发的，如细菌引起疾病。最后，获得新信息有时会使儿童重新组织他们的生物学知识。因此，这些知识似乎有连贯的结构。综上所述，这些研究表明，至少根据这些标准来看，学龄前儿童对生物的理解已经构成了真正的理论。

第 9 章

Children's Thinking

孩子如何解读心智

杰瑞米:"妈妈,你去厨房外面。"
妈妈:"杰瑞米,为什么呀?"
杰瑞米:"因为我想拿一块饼干。"

在上面的对话中,3岁的杰瑞米想骗过自己的母亲,却没有成功。他似乎没有意识到:把自己打算做的"坏事"告诉妈妈与妈妈亲眼看到他做"坏事"是同样的结果。这段对话说明,在理解他人方面,儿童和成年人有着巨大的差异。本章聚焦于儿童的社会认知发展。

儿童的成长是在人群中进行的。社会关系对于实现儿童的健康发展以及保持身心和谐至关重要。正如社会文化理论所强调的,社会关系对于儿童做什么、思考什么以及如何思考有着深刻的影响。基于此,理解儿童的社会认知(对他人以及社会的认知)的重要性显而易见。

从进化的视角看，理解人类行为及社会关系具有明显的生存价值。能够较好地处理社会关系的个体存活时间更长，繁衍的后代更多。这意味着社会认知的某些方面可能具有生物学基础，这一基础是在进化过程中通过自然选择而形成的。若确实如此，即使是非常小的婴儿也可能表现出一些基本的社会认知能力。显而易见，与其他人互动的经历为儿童提供了许多了解社会的机会。

皮亚杰认为发展是一个普遍过程。这一深刻见解为思考社会认知的发展提供了一种十分有用的方法。皮亚杰认为，在婴儿时期，现实主要存在于儿童行为和外部环境的结合之处。发展既可以向内发展，使婴儿更好地了解自己，也可以向外发展，使婴儿更好地了解广阔的世界。

皮亚杰的观点是思考社会认知发展的一种有效方式，并且为我们组织本章内容提供了基础。本章首先讨论社会认知的基础，包括对于他人以及自身的最初理解；再探究儿童如何将对社会的最初理解内化，以把握自己以及他人的心理活动的本质，包括意图、愿望以及信念在行为产生中所起的作用；最后论述儿童如何向他人学习，包括通过模仿、教学、合作以及他人指导来学习。

孩子如何区分自我和他人

为了了解社会，婴儿和儿童需要注意来自社会的刺激。当然，在婴儿的感知世界中，人比其他许多物体（如天花板、炉子或者婴儿车）更加有趣。此外，如上所述，关注社会信息很可能具有生存价值。因此，社会认知最早的一种表现形式是关注他人并对与他人的互动感兴趣，这也就不足为奇了。

婴儿和儿童在了解社会时面临的最基本的任务是理解自己和他人。婴儿需要认识到他们是独立于其他物体和其他人而存在的个体。在以后的发展中，儿童需要形成一种自我概念。这种自我概念包含了自己的身体特征、好恶以及性格方面的信息。当然，儿童还需要形成包含类似信息的他人概念。这些概念的基础奠定于婴儿早期，并在童年及青少年时期不断变化。

理解他人

婴儿的社会关系中存在很多他人，包括父母、兄弟、其他家庭成员，以及其他的看护者。婴儿和儿童了解社会的重要任务之一就是了解这些他人。

注意社会刺激。如第 5 章所述，婴儿非常关注人脸和人类的声音。即使是新生儿也更喜欢人脸刺激而不是非人脸刺激。婴儿特别注意人类的声音，他们能够区分出人类的言语。婴儿还特别喜欢婴儿言语（这种言语的特点是声调高、声调变化大），喜欢使用婴儿言语与他们交流的人。

从很小的时候起，婴儿似乎对人的行为的期望与对物品的期望不同，所做出的反应也不相同。如第 8 章所述，5～8 周大的婴儿会模仿他人做嘴部动作（如伸出舌头），但不会模仿非生命体所做出的类似动作（如管子伸出"舌头"）。相比于非生命体，婴儿常常会对人微笑。当非生命体向婴儿移动时，婴儿多会表现出惊讶的样子。

婴儿也能区分不同的人。刚出生的婴儿就能将自己的母亲的声音与其他女性的声音区分开来。几个月大的婴儿就开始认识他们的看护者并且发展出对看护者的情感依恋。不足 1 周岁时，婴儿出现了"陌生人焦虑"，这说明婴儿此时能够明确地区分出熟人与陌生人。

早期的社会互动。如第 4 章所述，婴儿在约 2 个月大时和看护者开始表现出相倚性互动——一种相互间的行为和反应，类似于互动式的对话。这些互动意味着婴儿能预期与他们互动伙伴的某些行为类型。

3 个月大的婴儿期望与他人互动。当看护者露出平静的面部表情，并且不动也不说话时，婴儿的微笑减少，而且还会转移视线。此时，婴儿的心率有所变化，处于唤醒状态，甚至有些婴儿会表现得紧张不安或者哭闹。这些反应说明平静的面部表情，未达到婴儿对看护者互动行为的预期。

婴儿对于社会互动的预期具有特定性。在一项研究中，成年人与婴儿玩起了躲猫猫游戏：一种是常规的躲猫猫游戏（按照顺序依次为蒙上眼睛、说"躲猫猫"、睁开眼睛），一种是混乱的躲猫猫游戏（蒙上眼睛、睁开眼睛、说"躲猫猫"为随机顺序）。与参与常规游戏的同龄婴儿相比，参与混乱的游戏的4～6个月大的婴儿微笑更少，看向实验者的次数也更多。婴儿似乎对成年人如何与他们互动有一定的预期，但这种预期却在混乱条件下的游戏中被打乱了。

从很早的时候开始，婴儿就能在与成年人的互动中扮演积极的角色。例如，3个月大的婴儿开始追随成年人的目光，4～6个月大的婴儿开始追随成年人的指向手势。9个月大时，这两种能力已逐渐完善并完全建立起来。如前所述，婴儿追随看护者的目光和手势，有利于建立共同注意——这是婴儿和看护者共同关注特定的物品或者事件的状态。共同注意被认为是语言发展的重要前提。通过观察成年人注意力的中心，婴儿能够将成年人的话语与正确的指示物联系起来。

对情绪表达的早期理解。出生后的几个月内，婴儿就能够区分不同的情绪表达。在一项有关这种能力的研究中，阿琳·沃克（Arlene Walker）给5个月的婴儿看了两部电影。在一部电影中，一个成年人愤怒地说话，并且做出生气的面部表情和手势；在另一部电影中，一个成年人开心地说话，并且做出快乐的面部表情和手势。这两部电影的声音都是通过扬声器播放的。结果显示：不管电影中的人是快乐或者生气，只要声音和电影内容相匹配，婴儿观看的时间就较长。这意味着5个月大的婴儿已经对不同的情绪，以及如何通过面部表情和声音表达这些情绪有了初步的认识。

婴儿在6个月大时开始估计他人的情绪反应，以评估情境和物品的安全性。这一现象被称作社会参照。研究者对这一现象做了一个经典研究。该研究考察了12个月大的婴儿是否愿意通过视觉悬崖的深处（见第5章）。当看护者表现出惊恐或者生气的表情时，没有一个婴儿从较深一侧通过；当看护者表现出愉快的表情时，大部分婴儿就能从较深一侧通过了。因此，婴儿可以利用从社会环境中获取的信息来指导他们的行为。从这个意义上说，婴儿认识到了他人及其情绪表达是一种潜在的信息来源。

关于他人的概念。婴儿在社会互动中的行为以及对他人情绪表达的反应说明其已经逐步形成了关于他人的概念。儿童对特定他人的概念在发展过程中会经历重大变化。这个变化是指从关注具体的、外在的、可观察的特征到关注抽象的、内在的、不可观察的特征。

当被要求描述特定的个体时，5岁以下的儿童倾向于关注个体外在的、可观察的特征，如外貌、拥有的物品和典型行为。他们还会关注他人的行为与自己的联系。下面的示例是一个不到5岁的儿童对朋友的典型描述：

约翰是我最好的朋友。我们在街上玩。他有一个姐姐。我喜欢他，因为我可以玩他的玩具。

从幼儿园阶段开始，儿童有时会用心理学的名词解释他人的行为（比如，"他受到了惊吓""妈妈很伤心"）。然而，学龄前儿童的心理归因通常具有情境特异性，这种心理归因并非持久的性格或特质。

随着时间的推移，儿童对行为的心理原因的认识变得更加抽象和复杂。到了童年中期，儿童开始使用性格或特质来描述他人并解释其行为。在一项关于该问题的研究中，研究者先要求儿童阅读一篇短文（短文揭示了角色的人格特点），然后要求儿童预测这些角色在其他类似情境中的行为。9岁及以上的儿童认为角色最初的行为是由其性格决定的，在类似的情境中，角色也会表现出一致的行为。相比之下，年龄小一些的儿童未能预测出角色在相似情境会表现出一致的行为。基于这些发现，威廉·罗勒斯（William Rholes）和戴安娜·鲁布尔（Diane Ruble）认为，从童年中期开始，儿童逐步形成了对他人稳定、持久性格特征的认识。

不过，其他研究也认为，至少在某些情境中，幼儿也确实能够认识和理解性格信息。鲁布尔曾描述了这样一个实验：儿童观看视频并对视频中的人物进行描述。一些儿童被引导相信很快会见到视频中的人并能互动后，才会进行描述；其他儿童没有与视频中人物互动的预期，因此只对人物进行了简单描述。当儿童预期未来有互动时，即使是5～6岁的儿童也会在描述中加入一些人物性格信息，而没有这种互动预期的儿童较少在描述中加入人物性格信息。以下是两个描述示例：

没有互动预期：她正把一个球扔到桶里。她朝目标扔飞盘。她长着一头黑色的头发。她走进了另一个房间。

有互动预期：她擅长这个游戏，且她的性格很好。她做事很努力。我认为她很喜欢玩这个游戏。

由此可见，幼儿也能够考虑他人的心理特点，即使在很多情境下，幼儿往往不会如此考虑。

有证据表明：当一个人在不同情境下表现出比较一致的行为时，幼儿也能关注到这个人的心理特点。伊丽莎白·塞弗（Elizabeth Seiver）和艾莉森·高普尼克（Alison Gopnik）曾经做了这样一项研究：请4岁和6岁的儿童解释两个玩具娃娃为什么会有特定的行为。在"个人"条件下，每个娃娃都表现出一致的行为模式：一个玩具娃娃总是选择参加活动（如骑自行车、在蹦床上跳），一个玩具娃娃总会远离各项活动。在"情境"条件下，两个玩具娃娃的行为依赖于情境的变化：两个娃娃都愿意骑自行车，或都不愿意在蹦床上跳。当两个娃娃在不同情境下表现一致时，儿童更倾向于根据心理特点来解释娃娃的行为（如"她很勇敢"）。令人惊讶的是，4岁的儿童在"个人"条件下有时会使用心理学解释。6岁大的儿童同样也会这么做。因此，从幼儿园开始，儿童就会根据行为的一致性对他人的行为做出预测。

到了青春期，儿童对他人的描述通常会包含一些难以观察到的特征信息，如性格特质和一致的行为模式，还包含社会环境对塑造个体行为的重要性等信息。

以下是一名 15 岁男孩的描述：

> 菲尔很谦虚。他在陌生人面前比我还害羞，但在他认识和喜欢的人面前却非常健谈。他的脾气似乎总是很好，我从来没见过他发火。他对他人的成就不太在意，但也从不称赞自己。他似乎不向任何人表明自己的观点。他很容易紧张。

就像这个例子一样，青少年对他人的描述揭示了对他人行为的心理复杂性与情境变异性的理解。

理解自己

在任何人的社会环境中，自我无疑是最重要的个体。婴儿在很小的时候就拥有自我意识。随着时间的推移，婴儿和儿童建构了成熟的自我概念，其中包括知觉的、生理的、社会的和心理方面的自我认知。

自我意识与识别。婴儿是从什么时候开始意识到自我的？他们什么时候认识到自己是独立于其他物体和人而存在的个体？要研究这一问题，其中一个方法是考察婴儿对自己和他人形象的关注。当观看自己和同伴的录像时，即使是 3 个月大的婴儿也更喜欢注视同伴。这意味着婴儿在该年龄阶段就能把自己和他人区分开来。

探究这个问题的另一种方法是研究婴儿从什么时候开始能够认出镜子中的自己。在图 9-1 所示的胭脂测试中，母亲给婴儿擦脸时，偷偷在其鼻子上抹上了一个红色标记，然后将婴儿放在一面镜子前。大多数 12 个月大的婴儿会触摸镜子里自己鼻子上的红色标记，15 个月大的幼儿则会触摸自己鼻子上的红色标记，这说明 15 个月大的幼儿认出了镜子里的婴儿就是自己。

这种认知变化是因为婴儿关于镜子的经验不断增加导致的吗？为了找到答

案，比特丽斯·普里尔（Beatrice Priel）和斯堪尼亚·德绍南（Scania deSchonen）对来自以色列沙漠地区的婴儿做了胭脂测试。这些婴儿在此之前从没见过镜子或者其他表面可反光的物体。在胭脂测试中，这些婴儿与来自附近城市并且已经接触过镜子的婴儿表现出相同的发展模式：6～12个月大的婴儿当中没有人摸自己的鼻子，一些13～19个月大的幼儿摸了自己的鼻子，而几乎所有20～26个月大的幼儿都摸了自己的鼻子。

图9-1 胭脂测试

此外，儿童行为的其他方面也证明，自我意识在2岁时就已建立。大多数2岁大的儿童在看到自己的照片时，会比看同龄儿童的照片看得更久、笑得更多。此外，大部分这个年龄阶段的儿童会用自己的名字或者人称代词来称呼自己，甚至有些儿童已经知道自己的年龄、性别。

自我概念。菲利普·罗查特（Philippe RoChat）认为，婴儿从出生开始，并在2个月大时加速发展出一种内隐的前语言的自我概念。这一概念包括知觉成分和社会成分。婴儿在知觉上的自我认知包括对自己身体和行为能力的认知，他们通过自我探索和体验自我行为的效果而获得这些认知。婴儿的社会自我认知由对自己行为模式的认知构成，这些认知是通过婴儿与他人互动，并且看到自己与他人有何不同而获得的。罗切特认为，这些早期的知觉性和社会性自我认知为更加清晰的、更有反思性的自我认知打下了基础，如儿童在学步期及以后的阶段用语言来表达的自我认知。

随着儿童的语言和认知技能的发展，他们的自我概念也随之改变。在学步期，儿童开始用年龄、性别、身体特征（如"我很壮"）和评价性特征（善良、调皮等，如"我是个好女孩儿"）描述自己。在学龄前早期，大多数儿童可以很容易地做到用语言描述自己。学龄前儿童通常用具体的、看得见的特征来描述自己，如他们的身体特征、拥有的物品以及典型行为。例如，下面是本书合著者阿里巴利的5岁侄女进行的自我描述：

> 我有一些朋友。我的眼睛是淡褐色的。我有爸爸妈妈，还有一个哥哥和一个妹妹。我曾经养过一条狗，但是它死了。我上学了。我会跳芭蕾。

像这名儿童一样，大多数学龄前儿童很少在自我描述中涉及心理特征。然而，他们对自己的性格也确实有基本的了解。在一项研究中，研究者向儿童呈现成对的描述（如"当我生气时，我想打人"和"当我生气时，我想安静待会儿"），并且要求儿童从两个陈述中选择能更好描述自己的一个。与用语言描述自己的任务相比，这个任务对言语技能的要求更低。丽贝卡·埃德（Rebecca Eder）发现3岁半的儿童对相关成对陈述的选择具有一致性，并且这些选择涉及心理维度，如自我控制、自我接纳和外向性。因此，3岁半儿童的自我概念已经涉及了心理维度。

儿童的自我概念会随着儿童的成长发生重要变化。当儿童自我理解的各方面（包括知觉的、身体的、社会的以及心理方面的认知）得到协调和整合后，儿童的自我表征会组织得更好。随着时间的推移，儿童的自我概念也变得更加抽象化，更加心理化。在童年中期，儿童经常用与他人的关系来描述自己（如"我比妹妹聪明"），而不是用绝对的词语。到了童年后期，大多数儿童用一般的性格或特征来描述自己（如"我很友好，外向活泼"）。当儿童接近青春期时，他们的自我描述开始反映出其在社会角色和人际关系（如学生、女儿、朋友和女朋友）

方面的扩展以及社会背景的重要性（如"我通常很严肃，但是当我和朋友在一起时，我就会变得活泼开朗"）。

因此，在发展过程中，儿童对自我的描述变得更抽象、更有可比性、更有差异性。随着这种变化，他们的自我概念中开始包含行为可变性以及社会背景重要性方面的信息。因此，和对他人的概念一样，儿童自我概念揭示了一个普遍的发展过程，表现为从早期关注稳定的、外在的、看得见的特征发展到后期关注更加多变的、内在的、不可见的特征。

自我概念形成的背景多是个体对过去事件的回忆。母亲在回忆孩子的往事时，对内心状态（如思想、信念和愿望）的谈论程度并不相同。如果儿童的母亲更多地谈论内心状态，那么这些儿童在进行自我描述时更可能聚焦于自己的特征。此外，和欧美儿童相比，中国儿童在自我描述中较少关注自我特征，之所以出现这种情况，至少在一定程度上是因为母亲在亲子回忆时更少关注内心状态。可见，家庭对过去事件的讨论是儿童自我认知社会化的一个重要背景。

孩子如何解读他人的心理活动

儿童在建立了对自己和他人理解的基础上，所要完成的一项特别重要的任务是向内扩展社会认知，以掌握自己和他人心理活动的本质。儿童需要认识到人们有目标、意图以及期望；人们知道一些事情但不知道另外一些事情；自己会相信一些事情并不意味着他人也会相信这些事。简而言之，儿童需要了解人类心理的工作方式。

我们了解心理的一个途径是自我意识。我们会察觉到自己心理的一些工作方式，这为归纳他人的心理提供了基础。然而，我们是如何理解目标、信念、知识、意图和期望的呢？毕竟，没有人真看到过目标或者信念作为实体存在。我们也不会认为汽车、树或者大多数其他动物有目的或信念。然而，即使是学步期的儿童也能意识到这些心理过程，他们在日常言语中就显露出具有这种意识：

罗斯（2岁10个月）："妈妈不会唱这首歌。她不知道这首歌。她不懂。"

内奥米（2岁11个月）："我梦到了鲜花和小狗。"

亚当（2岁11个月）："我想是口香糖掉了……不是。"

正如上述幼儿的对话片段所揭示的，儿童在非常小的时候已经能思考自己和他人所想、所知、所梦和所理解的内容了。儿童是如何如此迅速地发展出这些知识的？尤其是在还难以理解心理活动内容的情况下。

一些研究者认为心理学是一个"核心"领域，儿童进入这个领域的时候倾向于形成关于心理如何工作的合理理论。亨利·威尔曼（Henry Wellman）和他的合作者对此提出了一个特别有影响力的观点。他们认为，大约从3岁开始，儿童就形成了心理原理的朴素理论。该理论的目的是解释人类行为，特别是有意行为，也就是行动者出于某种原因而采取的自愿行为（如因为他们想要某种东西）。威尔曼和他的合作者将该理论称为信念-愿望心理理论（*Belief-Desire Theory of Mind*），因为其中心原则是内部的信念和愿望引发行为。图9-2描绘了这一理论的基本结构。

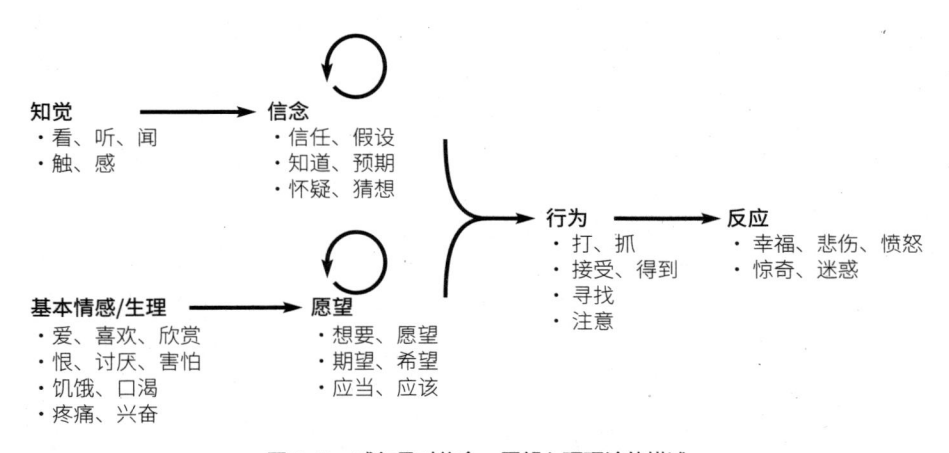

图9-2　威尔曼对信念-愿望心理理论的描述

威尔曼和他的合作者认为，一个成熟的心理理论需要理解心理状态（如信念、愿望和幻想）是一种内在实体，其与现实不同，并且这些心理状态通过特殊的方式与世界相连。更通俗的表述是，这需要认识到心理内容是对世界的表征。若个体能认识到心理状态能够对世界现实进行表征，那么就能预测并解释他人的行为了。例如，当一个女孩知道她的哥哥确信饼干罐里有饼干时，她就能预测当哥哥想吃饼干时就会去饼干罐里找。此外，即使她知道妈妈已经将饼干罐拿走并放进冰箱里，她也能够预测到哥哥会打开冰箱找饼干罐。小女孩哥哥对世界的表征，而不是世界的真实状态，影响着他的行为。真正的表征心理理论包括理解心理能表征世界，以及这些表征以系统的方式与行为发生联系。

长久以来，人们认为儿童早期心理理论的发展主要有两个阶段，即2岁左右的儿童开始理解愿望，4岁左右的儿童开始理解信念。然而，近些年的研究发现，儿童在2岁之前，就有这些能力的基础了。儿童在1岁时表现出对愿望和意图的理解，在2岁时就表现出对信念的理解。接下来，我们将描述儿童心理理论的"核心"：理解意图、愿望和信念，以及它们如何与行动相关联。之后，我们将简要地讨论儿童对其他心理活动的理解，主要包括与表征"真实"世界有关的心理活动，如思考和认知，以及主要和表征"虚拟"世界有关的心理活动，如假装和幻想。

对意图的理解

对意图的初步理解出现在婴儿期。到6个月大时，婴儿似乎知道人们倾向于在特定情境下做出特定动作。在一项研究中，6个月大的婴儿看见一位表演者反复地对隐藏在屏障后的某个对象讲话，或者伸手去拿屏障后的对象。当婴儿对讲话事件或者拿东西事件习惯之后，隐藏在屏障后的对象（人或物体）出现。之前看到讲话事件的婴儿，这时注视物体的时间比注视人的时间要长，说明他们对于表演者向物体说话这件事感到惊讶。相反，之前看到伸手拿物体的婴儿，这时注视人的时间比注视物体的时间长，说明他们预期表演者伸手去拿的是物体，而讲话的对象是人。因此，6个月大的婴儿能够意识到人们对人和物体有不同的意图。

这些发现说明婴儿能够理解一些意图导致的行为的重要规律。然而，为了全面理解意图，仅仅认识到人们以通常可预测的方式行动是不够的，还必须认识到人们的行为受到诸如愿望、信念等心理状态的驱使。要真正理解意图概念，儿童需要认识到心理状态能指导人们的行为。测试这种理解能力的一种方法是检查婴儿对有意和偶然为之的相同行为的反应是否不同。在一项关于这个问题的研究中，成年人先演示一些动作，随即发出一个语音暗示以表示行为是偶然的（"哎呀！"）还是有意的（"看那里！"）。如果成年人的行为被表示为有意而为之，14个月大的幼儿更可能模仿成年人的行为。与之类似，如果一个行为看起来是有意而非偶然的，2岁大的儿童更可能学会关于这个行为的新词。

人们可以更直接地检测婴儿对意图的理解。安德鲁·梅尔佐夫（Andrew Meltzoff）向18个月大的幼儿呈现了这样一个场景：一名成年人尝试完成一个目标行为（如用棍子按压按钮），但没能成功。当婴儿有机会接触这些物体时，他们倾向于做出成年人尝试过的行为，即使他们从未看见这个行为完成过。然而，如果婴儿看到玩具机器人做出与上述成年人相同的行为（即尝试用棍子按压按钮，但失败了），他们也不会去做这个目标行为。因此，18个月大的幼儿似乎能够意识到一个人试图做什么，即使这个人并未取得成功。儿童只将这种理解应用于人身上，却不会应用在无生命的物体上（如玩具机器人）。

梅尔佐夫的研究需要婴儿具有执行目标行为的能力，并通过婴儿的行为来衡量他们对意图的理解能力。眼动追踪方法的研究则证明了婴儿在更小的时候就开始初步理解意图。阿曼达·布兰登（Amanda Brandone）和她的合作者让8个月大和10个月大的婴儿观察成年人越过障碍物捡球的行为，并监测婴儿眼球的转动情况。结果表明，即使成年人没有成功捡到球，10个月大的婴儿也会用期待的目光看着球；而8个月大的婴儿只有在成年人成功捡到球时才会去看球。

因此，婴儿在很小的时候就能区分有意行为和无意行为。然而，这并不意味着婴儿对意图的理解是明确的或充分的。因为这种有限的理解，幼儿经常将错误、意外、反射动作与有意行为相混淆。例如，托马斯·舒尔茨（Thomas Shultz）使用反射锤诱发幼儿的膝跳反射，然后询问幼儿是否有意做出这个动作。大多数 3 岁儿童声称自己想移动腿，而大多数 5 岁儿童意识到自己无法控制这个动作，并且正确地否认他们想这么做。一般而言，如果一种行为的结果是积极的，3 岁儿童会认为这个行为是有意的。4～5 岁儿童能够较好地将意图从偶然事件中区分出来。

对愿望的理解

愿望是一种心理状态，可能由生理状态（如饥饿、口渴和疼痛）或者情感（如爱、愤怒和恐惧）激发。12 个月大的婴儿对于愿望及其如何激发行为已经有了初步的认识。例如，威尔曼和斯佩尔克证明，12 个月大的婴儿能够将他人注视的方向以及情绪所表达的信息和他人的行为联系起来。例如：一个表演者饶有兴致地看着两只毛绒玩具猫（一只橙色猫，一只灰色猫）中的一只，脸上露出开心的表情，并且愉快地说"噢，看这只猫"；然后，婴儿和表演者被屏风隔开 2 秒钟。当屏风被移开时，表演者手中拿的玩具猫并不是先前做积极评价时注视的那只玩具猫，则婴儿注视该场景的时间较长，意味着他们对这一结果感到惊讶。因此，婴儿似乎认识到了表演者的表情与其积极情感之间的联系，这通常显示出她的愿望以及随后的行为。

18～24 个月大时，许多儿童开始使用心理状态词来描述他们的愿望（如"要果汁"），并将心理状态词和情绪状态相联系（如"我害怕"）。在这个年龄段，幼儿似乎也明白他人的愿望可能和自己的愿望不一样。高普尼克等人让幼儿在金鱼饼干和西兰花之间做出选择。毫不奇怪，大多数幼儿选择了饼干。实验者通过面部表情和语言（如"嗯，西兰花真好吃"）表达出自己更喜爱吃西兰花，并要求幼儿分给她一些吃的。大多数 14 个月大的幼儿把自己喜欢的饼干给了实验者，而大多数 18 个月大的幼儿给出了实验者喜欢的西兰花。因此，18 个月大的幼儿能够推理出他人的愿望。

威尔曼和他的合作者认为儿童对愿望的早期理解是非表征性的。也就是说，幼儿能够通过他人想要某物这一现象来理解他人与物体间的关系，但是还不能理解人们会以特定的方式（精确与否）在心理表征想要的物体。

对信念的理解

威尔曼和他的合作者认为儿童在理解了信念以及信念对激发行为所起的作用后，儿童才具有了完善的、表征性的心理理论。长久以来，人们认为 3～4 岁的儿童已经具有了这种理解能力。不过，有研究表明，不满 3 岁的儿童也初步具有了这种能力。

证实信念理解的"黄金标准"是儿童能够成功完成理解自己或他人错误信念的任务。其中一项典型任务是"意外内容"任务。在该任务的典型版本中，实验者向儿童呈现了一个印有糖果图片的盒子。当被问到盒子里面装了什么时，3 岁及以上的儿童都会说"糖果"。然后打开盒子，儿童惊讶地发现盒子里面装了别的东西，如铅笔。大多数 5 岁大的儿童觉得这个很有趣，承认他们很惊讶，而且预测其他没有打开盒子看的儿童也会以为里面装的是糖果。相比之下，大部分 3 岁大的儿童没有觉得这个有趣，并声称他们一直知道盒子里装的是铅笔，而且预测其他儿童从一开始就知道盒子里面装的是铅笔。下面是一名 3 岁儿童对此的反应：

实验者："看，这儿有一个盒子。它里面装了什么？"

3 岁儿童："糖果！"

实验者："让我们看看里面。"

3 岁儿童："噢，天啊！是铅笔！"

实验者："当你第一次看见这个盒子的时候，你认为里面装了什么？"

3 岁儿童："铅笔。"

实验者："尼奇（儿童的朋友）还没有见过盒子里的东西。当尼奇看见这个盒子时，他会认为里面装了什么？"

3 岁儿童："铅笔。"

另一种关于儿童对错误信念理解的测试是"意外地点"任务。该任务涉及了物体位置的变化（见图9-3）。具体内容是："马克西把巧克力放进橱柜里，就出去玩了。后来，妈妈把巧克力从橱柜里拿出来并放进桌子的抽屉里，然后出去见朋友了。当马克西回家，准备拿巧克力时，他会去哪里拿巧克力？"大部分不到3岁的儿童会回答说："巧克力已在抽屉里，马克西会在桌子的抽屉里找巧克力。"然而，大多数4岁的儿童会回答："马克西会在橱柜里找巧克力，因为他把巧克力放在了那里。"这种发展模式并不只存在于西方儿童中。例如，生活在非洲热带雨林的狩猎部落中的儿童对错误信念问题的回答和美国以及欧洲的儿童非常相似。

图9-3　海因茨·威默（Heinz Wimmer）和约瑟夫·珀纳（Josef Perner）
于1983年设计的意外地点任务示意图

要完成意外地点任务，儿童需要具有一定的语言及信息处理能力。因此，近年来，有研究者指出，儿童未能完成意外地点任务可能源于他们并没有理解描述任务的语言表达，或者因为任务中涉及大量的记忆，并不是因为他们不能理解错误信念。目前，已有很多研究证明，对于语言和信息处理能力要求较低的意外地点任务，年龄小的儿童也能成功完成任务。通过采用婴儿认知研究中的方法，研究者开发了"新版本"的错误信念任务。婴儿在这些任务中的表现说明他们对错误信念有着基本理解。

克里斯汀·奥尼希（Kristine Onishi）和巴亚尔客设计了期望违背任务来检测15个月大的幼儿是否能理解错误信念。他们给幼儿展示了这样一个场景。一名表演者站在一个打开的幕布后面，能看见一个黄色的盒子和一个绿色的盒子。两个盒子中间放了一个玩具。表演者将手伸到屏幕前并将玩具放进了绿色的盒子。接下来，幕布关闭了，此时，表演者看不到盒子，但幼儿可以看到盒子。一种情况是：幼儿看到玩具从绿色盒子移到了黄色盒子，认为表演者以为玩具在绿色盒子里的信念是错误的。另一种情况是：幼儿看到黄色盒子自己在来回移动，认为玩具并没有改变位置，表演者以为玩具在绿色盒子里的信念是正确的。幕布再次被打开，表演者将手伸向黄色或者绿色的盒子。实验者测量了每种情况下幼儿的注视时间。如果15个月大的幼儿能理解错误信念，若之前看到玩具被移到黄色盒子里，他们应该认识到表演者所持有的玩具仍在绿色盒子里的信念是错误的，那么在看到表演者将手伸进黄色盒子时，他们应该很惊讶。因此，相比较表演者将手伸进绿色盒子，当表演者将手伸进黄色盒子时，幼儿注视的时间应该更长。在正确信念的情况下，幼儿应该表现出同样的模式，因为在这种情况下，表演者持有正确的信念，即玩具在绿色盒子里。事实上，当表演者伸向黄色盒子（与信念不一致）时，幼儿会看得更久，不论是这个信念是对的还是错的。基于这些发现，奥尼希和贝利拉金认为，15个月大的幼儿已经表现出初步的符合表征性心理理论的行为：他们理解他人的行为是基于自身的信念，而且这些信念不需要反映事实。之后的研究也证明，小于15个月的幼儿也具有这一能力，并将这些发现扩展到其他类型的信念中，如关于客体识别的信念。

当然，关于婴儿能理解错误信念的说法仍有争议。一些研究者认为，婴儿在理解错误信念中的表现可以用其他方式来解释，如对新奇事物的关注视角或者从统计学习及对人脸和动作关注的视角。

也有研究表明，婴儿在实验中观察时间的模式与学龄前儿童所使用的基于故事的心理理论标准任务的表现有关。这些发现说明，从婴儿期到幼儿期，儿童对心理理论的理解具有连续性。

然而，许多重要问题仍未得到解答。如果婴儿对错误信念有一定的理解，为什么即使在任务要求降低的情况下，3岁大的儿童通常也不会表现出这种理解？成熟而外显的心理理论是如何从婴儿期的内隐基础发展而来的呢？整合这些发现的一种途径是论证儿童存在多重系统来理解知识和信念——一种早期的、可能是天生的特定系统能够迅速且自动地运行，但这个系统并不灵活；以及一种后期发展的系统，它对认知的要求更高，但也更灵活。后期发展的、更加明确的心理理论大概是在早期系统的基础上逐步建立起来的，这种发展与语言以及其他信息处理技能的发展相关。

对信念的理解是表征性心理理论的重要组成部分。不过，信念只是儿童需要学习的诸多心理状态中的一种。其他心理状态还包括表征"真实世界"的心理状态和表征"虚拟世界"的心理状态。接下来，我们将讨论儿童对其他几种表征性心理状态的理解。

对思维和认识的理解

一般而言，思维只是"一种心理……对一些内容进行某些类型的心理接触"。思维通常包括形成对真实的世界或可能真实的世界的心理表征。认识是思维的一种形式，它涉及高度确定地表征事物的真实状态。

到目前为止，在婴儿对思维和认识的理解方面，人们仍知之甚少。值得注意的是，上述关于婴儿错误信念的研究依赖于婴儿理解"眼见为实"这一概念，因为研究者需要婴儿根据表演者看到的东西来推断表演者的信念。因此，在这些研究假设中，婴儿至少初步理解了"所见导致所知"。婴儿在错误信念研究中的成功支持了这一假设；然而，其他研究表明这种早期理解是相当有限的。例如，比特·索迪安（Beate Sodian）和克劳迪娅·特尔默（Claudia Thoermer）做了这样一个实验：一名18个月大的幼儿与一名表演者均知晓物体的隐藏地点。表演者伸手拿物体。当表演者立即向错误的地点伸手时，幼儿会看得更久。这说明幼儿明白所看到的内容能够让人们知道物体藏在了哪里。然后，如果表演者迟疑后伸手，不论手伸向正确的地点还是错误的地点，幼儿注视的时间都会同样长。由此，索迪安和特尔默得出的结论是，婴幼儿早期对认识的理解是有限的，在2岁时，才逐渐建立对认识的理解。

到了学龄前期，儿童对思维和认识的本质理解加深。他们知道只有人（也许还有一些其他的生物）才能思考，诸如车辆、家具等无生命体都不能思考。他们知道思维是一种涉及精神和大脑的内在心理活动。他们也知道思维可以是关于物理上不存在的事物的，并能够将关于物体的思维活动和其他相关活动区分开，如看见物体、触摸物体以及谈论物体。

然而，学龄前儿童对思维的理解也存在明显的局限性。例如，学龄前儿童似乎低估了人们的心理活动量。他们常常认识不到，人们安静地坐着、观看某物、聆听某事、阅读或者交谈时也有心理活动。当学龄前儿童认识到某人在进行思维活动时，即使有明确有力的证据，他们也常常难以推断这个人思考的内容。

学龄前儿童对自己思维的理解同样有限。即使是5岁的儿童通常也难以描述自己的心理活动。在一项实验中，实验者要求儿童安静地思考家里的牙刷放在哪个房间了。很多儿童否认他们在此过程中一直保持思考的状态，而那些认为自己一直在思考的儿童却不能描述他们的思考内容。与之相对的一项实验当中，实验者安排5岁和8岁的儿童坐在特制的"不要思考"的椅子上，要求他们在25秒之内不要想任何事情。25秒之后，实验者让儿童坐到了其他的椅子上，并询问当他们坐在"不要思考"椅子上时是否思考过。大部分 5 岁儿童不承认他们在这期间思考过，但大多数 8 岁的儿童承认自己确实思考过。

儿童在 4 岁左右就能够将认识与思维和其他形式的心理活动区分开。甚至在 4 岁以前，儿童对人们如何获取知识也有了初步的理解。例如，3 岁儿童认为看了盒子内部的人会知道盒子里的物品，而只摸了盒子的人不会。然而，儿童对知觉体验和知识之间联系的理解还是十分有限的。直到 5 岁左右，儿童才能充分地认识到，不同形式的知觉体验会产生不同类别的知识。例如，触摸物体并不会获得有关物体颜色的知识。

在学龄前期，儿童对于自己如何获取知识的理解也逐渐加强。幼儿常常难以确定他们是如何获得知识的。为了研究学龄前儿童分辨自己知识来源的能力，高普尼克等人做了一个实验。他们向儿童提供抽屉里物品的信息，信息提供方式包括允许儿童往抽屉里看、告诉他们抽屉里有什么或者提供可以推断里面有什么物品的线索。当问儿童如何知道抽屉里的物品时，3 岁儿童很难确定他们的知识来源，5 岁儿童则很容易确定该知识的来源。

对假装的理解

假装是"以快乐的精神，将假想的情况投射到真实情况上"。假装涉及使用物品和行为来表征其他的物品和行为。因此，假装既涉及心理活动，也涉及可见行为。幼儿在 12～18 个月大时开始玩假装游戏。例如，一个女孩可以假装香蕉是电话，并把香蕉的一端贴在耳朵上，假装在讲话。这种假装行为至少需要一种内在的理解，即一个物体可以表征另一个物体。这种理解似乎是用思维和心理意象表征物体的前兆。从这个意义上说，假装可能是理解心理表征的早期表现。

但是幼儿真的能够理解假装及心理表征吗？一些证据表明，他们依据行为来理解假装，而不是依据心理状态来理解。安杰琳·利拉德（Angeline Lillard）给 4 岁儿童一个像兔子一样跳来跳去的小人国玩具，并告诉儿童，在小人国没有兔子，所以这个特别的小人国玩具对兔子"一无所知"。尽管如此，大多数儿童会说小人国玩具在"假扮"兔子。由此可见，4岁儿童还没有意识到要假扮成兔子，必须先知道什么是兔子。

幼儿不能理解心理表征在假装中起作用的另一个证据来自他们对于谁可以假装的判断。许多3岁和4岁的儿童相信无生命物体也能假装，特别是当无生命物体被装扮得像生命体的时候（如一辆卡车被打扮得像一只猫），或者当物体像生命体一样移动的时候（如火车像蠕虫一样移动）。

显然，对儿童而言，假装的外在特征（如外观、动作）是非常醒目的。然而，对外在特征的关注并不意味着儿童对假装所涉及的心理状态一无所知。相反，已有研究表明，学龄前儿童对于假装的心理基础有所了解。温迪·卡斯特（Wendy Custer）就做了这样的实验：向3岁儿童呈现了一些故事情节，其中，故事人物的心理表征与现实不同。例如，在一个故事中，实验者先告诉儿童，这个人物在假装用鱼竿钓到了一条鱼，但是实际上钓到了一只靴子；然后，实验者让儿童从两张图片中选择一张表明故事人物想法的图片——鱼还是靴子。3岁儿童通常会选鱼的图片，说明他们能够理解假装的心理表征。

在一项相关的研究中，德布拉·戴维斯（Debra Davis）、杰奎琳·伍利（Jacqueline Woolley）和马克·布鲁尔（Marc Bruell）向儿童呈现了一系列图片。这些图片描述了一个关于一名女孩、一只鸟和一只蝴蝶的故事。最后一幅图片描绘了女孩和身旁的鸟。女孩挥舞着双臂好像在飞，她头上的"思想泡泡"显示女孩正想着蝴蝶。实验者询问儿童，女孩假装成蝴蝶还是鸟。因为女孩飞的动作与鸟、蝴蝶飞的动作一样，所以如果儿童不理解假装涉及对相关事物的思考，他们会在蝴蝶与鸟中随机选择。然而，即使是3岁儿童也多会选择蝴蝶，4岁和5岁儿童的表现则近乎完美。总而言之，这些研究表明，3岁儿童已能理解假装涉及心理表征。这种理解能力随着年龄的增长而提升，在5岁时似乎已经相对完善地建立起来。

对幻想的理解

幻想思维可以定义为"用违反自然规律的方式对现实世界进行推理"。这种思维在许多儿童的生活中普遍存在。例如相信魔法、相信有假想伙伴、虚构人物（如巫婆、小仙女和圣诞老人等）。人们对儿童幻想理解的研究主要关注儿童进入幻想思维的程度以及儿童对幻想和现实区别的理解。

幻想事件的一种常见形式是相信魔法。许多儿童相信，人们通过特别的想法（如许愿）或者特殊的行为（如抛咒符、念咒语）就能控制真实世界的事物。但儿童真的相信魔法吗？他们是否意识到这些想法只存在于幻想世界中呢？

儿童经常否认他们具有相信魔法存在的信念，但他们的行为却"出卖"了他们。尤金·萨博斯基（Eugene Subbotsky）给4～6岁儿童讲了一个关于魔盒的故事：当在魔盒上方念咒语"alpha beta gamma"后，魔盒能够将图画中的事物变成真实的。讲完故事后，实验者问儿童是否相信魔盒，大部分儿童表示不相信。几天后，参与实验的儿童重返实验室，实验者向他们展示了一个盒子和一些物品，并声称这些物品是通过在盒子中放入图画并念咒语后得到的。接着，实验者给儿童发了一些图片，一些图片中有可爱的物品（如指环），另一些图片中有可怕的东西（如黄蜂）。然后，实验者将儿童和盒子留在房间里。几乎所有的儿童（每个年龄段约90%）尝试在盒子上方念咒语，试图把图片中的物品变出来。他们选择了有可爱物品的图片，避开了有可怕物品的图片。在这期间，许多儿童反复尝试将各种图片中的物品变出来。当实验者返回时，他们对魔盒"没有作用"表示失望。这些发现说明，即使被询问时会否认，但大多数儿童直到6岁时仍相信魔法存在。

在小学早期，儿童对魔法的理解发生了变化。卡特里纳·菲尔普斯（Katrina Phelps）和伍利调查了儿童使用魔法这一概念来解释令人惊奇的物理现象的情况，如磁铁在不接触的情况下能让另一块磁铁移动。他们发现，4～8岁的儿童使用魔法来解释神奇现象的情况在减少。此外，儿童在对于观察到的事件不能进行充分的物理解释时，就倾向于用魔法来解释。

另一种常见的幻想思维形式是相信假想伙伴的存在。玛乔丽·泰勒（Marjorie Taylor）和斯蒂芬妮·卡尔森（Stephanie Carlson）对152名3～4岁儿童及其父母进行了访谈，他们发现，28%的儿童有假想伙伴，有的儿童的假想伙伴还不止一个。其中一组儿童在6～7岁时再次接受访谈，到了这个年龄段，63%的儿童认为当前或者以前有过某种形式的假想伙伴。相似的研究还有不少，其中一个研究涉及了1800名5～12岁的儿童。该研究的报告显示46%的儿童有（或者曾经有）假想伙伴。显然，在童年时期，儿童有假想伙伴的现象是非常普遍的。

儿童的假想伙伴有多种形式（见表9-1）。一些儿童创造出看不见的人或动物，并把它们当作真正的伙伴来对待。这些看不见的伙伴经常作为创造出它们的儿童的玩伴。有的儿童还将毛绒玩具（如毛绒老虎霍布斯）当作真实存在的伙伴，并赋予它们人格以及行为，而且这些行为在很长时间内稳定不变。对于这些儿童而言，这些毛绒动物不只是简单的玩具或者安全物品，它们是幻想的延伸，与看不见的假想伙伴类似。有些儿童没有创造假想伙伴，却创造假想角色，他们通过有规律的一致行为扮演角色——这是他们经常扮演的一种假想身份。还有些儿童会创造出反面的或者令人害怕的"假想敌"。假想为儿童的社会生活增添了丰富性和戏剧性。

有假想伙伴的儿童是否意识到这些伙伴并不"真实"呢？也就是说，他们是否知道自己的假想伙伴只是对虚构世界的心理表征？有证据表明，儿童确实知道假想伙伴并不是真实的。下面是泰勒对儿童假想伙伴的研究：

> 我们都有这样的印象，在回答关于假想伙伴的问题后，儿童若发现研究者不仅仔细倾听，甚至还做记录，他们便开始怀疑自己的行为是否让研究人员感到迷惑了。于是，在访谈中的某个时刻，儿童会通过"你知道的，这只是假装的"或者"她不是真实的"来帮助研究者理解假想伙伴。

表 9-1　儿童假想伙伴的例子

名字	描述
玛丽	一名参加过游戏的善良女孩。她长长的黄辫子能拖在身后的地板上
小瑞	一个名为小瑞的真实朋友的想象形象。当真正的小瑞不在身边时，他可以和假的小瑞一起玩游戏
星愿俱乐部	一群学龄前儿童，可以和他们一起庆祝生日、赶集，并且用名为 Hobotchi 的语言交谈
娜娜和奈奈	在儿童卧室窗外的树上生活的两只鸟（一雄一雌），羽毛鲜艳，叽叽喳喳叫个不停。它们喜欢落在车顶上和家人一起外出，家庭餐桌上还有它们的位子
北斗	一只像门那么大的海豚，身上能发光，长有条纹，生活在某个遥远的星球上
牛哞哞一家	一群大小和颜色不同的牛，常常像婴儿一样被喂养和换尿布。儿童的父亲不小心踩到其中的一只，才发现了它们的存在
巴纳	一个留着黑胡子的"坏家伙"，喜欢吓人，生活在卧室的壁橱里
妮娜和加菲	一对夫妻，他们给孩子送牛奶和精美的礼物（如凯蒂猫手机），并且在"神奇罗伊"商店购物

资料来源：Taylor, M. (1999). *Imaginary companions and the children who create them*. New York: Oxford University Press. Gleason, T.R., Sebanc, A.M., & Hartup, W.W. (2000). Imaginary companions of preschool children. *Developmental Psychology, 36*, 419–428.

另一种普遍存在于儿童时期的幻想思维形式是儿童相信虚构人物，包括超自然人物，如怪物、鬼魂和小仙女，以及基于习俗的、与事件有关的人物，如圣诞老人和牙仙子。一项对 4～6 岁儿童的父母的调查发现，约 40% 的父母报告说他们的孩子相信有怪物和小仙女的存在，超过 80% 的父母报告说他们的孩子相信世界上有圣诞老人。父母还报告说他们鼓励儿童相信与事件有关的人物，而不鼓励儿童相信超自然人物。例如，许多家庭报告说，在平安夜，他们会在烟囱旁为圣诞老人留牛奶和饼干，或者为驯鹿留胡萝卜。同样，大众文化也非常支持儿童相信这些基于习俗的、与事件有关的人物。很明显，在圣诞节期间，美国几乎所有的购物中心都能看到"圣诞老人"。因此，大多数庆祝圣诞节的儿童会相信圣诞老人也就不足为奇了。

儿童相信圣诞老人的存在是否意味着他们难以区分幻想和现实呢？泰勒认为并非如此。考虑到父母和社区非常支持儿童相信圣诞老人的存在，大多数儿童相信圣诞老人的故事就不奇怪了。但这种信念并不意味着儿童普遍难以认识到虚构人物不是真实的。事实上，3岁儿童就已经表现出对此的理解。当要求3岁儿童对一些不同的物品和人物按照"虚构"和"真实"进行分类时，大多数儿童都能够成功完成。他们将怪物、鬼魂和巫婆放进"虚构"的盒子里，将狗、房子和熊放进"真实"的盒子里。

因此，学龄前儿童能够理解幻想和现实的区别。然而，多大年龄的儿童能够做到在任何情境下都能区分幻想和现实呢？这取决于几个因素，包括是否容易获得对幻想事件的其他解释（如物理学的因果关系而不是魔法的因果关系），社会对幻想的支持程度，以及幻想事件的起源。对于儿童自己创造出来的幻想内容，如假想伙伴，儿童能够更好地区分幻想和现实。如果幻想是由他人创造和提供的，而且受到社会文化的广泛支持，如圣诞老人，儿童区分幻想和现实就比较困难。

心理理解的发展根源

哪些因素影响儿童对心理和心理活动的理解呢？对此，人们有着很大的分歧。一些研究者通过聚焦于儿童的知识起源来处理这一广泛的问题。这种知识的起源可能是内在的知识结构（是理解自我和他人的基础），或者是内在的过程（能够引导人们获取关于自我和他人的知识）。如上所述，一些研究者认为心理学是一种"核心领域"，而婴儿一来到人世就倾向于形成关于心理如何工作的合理理论；一些研究者认为婴儿有一个对他人进行推理的"核心知识系统"。

一些研究者更加直接地关注心理理解的发展，以及影响因素。大多数关于心理及心理活动理解的研究聚焦四大取向：成熟过程、一般能力的提高、与人交往的经验、语言发展。

第一种研究取向强调成熟过程对于理解社会心理的重要作用,认为其是发展的主要来源。这些研究者强调心理理解在发展时间上的一致性,特别是在错误信念理解的研究中,呈现出很强的发展时间一致性。大多数5岁儿童可以顺利完成错误信念任务(如意外地点任务),但是大部分3岁儿童很难完成这类任务。

该研究取向的研究者同样强调,孤独症儿童在理解人们心理如何运作方面表现出巨大的困难。孤独症是一种罕见的发展障碍,其特征表现为社会互动和交流上的严重困难,以及重复刻板的行为、兴趣或活动模式。孤独症儿童在完成错误信念等需要理解他人心理的任务中,表现得比根据他们的一般智力水平所做的预测要差。与同龄人相比,孤独症儿童在心理理论上的发展也表现出明显的延迟。基于这些发现,一些研究者认为孤独症儿童在理解自己和他人心理的机制方面存在特定的缺陷。这种观点掩盖了在孤独症儿童中观察到的许多差异。不过,它确实突出了社会情感信息处理方面的问题,这在孤独症儿童中很常见。

第二种研究取向强调一般能力的提高是心理理解的发展根源,如信息加工能力或者执行功能技能。许多探测心理理解的任务会对儿童的信息加工能力有较高的要求。例如,错误信念任务不仅要求儿童记住他人看到了什么,还要求儿童抑制自己说出已知真相。与这一解释一致的是,只被告知真实情况而并未亲眼所见时,儿童在完成信念错误任务中会表现得更好。类似地,当错误信念任务对信息加工能力要求降低时,3岁儿童也能表现得更好。例如,让儿童彻底明白最初问题的前提,或者让儿童积极参与欺骗目标人物。因此,一般信息加工能力(包括执行功能)的发展可能是3～5岁儿童在错误信念任务及相关任务中进步的基础。

第三种研究取向强调与他人交往的经验是心理理解的发展根源。研究这个问题的方法之一是研究心理发展理论在时间和序列上的跨文化差异。例如,与澳大利亚和美国儿童相比,中国和伊朗儿童倾向于在发展序列中更早地传递与知识获取有关的任务。研究人员认为,这可能因为中国和伊朗文化更强调知识获取,注重相互依存的集体主义文化取向。

另一种研究与他人交往经验所起作用的方法是研究家庭结构变化与心理理论任务中儿童表现之间的关系。研究表明，与兄弟姐妹较少的儿童相比，有更多兄弟姐妹的学龄前儿童在错误信念任务中表现得要好，这可能因为他们有更多的机会了解他人的想法。由此看来，有一个哥哥或姐姐似乎对儿童获取与他人交往的经验特别有益。

为什么兄弟姐妹的情况与心理理解有关？一种可能的解释是，有兄弟姐妹的儿童很可能参与到促进心理理解发展的活动中。例如，哥哥姐姐能为假装游戏提供重要的支持。同样，有兄弟姐妹的儿童也有很多交流心理过程的机会，这种交流似乎是心理理解发展的一个重要因素。若儿童在2岁时能经常与父母谈论自己的感受，那么在3岁时，儿童完成心理理论任务会表现得更出色。

关于交流重要性的更多证据来自对失聪儿童的研究。这些儿童在心理理解方面的发展往往滞后。这种滞后不仅表现在外显的、以语言为基础的心理理解任务上，还表现在内隐的、注视时间的任务上。如图9-4所示，由听力正常的父母抚养长大的失聪儿童往往容易出现发展滞后，而由失聪父母抚养长大且母语是手语的失聪儿童则没有这种滞后。对此的可能解释是，听力正常的父母往往不能使用手语与失聪儿童流利地交流，而失聪父母可以。因此，与失聪父母相比，听力正常的父母与儿童进行心理交流的可能性要小。

第四种与之相关的研究取向关注语言发展，将之视为心理理解发展的潜在来源。一些研究证明了语言能力和心理理论发展之间的相关性。这种相关性能够在正常发育的儿童、孤独症儿童以及父母听力正常的失聪儿童中发现。

语言在心理理论的发展中可能有很多不同的作用。第一种可能性是心理理论涉及一般语言能力。面对有矛盾的视觉信息（如巧克力曾经被放在抽屉里，现在被放在橱柜里）时，儿童可能使用语言在心理上再现过去的情况。第二种可能性是，儿童心理理论的发展依赖于他们习得的心理状态词汇（如思考、知道和好奇）。

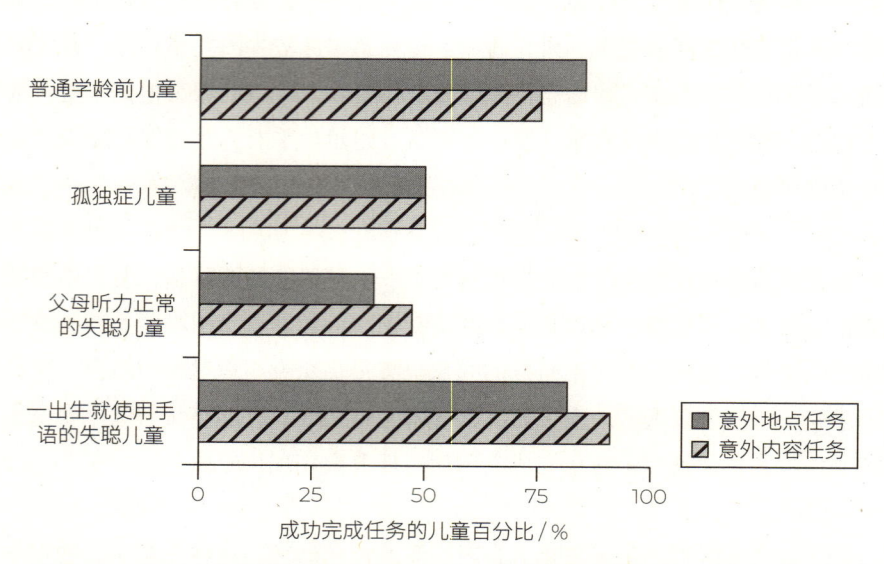

图 9-4　一出生就使用手语的失聪儿童、父母听力正常的失聪儿童（会用手语交流）、孤独症儿童、普通学龄前儿童在两种心理理论任务中的表现

注：两种任务分别是：意外地点任务（类似图 9-3 中的任务）和意外内容任务（类似前文的糖果盒子任务）。

第三种可能性是语言以一种更基本的方式参与到心理理解中。吉尔·德·维利尔斯（Jill De Villiers）认为，语言向儿童提供了一种被称为补语结构的表征结构，它可以让儿童将一个想法嵌入到另一个想法中（如"他说他喝了牛奶"，"他认为巧克力在抽屉里"）。他们假设，以这种方式嵌入想法的能力在错误信念的发展中非常重要。与这一假设一致的是，维利尔斯发现，理解和使用补语结构的能力能够很好地预测儿童在当前和后来心理理论任务中的表现。因此，语言发展，特别是使用补语结构能力的发展，可能是儿童进行信念推理和其他表征性心理状态推理能力的基础。

幸运的是，我们没有必要在成熟过程、一般认知能力、与他人相处的经验以及语言发展中选出儿童心理理解发展的潜在根源。这4种解释并非相互排斥，而且每种因素似乎在某种程度上影响了儿童关于自己和他人心理理解的发展。我们面临的挑战是理解认知机制和相关经历如何共同促进婴儿期、学龄前期和学龄早期的发展模式。

儿童对心理理论发展的理解非常重要。有研究表明，儿童对他人心理理解的差别与他们的社交技能差异有关。我们了解更多关于儿童如何获得这种理解的科学知识，有助于设计干预措施。这些干预措施能够对儿童的社交技能和社会整合产生级联效应，从而能够提高儿童的理解能力。事实上，许多研究人员已经在寻找发展心理理论的训练方法，并且一些干预措施已经被证明是有效的。

读心能力赋予孩子4种学习方式

儿童会向他人学习很多知识。儿童向他人学习的效果在很多方面取决于对自己和他人心理的理解。在本节中，我们重点讨论儿童向他人学习的4种方式：

- 通过模仿他人的行为来学习。
- 从他人的指导（即教学）中学习。
- 通过与他人的合作进行学习。
- 从他人讲述他们的事情中学习，即见证。

模仿

婴儿能模仿他人的行为。在一项婴儿模仿研究中，梅尔佐夫等人向12～21天大的婴儿做一些面部动作（如张开嘴或者吐出舌头），并观察婴儿是否会做相同的动作。当婴儿模仿实验者时，他们比实验开始时更可能做出这些动作。之后的研究也表明，即使是新生儿也能模仿他人做面部动作。尽管人们对上述结论存在争议，但争议点只在于婴儿从何时开始能够模仿他人的面部动作。毫无疑问的是，婴儿在 6 个月大之前就开始模仿了。

婴儿的模仿似乎是理性的。也就是说，婴儿只有认为一种行为是达到目标的最明智的方式时，才会模仿这种行为。研究者做了这样一个实验。14 个月大的婴儿在看到成年人用前额触灯的方式打开灯（见图 9-5）后，也会试图打开灯，只是打开灯的方式不同。50% 的婴儿看到成年人用毯子裹住自己的肩膀，双手被占着，只能用头打开灯时，婴儿倾向于用自己的手打开灯。另外 50% 的婴儿在看到成年人空着双手但却用头打开灯后，倾向于用头去打开灯。乔尔吉·杰尔杰伊（György Gergely）和他的合作者表示，婴儿认为，当成年人的手被占用时，成年人用头打开灯是"合理"的，但是婴儿选择不模仿成年人，因为婴儿知道自己的手没有被占用，用头做动作并非是一个理性的选择。由此可见，即使是婴儿也不会简单地模仿他人的行为。模仿是可解释的和有目标导向的。

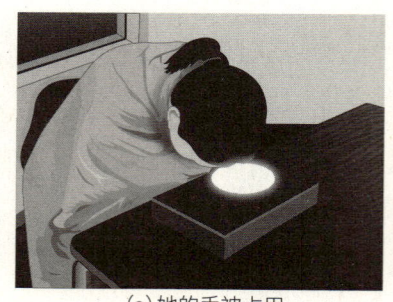

(a) 她的手被占用　　　　　　(b) 她的手未被占用

图 9-5　成年人用前额触灯来开灯

但在某些情况下，儿童模仿的动作显然不是以达到目标为目的的。例如，当看到成年人常常用一种低效的方式操作一个新奇的物体时，儿童会经常模仿成年人的所有动作（甚至包括不必要的动作）。这与上述所说的"模仿是理性的"这一观点有什么关系呢？一种可能的解释是儿童把成年人不必要的动作误解成必须要做的动作，出现了"过度模仿"。德里克·莱昂斯（Derek Lyons）等人在实验中发现 3～5 岁的儿童往往会过度模仿。即使实验者已告知有些动作是"必须做的"，有些动作是"多余的"，并且鼓励儿童只做必须做的动作。但是这些儿童还是会模仿所有的动作。他们认为，儿童会自动将他人有目的的行为编码为与结果存在因果关联，即这是使物体"起作用"所必需的动作。这种自动过程是一种有效的方法，能够让儿童通过观察他人的行为来学习如何做事情，以及探索事情是如何发展的。

另一种可能的解释是，儿童会这样推断：不需要的行为并不是自己必须要做的事，而是人们希望自己做的事。也就是说，这类行为具有规范性。为了检验这种可能性，本·肯沃德（Ben Kenward）让学龄前儿童和一个木偶一起观看成年人演示如何从珠宝盒中取出珠宝并替换为新的珠宝。成年人需要利用特殊工具才能将珠宝盒打开。成年人演示的每一种方法都包含了一个不必要的步骤。之后，木偶开始表演取出并替换珠宝的过程，但过程中只包括了必要的步骤，省略了不必要的步骤。大部分儿童会抗议木偶省略了不必要的步骤，会说"你应该这么做"或者"用这个东西"。

总之，儿童的模仿行为不仅仅是理性的，取决于儿童对行为人目标以及达到这个目标的理性手段的理解，还包括对行为规范性的理解。儿童似乎会推断他人的目的性行为也是规范的，他们会规定一个人如何达成目标，以及应该做什么。

教学

如果他人的行为是合理的（不论是从世界环境的因果关系，还是从社会团体的规范性考虑），那么儿童模仿这种行为就是有意义的。在很多情况下，人们并不是为了模仿他人而表现出某种行为，也不是为了指导他人如何做而表现出某种行为。人们的一些行为是为了向他人传递信息。也就是说，人们有时会示范行为，有时会明确地教导行为。一些研究者认为，人类天生就适应教学，也适应从他人的教学中学习一般性的信息。这一观点被称为自然教学。

按照自然教学的观点，有些线索会将特定的交际互动标记为教学，而儿童对于这些线索高度敏感。这些线索被称作明示线索，包括眼神交流、指向、叫儿童的名字，以及使用儿向语言。当这些线索出现时，儿童倾向于将明示线索所传达的信息解释为可归纳的。与只基于观察的学习相比，自然教学让儿童能够更快、更有效地获得社会和文化方面的重要信息。许多研究显示，即使是很小的婴儿也对明示线索敏感，这也支持了自然教学的观点。此外，儿童到 4 岁时会将用明示线索所传达的信息理解为可归纳信息，甚至 10 个月大的婴儿也可能这么做。

自然教学为一些经典发现提供了另一种解释。我们回想一下在第 2 章讨论的皮亚杰提出的"A 非 B 错误"。在这个实验中，婴儿看到物体隐藏在了 A 处，因此，在每次隐藏事件后，他们都会从 A 处搜索该物体。然后，婴儿看到物体隐藏在 B 处。但他们在搜寻物体时，还会经常先搜索 A 处，尽管他们已经看到了隐藏在 B 处的物体。在这项任务的标准实验范式中，实验者在隐藏物体时会给出明示线索（如眼神交流，使用儿向语言，说："看！我把它藏在这儿！"）。从自然教学的角度来看，这些明示线索提供了与这些对象有关的可归纳信息，如"这类物体通常位于 A 处"。如果是这种情况，那么将明示线索移除（但保持儿童在 A 处重复搜索的经验）应该能使儿童不太可能出现"A 非 B 错误"，即当物体被隐藏在 B 处时，他们不太可能在 A 处寻找物体。事实也是如此。因此，隐藏事件的社会背景，尤其是实验者提供的明示线索会影响儿童对目标物体的推理。

合作

"为什么儿童善于向他人学习"？理解这一问题的一个角度是聚焦于儿童具有理解他人为何如此做事情的能力上。托马塞洛和他的合作者认为，为了从与他人的互动中学习与文化相关的行为形式，儿童需要了解他人的心理状态（目标和意图），并且具有动机去分享这些心理状态。从这个视角看，共同意图是儿童向他人学习的关键。这里的共同意图被定义为"儿童与他人一起参与有共同目标和意图的合作活动的能力"。儿童最初有共同意图的表现是追随他人的目光、模仿他人，以及具有与他人合作达到共同目标的能力。儿童出生后的第一年就拥有了这种能力，到 18 个月大时，儿童就能很好地参与到合作活动中了。托马塞洛和他的合作者还认为，合作行为将人类与黑猩猩等其他灵长动物区分开来，并使儿童能够向他人学习与文化有关的行为。

共同意图也为儿童过度模仿他人的因果无关行为给出了解释——这并不是说儿童相信这些行为是有因果关系的，也不是说儿童认为这些行为是"应当"做的。相反，儿童模仿这些行为是因为他们期望分享示范者的某些心理状态，尤其是意图。为了验证这一想法，里昂（Lyons）和他的合作者创建了这样一个情境：一名成年人在打电话做手势的过程中有意或无意地做了一个与因果无关的、无意义的动作（如在打开盒子前打一棍子）。结果表明：儿童不会模仿成年人无意中出现的无关动作，但是会模仿成年人有意出现的无关动作。

见证

儿童能够与他人分享心理状态，但这并不意味着他们总会选择这样做。很小时，儿童就会选择学习对象，对学习对象表现出选择性的信任。近几年，研究者做了许多试图确定哪些因素会影响儿童向他人学习意愿的研究。结果表明，儿童更喜欢向熟悉的人学习，而不是向不熟悉的人学习；更喜欢向博学的人学习，而不是向无知的人学习；更愿意向表述准确、清晰的人学习，而不是向逻辑混乱、表达不明确的人学习……例如，梅莉萨·凯尼格（Melissa Koenig）和保罗·哈里斯（Paul Harris）向学龄前儿童提供了两位能为他们提供咨询帮助的人：一个准确地给一组熟悉的物体贴上标签，一个给物体贴上了错误标签（如给鞋贴上球的标签）。然后，他们让儿童看到一个新物体，并询问儿童向哪个人请教物体的名字。4岁儿童更喜欢向能准确贴标签的人求助。当儿童必须在不能准确地贴标签的人和之前声称对一些物体标签不太熟悉的人之间做出选择时，儿童宁愿向一个声称不知道球标签的人学习，也不愿向把球标签贴错的人学习。儿童对准确性的偏好也延伸到逻辑一致性上：他们更喜欢向逻辑一致的人学习，而不喜欢向逻辑混乱的人学习。

儿童通过选择性信任在信息提供群体中选择可以学习的人。研究表明，儿童倾向于相信具有"文化原型"的人——说话和行为方式代表了周围的文化的人。例如，相比使用其他语言的人，儿童更愿意相信说母语的人。儿童也更喜欢向赞同自己观点的信息提供者（如旁观者）学习，而不愿意向反对自己观点的信息提供者学习。

总之，儿童容易向他人学习，但会选择性地相信他人，喜欢向熟悉的、可靠的、具有"文化原型"的、得到他人一致认可的人学习。尽管上述研究对象大多为学龄前儿童，但也有越来越多的证据表明，婴儿在向他人学习时也表现出了选择性信任。这些一般模式似乎促进了儿童对准确信息和文化相关信息的学习。

Children's Thinking 划重点

向他人学习的 4 种形式（模仿、教学、合作、见证）都需要学习者能够理解他人，以及他人的意图和目标，甚至有时还需要分享这些意图和目标。在许多情况下，向他人学习涉及对被学习对象的可靠性或者群体从属的推断。这些因素可能会影响儿童是对他人的明示线索做出反应，还是要分享他人的意图和目标动机。因此，儿童的社会认知与向他人学习密切相关。

第 10 章

Children's Thinking

孩子如何解决问题

2岁的乔治想把小石头扔出窗外。爸爸告诉乔治不要这样做，因为割草机就在窗外，小石头会把割草机砸坏。乔治说："我想到一个好主意！"他跑出去，拿了几个平时玩的桃子，说："用它们就不会砸坏割草机了！"

乔治绕过了破坏他快乐的障碍，这体现了问题解决的本质：目标、障碍和绕过障碍达成目标的策略。在乔治的例子中，目标是把东西扔到窗外；障碍是父亲反对；策略是"扔桃子，而不是石头"。对于2岁的儿童而言，这已经很不错了。

问题解决是人们生活的核心组成部分。例如，决定下学期选修什么课程、填字游戏中需要填哪些字、如何找到钥匙、从图书馆到教学楼要选择哪条路等，这些问题都需要解决。可见，我们每天都在设法解决问题。

问题解决也为其他认知过程（如知觉、语言、记忆以及概念理解）提供了目标。如果我们问，进化过程为什么使人们能够完成这些认知过程？答案很可能是，认知过程增强了人们解决各种问题的能力。也就是说，解决问题有助于人们适应挑战性的环境，并满足人们的基本需求。

在成年人的生活中，问题解决是普遍存在的，而在儿童的生活中，问题解决可能更为普遍。随着年龄与经验的增加，人们学会以多种途径克服障碍，解决困难。例如，一名儿童要去朋友家里做客，他需要穿过几个街区，找到一条最佳路线。儿童第一次找路线、到朋友家，可能会感到有些难，但多次去过朋友家以后，就不再认为这是一个问题了。在学习和生活中，儿童会遇到许多新的情境，需要不断地解决新问题。

儿童是如何应对这些挑战的呢？朱迪·德洛奇（Judy DeLoache）等人做了一个比喻，将儿童称为"bricoleur"。"bricoleur"在法语中的意思是补修匠，指利用手头现有的材料来解决问题的人。正如这个比喻所指出的，儿童综合了推理、概念理解、策略、内容知识、他人以及任何可用的资源，以达到解决问题的目的。他们的解决方法可能不是最佳的，但通常能找到解决问题的方法。

本章包括两大部分。第一部分是对问题解决的概述。主要描述了儿童问题解决研究领域的一些重要主题。第二部分聚焦于具体问题的解决方法：计划、使用工具、因果推断、类比，以及科学与逻辑推理。特别关注这些方法，原因是儿童经常使用这些方法，这些方法的有效性的变化与解决问题的整体有效性紧密联系。要注意的是，儿童在解决问题过程中并非只用到这些方法，使用的方法远超本章所讨论的内容，而本章所讨论的这些方法是其中较为重要的。

孩子从出生起就在学习解决问题

任务分析

任务分析是对问题的仔细审查，目的是确定解决问题所需要的过程。例如，多位数加法（如 375 + 536）的计算会涉及这些过程：将最右列的个位数字相加，和的个位数作为答案的个位数，十位数与十位数相加，以此类推。在人们有效解决问题的情况下，任务分析能够让人们了解自己在做什么；在人们不能有效解决问题的情况下，任物分析可以指出他们在哪里遇到了困难，以及导致困难的原因是什么。

再举一个例子来说明在儿童的问题解决中，任务分析如何引发他们顿悟。克拉尔向 5 岁儿童提出了这样一个问题：狗、猫、老鼠需要分别找到骨头、鱼和奶酪。为了解决这个问题，儿童需要把这三种动物放到各自食物的位置。从表面上看，达到目标所需要移动的次数越多，问题就越难解决。

但是，克拉尔的任务分析显示，不同的问题会在儿童的即时目标（把每一种动物放在正确的位置上）和高级目标（把三种动物都放在正确的位置上）之间引起不同程度的矛盾。有些问题需要儿童暂时移开已经放在正确位置的动物，让另一种动物达到目标位置。与那些不同动物的目标之间没有冲突、但需要移动更多步骤的问题相比，这些问题对儿童而言更加困难。还有一些问题需要儿童能够抵制住只需一步就将动物移动到目标位置的"诱惑"，并对动物做出其他的移动方式。这些问题甚至比把动物从其所在的目标位置移开更难。通过对任务进行详细分析，并且讨论任务在即时目标以及高级目标之间的冲突，克拉尔发现了许多儿童使用的方法：尝试每一种移动，以增加当前状态和期望状态之间的符合程度。这种方法被称为"手段—目的"分析法，这是一种广泛使用的问题解决策略。

编码

编码指确认问题的关键信息，并且使用关键信息来构建这一问题的内在表征。儿童常常不能对问题的关键信息进行编码，因为他们不知道什么是关键信息，不理解这些关键信息，或者不知道如何有效地对这些信息编码。

小学生对算术问题的编码就是一个很好的例子。当小学生遇到数学等价问题（等号两边都有加数，如 3 + 4 + 6 = 3 + __）时，他们经常像对"典型"问题那样进行编码，即在左侧加一个数，并在右侧的空白处填上答案（如 3 + 4 + 6 + 3 = __）。儿童之所以未能准确地对问题进行编码，是因为他们从数学练习中总结了一个共同的模式（即"运算 = 答案"模式），并且使用这一模式引导自己对新问题进行编码。为了验证上述观点，有研究者进行了实验：让两组儿童分别接受非传统模式练习（如 17 = 9 + 8）和接受传统模式练习（如 8 + 9 = 17）。结果表明，接受非传统模式练习的儿童更容易对等价问题进行编码。

儿童若不能对关键信息进行编码，可能不利于从经验中学习。如果儿童不能接收相关信息，他们就不能从中获益。例如，如果一名儿童对"运算 = 答案"模式的算术问题进行错误编码，那么，他很难理解方程类课程，因为他没有将方程的两边作为问题的关键信息进行编码。

心理模型

为了解决问题，人们通常要建构任务、系统或者情境的心理模型。幼儿也会形成复杂系统如何运作的模型。例如，3 岁儿童会问："当我张开嘴时，为什么血不会从嘴里流出来？"这句话描述了儿童构建的循环系统的心理模型。在这个心理模型中，血液在身体内部流动且到处都是，并不只限于在静脉、动脉以及毛细血管中流动。

格雷姆·哈尔福德（Graeme Halford）确定了良好心理模型的一些核心特征。最重要的特征是模型准确表征了问题结构。也就是说，心理模型中各要素之间的关系与问题中的重要关系基本一致。一个好的心理模型不仅能够体现问题的静态特征，而且还能体现动态特征，如可能的移动和操作。心理模型涉及抽象过程。在这一过程中，问题的非本质特征被剥除，不会被表征出来。剥除非本质特征有利于将原始问题的心理模型推广到具有不同表面特征，但是具有类似结构的相关问题上。

心理模型建构有时需要儿童将他人告诉的信息和自己的经验协调起来。例如，当成年人告诉儿童地球是圆的时，儿童可能想知道成年人这么说是什么意思，因为人们看到的地球是平的。为了将地球是圆的的说法与地球是平的的观察相协调，美国6～11岁的儿童构建了几种不同的心理模型。图10-1中呈现了几种心理模型。一些儿童认为地球是一个扁平的球体，人们平时在地球平坦的部分生活。一些儿童认为地球是一个空心球体，人们生活在空心球体内部的平坦部分，顶部的天空像一个圆屋顶。此外，一些儿童把地球想象成一个"薄圆盘"；一些儿童构建了"双地球模型"，他们认为世界上有两个地球，一个是挂在天空中的圆地球，另一个是人们踩在脚下的平地球。最后，一些儿童将地球理解为一个完整球体。随着学段的上升，认为地球是一个完整球体的儿童比例也在增加。然而，即使到了五年级，仍有40%的美国儿童关于"地球是圆的"的心理模型不是完整球体。

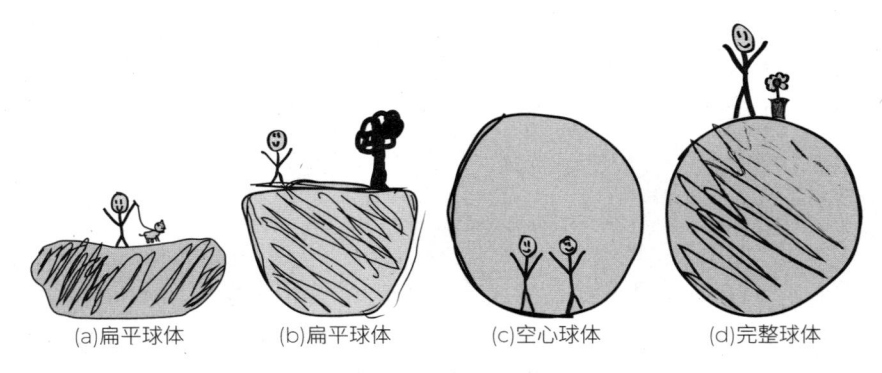

(a)扁平球体　(b)扁平球体　(c)空心球体　(d)完整球体

图10-1　6～11岁儿童关于地球的心理模型

注：这些心理模型表明，儿童在努力协调成年人所说的地球是圆的，以及自己观察到的地球是平的这一矛盾信息。

　　关于地球的心理模型具有跨文化的特征。例如，与美国儿童类似，印度儿童通常构建的是圆盘模型和空心球体模型。一种可能的解释是，两种文化中的儿童都需要协调自己观察到的地球是平的，而从成年人或者学校接收的地球是圆的两种信息。然而，除此之外的其他模型是文化特定的产物。印度儿童往往认为地球漂浮在水中。美国儿童却不这么认为。具有文化特定的心理模型大概是儿童基于特定的"民间宇宙观"，或接触的关于宇宙的非正式理论所形成的。"地球漂浮在水上"的观点是印度民间宇宙观的一个关键主题。因此，这个心理模型反映了印度儿童试图将这一民间观点与自己的经验整合起来。

心理模型为推理和概括提供了基础，因此，理解人们的心理模型有助于洞察他们如何解决问题。然而，"诊断"人们的心理模型很有挑战性。研究者是应该让儿童在有关地球的心理模型中进行选择，还是让儿童画出心理模型？任务不同，推理方式不同。研究者对人们心理模型的内容及逻辑性的评估，在一定程度上取决于评估方法。研究者评估儿童关于地球的心理模型的方法不同，会对特定心理模型的性质及普遍性得出不同的结论。

发展性差异

许多关于认知发展的著名理论都认为认知发展与问题解决有关，所以年幼儿童可能无法解决某些问题。例如，皮亚杰等人认为，处于前运算阶段的儿童不能进行科学的演绎推理。相比之下，他们认为处于形式运算阶段的青少年更擅长这些类型的推理。

然而，最近的调查并不支持这些类别划分。许多研究表明，幼儿解决问题的能力远超人们曾经的设想。揭示这些问题解决能力的关键在于，通过消除与正在检验的过程无关的困难来源而达到问题的简化。与之对应的是，许多其他研究也表明，青少年（以及成年人）远没有人们曾经认为的那么富有逻辑和理性。他们的计划、科学推理以及演绎能力都远远低于理想的问题解决者。因此，当前问题解决的一个主题是"幼儿的'高'能力与年龄较大的儿童的'低'能力"这一自相矛盾的题目。

这些发现并不意味着儿童在整个童年时期解决问题的过程是相似的。事实上，这之间具有巨大的差异。然而，这种变化并非典型的从不能解决问题到能够解决问题。相反，大多数变化涉及儿童能够成功进行问题解决过程的多种情境。年龄较大的儿童能够成功克服一些障碍，如记忆需求、语言含义上微妙的差别，以及错误信息的误导。这些障碍却会阻碍幼儿解决问题。年龄较大的儿童也学会了如何更快地解决新问题。因此，尽管幼儿的能力比我们认为的要强，年龄较大的儿童的能力比我们认为的要弱，但仍有大量证据表明，儿童解决问题的能力是随着年龄的增长而变强的。

变化的过程

近期许多关于问题解决的研究不仅试图找出幼儿和年龄较大的儿童在问题解决方面的差异，而且试图解释儿童在问题解决上是如何变化的。微观发生法成为研究问题解决变化本质的方法。这种方法需要在儿童思维发生变化时，多频次采集思维信息。与其他方法相比，多频次采集思维信息可以为变化过程提供更加精确的数据。

关于儿童问题解决的变化，微观发生法研究已经得出了几个较一致的发现。首先，变化通常不是简单地用一种更加高级的问题解决策略替换掉一种比较低级的问题解决策略。即使人们获得了新的、更好的问题解决策略，仍会继续使用旧的、不那么充分的策略，且会持续很长一段时间。即使儿童能够解释为什么新策略更加优越，这种情况依旧存在。由此可见，新思维方式的运用常常是往复的、渐进的，并不是突发的、完全替代的。

其次，儿童在任何时候通常都会用多种方式思考问题。尽管认知多样性在快速变化时会加强，但在快速变化之前、之间和之后都很明显。认知多样性在婴儿、儿童和成年人中均有体现，并且在问题解决任务中广泛存在。这些任务包括运动任务、体积守恒任务、记忆任务、模式完成任务、数学问题、类比问题，以及与物理系统有关的问题（如天平问题、齿轮转动问题）。

最后，创新往往紧跟着问题的成功解决或者失败而来。失败并不一定能激励儿童去探索新方法。无论旧方法是否能给出正确答案，儿童都能形成解决问题的新方法。有时，儿童即使用旧方法成功解决问题，也会很快地发现新方法来解决这一问题。

使用微观发生法观察到的变化过程与由观察或测量次数较少的传统方法获得的变化过程是一致的吗？为了回答这个问题，西格勒等人直接比较了微观发生法的时间尺度（包括7个研究阶段，为期10个星期）和横断研究的时间尺度（间隔一年）中儿童群体发生的变化。这个研究主要是让6～8岁的儿童完成如图10-2所示的矩阵任务。在每个3×3的矩阵中，9个方格中有8个已经填充，而且8个方格中的图形在行和列上呈现系统化变化。儿童的任务是从6个选项中选择正确答案。6个选项的图形在形状、大小、颜色和方向上都存在差异。

图10-2 矩阵补全问题

西格勒等人研究发现，微观发生法中儿童的变化模式与横断研究组中儿童的变化模式高度相似。两组儿童常常犯同样类型的错误——选择矩阵中已有的图形。随着时间的推移，两组儿童选择方向和大小都正确的比例会增加，但选择颜色和形状都正确的比例并没有增加。因此，采用微观发生法的时间尺度（在本例中，提供了直接相关经验的10个星期时间）和横断研究的时间尺度（在本例中，没有这种直接相关经验的一年时间）所观察到的变化具有高度的相似性。这些数据说明，从微观发生法研究中得出的关于儿童问题解决变化的结论确实可以推广到更广泛的时间尺度上的变化。

一些重要的问题解决过程

接下来开始讨论一些重要的问题解决过程：计划、使用工具、因果推断、类比，以及科学与逻辑推理。当然，这些并不是唯一的问题解决过程，它们是基本、普遍性的过程。此外，这些过程的改善会促进儿童问题解决方面的整体有效性。

计划

计划是面向未来的问题解决过程。它常用于复杂、新颖的情境中。在这种情境中，我们缺少熟悉的解决途径，如果不做计划就很可能犯错。然而，即使在新颖的情境中，人们也常常不做计划就贸然行动，并不时地为自己的莽撞行为感到后悔。因不做计划而造成的失败固然让人遗憾，但也是可以理解的。儿童不做计划的原因有很多。例如，做计划需要儿童抑制立即行动的冲动，而抑制行动的能力在整个儿童期都发展缓慢。计划通常需要与他人合作才能完成。这对每个人而言都是挑战，对儿童尤其如此。因为儿童之间常常争吵、拒绝合作，导致他们偏离了原先的计划。儿童还常常过于乐观，认为不做计划也能获得成功。由于这些障碍和原因，儿童在解决问题时不做计划也就不那么令人惊讶了。不过，儿童也会经常做计划，甚至从婴儿期就这样做了。

婴儿期和学步期的运动计划。婴儿运动是儿童在婴儿期做计划的一个有力证据。例如，婴儿会根据下一步打算做什么动作来调整伸手动作，这说明婴儿在为接下来的动作做准备。劳拉·克拉克斯顿（Laura Claxton）、雷切尔·基恩（Rachel Keen）和迈克尔·麦卡蒂（Michael McCarty）做了这样的实验：让10个月的婴儿把球扔出去或者塞进管子里。与将球塞进管子里相比，婴儿能够更快地将球扔出去。因为这两种动作都涉及同样的球，所以差异不是由球造成的。4～11岁的儿童对不同的后续动作表现出相似的准备模式，具体而言，相比扔球的动作，需要更多的准备动作和准备时间来做出塞球的动作。随着年龄的增长，儿童在做伸手动作时考虑后续任务需求的能力提升了，但是 11 岁的儿童仍不能完全达到成年人的水平。

伸手动作并不是揭示运动计划过程的唯一运动行为。儿童还会调整抓取物体的方式，从而为下一步的动作做准备。例如，5～6 岁的儿童会根据他们随后要顺时针还是逆时针转动表盘，而调整他们握住表盘的手的位置。

有研究表明，当某些动作指向自己的身体（如用勺子吃东西），而非远离身体指向其他物体（如用长勺往漏斗中灌水，从而驱动玩具水车）时，儿童能够更有效地计划他们的运动行为。在上述两种情况下，不适当的抓取物体方式都会造成负面结果（如把食物或者水洒了出来）。18 个月大的婴儿更可能使用有效的抓取物体方式完成指向自己的动作。这可能反映了婴儿对完成指向自己的动作有丰富的经验。

这些对动作行为的研究表明，儿童在很小的时候就具有一种初步的计划能力。尽管运动计划确实涉及预见行动的结果，一些研究者仍认为"真正的"计划需要一套特定的认知过程，也就是说，以灵活的方式表示动作序列中的各个步骤，从而能够考虑序列中的任何一个点以及在该点可能发生的动作或事件。运动计划任务并不需要这些认知过程。然而，其他的计划任务需要这些认知过程。手段－目的分析是其中的一种计划形式，这需要考虑动作和目的之间的关系。

手段－目的分析。 手段－目的分析是一种特别有效且有着广泛应用的计划形式。该分析需要比较个体想要达到的目标和当前的状态，然后逐渐减少两者之间的差异，直到达到目标。完成这个过程需要同时关注几项内容：子目标、达到子目标的程序，以及当前状态和整体目标之间的差异。

研究者通过观察儿童是否能够为了找到一个物体，而对一个不是目标的对象采取行动，以研究儿童使用手段－目的分析的能力。例如，萨拉·格尔森（Sarah

Gerson）和阿曼达·伍德沃德（Amanda Woodward）研究了儿童执行基本的手段-目的性动作的能力。实验者让婴儿通过拉拽一块布来得到放在布上的玩具青蛙（婴儿不能直接够着玩具）。虽然最初大多数8个月的儿童不能顺利拿到玩具，但在观看了实验者演示拉布的动作并勤加练习之后，他们的表现有所提高。此外，一些婴儿曾经参加了具有相同目标的连续实验（如拿到同样的玩具青蛙），表现出更快、更持久的学习能力；另一些婴儿曾经参加了相同项目手段的连续实验（如拉拽同样的红布），他们的表现要差一些。这些发现说明，与搭建婴儿的手段编码的经验相比较，搭建婴儿的目标编码的经验对于手段-目的分析的早期学习更有益处。

在格尔森和伍德沃德的实验中，目标（拿到玩具青蛙）和实现目标的手段（拉拽红布）之间的关系显而易见：玩具青蛙放在了红布上。但是，在许多其他类型的问题中，目标和实现目标所需要的特定行动序列之间的关系是难以被察觉的，目标和行动计划必须由问题解决者事先生成。

2岁的儿童已具有为实现一个不可见的目标而制订计划的能力。帕特里西娅·鲍尔（Patricia Bauer）和他的合作者向21个月和27个月大的婴儿提出了4个问题，这些问题涉及将一些部件组装成玩具。对于每个问题，实验者首先向儿童呈现目标状态（例如，一个木制的拨浪鼓插在了塑料杆上），再在儿童看不到的地方将玩具拆开，然后将这些部件（用于制作拨浪鼓的木块和塑料杆）给儿童，并鼓励儿童将玩具组装好。总体而言，儿童成功解决了约40%的问题。在90%的成功组装方案中，儿童以正确的顺序完成了组装，这说明他们事先已经计划好了动作的顺序。27个月大的婴儿比21个月大的婴儿更有计划性，但21个月大的婴儿也在一些试次中成功完成了计划。因此，在2岁时，即使目标和实现目标的手段之间的关系不明显，儿童仍能够通过一系列的行动来达成目标。

在随后的几年里，手段-目的分析的持续发展主要表现为儿童能够一次性记住的子目标的数量和复杂性的巨大变化，以及他们能够抵制住短期目标的诱惑以追求长期目标的能力方面的变化。这些变化可以从3~6岁的儿童解决汉诺塔问题（见图 10-3）所用的方法中看出。这个任务要求儿童用尽可能少的移动，把靠近自己的 3 个铁桶（在某些版本的任务中为圆盘）按照相同的构型移动到实验者一侧。规则仅有两条：一次只能移动一个铁桶，不能把小桶放在大桶上面（因为大桶会掉下来）。解决这类问题需要参与者重视计划。

儿童一侧
（初始状态）

实验者一侧
（目标状态）

图 10-3　3 个铁桶的汉诺塔问题

资料来源：Klahr, 1989。

毫不奇怪，年龄较大的儿童比幼儿更加能够解决复杂的问题。在汉诺塔以及类似的问题中，大多数 3 岁的儿童能够解决 2 步问题（即从初始状态变成目标状态，需要移动 2 步的问题），大多数 4 岁的儿童能够解决 4 步问题，而大多数 5～6 岁的儿童能够解决 5 步或者 6 步的问题。更令人关注的是，儿童在计划移动铁桶时所采取的策略有所变化。3 岁儿童的策略是直接将铁桶移动到目标位置。当不能将铁桶移到目标位置（因为另一个铁桶在目标位置上）时，儿童常常破坏规则，按照自己的想法将"挡位"的铁桶移开。相比之下，年龄较大的儿童会通过制定子目标来应对这种情况。这些子目标能够使他们朝着更有希望的方向

318　理解孩子　Children's Thinking

前进，从而实现最初的目标。4～5岁的儿童解决问题的能力显著提高，体现在他们会先把铁桶移动到其他位置上作为过渡。然而，即使到了6岁，儿童在解决那些需要他们为了达到最终目标，而暂时不去完成一个子目标的任务时，仍然感到困难。这同前面所描述的该年龄段儿童遇到的"狗－猫－鼠"问题是一样的。

路线计划。计划的用途之一是选择一条最有效的路径到达目的地。例如，当要求儿童把散落在房里的物品收拾起来时，他们会试图尽量少走路。他们可能会先将散落在客厅的衣服、游戏物品、书籍以及玩具先堆在一起，然后再把这些物品一起送到自己的卧室。

路线计划能力发展得很早。不满1岁的儿童经常为了找到一开始时没见过的玩具，而跑到最开始没看过的房间。

在1岁以后，路线计划能力发展得相当快也就毫不奇怪了。到了4～5岁，儿童的计划能力也会迅速发展。与4岁的儿童相比，5岁的儿童在行动前会考虑更多的行动路线，较少走回头路，也能更快地修正错误。

年龄较大的儿童会更准确地根据环境做出适应的计划。加德纳和罗戈夫对4～10岁的儿童做了一项研究。他们要求儿童规划一条路线。他们会告诉其中的一些儿童只要考虑避免转错弯；同时会告诉另外一些儿童要同时考虑速度和避免转错弯。在两种情况下，4～7岁的儿童能够事先计划好一部分路线，他们会在走到选择点时再决定剩下的路线怎么走。当需要同时考虑速度和避免转错弯时，7～10岁的儿童也会这样做。但是，当只要求考虑最直接路线时，7～10岁的儿童常常在行动开始前就已经计划出了完整的路线，这会大大减少转错弯的次数。因此，当速度不重要时，年龄较大的儿童会认识到计划的好处；当速度重要时，他们会避免把时间花费在计划上面。相反，即使认为速度无关紧要时，幼儿也无法做出路线计划，这导致他们在这种情况下所犯的错误和速度是重要因素时所犯的错误一样多。

第10章 孩子如何解决问题　　319

使用工具

儿童能使用身边可用的工具帮助自己解决问题。对儿童而言，几乎任何物品或内容形式都可以作为工具：勺子、手杖、耙子、梯子、扶手、口头用语、书面语言、地图、数学符号，甚至是他人。工具的性质不同，使用范围各有差异，在解决问题中发挥的作用也不同，但所有工具都为儿童提供了解决问题的有效途径。若儿童不使用这些工具，将不能解决这些问题。

儿童最先借助他们的母亲来解决问题。如果玩具被放在自己够不着的地方，6～13个月的婴儿会让母亲帮助拿到玩具。他们会在母亲和玩具之间来回张望，眼神中有期盼，身子倾向玩具，用手做出"给我"的手势，嘴巴还会发出声音。婴儿利用他人能够解决很多的问题。

儿童在很小的时候也会将物品作为工具。我们不妨先回忆一下先前提到的拉布实验中的8个月大的婴儿利用"布"工具成功拿到玩具的情景。

有研究表明，从很小的时候开始，儿童就能够合理地选择工具。1.5～2岁的幼儿看到实验者用耙子把一个他很喜欢的玩具拉到身边。实验者要求幼儿自己拿玩具。幼儿被绑在座位上，这样他们就不能靠近玩具，不能直接伸手拿到玩具。实验者为幼儿提供了许多可以利用的工具。例如，一名幼儿已经看过实验者通过长耙拿到玩具的过程。此时，在他的旁边有一个长一些的手杖、一个短耙、一根和短耙颜色相同的长直棍，以及一个长且弯曲的有弹性的物品。这名幼儿能够很快做出选择（事实上，他做的选择没有错），选择了刚性的、末端勾起、足够长能够到玩具的工具。幼儿并不关心所选工具的颜色是否和他们最初看到的工具颜色相同，也非常愿意用手杖代替耙子。由此可见，幼儿能从本质上理解为何该工具适合解决这个问题。

儿童通过知觉探索来辨别工具的属性是否适用于目标。例如，研究者鼓励16个月大的婴儿跨过小桥。小桥扶手的材质是木头、泡沫塑料。婴儿通过用手探索，以确定扶手是否足够结实，能否帮助自己跨过小桥。

年龄较大的儿童也会根据当前目标探索工具。例如，当4～7岁的儿童需要确定勺子是否适合运送一大块糖果时，他们会仔细地观察勺子。但是，当他们需要辨别棍子是否坚硬到能够搅拌砾石时，他们会用手检查棍子。当儿童理解了工具的功能性，并且理解了工具和待解决问题的关系时，他们就能更有效地使用工具了。

在许多关于工具使用的实验中，实验者都会在儿童尝试使用工具之前演示如何使用工具。陈哲和西格勒讨论了实验者的演示在培养儿童使用工具方面的重要性。在实验中，他们将18～35个月的婴儿分成了三组。一组婴儿看到了实验者演示使用工具拿到玩具的过程，一组婴儿接收到使用适当工具的暗示（"你可以用这个工具拿到玩具吗？"），一组婴儿既没有看到工具使用演示也没有接到使用工具的暗示。和控制条件下的婴儿相比，观看过演示和受到暗示的婴儿都更可能在后面的实验中使用工具，这说明他们通过演示和暗示进行了学习。此外，在本实验的试次中，婴儿使用工具的策略更加成熟，能更精细、准确地选择工具。

创造工具的能力。儿童从小就能使用工具，但创造工具的能力欠缺。在关于此问题的一项研究中，实验者在一个透明的圆筒里放了一个小桶，又在小桶里贴了张贴纸。3～7岁的儿童的目标是得到这张贴纸。实验者给都是5岁或都是7岁的儿童提供了圆筒、一个直管子的清洁器、一段绳子，以及几根小棍。结果表明：很少有儿童会把直管子的清洁器弯成钩子形状，5岁的儿童没有人会这样做，即便是7岁的儿童也只有一半人这样做了。这并不是说儿童不会做钩子，因为当实验者演示如何将直管子的清洁器弯成钩子形状时5岁的儿童就能轻易地模仿着做出来。因此，儿童创造工具的能力具有滞后发展的特点，但这不是受限于运动能力的发展，因为创造工具需要儿童能够对可能性进行想象、对动作进行计划，并且对将要发生的结果有所预见。

将符号表征作为工具。除了他人和物品，儿童解决问题的工具还有符号表征

（如地图、成比例模型、图画等）。到了3岁，儿童已能很熟练地使用符号工具。德洛拉奇做了一个经典的实验验证了儿童对符号表征的使用。他向2岁半和3岁的儿童展示了一个小玩具，之后将小玩具藏在房间中的一个与小玩具大小成比例的模型下面（如一张微型椅子下面）。然后，实验者要求儿童在房间里找到和真人大小成比例的玩具（小玩具的大版本）。例如，如果小玩具被藏在一张微型椅子下面，在真实的房间情境里，相应的玩具可以在对应的与真人大小成比例的椅子下面找到。在实验中，实验者会给出诸如"注意！我把小史努比藏在这里。我要把大史努比放在房间中的同一个地方"这样的提示。

尽管两组儿童的平均年龄相差不大（相差7个月），但两组儿童在使用成比例模型方面表现出了很大的能力差异。3岁的儿童在超过70%的试次中能准确无误地找到隐藏物体，但是2岁半儿童的准确率要低20%。这不能归因于他们不能理解情境或者记不住演示。因为当两组儿童被问及微型物体（小玩具）时，他们都能想起微型物体被藏在模型中的哪个地方；不同之处在于，2岁半的儿童无法利用成比例模型推测出物体在大房间里的位置。

为什么2岁半的儿童在使用成比例模型解决问题时会遇到困难？德洛拉奇认为他们的困难是由一种冲突导致的。这种冲突在于儿童将成比例模型视作一种有趣的物体，无法将其表征为另一种物体。

下面这个实验也能证明上述解释。3岁的儿童不断玩弄着成比例模型，此时，他更可能将成比例模型看作一个非常有趣的物体，这也降低了随后利用该模型成功找到隐藏物品的可能性。若将成比例模型放在一个玻璃柜中，3岁儿童可以看到却不能触摸模型，这会消除儿童和模型的任何互动，从而更有利于儿童成功地找到隐藏物品。

一项研究充分证明了上述解释。实验者引导2岁半的儿童相信"魔法缩小机"将真实大小的房间变成了成比例缩小的模型。在儿童看来，缩小后的房间并不是另一个房间的表征，它就是另一个房间。

为了让"魔法缩小机"变魔法的场景看起来更真实，实验者首先向儿童展示了"魔法缩小机"（一个带闪光灯的示波器），并在机器前面摆了一个大号的娃娃，然后启动机器。实验者和儿童离开了放有"魔法缩小机"的房间大约10秒钟，在这段时间里，儿童可以清晰地听到从房间里传出的奇怪声音。当再次回到房间，儿童便看见机器前面放着一个小号的娃娃（据实验者说它是被机器缩小的）。接下来，实验者又向儿童展示了一个可移动的、帐篷状的"房间"（据说是娃娃的房间），并将"魔法缩小机"对准这个房间。实验者和儿童再一次离开房间一段时间，在这段时间内，依然能够听到从房间里传出的奇怪声音。重新返回房间，儿童看见"魔法缩小机"前面放着一个可移动房间的成比例缩小后的模型房间。

之后，大号娃娃和它所在的房间被"放大"（"魔法缩小机"使用了反向功能），随后，整体又被"缩小"。实验者要求儿童在这个被缩小的房间里找到小号娃娃。在80%的试次中，2岁半的儿童能够立刻在正确的位置寻找小号娃娃。这比同龄儿童在标准版本任务中的表现要好得多。因为在标准版本任务中，儿童要表征成比例模型；在缩小房间任务中，儿童不用将模型看作一个物体，也不需要将其看作大号房间的表征，他们相信模型曾经就是大号的房间。

这一系列的研究找到了幼儿难以理解却能使用符号工具的一些原因。所有的符号都涉及表征物体的意图，而且所有的符号都以某种方式与其表征的物体相联系。为了理解并使用符号，儿童不仅要理解符号背后隐含的交流意图，还必须理解符号如何与其所表征对象相联系。儿童若要使用更加复杂的符号系统（如数学和科学），不仅要接受与系统有关的、广泛而直接的指导，还要接受系统如何与所指对象相联系的指导。学习使用符号系统可能需要学习者付出一生的努力。

因果推断

为了合理、有效地使用工具，儿童必须理解因果关系。事实上，因果关系对于儿童理解许多概念（包括物理、生物、社会概念）都是至关重要的。因果关系对于整合我们的理解是非常重要的，英国哲学家休谟将其描述为"宇宙的黏合剂"。因此，问题解决无疑常常是人们试图确定事件原因的一种努力。例如，当一个儿童拆开闹钟想看它是怎么运转时，他正在试图找到闹钟运转的原因。2岁的儿童会没完没了地问"为什么"，如"狗为什么叫？"，这常常也是在努力了解原因。

为什么人们会推断事物间的因果关系？这个问题一直吸引着哲学家和心理学家。外部世界并没有强迫人们做出这类推断。当一个球撞击另一个球时，另一个球会滚动起来，显而易见，第一个球的滚动导致了第二个球的滚动。但这种推论合乎逻辑吗？第二个球会不会因为其他的原因而滚动？如果我们打开汽车的后备厢，车里的音响突然响起来，我们能得出"打开后备厢导致音响响起来"的推论吗？

休谟变量。 休谟曾经做了如下假设。3种特征会引导人们推断事物之间具有因果联系：

- 接近性，事件在时间和空间上很接近。
- 居先性，被标记为"原因"的事件先于被标记为"结果"的事件出现。
- 共变性，原因和结果过去总是一起出现。

与休谟的假设一致，每个变量都会影响儿童以及成年人的因果推断。婴儿在不到1岁时就已经会使用时间和空间的接近性来推断因果关系了。有实验证明了这一点。在实验中实验者让6～10个月的婴儿反复观看一段影片。影片讲述的内容是一个移动的物体撞击一个静止的物体，然后静止的物体开始移动。接着，实验者又给婴儿看了一段违反空间接近性的影片（第一个物体并没有碰到第二个物体，但第二个物体还是移动了），以及一段违反时间接近性的影片（第一个物体碰到了第二个物体，但是第二个物体没有立刻移动，而是在撞击后的3/4秒才开始移动）。婴儿对那些违反空间或时间连续性的事件注视的时间更长，而对那些保持空间或时间连续性的事件注视的时间较短。

到了 5 岁，或许更早，儿童也会根据事件的发生顺序来推断事件间的因果关系。当实验者将 3 个事件以 A-B-C 的顺序呈现给 3 岁和 4 岁儿童，然后问："什么导致了事件 B 发生？"儿童倾向于选择事件 A，因为事件 A 先于事件 B 发生。然而，值得注意的是，相较于年龄较大的儿童，3 岁的儿童只在很少的情况下能理解居先性。在 3 岁的儿童中，认为第二件事导致了第一件事发生的人数和持相反说法的人数一样多。到 5 岁时，儿童都会将先发生的事作为原因。

事件共变性似乎是 3 种休谟变量中最后一个需要重视的变量。当这个变量和接近性发生冲突时，幼儿非常容易忽略这个变量。例如，如果一个事件总是在另一个事件出现 5 秒之后发生，5 岁的儿童很少认为它们之间存在因果联系。相比之下，8 岁儿童和成年人能够发现两个事件之间的因果联系。尽管具有延迟性，但是这种联系仍是一种一致的关系。总而言之，婴儿能理解接近性的影响；到 3 岁时，儿童有时会在归因时考虑居先性；到了 5 岁，儿童会始终考虑居先性的影响；5 岁之后，儿童逐渐理解共变性的影响。

干预主义。近些年来，许多研究者研究了休谟观点外的一种因果关系，主要关注因果网络以及干涉主义的因果关系。这一观点的核心思想有两个。首先，可以根据证据模式归纳因果关系，这需要对各种可能的因果假设进行评估。评估取决于两点：第一点，如果给定的假设是正确的，证据模式有多大可能性成立；第二点，该假设的先验概率，即在看到证据之前，该假设成立的可能性。例如，一个女孩在吃了两根胡萝卜条和两大块巧克力之后胃疼。一种假设是胡萝卜条导致了胃疼，另一种假设是巧克力导致了胃疼。女孩对这些可能性的评估依赖于证据（吃了胡萝卜条和巧克力后胃疼），以及关于吃了两根胡萝卜条可能造成胃疼（几乎不可能）或者吃了两块巧克力可能造成胃疼（很有可能）的知识。在这种情况下，女孩可能会推断是巧克力导致了胃疼。

干涉主义观点的基本思想在于，如果 A 造成 B，若能通过干预改变 A 的可能性，也会影响 B 的可能性。举个例子：如果一次吃完两大块巧克力会导致胃疼，那么，避免这样做应该会降低胃疼的可能性。

从这个角度来看，儿童可以通过两个途径学习因果关系：一是观察证据模式，并用证据对因果假设进行推断；二是观察干预的结果。越来越多的研究表明，幼儿不仅能够从证据模式中推断出原因，而且还能基于推断出的原因设计干预措施。高普尼克等人向 2～4 岁的儿童展示了一台机器（见图 10-4）。当把"布利克特"放在这台机器上时，机器会发光并播放音乐。而将不同的物品放在机器上面，机器会在某些情况下发光并播放音乐。他们要求儿童识别哪些物品是"布利克特"，然后"干预"机器，即把物品放在机器上，机器就能发光并播放音乐，或者移除物品从而让机器停止发光和播放音乐。

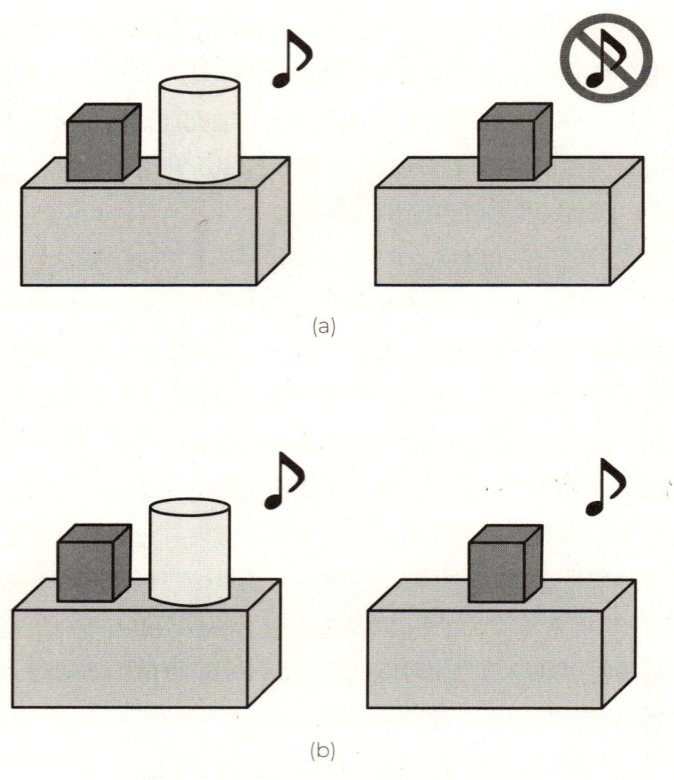

图 10-4　高普尼克等人设计的任务示意图

上述实验表明，2～4 岁的儿童能够从证据模式中学习因果关系，而且还能利用知识让机器"停止"或"运行"。重要的是，这些儿童的某些推断并不是基于因果之间的简单关联而做出的。(a)图中，当物品A（立方体）和物品B（圆柱体）都放在机器上时，机器"运行"了；当物品A单独放在机器上时，机器没有"运行"。根据这种证据模式，儿童推断B是"布利克特"，因为A自己不能让机器"运行"。(b)图中，当物品A和物品B一起放在机器上时，机器"运行"了；当物品A单独放在机器上时，机器也"运行"了。根据这种证据模式，儿童推断B不太可能是"布利克特"，因为A就足以让机器"运行"。在两种情况下，与物品B有关的信息是相同的，即儿童看到B只有和物品A一起才能够让机器"运行"。

有证据表明，即使是8个月大的婴儿也能以相似的方式进行推断。戴维·索贝尔（David Sobel）和娜塔莎·柯卡姆（Natasha Kirkham）通过屏幕向婴儿呈现了一系列事件：首先，两个灰色的物体在屏幕中心旋转（事件A和B）；然后，一个色彩鲜艳的物体出现了，在屏幕的一侧跳跃（事件C）。这一系列事件反复出现了几次。因此，中心事件A和中心事件B可以看成侧部事件C出现的预兆。接着，他们又做了如下测试：婴儿看到了屏幕中间只呈现了一个中心事件A，紧随其后发生的是侧部事件C；或者看到了紧随中心事件A其后的是另一个侧部事件D。最后，实验者让婴儿看到中心事件B单独出现的画面，同时监控婴儿眼睛的注视情况。婴儿是否预测出将会看到侧部事件C，从而注视屏幕上曾经发生侧部事件C的位置呢？

婴儿的注视情况取决于他们是否在侧部事件C之前看到了中心事件A。如果婴儿曾经看过这样的事件序列，他们会较少地看向侧部事件C发生的位置——似乎是由中心事件中的A事件预测了侧部事件C。如果婴儿看到第一个中心事件A单独地发生在事件D之前，对出现侧部事件C的位置则会保持长时间注视的状态，似乎是在推断，中心事件A没有激发侧部事件C，那么中心事件B可能会激发侧部事件C。由此可见，即使是婴儿也会考虑系列事件所提供的信息，并利用这些信息来帮助他们推断从未见过的事件。

综上所述，即使是年龄很小的儿童也会利用证据模式进行因果推断，而不仅仅是对潜在的因果之间做一个简单的联系。

休谟变量之外的因果机制。儿童的因果推理能力也超越了休谟的分析，因为他们能够区分不同的因果机制。例如，从3岁左右开始，儿童便能够区分物理因果关系和心理因果关系。在一项针对该问题的研究中，实验者先向3~9岁的儿童展示了3幅图：一幅图描绘了物理因果关系（一个人踢球，导致球飞向空中），一幅图描绘了心理因果关系（一个人追逐另一个人，导致后者也跑了起来），还有一幅图描绘了一个非因果的动作，即该动作没有引起其他行为的发生（一个人在走路）。然后，实验者让儿童观看影片，影片中的红色色块和绿色色块以不同的模式在移动。每看完一段影片，儿童都要指出哪幅图和影片类似。结果显示，无论处于哪个年龄，儿童在看到一个移动色块撞到一个静止色块导致静止色块开始移动时，几乎都选择了物理因果关系的图片。然而，当儿童看到移动的色块接近却没有碰到静止色块，但静止色块却在移动时，他们几乎都选择了心理因果关系的图片。因此，3岁的儿童可以根据不同的因果机制来解释不同的图例事件（接触的与非接触的事件）。

在发育早期，儿童就知道不同类型的原因适用于解释不同类型的事物。即使是学龄前儿童也知道，动物体内的某样东西让动物想移动就移动。虽然他们不清楚是什么东西让动物移动，但是他们相信动物移动的原因和非生命体移动的原因是不同的。正是这种普遍的区分能力让儿童从不同的方向去理解生命体和非生命体移动的特定原因。

儿童将理解因果关系的知识迁移至其他的问题解决情境中，如分类和推论。事实上，一些证据指出，儿童在解决分类问题时，特别重视因果信息。在关于该问题的一项研究中，7~9岁的儿童认识一些新奇的动物。实验者告知儿童，动物的一个特征会导致另外两个特征（如"塔利布"的神经中有"普罗敏辛"，"普罗敏辛"使得这种动物长有粗大的骨骼和大眼睛）。然后实验者给儿童呈现另外两只动物，并让他们选择哪个动物属于这一类（如另一只"塔利布"）。这两只动物，一只动物缺少原因特征（神经中的"普罗敏辛"），另一只有原因特征但缺少结果特征（如大眼睛）。在这种情况下，新动物都具有 3 个关键特征中的两个特征。相比缺少原因特征但具有两种结果特征的动物儿童更倾向于选择具有原因特征但缺少结果特征的动物作为同类成员。因此，在儿童的思维中，与因果机制有关的信息显得特别突出，这不仅仅体现在因果推理过程中，在分类中也是如此。

类比

类比推理是一种普遍而有效的过程。通过在所比较的物体或事件中确定相应的结构、功能或因果关系可以解决一些问题，而类比推理就包括了这种问题解决。例如，若要理解"云就像海绵"，人们就需要理解云和海绵都能储存水分，然后将水分释放出来。类比被人们广泛应用于日常推理、学习、问题解决，以及更加专业的场合中，如科学家在实验室会议中提出的假设，或是政客们在政治集会中的拉票活动，以及教师所提供的教学内容等。

类比推理的发展变化。 婴儿在快满 1 岁时会表现出形成类比这一新的能力。陈哲等人分别向 10 个月和 13 个月大的儿童提出了一个系列的 3 个问题。在这些问题中，一些很有趣的玩具被放在一个障碍物后面。这些问题和我们在图 10-5 中看到的一样，为了解决问题，婴儿需要移除障碍物，然后拉拽系着绳子的毛巾（绳子的另一头系着玩具），而不是拉拽没有系在玩具上的毛巾。在陈哲等人的研究中，婴儿首先尝试自己解决问题，再观察他们的父母如何解决问题。之后，实验者向儿童呈现概念上完全相同的问题，这些问题只在表面特征上有所差异，如物体形状、颜色和大小，以及婴儿是以坐着还是站着的姿势拿到玩具等。在看过父母如何解决问题之后，13 个月大的婴儿能够更有效地解决后续问题，即使这些问题看起来与初始的问题不太相似。但 10 个月大的婴儿只有在解决与初始问题高度相似的后续问题时，才会做出适当的类比。

随着年龄的增长，儿童能够形成更为复杂的类比推理，而且能够在外部支持较少的情况下也做到这一点。在一项研究中，学龄前儿童听到了一个故事：一个精灵需要把珠宝运过一面"墙"，装进瓶子中。精灵解决这个问题的方法是，将一块纸板卷成纸筒，放在瓶口，然后通过纸筒倒入珠宝，珠宝滚进瓶子里。听过这个故事后，儿童被问及一个关于兔子的问题。兔子需要将鸡蛋运过河，放在河对岸的篮子里。儿童需要演示如何利用一块纸板把鸡蛋运送到河（河是画在地板上的）对岸的篮子里的过程。一些5岁的儿童能够采用与精灵故事中类似的策略解决这一问题，很少有3岁的儿童能做到这一点。然而，如果被提问每个故事的核心情节（主人公试图达到什么目标？哪些障碍使目标难以实现？主人公是如何克服这些障碍的？），3岁和5岁的儿童都能够解决兔子问题。因此，3岁的儿童能够进行正确的类比，但是需要引导他们关注问题的关键，以便形成正确的类比。

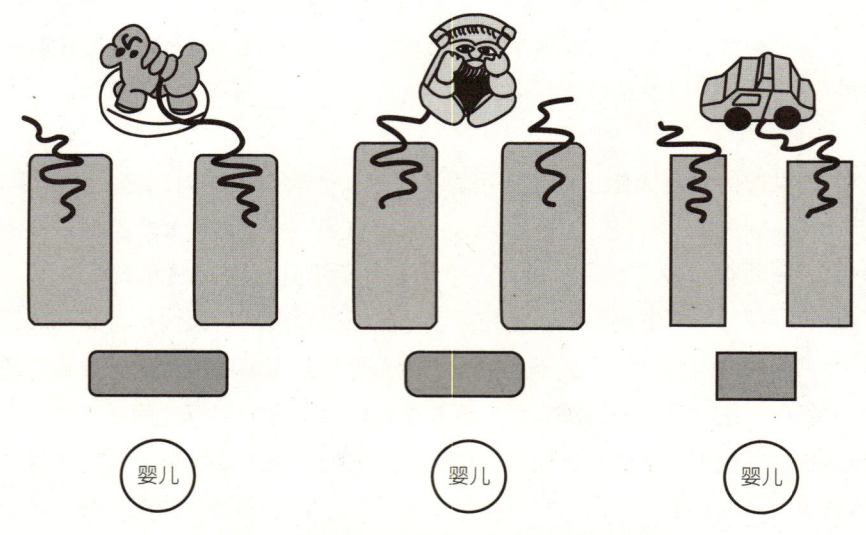

图10-5　陈哲等人用于测试婴儿类比推理的任务图示

儿童有时会在没有任何提示的情况下进行类比。埃利卡·滕特乐（Erika Tunteler）和威尔马·瑞辛（Wilma Resing）先向4岁的儿童讲述了一则简短的故事，然后要求儿童完成体力任务。这个任务可以通过类比故事中所描述的方法得以解决。例如，在一个故事中，一位老奶奶的包掉进了灌木丛中。她伸手够不着包，但借助拐杖拿到了包。听了这个故事后，实验者要求儿童去拿一个放在桌面上的、伸手够不着的塑料瓶。实验者为儿童提供了 14 件工具，以供儿童解决这一问题。所有问题既可以用类比的方式（使用和故事中具有同样功能的工具），也可以用非类比的方式（使用与故事中不同的工具，采用不同的动作）来解决。

在为期 6 周的实验中，实验组的儿童每周要解决两个这样的问题，而控制组的儿童只在第一周和最后一周解决两个这样的问题。结果显示：两组儿童自发选择类比工具的次数均高于随机水平，这说明 4 岁的儿童能够自发地使用类比的方式。此外，在整个实验过程中，实验组的儿童越来越熟练地使用类比方法来解决问题，而控制组的儿童并非如此。因此，类比推理的练习有助于幼儿自发地进行类比。

影响类比推理的因素。随着年龄的增长，儿童应用类比推理的可能性不断增加。不过，导致可能性增加或减少的关键因素是相同的。换句话说，同样的变量会普遍影响幼儿、年龄较大的儿童以及成年人的类比推理。

第一个因素是知识。人们所具有的知识是影响他们使用类比推理的一个因素。随着儿童获取的知识越来越多，他们越来越认识到并不引人注意的属性的重要性。对相关的结构与因果属性的适当编码是解决类比问题的关键，在所有年龄段均是如此。即使是 2 岁的儿童有时也会自发地在不同的情境中对熟悉的关系进行类比（如关系破裂）。

当情境的表面特征（如角色的名字）和关系特征（如目标、障碍以及潜在解决方案）相似时，人们更可能发现情境间的相似性。与之相对，当需要类比的两个事物在表面上或知觉上不相似时，人们就不容易发现两者的相似性。

知觉特征对幼儿知觉方面的影响可能要强于对年龄较大的儿童和成年人的影响。事实上，戴迪莉·金特纳（Dedre Gentner）认为童年期存在一种关系转变，如幼儿更可能关注知觉上的相似性，年龄较大的儿童更可能关注关系上的相似性。然而，尽管存在这种倾向，知觉因素仍旧对类比产生影响，成年人亦是如此。

人们用相同的解决途径解决了几个问题后，更可能采用类比推理；当之前的问题和目标问题的解决步骤高度相似时，人们也更可能采用类比推理。个体对解决类比问题的熟悉程度也被证明对用类比解决问题是有帮助的。在一项对一年级学生的研究中，已有类比推理经验的学生会在实验中频繁地、自发地使用类比推理解决问题。

第二个因素是信息处理的需求。影响类比推理的另一个重要因素是情境的信息处理需求，以及这些需求与信息处理者的信息处理资源之间的关系。在类比问题中，如果映射关系很复杂，或者存在强烈的干扰因素（如在知觉上相似的表面特征），人们成功进行类比推理的可能就较低。从这个角度看，幼儿类比推理能力远不如年龄较大的儿童，其原因是幼儿的记忆能力有限，在处理复杂关系方面存在困难。

抑制控制是监控、控制和抑制对刺激的自动反应的能力，是一种关键的信息处理能力，在类比推理中十分重要。具有较强抑制控制能力的儿童能够筛选出在知觉上显著但是会分散注意力的特征，并且更直接地关注类比推理的相关结构特征。在对儿童抑制控制能力的一项测量研究中，实验者向儿童展现了一些表现白天或夜晚的图片，并且要求儿童在看到夜晚图片时也要做出与看见白天图片一样的反应，反之亦然。结果发现，在这个任务中表现良好的儿童，在类比任务上的表现也好。

第三个因素是关系语言。关系语言是影响类比推理的另一个因素。语言可以突出任务或情境在关系方面的结构。例如，将巢穴和蜂巢称作"家"，会让人们注意它们彼此之间的相似性，以及它们与狗窝、畜棚等其他知觉上存在差异的物体间的相似性。

关系语言能够帮助儿童在进行类比时关注关系结构。金特纳和玛丽·拉特曼（Mary Ratterman）向儿童呈现了多组持续变大的物体。各组物体有一定的结构特点，如一组物体中最大的物体对应着另一组中等大小的物体（见图10-6）。实验者将一张贴纸藏在了一组物体下面，儿童的任务是在另一组中对应的物体下面找到另一张贴纸。这种关系匹配总是正确的。为了找到贴纸，儿童需要克服选择相同物体的倾向，转而选择在关系上相似的物体。实验者教3岁儿童使用爸爸、妈妈以及宝贝来描述每组的物体，依次对应大中小物体，并且提出任务问题："我的贴纸在我的妈妈下面。你觉得你的贴纸在哪里？"结果显示，经过这样的引导，3岁儿童能够更容易地找到贴纸。关系标签有助于帮助儿童避免选择干扰物（同样的物体），而去选择基于关系匹配的类比解决方案。其他类别的关系术语以相似的方式起着作用。例如，表达空间关系的词（如上、里、下以及中间）促进儿童对空间关系的编码，并且帮助他们基于空间对应进行编码。

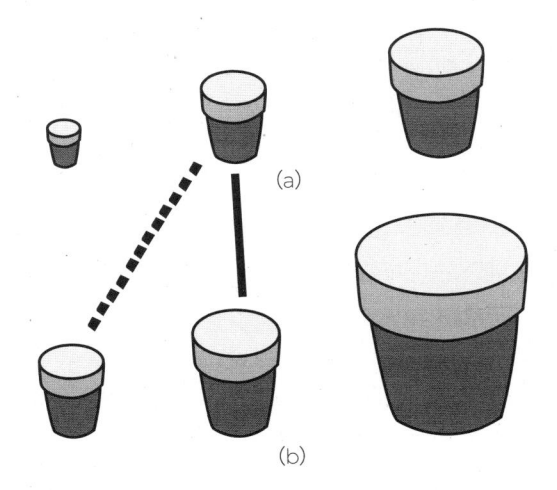

图10-6 金特纳和拉特曼用于讨论关系语言在支持儿童进行类比推理任务中的作用

注：（a）图中的一组物品是实验者所用物品，（b）图中的一组物品是儿童在任务中所用物品。注意，儿童所用的最小物品（"宝贝"）和实验者所用的中等大小的物品（"妈妈"）大小相同。

语法结构同样可以突出关系。金特纳和昂格罗等人先向一组儿童描述了一张图

第10章 孩子如何解决问题 333

片中的物品关系，如刀是西瓜的切割器，然后问儿童："哪个物品是纸的切割器？"并要求儿童从一组物品中选择显然正确的选择——剪刀。另一组儿童只是被告知刀是一种切割器，并被要求从一组物体中选出另一个切割器。与听到关系标签的儿童相比，听了关系语法结构的儿童能够做出更恰当的类比选择，这意味着关系语法对儿童的类比推理表现有促进作用。

科学与逻辑推理

儿童常常被比作科学家。因为两者都会追问关于宇宙本质的基本问题，也会对很多在他人看来微不足道的问题感兴趣。社会给予了他们时间去思考和探索。"儿童就是科学家"这一隐喻已经激发研究者进行大量的研究，这些研究主要聚焦于讨论儿童如何理解实验和证据评估，以及如何理解科学实践。

理解实验。尽管儿童和科学家的问题解决在总体上有些相似之处，但两者间也存在巨大差异，如实验的质量。首先，儿童很难像成年人一样设计出无混淆变量的实验，即只研究变量，同时保持其他量不变（被称为常量）。因此，儿童的实验通常有多种解释。其次，儿童常常因为实验次数太少，从而难以获得足够的实验数据，难以得出有说服力的结论。最后，儿童往往无法整合多个实验的信息，有时仅局部地解释单个实验结果，不能从整组的多个实验中寻求一致性的结论。

然而，儿童并不完全缺乏实验逻辑。在决定哪个实验方法能更好地解决某个简单问题时，一、二年级的学生更愿意选择能够得出结论性证据的实验方法。可见，儿童在有能力设计实验之前，就已经能够识别出控制良好的实验了。

总体而言，儿童为检验假设而设计实验的能力，以及在不同假设中做出选择的能力是非常有限的。然而，在适当的指导下，即使是小学生也能够学会每次只改变一个因素的比较实验基本原理。

与儿童一样，成年人设计的实验也常常达不到理想标准。莱昂娜·朔伊布勒（Leona Schauble）给成年人和 11 岁的儿童布置了涉及多个变量的任务，并要求他们找出哪些变量影响了任务结果。例如，在一项任务中，参与者需要找到提高船速的方法，可以改变船的形状、大小和重量，以及船所航行的运河深度。在实验中，成年人在 56% 的实验中一次只改变一个变量，与之相比，11 岁的儿童只有 34% 的比例；成年人在 72% 的实验中得出了有效的推论，而 11 岁的儿童的比例为 43%。虽然成年人比 11 岁的儿童表现得要好，但是他们的表现远没有达到最佳水平。成年人也很少整体计划一系列实验，往往不能从实验中得出明确的结论。

证据评估。儿童进行科学推理的难点是分离理论和证据。儿童常常持有日常和科学现象的非正式"理论"。儿童有时无法区分基于证据的结论和基于先前理论或信念的结论。当实验结果与先前信念的结论不一致时，儿童将难以解释这一实验。

成年人和儿童均存在证据评估困难。成年人有时会带有倾向性地解释证据，以符合他们先前的信念，而且即使已经形成了新的、正确的假设，他们也会继续依赖旧的、错误的假设。尽管随着年龄的增长，个体的科学推理能力会显著提升，但适当地评估证据仍是成年人与儿童要面临的一个挑战。

人们对证据的评估依赖于获取证据的社会环境。在一项研究中，实验者要求儿童仔细观察一台机器。这台机器在某些物体出现时会发光或者播放音乐，与图 10-4 所示的情景类似。儿童对机器的解释取决于一个主体（本例子中的主体是一个木偶）是否同意儿童关于哪些物体使机器"运行"的假设。当证据不明确时，儿童对于木偶的反对意见特别敏感。在另一项研究中，儿童被要求与同伴一起或者独自一人完成一项关于计算机的科学发现任务，在执行任务中，还被要求大声交谈或者默不作声。结果显示：在执行任务过程中与同伴交谈的儿童能够最快地完成发现任务。

理解科学。在整个童年期，儿童对科学本质的理解经历了巨大的变化。儿童倾向于认为科学是事实的总结和积累，往往对理论在科学中的作用知之甚少。大多数儿童没有意识到理论是解释性的框架，以及正因如此，理论为科学探索提供了框架，并且指导数据的解释。

为了测试人们对科学本质的理解，丹妮拉·迈尔（Daniela Mayer）和比特·索迪安等研究者设计了一项任务：让人们比较两位科学家，一名是中世纪的科学家，他认为巫术会导致疾病；一名是现代的科学家，他认为细菌会导致疾病，图10-7描述了这一任务。到了11岁左右，一些儿童开始表现出对科学的一种理解，即人们是从理论的视角来理解证据的，他们认为中世纪科学家对证据的解释可能与当代的科学家不同。然而，大多数儿童以及许多年轻成年人并没有表现出对理论作为解释框架的明确理解。因此，理解科学的本质是一个漫长而持久的发展过程。

一些研究指出，幼儿能够通过教师教学而学会理解科学的本质。史密斯和他的合作者比较了两组六年级学生对科学本质的理解：一组学生接受"建构主义"的方法（这种方法明确关注理论在科学中的作用，以及理论是如何发展、检验以及修正的）；另一组学生接受更加传统的科学教学（这种方法强调科学是通过实验而积累有关这一世界事实的过程）。与接收传统的科学教学的学生相比，接受"建构主义"的儿童表现出对科学本质更深的理解。

逻辑推理。让我们看看下面一个4岁儿童的完美逻辑："我把它扔下去，如果没有碎，它就是一块石头……它没有摔碎，这肯定是块石头。"再看一个例子，当母亲从冰箱里拿出一罐已经打开的汽水，3岁的孩子发表了意见："这是谁的汽水？这不是你的，因为上面没有口红印。"这名3岁儿童的推理似乎是："我妈妈喝汽水的时候，总是在罐子上留下口红印；这个罐子没有口红印，所以她没有喝汽水。"

中世纪的人们相信巫术能使人生病。	
一位现代的科学家乘坐时光机回到了中世纪。	
中世纪的科学家认为巫术会使人生病。 现代的科学家相信细菌会使人生病。	
现代的科学家通过显微镜向中世纪的科学家展示了细菌,并解释说:"这些细菌就是人们生病的原因!"	

中世纪的科学家会怎么说呢? 在最佳答案旁边的□中打勾	
1. "你当然是对的。细菌会使人生病,而不是巫术!"	□
2. "细菌可能是女巫的小帮手!"	□
3. "细菌可能使人生病,但巫术仍然是使人生病的原因!"	□

图 10-7　迈尔等人用来测试人们对科学本质的理解

资料来源:Assessment and relations with cognitive abilities. Learning and Instruction by Mayer et al. (2014), 29, 43–55.

这些叙述都是演绎推理在日常生活中的例子。只要最初的问题陈述中提供的信息足以保证特定的解决途径是正确的,就可以用演绎推理来解决这个问题。在演绎推理中，如果前提是真实的，从中推断出的结论在逻辑上就为真。演绎推理通常和归纳推理（即从大量观察中概括出结论）形成对比。通过归纳推理得出的结论可能是正确的，但并非完全确定。下面的例子（见表10-1）由凯瑟琳·加洛蒂（Kathleen Galotti）等人所设计，说明了两种推理的不同之处。

表10-1 演绎推理和归纳推理的不同之处

演绎问题	归纳问题
所有的 poggops 都穿蓝色的靴子	托莫尔是一名 poggops
托莫尔是一名 poggops	托莫尔穿蓝色的靴子
托莫尔穿蓝色的靴子吗	所有的 poggops 都穿蓝色的靴子吗

在演绎问题中，我们可以百分之百确定托莫尔穿蓝色的靴子。毕竟，他是一名 poggops，所有的 poggops 都穿蓝色的靴子。在归纳问题中，我们不能确定所有的 poggops 穿蓝色的靴子的结论，即使曾见过 1000 名 poggops 都穿蓝色的靴子。因为永远存在一种可能，即在某处还有一名我们没看到的 poggops 正穿着红色的靴子。因此，该归纳问题的最佳答案是"不能确定所有的 poggops 都穿蓝色的靴子"。

虽然幼儿会使用演绎推理和归纳推理，但我们并不清楚他们是否能够理解两种推理之间的区别。考虑一下学龄前儿童和四年级的学生对"托莫尔问题"及其他相似问题的回答。学龄前儿童对归纳问题和演绎问题的反应相似，他们认为两种叙述为真的可能性是相同的。相比之下，四年级的学生更多地认为演绎推理的结论为真，他们更相信自己是正确的，通过演绎推理得出结论的速度也比归纳推理快。所有这些发现表明，与学龄前儿童不同，四年级的儿童认识到归纳推理与演绎推理是不同的。

幼儿理解演绎推理存在很大困难。在一项讨论儿童理解演绎推理的研究中，实验者给儿童展示了一个木偶和两个颜色不同的玩具。在儿童及木偶的视野之外，实验者将两个玩具分别藏在不同的容器中。接下来，木偶要么先查看一个容器里的玩具，并说出另一个容器中玩具的颜色（演绎推理），要么不看容器中的玩具，直接说出其中一个玩具的颜色（猜测）。实验者让儿童评价木偶判断的可信度。4岁的儿童对木偶在两种测验（推理与猜测）所做推断的评价没有区别。然而，不少6岁的儿童对推理的评价高于猜测，大多数9岁的儿童认为推理更加可信。随着年龄的增长，儿童对木偶推理进行解释的能力也有所提高。许多9岁的儿童的解释包含了演绎推理的前提，如"因为她看到另一个玩具是黄色的"，但少有4岁的儿童做到这一点。当儿童被要求评价自己所做推断的确定性时，他们表现出了相似的模式。

这些以及其他的例子均说明，幼儿认为演绎推理与其他类型的推理没有区别，就像他们根据以前吃午餐的经验推理出午餐不包括蜗牛。幼儿无法区分逻辑上的必要性和经验上的可能结果，这就可以解释他们为何如此热衷于通过经验的方法来证明事物间的关系（这些关系在年龄较大的儿童和成年人看来是完全的逻辑关系）。例如，7岁的儿童在判定"我握在手中的物品要么是蓝色的，要么不是蓝色的"这句话的真实性之前，经常坚持要求实验者张开手看看是否如此。

儿童无法区分经验上可能结果和逻辑上必然结果的这种情况可以让我们更好地理解以下的相反趋势：当证据从逻辑上并不能得出结论时，幼儿却能够得出结论。例如，在一个游戏中，4个盒子依次打开，在每个盒子打开后，儿童要说出能否确定哪个盒子里面装有红色纸片。即使面对"纸片是否有可能来自其他（未打开）的盒子呢"这样的问题，大多数5岁的儿童仍会选择自己看见的第一个盒子。

尽管儿童从很小的时候就开始进行演绎推理了，但要理解演绎推理，他们仍需要花很长的时间。这是为什么呢？有两个可能的原因：一是成功的推论首先需要复杂的推理，二是需要能够抑制有可能但并不确定的反应。

其他研究强调了教学在帮助儿童学习演绎推理中的重要作用。克拉尔和陈哲设计的任务是：实验者连续打开3个装有不同颜色记号笔的盒子，每打开1个盒子，研究人员向儿童展示使用该盒子中的记号笔制作的单色图片，并询问他们是否能确定哪个盒子中的记号笔被用来制作这张图片。接受过明确反馈和正确选择训练的5岁儿童在这一阶段的表现有所改善，而且大多数儿童在接下来的7个月里保持了这种表现。4岁的儿童在训练期间也有所提高，尽管他们在后续阶段往往不能保持这些新技能。

第11章

Children's Thinking

孩子如何发展学业技能

我吃力地读着这些字母，就好似挣扎着穿过一片荆棘丛生的地带。每一个字母都让我费尽了心思，我变得伤痕累累。从那以后，我受困于那9个数字，它们就像9个窃贼，每天晚上都要搞出些新花样来伪装自己，叫我认不出来。尽管我像一个视力模糊的人摸索着缓慢前进，但最终我还是一点一滴地学会了读书、写字和计算。（皮普，狄更斯《远大前程》中的人物）

当儿童进入学校后，认知发展并不会停滞。他们在学校里学到的内容不仅影响着他们特定的知识和技能，还影响着他们的一般认知能力。反过来，这种认知能力也极大地影响他们的课堂学习。

与认知发展理论一样，儿童教育的实际决策受到课堂内外因素的相互影响。例如，父母需要决定：是符合年龄条件后就送孩子入学，还是让他推迟一年再入学。在美国的许多地方，让孩子尤其是男孩推迟一年入学是非常普遍的现象。因为他们认为孩子在稍微大些时会更成熟,学得也更好。

为了检验推迟一年入学是否会使儿童在一年级学到更多内容,研究者对某地区的儿童进行了调查,该地区95%的儿童都没有推迟入学。研究采用了临界设计法,对出生日期刚好早于当地规定的幼儿园入园日期之前的儿童以及出生日期稍晚于该日期的儿童(因此必须推迟入学一年)的学业表现进行比较。被比较的两组儿童的平均年龄差异小于一个月,但是两组之间差了一个年级。要研究的问题是:入学年龄稍大的儿童在上一年级时,是否比入学年龄稍小的儿童学得更好。

研究结果清楚地表明了,尽管年龄上相差11个月,但是那些刚好达到入学年龄条件的儿童和刚好没有达到入学年龄而推迟一年入学的儿童在阅读和数学方面的进步程度是一样的。在一年级结束时,两组被试儿童的学业表现几乎没有差异。这并不是因为那些刚好达到入学年龄条件的儿童是超常儿童,也不是因为那些不够入学年龄而推迟一年入学的儿童智力更差。对于诸如数字守恒这样的任务,学校教育一般不会对儿童的表现产生影响,可年龄会对儿童的表现产生影响,所以在一年级结束时,年龄大一岁的儿童表现得明显更好。此外,两组儿童的智商和其父母背景也很相似。使儿童推迟入学可能还有其他原因,比如年龄大一点儿的儿童在运动技能和社会性发展方面更有优势,但如果为了学好阅读和数学,似乎没有必要让儿童推迟入学。

本章主要讨论儿童在3个方面的学习:阅读、写作与算术。第一部分首先讨论了儿童在学龄前期和小学早期阶段获得的算术技能,然后讨论更加复杂的算术和代数。第二部分首先讨论儿童在接受正规教育之前获得的阅读技能,接着讨论阅读词语的过程,然后讨论儿童对故事的理解。最后一部分描述儿童如何写作文和编故事,以及他们如何修改(或未能修改)自己的文章。

当人们谈论心理学在学校中的作用时,首先想到的通常是标准化测验。教育工作者通过智商和成绩测验的分数来帮助人们做出各种重要的决定,包括天才计划项目的设置、特殊教育的提供以及大学的招生录取等。

这些测验确实能够预测学生未来的学业成就，并且能够表明儿童对某一科目的了解程度。然而，这些测验能够提供的儿童学习过程的信息相对较少，也不能告诉我们如何更有效地教育儿童。而恰恰是这些信息对理解和帮助儿童非常重要，因此，对儿童思维发展的研究越来越侧重于学习的具体过程。这些学习过程是本章讨论的重点。

不管我们谈论的是数学、阅读还是写作，以下几个关于具体学习过程和教学过程的话题始终是我们讨论的核心：

- 儿童如何分配注意力资源来应对互相竞争的加工需求？
- 儿童如何在他们知道的方法中选择使用哪种策略？
- 教师应该直接讲授探索某领域所需要的技巧，还是间接讲授学习方法更有效？
- 是什么导致了儿童在知识掌握和学习过程上的个体差异？

通过探究这些问题，研究者发现儿童思维在不同的学科领域表现出惊人的一致性。例如，儿童在数学、阅读和写作方面的策略选择。在这3个领域中，儿童需要选择是凭记忆说出答案，还是选择其他较为耗时的替代策略。在做加法运算时，儿童需要决定是直接从记忆中提取答案并说出来，还是通过计算得出答案。在阅读词语时，儿童需要决定是凭记忆发音，还是拼读词语。在拼写词语时，儿童需要决定是写出所提取的字母组合，还是查阅字典。尽管这些学科领域各不相同，但儿童似乎都是通过同样的策略、选择过程做出决定的。本章我们将讨论在数学、阅读和写作领域的具体发现，以及它们的一般模式。

孩子如何学习算术

在第8章我们曾经讨论过，大多数儿童在入学时对数字已经有了基本的了解。大多数 5 岁儿童至少能数到 20，知道数数时只需要给每个对象分配一个且只有一个数字，也认识到包含 n 个对象的整体都具有相同的数量。此外，他们还知道 1 到 10 这些数字的相对大小。不过，他们还有很多内容需要学习，包括算术和代数。

个位数算术

个位数算术似乎是最简单的技能，只需从记忆中提取答案。然而，这种印象具有误导性。在小学低年级，儿童会使用多种策略来解决诸如 3 + 6 或 8 + 5 之类的问题。他们不仅从记忆中提取答案，还可能从 1 开始数手指，或是从较大的加数开始计数（例如计算 3 + 6 时，从 6 开始数"6，7，8，9"），或从相关问题的知识中推测答案（"6 + 5，嗯，我知道 5 + 5 = 10，那么 6 + 5 就应该等于 11"）。甚至大学生在个位数加法问题上，也有 30% 的比例使用提取策略之外的其他策略。具体而言，他们经常从较大的加数开始计数，或者将复杂的问题分解为两个简单的问题来处理（例如，将 9 + 6 分解为 10 + 6 和 16 − 1）。

多种算术策略并不只局限于加法运算，也适用于其他运算。例如，二年级到四年级的学生在做乘法运算时，有时会把一个乘数按照另一个乘数所表示的次数反复相加（例如，计算 6 × 8 时，将 8 个 6 相加或者将 6 个 8 相加）；有时会通过标记计数或者相加的方法（例如，计算 3 × 4 时，会标记 3 个组，每组内有 4 个记号，然后进行计数或者相加）；有时会从记忆中直接提取答案；有时会基于相关的问题得出答案。事实上，成年人也会用多种策略来解决简单的算术问题。

了解策略使用方面的变化。 随着儿童在算术方面经验的增加，他们的策略也会发生变化。西格勒认为，就像儿童的认知在其他领域的变化一样，儿童在算术问题上的策略变化可以被看作一系列重叠的波，每条波代表达成目标的不同策略（见图 11-1）。根据重叠波的框架可知，儿童在任何时间都存在多种思维方式。这些策略是相互竞争的，而且随着经验的积累，有的策略会变得频繁，有的策略会变得不频繁，有的策略一开始会变得频繁，可随后会变得不频繁。此外，一些新的策略一旦被引入，旧的策略便不再使用。这一框架已经被应用于多种不同的儿童思维领域中，包括算术、报时、阅读、拼写、工具使用、问题解决，以及记忆任务等。

本节中，我们关注模型是如何解释儿童学习简单算术的。随着儿童算术策略的发展，最显著的变化是儿童越来越多地使用提取策略。大部分儿童在学习了几年的加减运算，再经过大约一年的乘法运算后，都会使用提取策略解决大部分基本算术问题。他们对提取之外的策略使用也发生了变化。当儿童开始做加法运算时，他们最常使用的方法是伸出手指，从 1 开始计数。随着他们的技能以及理解能力的提高，他们越来越多地使用更复杂的策略，例如，从较大的加数开始计数，或者将一个相对复杂的问题分解为两个较简单的问题。（例如，通过 5 + 5 = 10，10 + 2 = 12，来求解 5 + 7 = _____）

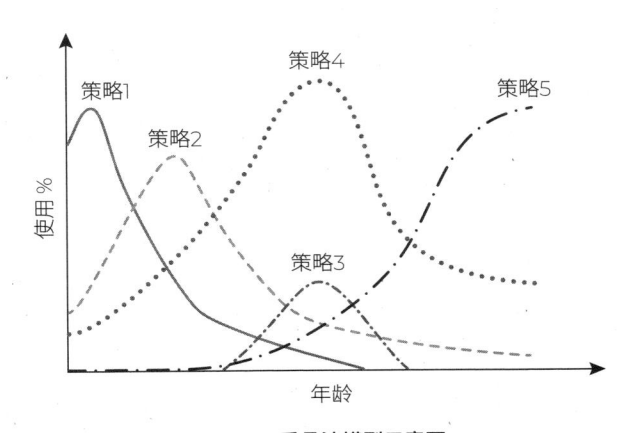

图 11-1　重叠波模型示意图

在这一时期，儿童解决算术问题的速度越来越快，准确性越来越高。速度和准确性的变化既是由于使用策略的变化，也是由于每种策略执行效率的变化。在后期使用中占主导地位的策略（例如，提取以及从较大的加数开始计数）比初期常用的策略（例如，从 1 开始计数）更快。而且对任何一个原有策略而言，其速度和准确性都提高了。

尽管欧洲、北美和东亚的学校体系有很大的差异，但是儿童的发展具有相同的特点。不过，东亚和欧洲地区的儿童比美国儿童更早使用更先进的策略，并且在速度和准确性方面提高得更快。例如，东亚儿童通常从记忆中提取答案，从较大的加数开始计数，或者依据相关的算术知识得出答案，而同年龄的美国儿童仍使用从 1 开始计数的策略。

策略选择。儿童算术能力的一个重要特征是他们如何在不同策略中进行适当选择。这种适应性在儿童是选择提取策略还是选择提取策略之外的备份策略时表现得很明显。甚至在 4～5 岁的儿童中，加法题越难（通过错误率和解题时间来衡量难易程度），儿童越可能使用备份策略，例如，从 1 开始计数或者从较大的加数开始计数。

在最难的问题上使用备份策略是适应性的表现，因为这有助于儿童平衡速度和准确性之间的关系。试想一下，一年级学生在解决一道加法题时需要在提取策略和计数策略之间做选择。提取策略速度更快，但解决困难问题，计数策略更准确。年幼儿童在简单问题上使用提取策略获得准确的答案，而在较难的问题上则使用备份策略来达成目标。换句话说，儿童倾向于选择更快的方法来得出准确答案。如图 11-2 所示，儿童在减法和乘法问题上会在提取策略和备份策略之间做出类似的适应性选择。

儿童如何在他们知道的各种策略中做出适当的选择呢？为了回答这个问题，西格勒和克里斯托弗·希普利（Christopher Shipley）开发了一个儿童策略选择的计算模型。这里，我们将考察该模型是通过什么方式做出上述选择的：是直接提取答案，还是使用备份策略来解决加法问题。

该模型的选择机制包括两个相互影响的部分：对特定问题的知识表征，以及基于表征进行操作以得出答案的过程。这种表征涉及对每个问题以及潜在答案（包括正确的和错误的）之间不同强度的关联。例如，在图 11-3 中，答案 6 与问题 "3 + 4" 之间的关联强度为 0.12，而答案 7 与问题 "3 + 4" 的关联强度为 0.29，等等。

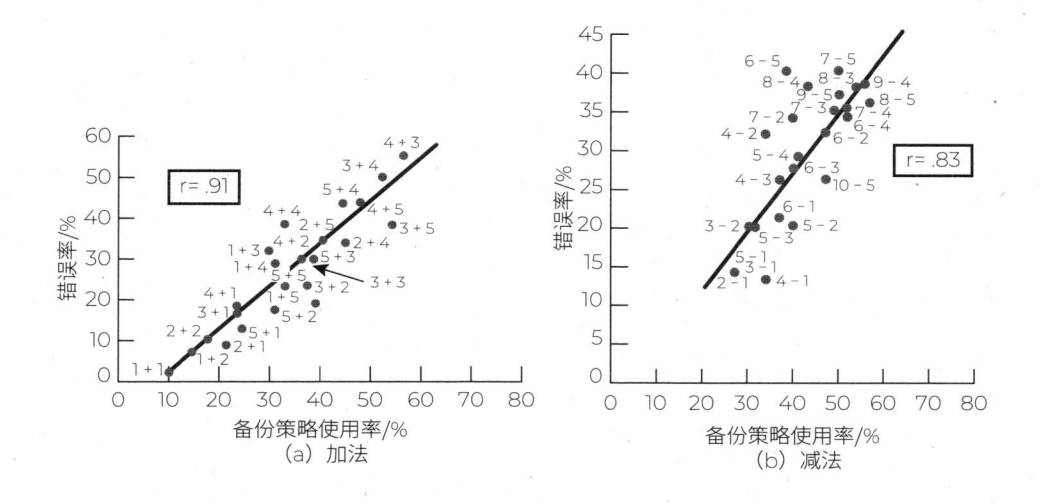

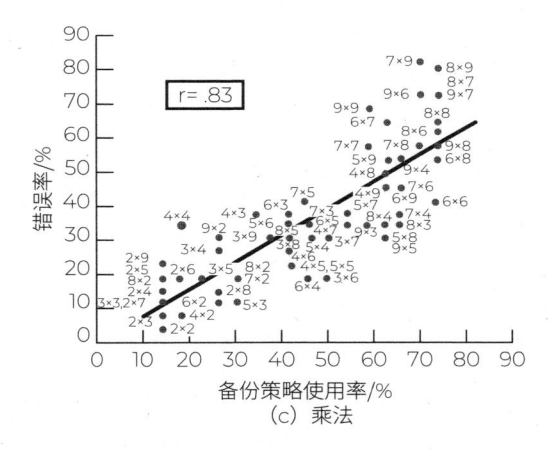

图11-2　一个算术题越难（用错误率来衡量），儿童使用备份策略的频率就越高

注：备份策略使用率是通过儿童解决算术题时的外在行为录像来评估的。

对不同问题的表征可以看作随峰值维度而变化。在图11-3中，"2 + 1"的表征是呈单峰分布，因为大部分关联强度都集中在一个答案（分布的峰顶）上。相反，"3 + 4"的表征是呈平坦分布，因为关联强度分布在许多答案上，没有形成一个强峰值。

第 11 章　孩子如何发展学业技能　　347

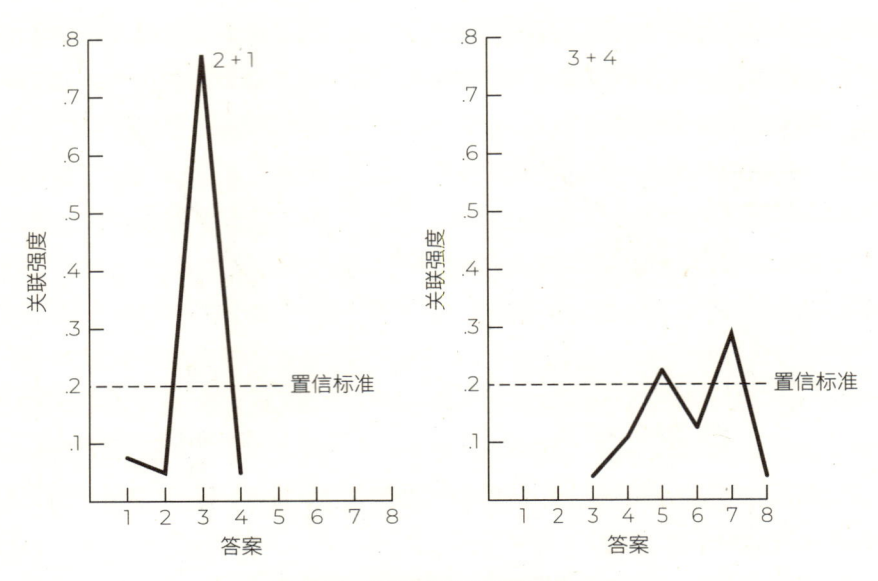

图 11-3　关联的单峰分布和平坦分布

注：单峰分布会降低儿童使用备用策略的频率，也会减少错误，缩短解决问题的时间。

对该表征的加工过程遵循以下方式。首先，儿童设定一个置信标准，这个置信标准相当于一个阈值，要想说出提取的答案，该答案与问题的关联强度必须超过这个阈值。

一旦设置了置信标准，儿童就开始提取答案。对特定答案进行提取的可能性同该答案与问题的关联强度在所有答案与问题的关联强度中的占比一致。因此，由于"2 + 1"与答案"3"的关联强度是 0.79，并且"2 + 1"和所有答案的关联强度是 1.00，所以提取"3"作为"2 + 1"的答案的可能性就是 0.79。

如果提取的答案的关联强度超过了置信标准，那么儿童就会说出该答案。否则，儿童要么重新提取一个答案，并判断其是否超过了置信标准，要么就放弃提取，使用备份策略来解决问题。

在这个模型中，一个问题的分布越是呈单峰分布，就越可能使用提取策略而非备份策略。这是因为关联强度越集中于某个答案上，关联强度最大的答案就越可能被提取出来，并且该答案的关联强度超过置信标准的概率就越大，从而越可能作为答案被儿童说出来。与之类似，由于关联强度最大的答案通常是正确答案，所以关联强度越大，提取正确答案的可能性就越大。因此，一个问题上的错误率与该问题的备份策略使用率呈高相关（见图 11-2）。就是因为每个问题上的错误率和策略选择反映了该问题上关联分布的峰度。

为什么有的问题呈单峰分布而有的问题呈平坦分布？策略选择模型的一个基本假设是，儿童将他们说出的答案与相应的问题联系起来。因为儿童在不同时间对同一个问题产生的答案是不同的，所以他们在某种程度上会将所有答案和这个问题联系起来。在某个问题上，一个答案越被频繁地陈述，在以后的表征中该问题就越有可能引出这个答案。因此，例如"2 + 1"这样的问题比"3 + 4"这类问题更呈单峰分布，因为相比用手指数到 7，并将答案"7"与"3 + 4"联系起来，儿童更可能用手指数到 3，再将答案"3"与"2 + 1"联系起来。与这个观点相一致的是，在一年级能够准确地使用备份策略的儿童，在二年级时会更多地使用提取策略。

最后这个发现和模型具有有趣的教学意义：阻止儿童通过数手指进行加法运算的普遍策略是错误的。许多老师反复告诫儿童不要用手指计数，自有他们的道理。他们的目的是帮助年幼且缺乏技能的儿童能够跟上年长的、技能更熟练的儿童。既然年长的、技能更熟练的儿童不用手指计数，那么，年幼儿童也不该使用手指计数。

然而，策略选择模型表明，阻止儿童使用手指实际上可能延缓了他们的学习进程。儿童掌握的算术知识越丰富，就具有越多的关联单峰分布。他们不使用手指，是因为他们能够准确地提取问题答案。然而，年幼的、知识水平较低的儿童因为缺少关联单峰分布，他们会使用备用策略。强迫他们提取答案会导致许多错误，而且每次回答都会增加该答案和问题的关联强度，从而强化了回答错该问题的行为。因此，强迫儿童不使用手指反而可能导致他们在更长的时间里使用手指。事实上，最近关于发展机器人的研究也支持了这一观点。研究发现使用手指计数有助于加强学习者在学习中使用的数字表征。手指表征和数字之间的关联对数学能力的发展十分重要，策略选择模型有助于解释其中的原因。

个体差异。这个模型表明儿童在两个维度上存在差异：一个是儿童关联分布的单峰状态，一个是所设置的置信标准的严格性。前者能反映儿童对问题正确答案的了解程度方面的差异；后者能反映儿童说出提取答案所需要的信心程度方面的差异。

对一年级学生的加减法运算的研究发现，他们在这两个维度上的表现都存在差异。儿童被划分为三类：优秀学生、一般学生以及完美学生。

优秀学生和一般学生的表现在两个维度上形成了鲜明对比。优秀学生能够更快、更准确地使用提取策略和备份策略，他们在标准化成绩测验中的得分也更高。

优秀学生和完美学生在表现上的差异更加有趣。这两类学生在成绩测验中的准确性和得分都很高，但是他们在策略使用上有所不同。优秀学生比另外两类学生使用提取策略频率要高，完美学生使用提取策略的频率要比另外两类学生低，甚至低于一般学生。然而，当完美学生使用提取策略时，他们的准确率会非常高。

根据该模型，优秀学生具有单峰关联分布且设置了中等严格置信标准；一般学生具有平坦关联分布并且设置了低置信标准；而完美学生具有单峰关联分布且设置了非常严格的置信标准。

为了验证这种解释，我们创建了西格勒和希普利模型的 3 个变体。这些变体除了假设用来区分三类学生的两个变量（关联分布的单峰状态和置信标准的严格性）有所不同，其他方面都是一样的。模拟结果得出了各类学生的策略选择和准确性特征模式，这表明假设的重要变量具有预测效果。

这个例子阐明了本章开头提出的一个观点：对思维的深入了解，可以通过研究特定的认知过程获得，而不能依靠关注标准测验的分数。有些学生之间的差异表现在他们的标准化考试成绩上，比如优秀学生和一般学生之间的差异。然而，另一些差异，比如优秀学生和完美学生之间的差异，则在标准化考试中并不明显。这两类学生的知识水平相当，但是处理问题的方式不同。他们的表现模式代表了擅长算术的不同方式，而不是优劣之分。该模型通过预测儿童在这些维度上的差异，有助于我们理解早期的个体差异，而这是成绩测验所不能反映的。

数学学习障碍。一些儿童在学习基本的数学技能方面有困难，包括计数和算术。目前，该领域在如何更好地定义、测量以及评估数学学习障碍方面还未能达成共识。然而，在数学学习方面存在困难的儿童有一些普遍的特征。

就像前面谈到的一般学生一样，这些儿童在提取正确答案和使用备份策略上都存在困难。与同龄人相比，这些一年级的儿童倾向于使用不成熟的计数方法和算术策略。他们使用备份策略的速度很慢且不准确，而且他们很少使用提取策略，哪怕使用了也不准确。到了二年级，他们使用一些更复杂的计数方法（例如，从较大加数开始计数），他们的计算速度和准确性都有所提高。不过，他们在提取正确答案方面仍然有困难，之后的若干年也是这样。随着这些儿童升入高年级，他们在许多技能（尤其是那些建立在基本算术技能上的技能）上会遇到更多的问题，比如复杂算术和代数。

为什么有些儿童在算术方面会遇到这么大的困难？原因之一可能是入学前接触数字的机会太少。一些儿童入学时在计数技能、数量知识和算术基本知识方面已经远远落后于其他儿童。

另一个重要原因是工作记忆容量。算术学习需要足够的工作记忆容量，以便在计算答案时将原始问题保存在记忆中，从而使问题与答案能够关联起来。存在数学学习障碍的儿童不能像同龄人那样在记忆中存储足够的数字信息。一些儿童在工作记忆上还表现出其他方面的缺陷，包括视觉空间过程与执行过程方面的缺陷。这些过程涉及协调输入信息并将这些信息分配给认知任务。

对计数、算术运算以及位值的概念理解有限，可能进一步阻碍了儿童的算术学习。于是，数学学习障碍反映了儿童有限的背景知识、有限的加工能力和有限的概念理解事实情况。

对原理的理解。对算术基本原理的理解是随着算术技能的提高而加深的。其中一个原理是反演律，即加上再减去同一个数，原有数量保持不变。学龄前儿童在接触一堆物体时，就初步表现出对反演律的理解。例如，儿童认识到如果从一堆物体中拿走两个，再增加两个，这堆物体的数量会保持不变。但是，儿童对数字表征问题中反演律的理解表现出明显的滞后性。他们面对"$a + b - b = $ ___"形式的问题（例如，"$5 + 8 - 8 = $ ___"）时的表现就体现出这种滞后性。儿童如果能运用反演律解决此类问题，那么不管 b 值大小，他们都将在相同的时间内得出答案，这是因为他们不需要进行加减 b 值这一操作。实际情况是，当 b 值较大时，儿童通过加上再减去 b 值来解决问题所花费的时间较长，当 b 值较小时，儿童通过这一操作来解决问题所花费的时间较短。

儿童能够理解反演律的初始年龄存在很大个体差异。在五年级时，许多儿童开始理解加法原理和减法原理，但有些儿童仍然需要花费较长时间才能理解。反演律同样也适用于乘法和除法运算（例如，$5 \times 4 \div 4 = ?$），但儿童对这些运算的理解要晚一些，通常要到九年级末。

儿童似乎有多种途径理解反演律。有些儿童还能通过算术程序推出这个原理（例如，注意到 $8 + 5$ 和 $13 - 5$ 之间的关系）。对这些儿童而言，对反演律的理解与算术技能密切相关。还有一些儿童掌握了诸如加减法可以相互抵消的概念。这些儿童尽管算术技能较弱，但也理解了反演律。

对儿童来说，数学等式也是一个不好理解的概念。许多儿童即使到中学甚至中学以后，都无法理解等号意味着等号两边的值代表相同的数量。相反，儿童认为等号只是进行算术运算的符号。当让他们对等号进行定义时，他们经常说等号就是把所有数字都加起来。他们不喜欢使用诸如 7 = 7、12 = 9 + 3 这样的数学句式，因为他们认为只有"规范运算 = 答案"格式（例如，3 + 4 + 5 = ___）的典型问题才是"有意义"的。对于非典型问题（例如，3 + 4 + 5 = 3 + ___），儿童由于缺乏理解，要么会把等号左边的数字相加，得到答案"12"，要么会把等号两边的数字相加，得到答案"15"。对等式理解有限的儿童在学习代数时往往会遇到很大的困难。事实上，如果不理解等号的关系意义，是很难理解为什么要对等号两边的值进行同样的处理的。

情境效应。格雷·拉尔森（Gary Larson）在其漫画《远端》中用了大量笔墨描述海尔图书馆。这个图书馆里有许多关于数学的书籍。这些书籍中的题目都很难，因为这些题目表述十分复杂（"乔有 23 颗弹珠，在比尔将自己一半的弹珠给乔之前，乔比比尔昨天拥有的弹珠多 7 颗，比尔失去了所有的弹珠吗？"）这样的表述加重了工作记忆的负担，儿童往往很难理解。

即使题目表述并不复杂，可在陌生的情境中，儿童通常也不会使用他们在其他情境中成功使用过的方法。一项关于 9～15 岁巴西儿童的研究证实了这一点。这些儿童来自大城市的贫困家庭，他们通过在街边小摊卖椰子、爆米花、煮熟的玉米棒等食物来贴补家用。他们的工作需要他们完成加、减、乘的运算（例如，一个椰子卖 x 美元，5 个椰子卖多少钱）。尽管没有接受过正规教育，但这些儿童能告诉顾客需要付多少钱，并且他们知道应该找给顾客多少钱。

戴维·卡拉赫（David Carraher）等人以这些儿童为研究对象，向他们提出了三类问题。第一类问题出现在"顾客—摊贩"交易情境中（例如，"买一个椰子要花 85 克鲁塞罗，买一个煮熟的玉米棒，要花 63 克鲁塞罗，一共需要付多少钱"）。第二类问题出现在类似的情境中，但是区别是儿童小摊上没有这些商品（例如，"如果一根香蕉卖 85 克鲁塞罗，一个柠檬卖 63 克鲁塞罗，那么这两个商品共需付多少钱")。第三类问题里的数字是一样的,但是没有交易情境(例如,"85 + 63 等于多少")。研究结果表明,这些儿童解决了几乎所有第一类问题,也解决了大部分第二类问题。但是,在没有交易的情境下,他们只解决了一小半第三类问题。他们清楚地知道如何算加法,但并不总是知道在什么时候使用加法。

情境效应在美国儿童选择策略解决算术问题的过程中也得到了体现。例如,戴维·比约克伦隆(David Bjorklund)和克里斯蒂娜·罗森布拉姆(Kristina Rosenblum)发现,儿童在学习情境(例如,一个成年人问:2 + 3 等于多少)中会使用更复杂的策略来解决算术问题。在学习情境中,儿童通常直接提取数字结果或者从较大的加数开始计数。在游戏情境中,儿童通常从 1 开始计数来获得总数。因此,儿童并不总是使用他们所知道的高级策略。事实上,问题特征和情境都会影响儿童的策略选择。

情境也会影响儿童对概念知识的激活。妮科尔·麦克尼尔(Nicole McNeil)和玛莎·阿里巴利(Martha Alibali)让七年级的学生在 3 种不同的情境下定义等号:第一种是典型加法问题(4 + 8 + 5 + 4 = __);第二种是等号两边都有加数的问题(4 + 8 + 5 = 4 + __);第三种是等号(=)本身。大多数只看到等号本身或典型加法问题的七年级学生给出了错误定义("它意味着把所有数字加起来"),但大多数看到等号两边都有加数的七年级学生给出了正确定义("它意味着两边相等")。因此,概念知识不是全有或者全无的。相反,儿童在不同的情境下可以激活概念知识的不同方面。

复杂算术

儿童在掌握了基本的算术知识之后,就要开始学习解决多位数问题的算法。然而,许多儿童无法掌握解决问题的过程和这些过程所基于的概念之间的关系。不加理解地记住结果为错误概念的"成长"提供了肥沃的"土壤"。儿童在学习多位数减法时出现的错误就例证了这些错误概念的存在。

"漏洞百出"的减法运算。 约翰·西利·布朗（John Seely Brown）和理查德·伯顿（Richard Burton）研究了儿童对多位数减法技能的掌握情况。他们采用的错误分析法与天平平衡问题中的规则评估法类似。这种方法首先是呈现问题。在这些问题中，特定的错误规则（漏洞）将导致特定的错误。然后，检查每个儿童的正确答案以及错误答案，看其是否符合错误规则产生的模式。

许多儿童的错误反映了漏洞的存在，如图11-4所示。乍一看，我们只能得出这名儿童不擅长减法运算的结论。我们再进一步分析，可以发现他的表现是可以理解的。他的3个错误都是由于被减数（表中最上面一行数）包含"0"。这说明他做减法运算的困难在于不知道如何从0减去一个数。

307	856	606	308	835
-182	-699	-568	-287	-217
285	157	168	181	618

图11-4 采用"错误"运算方法的示例

我们在对男孩犯错的问题（从图11-4中的左边数第一个、第三个和第四个计算列式）仔细分析后发现，他的答案中存在两个漏洞。第一个漏洞：当需要从0减去一个数时，他只是简单地将减数和被减数十位上的两个数字进行调换，第二个漏洞：在被减数十位数不够减时，未向被减数的百位"借"1。因此，3个错误答案和2个正确答案足以说明儿童在减法运算中存在2个特定的错误。

美国儿童常犯这些错误，而韩国儿童却很少犯这些错误。一个主要的原因是韩国儿童能把握好减法运算中十进制以及借位的关系。东亚语言中多位数的名称与其在十进制中位置之间的关系更加清晰，这可能有助于儿童理解这些关系。例如，韩语中57的名称是"5个十和7个一"。在"57 - 29"中，儿童更容易将"5个十和7个一"转化为"4个十和17个一"。这种理解使得儿童在借位过程中更

第11章 孩子如何发展学业技能　　355

可能保持原来的数字数值。从更广的意义上来看，儿童对位值的概念性理解也会指导他们做减法运算。

分数。12/13 + 7/8 的估值是多少？在美国一项全国性的计算测试中，不到 1/3 的 13～17 岁的青少年能够给出准确的估算答案。表 11-1 是选择答案的百分比。错误答案表明，出错的青少年通常不会考虑每个分数代表的大小。两个都接近 1 的数字相加之和怎么可能接近 1、19、21 呢？

儿童在计算小数时同样面临类似的挑战。在美国另一项全国性计算测试中，13～17 岁的学生要从选项 1.6、16、160、1600 以及"不知道"中选择最接近"3.04 × 5.3"结果的数值。只有 21% 的 13 岁儿童和 37% 的 17 岁儿童能正确作答。

当然，小数计算问题不仅让美国学生感到有难度，欧洲和亚洲地区的学生同样也遇到了类似的困难。不过，因为存在文化差异，在计算中，美国学生的错误比中国学生的错误更严重。

表 11-1 估算 12/13+7/8*

答案	不同年龄段选择答案的百分比 /%	
	13 岁	17 岁
1	7	8
2	24	37
19	28	21
21	27	15
我不知道	14	16

*资料来源：美国全国教育进展评估报告（Carpenter, Corbitt, Kepner, Lindquist & Reys, 1981）。

为什么会这样呢？尽管教学方法和教师知识水平的差异不容忽视，但语言差异的影响确实很大。就像对 10 进制的理解那样。由简分数所表现的部分——整体关系在某些东亚语言中比在英语中表达得更清楚。例如，在韩语中，1/3 被称为"3 个部分之一"。韩语能清楚地表达部分——整体的关系，有助于儿童掌握对分数的理解。与这一观点相一致的是，韩国的一、二年级学生在分数和对应图示间关系的理解上要好于美国和克罗地亚的同龄人。

理解分数对大多数人来说都是一个挑战。为什么会这样？一些研究人员认为，数字的核心系统（如目标追踪系统）和近似数量系统不适合分数学习，因为这些系统要基于计数。然而，最近有研究指出，人们善于处理以各种形式呈现的非符号比率的大小（见图 11-5）。这种表示方式依赖于视觉或其他感官的感知来理解相对大小或数量关系，因此可能更适合分数学习。

图 11-5　非符号比率示例

注：每种比率代表数量 3/4。

分数系统是由数字组成的。例如，分数 3/4 由数字 3 和数字 4 组成。分数中自然数的大小可能会影响人们对分数整体大小的理解。当分数中含有较大的自然数时，人们在比较分数时会感到特别困难（例如，比较 1/2 和 3/7 的大小）。儿童在比较小数时也有类似的困难，究其原因是他们往往用自然数的经验去比较小数。例如，四、五年级的学生常常认为小数点右侧位数越多的数越大。他们可能错误地认为"2.357 > 2.86"。

儿童正确理解分数的数量有助于进行分数运算，减少明显错误。对分数数量掌握得好的儿童在分数计算上也往往表现得更好，分数数量的理解有助于儿童提升分数计算技能。

儿童进行分数计算容易出错，原因有多种。一是分数计算过程复杂，涉及多个步骤，二也是更为重要的，是儿童往往难以理解与分数计算有关的概念。例如，一个分数除以另一个分数，等于这个分数乘以另一个分数的倒数（提示：想想当你计算 a/b ÷ b/a 时，会发生什么）。分数的计算过程和整数的计算过程之间的关系较为复杂，学习者并不容易理解这种关系。教师在教学中强调分数的概念基础及其与整数的关系，对学生进行分数计算是有益的。

虽然分数学习存在挑战，但这对儿童今后的数学发展至关重要。分数知识是儿童日后学好数学（包括代数）的坚实基础。

代数

学习代数能够大大提高儿童的数学推理能力。一个代数方程就能用来表征和推理多种情况。然而，它的"力量"却常常没有被学生意识到。学生在学习代数时常常感到有很多困难，部分原因是他们不能把之前的算术知识直接迁移到代数中。在算术中，所要进行的操作是对数字进行运算从而得到新的数字；在代数中，所进行的操作是对代数表达式进行运算从而得到新的代数表达式。在代数学习中，学生必须学会将符号表达式（包括包含了变量或多个项的表达式，如 $2x$ 或者 $x + 3y + 5$）本身看作数学实体。

解决代数问题。许多学生认为学习代数就是要枯燥地学习代数运算法则。确实，学习代数会涉及学习一种新的符号表达形式，以及学习如何使用这种符号来解决问题。许多学生难以正确应用代数运算规则，所犯的错误表明他们没有完全掌握这种符号系统，而且对运算规则的概念基础理解不足。学生解决代数问题的困难往往源于对正确规则的错误扩展。例如，乘法分配律为：

$$a \times (b+c) = (a \times b) + (a \times c)$$

于是，一些学生就依葫芦画瓢得出如下的错误结论：

$$a \times (b+c) = (a+b) \times (a+c)$$

再举一个例子，在分离变量时，学生有时会不恰当地应用"方程两边进行相同操作"的原则。肯尼思·科丁格（Kenneth Koedinger）和米切尔·内森（Mitchell Nathan）指出，学生经常对某一运算符号两边进行相同的操作，而不是对"="两边进行相同操作。图11-6展示了一个学生的作业样本。

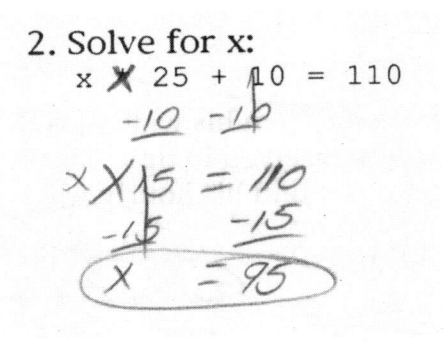

图11-6 错误应用代数运算规则的作业样本

注：学生是在"+"号两边而不是在"="两边进行相同的运算。

就像分数和多位数减法一样，学生在解决代数问题时面临的困难也常常源自不能将运算过程和基本原理联系起来。学生对代数的理解往往局限于步骤本身，却难以理解步骤的意义以及这样做的原因。如果没有这种联系，代数就成了无意义的练习，学生只会记住哪些符号运算是可行的，哪些操作是不被允许的。

表征流畅。代数能力和数学其他领域的能力一样，包括生成、推理以及在不同的数学信息表征形式上进行转换，如方程、图形、表格、图表、语言描述以及实物。这类能力被称为表征流畅。它在代数中尤其重要，因为代数涉及几种不同类型的形式表征。理解数学思想的不同表征之间的关系是数学概念知识的一个关键维度。

为了将数学信息从一种表征转换成另一种表征，学生必须具备理解特定表征和生成目标表征的技能。例如，为了成功地将应用题转换为一个方程式，学生必须充分理解应用题，以便理解其中表达的数学关系，然后生成方程式，这个方程能够在代数符号系统中表征这些数学关系。

许多学生在这些表征之间进行转换存在实质性的困难，而且这些困难不仅仅存在于高中阶段。例如，某州立大学 37% 的大一工科学生不能成功地解决下面的问题：

用变量 s（学生人数）和 p（教授人数）写一个方程式，以表征"某所大学的学生人数是教授人数的 6 倍"。

大多数犯错的学生写的是 $6s = p$。乍一看，这似乎合乎逻辑。然而，当意识到 $6s = p$ 意味着用较大的值（学生人数）乘以 6 得到的乘积等于较小的值（教授人数），就意味着他们写错了。

代数的力量源于对具体情况的数学表征。为了实现代数的力量，学生需要对特定情境建构抽象表征，并且流畅地对这些抽象表征进行推理。实际上，美国

《数学实践各州共同核心标准》[①]强调，除了高中生，小学生和初中生也需要用数学表征对现实世界的情况进行建模。

考虑到代数在未来教育机会和就业机会中起到"看门人"的重要作用，在代数上获得成功的收益很大。最近人们努力改进代数教学，强调符号表征和代数操作的基本概念。这包括多方面的努力：通过在课程中嵌入工作实例以及促进对问题解决策略的比较来培养概念知识。一些研究者主张将代数思想（包括某些形式的抽象表征）融入小学阶段的数学课程中。研究者近期对早期代数方法的研究表明，低年级的学生能够以复杂的方式推理出变量、方程式，以及理解核心代数思想。下一步，研究者将讨论小学生理解代数思想是否有助于其高年级的代数学习。

孩子如何学习阅读

我们可以从时间顺序（在特定年龄发生了什么），也可以从主题视角（某项能力是如何发展的）来看阅读技能的发展。本节首先简要介绍阅读的习得，然后深入讨论一些特别重要的主题，如前阅读技能、词语识别、阅读理解。

获得阅读能力

一些研究者将阅读学习分为一系列的阶段。例如，珍妮·查尔（Jeanne Chall）假设阅读的发展有 5 个阶段。这些阶段使得阅读能力的获得看起来比实际情况更加简单、明了，但它们确实给出了在总体上获得的阅读能力以及它们发生的一般顺序。

阶段 0。从出生到大概一年级，儿童掌握了阅读的一些先决条件。许多儿童学会辨认字母表中的字母，写自己的名字，以及认识了一些词语。

[①]《数学实践各州共同核心标准》是一套被美国多个州采用的指导方针，核心内容是明确每个年级的学生应该学习的知识和技能。

阶段 1。通常在一年级和二年级，儿童获得语音编码技能，即将字母转化为语音，并将语音转化为词语的能力。儿童在此阶段学会了字母和发音。

阶段 2。通常在二年级和三年级，儿童开始流利地阅读。他们能够很快地认识词语。不过，在这个阶段，阅读还不是用来学习的工具。识别词语的要求对儿童加工资源的负载已经很大了，所以通过阅读获取新信息是非常困难的。

阶段 3。四到八年级，儿童开始能够通过阅读书籍获取新信息。正如查尔所言："在低年级，儿童学习阅读；在高年级，儿童通过阅读来学习。"然而，在这一阶段，大多数儿童只能从单一的角度理解所阅读的信息。

阶段 4。通常在中学阶段，儿童开始从多个角度理解书中的信息。这为他们更加深入地学习历史、经济和政治提供了可能性，也使他们能够欣赏名著的伟大、经典之处。因此，这也是到了高中，学生才会学习名著的原因。

查尔的阅读按照时间顺序发展的观点指出了儿童阅读技能获得中的两个主题：理解是阅读的最终目的，有效识别词语使得儿童可能理解深刻的材料。然而，在儿童获得词语识别能力之前，他们需要习得某些基本技能。这将在下节中进行讨论。

前阅读技能

儿童可以轻松地获得某些前阅读技能，如从左向右地阅读、从一行最右边的词转到下一行最左边的词，以及英语中词语之间的空格。这种知识在儿童最初的写作尝试中是显而易见的，甚至在他们学会如何写字之前，他们就已经能呈现出水平书写的"作品"了，而且还大致按照词语的长度用空格进行了分割。不过，前阅读所需的其他两个先决条件更具挑战性：识别字母以及辨别词语中的语音。

字母感知。要阅读字母语言（如英语），儿童必须学会认识每个字母独特的形状组合：横线、竖线、曲线以及斜线等。即使经过了初步学习，儿童仍常常分辨不清仅仅在方向上有区别的字母，如 b 和 d，以及 p 和 q。出现这种混淆可能是因为在阅读之外的情境中，方向很少影响识别。例如，男孩有条狗。这条狗的脸无论朝向何方，它都属于男孩。但是，字母换了方向，就可能变成了其他的字母。不过到了二年级、三年级，大多数儿童就不再混淆字母了。

在入学前学习字母能帮助儿童学习阅读吗？这个问题很复杂。从学龄前儿童学习字母的能力可以预测其未来（甚至晚至七年级）的阅读能力。乍一看，这似乎说明早早认字有助于儿童更好地阅读。然而，研究者随机选择一些幼儿并对他们进行识字训练。结果显示这并不能提高他们的阅读技能，而且识字训练并不会对字—音对应的学习起到促进作用。也就是说学习识字并不会促进阅读。相反，其他的一些变量，如阅读兴趣、一般智力、感知能力以及父母对儿童阅读的兴趣等，是一些儿童比同龄人更早识字，且后期具有更好的阅读能力的原因。

语音意识。阅读字母语言（如英语）的一个重要前提是认识到词语是由不同的读音构成的。这种认识被称作语音意识。即使使用该语言多年，大部分儿童似乎仍未意识到词语是不同语音的组合。伊莎贝尔·利伯曼（Isabelle Liberman）等人以 4～5 岁的儿童为研究对象，证明了这一观点。研究者要求儿童在听到短词的每个音后，做出一次敲击反应。例如，听到"it"，应该敲击两次；听到"hit"，应敲击三次。在这个任务和其他语音意识测验上的表现是儿童在低年级时阅读能力的良好预测指标。此外，这不仅适用于英语，也适用于其他的字母语言，如西班牙语、斯洛伐克语和捷克语。

语音意识的提高会促进阅读技能的发展吗？答案似乎是肯定的。对幼儿进行语音意识训练能够促进其提升阅读和拼写能力，这种影响会持续 4 年。元分析已经提供了有力的证据，证明语音意识对一系列阅读相关的结果有益，包括词语识别和拼写。

为什么语音意识能够提高阅读能力？我们通过思考儿童学习阅读的过程，能够找到答案。儿童学习阅读时，要学习每个字母的发音。如果他们不能将这些发音融入词语中，相应的"语音—符号对应"的知识就没有什么用处。分辨词语中的语音成分的能力，也就是语音意识任务中所测量的能力，似乎对将混合声音整合为词语进而进行阅读至关重要。

语音意识可以通过一些简单活动来培养，如给儿童读童谣。儿童在3岁时对童谣的熟悉程度可以预测他们后来的语音意识和阅读准备能力，即使母亲的受教育水平、儿童年龄和智商被统计控制后也是如此。童谣每行末尾词语（如"horn"和"corn"，"muffet"和"tuffet"）之间的微小差别可能能够帮助儿童分辨出每个音节中的单个语音，并认识到词语是由这些不同的语音组成的。学校的阅读教学也能提高这些技能。刚刚达到入学年龄的儿童在一年级末时，相较于恰巧没有达到入学年龄而在幼儿园再待一年的几乎同龄的儿童，表现出更好的语音意识。因此，语音意识既能促进阅读，也能被阅读促进，二者相辅相成。

词语识别

快速而轻松地识别词语对理解能力和阅读乐趣都至关重要。在一个著名的统计报告中，康妮·朱尔（Connie Juel）指出了不具备这些技能的后果：40%的词语识别能力差的四年级学生宁愿打扫房间也不愿意阅读。其中一名学生说："我宁愿把浴缸周围的霉菌清洗干净也不愿意阅读。"这样的态度不仅对阅读本身是糟糕透顶的，还会拉低其他科目的成绩，因为所有学科都需要学生通过熟练地阅读来掌握知识。词语识别能力差会导致儿童的阅读量少，达不到课堂的最低学习要求。就如玛丽莲·亚当斯（Marilyn Adams）所言："如果想促使儿童大量阅读，我们必须教他们怎样好好阅读。"

儿童主要通过两种方法来识别词语：语音转录（有时候称为解码）和视觉提取。在这两种方法中，儿童都是先看到书上的词语，然后在长时记忆中找到这个词语的记录。两者的差别在于其机制不同。当儿童用语音转录一个词语时，他们会将视觉形式转化为声音形式（本质上是在"大脑的耳朵"中听到了词语的读音），然后使用这个声音表征识别这个词语。当他们通过视觉检索词语时，他们不会使用这一中间步骤。事实上，这两种方法并不像上述描述的这样泾渭分明。例如，儿童有时会对词语的第一个或者第二个字母进行语音转录，然后直接提取词语。尽管有这种混合的情况，在词语识别的策略上，两者仍有本质的区别。

两种识别词语过程的差别反映在阅读教学上就是两种主要教学方法的区别。"全词语记忆法"强调视觉提取，"语音记忆法"则强调语音的再编码。纵观教育历史，教育实践就在这两种方法间摇摆不定。20世纪初，美国的大多数教师都强调语音记忆。1920—1950年，美国的大多数老师又强调全词语记忆法。近些年来，语音记忆法再次受到大多数老师的重视，尽管不同老师在教授方法时有较大的差异。这种转变的原因可能是两种方法在儿童阅读教学中都取得了成功，但又没有哪种教学方法成功地让每个儿童都具有较强的阅读能力。另外，大多数老师会将两种方法结合起来使用。问题不在于儿童是否要学习字母－语音间的关系或者快速地提取词语，而在于要在儿童多小的时候强调这些技能，以及要强调多大程度，从而帮助广大儿童更好地阅读。

争论的另一个原因是两种方法都有合理的依据。"全词语记忆法"一派认为：熟练阅读者依赖于视觉提取，阅读教学的目标是培养阅读熟练者，因此，应该按照阅读熟练者的方式对阅读初学者进行教学。"语音记忆法"一派认为：对于学习阅读的儿童而言，他们必须能够识别词语，而语音转录有助于他们做到这一点，因此，应该以让阅读初学者独立阅读为目标进行教学。

了解儿童学习阅读的过程有助于人们在这些争论中做出选择。在下一节中，我们将研究两种方法识别词语的过程，以及儿童如何选择使用哪种方法来识别特定的词语。通过这些分析，我们将会了解一种教学方法为何比另一种更有效。

语音转录。 语音转录能够让儿童读出他们不认识的词语。一项对基础阅读的分析足以说明为何语音转录技能对阅读初学者如此重要。研究人员考察了出现在一、二年级学生的基础读物中的近3000个词语。结果表明，70%以上的词语出现次数不超过 5 次，40% 以上的词语仅出现 1 次。有些基础读物会频繁地重复某些词，但多为"看，看，看波特"这种简单机械的方式，易于读者记忆。因此，早早地掌握语音转录对于阅读初学者学习许多不常见的词语非常重要。

除了让儿童独立阅读之外，熟练的语音转录对有效的视觉提取也很有益处。安东尼·约姆（Anthony Jorm）和戴维·沙里（David Share）描述了这些是如何发生的。他们的基本假设是，儿童学习到的是他们陈述的答案。如果儿童缺少良好的语音转录技能，他们将被迫更多地通过情境来推断词语的意思。但是情境往往不是可靠的线索，依赖情境会导致很多错误。相反，准确发音会增强书面文字和口语之间的联系，从而提高儿童通过视觉提取而识别词语含义的能力。

视觉提取。人们很容易这样来描述词语识别技能的发展过程：儿童首先要读出词语，然后使用视觉提取。事实上，这个过程要更加复杂。许多儿童甚至在知道对应的语音符号之前就能提取出一些词语的含义。菲利普·高夫（Philip Gough）和迈克尔·希林格（Michael Hillinger）举了一个学龄前儿童学习词语的例子。男孩从啤酒罐上学会了第一个词"budweiser"（百威），从路标上学会了第二个词"stop"（停）。情境提供了词义线索。

尽管初次使用视觉提取可能要依赖于一两个线索，如情境和词语的整体形状，但提取过程最终需要对诸多信息的并行加工进行整合。这些信息来自特定的字母、整个词语，以及周围的情境。一年级学生已会综合使用这些线索。当一年级学生用一个词语替换另一个词语时，他们选择的词语常常与之前的词语具有相同的首字母，并且与情境相一致。因此，多个信息源在儿童阅读初期就影响着视觉提取。

词语识别的多种途径。研究者采用联结主义模型（见第 3 章）来解释儿童在词语识别过程中如何使用语音转录和视觉提取这两种方法。该模型还明确了在儿童获取阅读技能的过程中，这两种方法的相对作用如何发生变化。

该模型基于如下假设：儿童最终会获得词语的音、形、义之间的联系。甚至在学会阅读之前，儿童已经在词语的发音和意义之间建立了强有力的联结。后来，当儿童学习阅读时，他们逐渐获得词语的词形与发音和意义之间的联系。

该模型通过以下方式训练：向其呈现词语的形、音、义，使其建立三者之间的联系，并给予正确的反馈。在训练过程中，模型习得词语形、音之间的关系要比习得词语形、义之间的关系快得多。这是因为拼写和发音是系统性联结的，所以词语形、音的联结要比形、义的联结更紧密。在训练早期，当给模型呈现词语的形时，它主要依靠从形到音再到义的途径来识别词语。随着时间的推移，模型积累了更多的词汇经验，从形到义的直接途径逐渐加强。这是因为模型在理解了一个词语之后，词语的形和义之间的联系就被加强了。随着形到义的直接途径逐渐加强，它开始在词语识别方面"胜过"间接途径（从形到音再到义）。

因此，联结主义模型揭示了一种可能的机制。通过这种机制，熟练的语音转录有助于高效的视觉提取（如约姆和沙雷所述）。该模型说明，在学习阅读的早期阶段，儿童利用了他们关于音和义之间联结的已有知识，并且使用了形和义之间的系统性联结。为了识别词语，儿童最初使用语音为中介的途径。该途径首先依赖于形和音之间的联系，然后依靠音和义之间的联系。随着阅读经验的增加，从形到义的直接途径逐渐增强。于是，在儿童掌握较多的词语后，他们开始使用直接的视觉提取。

该模型还得到了一个有趣的结论：学习阅读实际上会改变儿童表征词语发音的质量。儿童早期对词语发音的表征通常不包括子字（subword）的信息，如单个语音。例如，基于口语经验，儿童可能会意识到"make"和"bake"是两个词语，但是并没有清晰地意识到两个词语的差别在于最前面的辅音。在联结主义模型中，在学习了词语的音和形的映射之后，模型应该能对语音进行更加明确的表征，也开始更清楚地表征子字信息，比如单个语音和韵词（如"make"和"bake"中的"ake"）。这说明，当儿童学习从形到音的映射时，他们可能会发展出关于子字信息的明确表征。因此，模型说明学习词语的形和音之间的映射能够增强语音意识。实际上，学习读词能够提高儿童的语音意识。

选择词语识别策略。和算术运算一样，儿童也能够适当地选择词语识别策略。当能够正确识别词语时，儿童会使用快速提取方法，而对较难的词语，他们会采用备用策略，如自然拼读。这一观察结果提出了一个问题，即当两种方法都可用时，儿童如何知道是使用语音转录还是视觉提取来识别特定的词语呢？对于符合读音规则的词（如"luck"），儿童应用两种方法都可能成功；但是对于特定的词语（即在形音上不符合规律的词语，如"island"），儿童使用语音转录的方法可能产生错误。对于可发音的非词语（不是词语但可以读出来的字母串，如"thack"），语音转录是唯一的选择。因为，我们从未见过这些非词语。

这种决策过程与儿童在进行数学计算时一样。当儿童看见一个词语时，可能发生两种情况。一种情况是他们开始尝试根据词语的形提取其含义。如果提取联结的强度足够大，他们会说词语。否则，他们就会采用备用策略，如自然拼读词语。另一种情况是，如联结主义模型所述，儿童可能同时采用视觉提取和语音转录两种方法。哪种方法能够最快获得答案，哪种方法会被儿童用来识别词语。

因为符合读音规则的词语在数量上具有压倒性优势，且使用语音转录有助于高效的视觉提取，所以在帮助儿童快速准确地识别词语方面，基于语音的教学总体上优于全词语记忆法。其逻辑是，准确地使用备份策略（如拼读出来）将在词语和其形式之间建立紧密的联系，从而让快速准确提取成为可能。这种观点已经得到证明。在课堂教学和实验室测试中，语音记忆法能够较好地促进儿童阅读成绩的提升。

阅读障碍。即使智力和感知能力正常，患有阅读障碍的儿童在学习阅读时仍会遇到很大的困难。阅读障碍的表现是词语识别和拼写困难。总的来说，阅读障碍包括语音转录以及识别词语的困难。

许多患有阅读障碍的儿童即使成年后阅读能力仍然很差。患有阅读障碍的成年人在阅读非词语和不熟悉词语时仍会感到困难，因为这必须依赖语音转录技能才能实现。据推测，随着阅读经验的增加，他们通常能够使用提取策略，但在读出生词时仍有困难。

幸运的是，人们已经研究出许多针对阅读困难的干预措施。成功的干预措施通常包含了语音知觉、字母-声音对应、语音和词语分析方面的明确指导。这些措施尤其加强了旨在提升语音转录技能、教授不擅阅读者规避语音转录困难的策略方面的教学努力，这些努力能够产生许多实质性的积极影响。例如，莫琳·洛维特（Maureen Lovett）等人研究了策略训练的效果。该策略训练旨在教授不擅阅读者对生词和认识的词语进行类比。他们在第一次没有猜对词义时，要尝试另外的元音发音，并且识别出认识的词语中的已知部分，然后将注意力放在词语的剩余部分。经过 35 小时的策略训练后，相较于另一组不擅阅读者（给予相同数量的训练，但这些训练针对的是问题解决和学习技巧），这些儿童在词语识别和拼写的标准化测验中取得了显著的进步。当然，个体对阅读干预措施的反应存在差异，但许多儿童确实从中受益，并且显示出长期有效的干预效果。因此，尽管阅读障碍是一个难于治愈的"顽症"，但阅读障碍者接受一些干预训练还是有帮助的。

阅读理解

在儿童获得的诸多学习技能中，阅读理解可能是最重要的。它使儿童能够去学习、追寻自己的兴趣，以及排遣无聊的情绪。

阅读理解过程可以分为 4 个部分：词汇提取、命题合成、命题整合以及文本建模。在阅读中，词汇提取指儿童从长时记忆中提取书面形式词语意义的过程。命题合成是将词语联系起来，组成有意义的单元。例如，在"生病的男孩回家了"这句话中，读者可建构"有一个男孩""男孩生病了""男孩回家了"等命题。命题整合指将单个命题组合成更大的意义单元。最后，文本建模是儿童进行推断，并将所阅读的内容与已知内容联系起来的过程。例如，读者可以根据儿童生病以及学校到他家的距离信息推断出儿童的爸爸或者妈妈可能会开车接他回家，尽管这在句子中并未提及。

查尔斯·佩尔费蒂（Charles Perfetti）的分析有助于弄明白阅读理解和听力理解之间的关系。两者都需要形成命题、整合命题，进而构建一个通用的情境模型。但是，两者的词汇提取过程有所不同。在阅读理解中，词汇提取过程需要在书面词和词义间进行转换；在听力理解中，词汇提取过程需要在口语和词义间进行转换。阅读初学者具有很强的将口语转化为意义的能力，这也是他们的听力理解强于阅读理解的原因。

阅读理解过程中什么在发展？理解与记忆关系紧密。因此，影响记忆发展的主要因素（基本加工、策略、元认知、内容知识）也会影响阅读理解就不足为奇了。

两种基本加工有助于促进阅读能力的发展，即词语识别自动化和工作记忆的高效操作。类似于自动化算术能力有助于儿童学习高级的数学知识一样，词语识别自动化有助于阅读理解，自动化释放了认知资源。与这一观点一致的是，儿童在一年级开学时的词语识别自动化水平不仅能够预测他们当时的阅读理解能力，而且能够预测三年级末时的阅读理解能力。相应地，词语识别技能也是四年级学生阅读理解能力的有力预测指标。

基于类似的原因，工作记忆的高效操作有助于阅读理解。能够记住更多材料的儿童能够更好地整合新旧想法，并理解它们之间的联系。工作记忆之所以有助于理解，可能因为其涉及理解的认知过程，在处理后续材料时都需要将信息保存在记忆中。这包括整合观点、推理以及监测对文本的理解。

策略的习得也会影响阅读理解能力的发展。通常，这些策略包括根据阅读材料的难度和阅读目标调整阅读速度和精细程度。例如，理解力强的读者阅读小说比读课文要快得多。不过，儿童在童年末期才会灵活使用这种策略。例如，对于不需要完全理解就能回答问题的文本，10岁的儿童很少使用略读策略，会从头至尾仔细地阅读，相比之下，14岁的儿童多会采用略读策略。

阅读理解也受到阅读过程中元认知的影响。从一年级到成年的所有年龄段，理解力强的阅读者比理解力差的阅读者能够更准确地监测自身对所读内容的理解。两者的阅读理解监测能力都随着年龄的增长而提高，但两者的差别一直存在。具有较强阅读理解监测能力的阅读者会采用多种策略来处理阅读理解中的困难，如返回不理解的地方、降低阅读速度、尝试将信息可视化，以及将抽象内容转换为具体例子等。因此，发展早期更好的理解监测和发展后期更好的阅读能力的紧密联系就不足为奇了。理解力强的阅读者往往也更了解如何从不同的文本结构元素（如标题、开头和结尾）和不同文本类型中获取信息。

阅读理解最后一个和年龄有关的提升来源是知识内容的增加。拥有大量知识的儿童可以通过与自己已有知识进行比较，以检查阅读理解的正确性。他们也能对隐藏的、未直接说明的动机、事件以及结果做出合理的推断。任何相关的先验知识尤其是因果关系都有助于阅读理解。阅读者越关注因果关系，他们对所读内容的回忆就越好。随着年龄的增长，儿童能够表征更宽泛的因果关系，从而促进阅读理解能力。例如，8岁的儿童主要关注一段情节中的因果关系，而14岁的儿童还会重视不同情节之间的关系。总之，基本执行过程的效率、策略使用、元认知，以及内容知识的提升，都有助于与年龄相关的阅读理解能力的提高。

在阅读理解的发展过程中，这些因素是如何被整合在一起的呢？卡罗尔·麦克唐纳·康纳（Carol McDonald Connor）认为阅读理解是一个动态系统，包括了多个因素的"相互影响、相互促进，以及自我提升的效应"，即所有的因素都会相互影响。例如，具有足够知识的阅读者能够成功地理解文本，而理解文本又有助于他们获取更多的知识。因此，知识与阅读理解相互影响、相互促进。再如，具有较强元认知能力的阅读者会选择缓慢地阅读复杂的文本，缓慢的阅读过程可能会帮助他们进行词语识别，从而获得语言知识。因此，元认知能影响词语识别，从而影响语言知识的获取。

教学启示

儿童需要具有足够的知识来理解阅读内容。当儿童缺少这些知识时,许多阅读问题就会凸显出来。这些阅读问题在寓言故事《浣熊和麦金尼斯夫人》[①](*The Raccoon and Mrs. McGinnis*)中充分体现出来。

麦金尼斯夫人是一位贫穷、善良的农民。她对着星星许愿,希望得到一个牲口棚来安置她的牲畜。然而不幸的是,当天晚上,强盗来了,偷走了牲畜。一只浣熊经常会晚上跑到麦金尼斯夫人家门口寻找食物。它跟踪强盗,并且为了安全起见爬到了一棵树上。强盗看到浣熊戴面具的脸,以为它是另一伙强盗中的成员。他们吓得赶紧放掉了牲畜,惊慌中掉了一个从别人那里偷来的钱袋。浣熊拾起钱袋,回到麦金尼斯夫人家门口继续觅食,并且把钱袋丢在麦金尼斯夫人家门口。第二天早上,麦金尼斯夫人发现了钱袋,她把这个好运归功于自己昨天晚上的真诚祈愿。

虽然大多数成年人都觉得这个故事很有趣,但二年级学生却体会不到其中的乐趣,只是感到很困惑。伊莎贝尔·贝克(Isabel Beck)和玛格丽特·麦基翁(Margaret McKeown)认为,问题在于儿童缺少两个重要的概念:巧合与习惯,它们恰恰是理解故事的关键。因此,在另一组二年级学生阅读这个故事之前,实验者不仅为他们讲解了什么是巧合,什么是习惯,还介绍了其他一些有用的背景信息:浣熊眼睛周围的黑眼圈看起来像面具,浣熊习惯于在晚上觅食,浣熊经常捡起东西并把它们带到其他地方。

这些背景知识有助于儿童理解这则寓言故事。实验者对巧合这一概念的解释使得更多儿童明白麦金尼斯夫人认为的事件与实际发生的事并不一致。此外,获得了背景知识的儿童并不认为浣熊在有意帮助麦金尼斯夫人,这与同龄人的想法

---

① 该故事来源于美国小学二年级的阅读课本。

不同。由此可见，相关的知识有助于阅读理解，通过教学帮助阅读者获得适当的知识有助于提升阅读者的阅读理解能力。

另一种有效的教学方法是互动式教学，以元认知在阅读理解中的作用为基础。这种方法由帕林科萨和布朗提出，最初用于提高一群来自贫困家庭的七年级学生的阅读水平。尽管这些学生的词语识别能力处于七年级水平，但是理解能力却落后了 2～3 年。帕林科萨和布朗认为，这些学生的核心困难在于缺乏阅读理解的监测能力，他们需要提高阅读理解监测中涉及的 4 种执行能力：总结、明确问题、提问以及预测问题。

互动式教学多采用小组合作方式进行探究学习。教师将学生分成小组，小组成员轮流主持讨论一篇文章。起初，教师作为讨论的主持者。在学生和教师读完一段文章后，教师会进行总结，指出学生在阅读中需要弄清楚的句子，并提出可能出现的问题，再预测接下来的情节。接下来，一名或多名学生主持阅读活动，完成下一段文章的阅读。然后又轮到教师，依次交替。在整个过程中，所有学生都主持了阅读活动。帕林科萨和布朗经研究发现，这种轮流主持参与阅读的方式必不可少。因为最初时，只有 11% 的学生能总结陈述段落的中心思想，但经过 20 多次的训练后，60% 的学生能够总结出段落的中心思想了。

每天的教学结束后，学生要阅读新的段落，并根据记忆回答关于段落的 10 个问题。在一次前测中，儿童的平均正确率为 20%。但在训练结束时，他们的平均正确率已达 80% 以上。在训练结束 6 个月后，研究者对这些儿童再次进行测试，他们发现儿童的阅读理解技能的提升仍旧明显。值得特别说明的是，在自然科学和社会科学的日常课堂作业测试中，接受阅读训练的儿童的名次从只高于全校的 20% 的学生提升到超过全校 56% 的学生。

在此之后，研究者又进行了许多互动式教学的研究，其结果令人备受鼓舞：互动式教学对各年龄段、各成绩水平，以及不同班级规模的学生均产生了积极影响。当然，教师的互动式教学技能会影响教学效果。这充分强调了教师支持对学生学习的重要性。

我们可以从上述成功案例中学到什么呢？一是所教技能的情境要尽可能和使用该技能的情境相匹配，这样能体现出技能的价值。在互动式教学中，教学情境是阅读有意义的材料，这正是实际使用这些技能的课堂情境。二是学生积极参与学习的重要性。回顾第4章，合作的有效性取决于有经验的合作者让经验欠缺的合作者积极参与问题解决过程，并且能够完成任务。在互动式教学中，学生被鼓励尝试相关的过程（如总结、提问等），而且随着他们能力的增强，其在教学过程中的重要性也逐步提高。因此，互动式教学的有效性至少部分归功于教授技能时的情境与后来使用该技能时的情境之间的相似性，以及教学过程中学生在他人协助下的积极主动参与。

孩子如何学习写作

学生写作水平很差是另一个令教师头疼的问题。即使儿童期结束，许多青少年也仍然面临写作困难。例如，计算机制造商能够生产每秒执行数十亿条指令的机器，却不能编写一本如何操作这些机器的简单手册。可见，不会写作是一件非常糟糕的事，毕竟写作在现代生活中如此重要。再如，当今是社交媒体盛行的时代，人们的写作需求比以往任何时候都要旺盛。

写作可以分为两个步骤：起草和修改。这两个步骤都需要写作者克服一系列的挑战：正确使用标点、正确拼写词语，以及正确使用语法等；行文内容易于理解；实现写作目的（如说服、描述、娱乐、表达观点等）。写作时需要同时考虑这么多的需求，难怪大多数人觉得写作是件很困难的事。

起草步骤

下面是一名8岁英国儿童的作文，其写作水平要高于同龄人的平均水平。让我们体会一下。

我没有养鸟，但我知道关于它们的一些事。它们有两个鼻孔，它们清理自己的羽毛，它们吃种子、虫子、面包、抱杉树和其他很多东西，它们喝水。当它喝水时，它抬起头，然后低下头。一只鹦鹉（小鸟）的笼子弄得非常脏，人们会清理它。

这篇作文反映了该名儿童在写作中面对的3个困难：讨论主题的类型、同时达到多个目标的要求以及写作的语法要求。

对不熟悉主题的需求。 要写一篇文章，儿童必须首先激活长时记忆中的相关信息。在很多情况下，这是困难的，因为这些主题通常是儿童从未想过的（如"我对鸟的了解"）。在这种情况下，他们必须从记忆的不同部分抽取、集中相关材料，并组织这些材料。8岁的儿童关于鸟类的作文例证了写作的通常结果：罗列与主题有关的事实，不能围绕该主题进行有组织地讨论和描述。相应地，儿童在具备与写作主题相关的更多知识后，往往能写出高质量的作文。

多元目标的要求。 人们为追求多种目标而写作，如有的为了兴趣，有的为了传递思想，有的为了说服他人，有的为了凑出足够多的内容。在一开始的起草步骤中，作者得到的反馈通常局限于他们对自己所写内容的反应。这与交谈的情况截然不同，交谈过程中他人的提问、评价以及表情常常能为作者提供新的想法和实现目标的途径。因此，写作要求作者在较少外部支持的情况下制定目标，长时间地将之记在心里，并独立判断何时达到这些目标。

儿童如何实现多元目标的要求呢？马琳·斯卡达玛利亚（Marlene Scardamalia）和卡尔·贝莱特（Carl Bereiter）将儿童的典型方法称为"知识告知策略"。这种策略简化了写作任务，每次只需要考虑一个目标。这个策略可以归结为两条指令：（1）直接回答所问的问题；（2）记录从记忆中提取的信息。前文中鸟的故事说明了使用这一途径的结果。刚开始，儿童回答了基本问题："我没有养鸟，但我知道关于它们的一些事。"然后她列出了自己知道的关于鸟的一些事实。结构的简洁性是儿童作文的显著特征之一。在小学时期，儿童作文的篇幅通常不超过半页 A4 纸，在几百字内。

随着写作经验的增加，儿童开始按照标准的结构组织系列目标。这种标准结构有助于他们记住写作要求。哈丽雅特·沃特斯（Harriet Waters）报告了一个不同寻常的自然实验。这个实验证实了协调多个目标的技能要如何在实践中发展。沃特斯分析了自己在小学二年级时所写的 120 篇作文，所有的作文都是为了完成"班级新闻"的作业。作文内容是记录每天发生的事情。

沃特斯仔细地检查了自己在二年级初连续 5 天写的 5 篇作文，二年级中连续 5 天写的 5 篇作文，以及二年级末最后 5 天写鸟的 5 篇作文。最初的文章内容仅限于日期、天气和班级活动，后来的文章开始包括一些关于同伴以及学校的信息。

一般而言，后面的作文比前面的作文表现出目标多样性。在后期的许多作文中，沃特斯每回忆一件事，似乎都设定了两个写作目标：记录这件事的发生时间，描述自己对这件事的反应。这种预先安排的目标序列通过描述事件之外的内容，降低了写作加工要求。但是沃特斯的作文仍然很短，最长的作文所占篇幅也不超过 A4 纸的 1/3。

帮助儿童同时考虑两个及以上的目标，并将这些目标相互联系起来，能够提高他们的写作水平。贝莱特和斯卡达玛利亚发现，一种特别简单的教学设备可以促进这一目标的实现。他们给儿童一副卡片。卡片上面写着一些常见的句子开头，如"与之类似""例如""另一方面"等。研究者要求儿童在不知道接下来写什么时，选择一个提示语。这些句子开头能够引导儿童思考句子之间的关系，不仅从读者的视角考虑该写什么，还从自己（即作者）的视角考虑写什么。即使这些提示语并没有具体说明该写什么内容，但这些提示语能引导儿童写出更加丰富的内容，内容间的关联度强。

随着写作技巧的提升，儿童从知识告知策略转向知识转换策略。这种策略要求作者同时达到两个目标：决定要传递什么信息，决定传递信息的方式以便易于读者理解。专业作者惯常使用这种策略；许多成年人在熟悉文章写作主题时也会采用该策略。这一策略首先要分析文章主题，选择观点，接下来，斟酌内容，将内容转换成所需的形式。知识转换的途径还包括作者对想表达的内容和写出来的内容进行反复的比较。使用这种策略的"副产品"是写作过程能够增加作者的知识。向读者传达自身的立场也会迫使作者意识到自己思维的缺漏和矛盾之处。解决这些缺漏和矛盾能够加深作者对写作主题的理解。

作者在写作前花费大量时间进行构思，说明其越来越多地采用知识转换策略。通常而言，大学生在写作前用于构思的时间要比五年级学生更多。他们花时间构思文中的立场，如何对其进行论证，以及用哪些修辞手法表达出来。

随着年龄的增加，作者在任务限制下的写作灵活性也在增加。无论有无写作时间限制或文章长度限制，五年级学生用于构思的时间都不长。这是他们使用知识告知策略就能预期的结果，即他们一旦对问题有了直接的反应就开始动笔写作。与之相反，当作业对篇幅和完成时间有要求（有更多的时间写文章）时，大学生会为文章构思花费较多的时间。

规范要求。写作中遇到的第三种困难就是规范要求，包括拼写字母、拼写词语以及正确使用大写字母和标点符号。这些规范要求让许多儿童的写作进展缓慢，以至于有时写着写着会忘记想表达的内容。

为了检验规范要求和慢度写作如何影响儿童写作，贝莱特和斯卡达玛利亚让四年级和六年级学生分别在 3 种条件下写作文。在典型写作条件下，儿童像平常一样写作，会遇到规范要求和慢速写作问题。在缓慢口述条件下，儿童向一名按照儿童写作速度进行记录的抄写员口述作文。这让儿童从写作规范的束缚中解放出来，但仍然受慢速写作的影响。在标准口述条件下，儿童以正常语速对着录音机口述。这使他们不再受制于写作规范和慢速写作的束缚。

在标准口述条件下,儿童由于没有写作规范和慢速写作的负担,最终写出了质量最高的文章。在缓慢口述条件下,儿童没有写作规范要求的负担,但仍然有慢速写作的束缚,所以写出的作文章并不佳。在典型写作条件下,儿童既要承受慢速写作又要承受写作规范要求的负担,所以写出的作文难如人意。

这些发现强调了一个儿童写作困难的原因:写作增加了儿童的工作记忆负荷。当工作记忆负荷减轻后,儿童的写作水平就提高了。事实上,有证据表明,写作能力的个体差异和发展差异都与工作记忆容量的差异有关。随着儿童越来越熟悉写作规范,写作工作对于工作记忆资源的要求逐渐降低。于是,儿童开始能够把注意力放在写作工作的其他方面。

修改步骤

我们都知道,好的文章是修改出来的。儿童的初稿很少有好文章。然而,儿童却很少修改初稿,即使是初稿很差。更糟糕的是,即使儿童修改了初稿,作文质量也不会提升。这就提出了一个问题:为什么修改后的作文仍然质量不佳呢?

修改可以分为两个主要过程:找出不足以及对其进行改正。为了找出不足,人们必须对文章单元(如句子或段落)和文章预期属性的内部表征进行比较。这种比较要求作者清楚地知道写作目的,即使纸上的文字多么令人困惑或不知所云。

儿童难以找出文章的不足。例如,在卡萝尔·比尔(Carole Beal)的一项研究中,儿童需要对文章进行修改。文章存在漏句、句子表述混乱、矛盾的问题。四年级学生仅发现了其中25%的问题,六年级学生仅发现了60%的问题。通常而言,小学生倾向于高估文章的逻辑和质量。

更典型的情况是,儿童在需要修改自己的文章时,自我中心主义加剧了修改难度。儿童很难把自己所知道的和读者能够从文章中所知道的信息区分开。为了说明这一点，埃尔莎·巴尔利特（Elsa Bartlett）做了一项实验：要求儿童修改自己或同学写的文章。本实验研究的重点是考察儿童检测两种错误的能力：语法错误和指代不清（如"警察和强盗开枪互射，他被杀了"）。一方面，如果自我中心主义对找出文章不足有影响，相较修改他人文章，儿童很可能更难改正自己文章中的指代不清问题，因为他们知道自己文章中指代的是什么。另一方面，自我中心主义不会让儿童难以修改自己文章中的语法错误。

正如预期的那样，儿童非常善于发现他人文章中指代不清的问题，但是较难发现自己文章中的此类问题。儿童在发现自己文章和他人文章中的语法错误时表现得差不多，这是因为此时自我中心主义不是大问题。因此，提高修改技巧的一个重要方面是将自己的视角与读者的视角区分开。

基于此，可以得到的推断是，在修改文章之前，作者应等待一段时间。其逻辑在于，在文章刚刚写完的这段时间里，心理和时间上对文章的密切性会强化自我中心主义，从而干扰作者修改文章。随着时间的推移，作者对文章的评价会更加客观。

不过，这样的建议并未触及问题核心。对于四至十二年级的学生而言，修改一星期前完成的文章与修改刚刚完成的文章，在质量上并没有提升，都是修改得并不到位。因此，学生在完成文章后立即对文章做出修改也是可行的，且这样做比较方便。

当儿童找出自己文章中的问题时，他们仍然必须修改。幸运的是，当儿童自己发现文章有问题，至少他们能够进行有效的修改。例如，在比尔的研究中，四年级学生和六年级学生都能够正确地修改自己发现的文章问题。然而，当成年人指出儿童忽视的某些错误时，情况却有所不同。年龄较大的学生能有效地解决问题，但是年龄较小的儿童却不行。

对于年龄较大的学生，简单地向他们指出文章中需要修改之处并不总能让他们受益。当成年人指出需要修改的句子后，七年级学生更倾向于注意表面错误（如拼写和标点符号问题），而不是句子意义上的错误。相比之下，大学生能更好地利用成年人的提示，对相应的部分适当地做出意义上的修改。

正确修改文章的关键似乎在于具有多视角看问题的能力。这有助于儿童自我发现和诊断初稿中的问题，以及纠正他人指出的问题。因此，写作就像阅读和数学一样，需要作者协调不同类型的知识，并且灵活地转换注意力。

教学启示

什么样的写作教学能培养学生的写作能力？对写作教学相关的研究显示，明确指导是一种非常有效的方式。明确指导的优势在写作与修改策略、执行这些策略的元认知过程（如目标设定和自我监控）方面最为显著。对于不同类型的文本结构（如小说和议论文），明确指导也是让作者受益的一种方式。

写作教学的很多方法都涉及为知识转化而建构写作行为。建构写作行为的一种形式涉及帮助学生组织和计划写作这一结构化任务，如确定论点并列出支持每个论点的论据。建构写作行为的另一种形式涉及社会互动，如学生和同伴一起复习课文，甚至和父母一起写文章。两种建构写作行为的形式都能提升学生的写作质量。此外，合作写作涉及特定的指导行为。这特定的指导行为包括参与者之间应该如何互帮互助，确定写作策略和元分析。

与认知发展的其他领域一样，写作能力的提高源于基础加工能力（如工作记忆能力）的提升、内容知识的获取，以及策略使用和元认知监控的改善。写作课程的内容通常集中在策略使用和元认知监控上，可以提高很多学习者（包括儿童与成年人）的写作水平。

第 12 章

Children's Thinking

认知发展研究的未来的挑战

"那么，儿童是怎么想的呢？"

（当父亲向他7岁大的女儿描述这本书的时候，小女孩儿这么问）

前面的章节分别讨论了儿童的知觉、语言、记忆、概念理解、社会认知、问题解决和学业技能。这种划分有助于对儿童思维各个领域的特征进行研究。然而，这种划分也可能会掩盖整合认知发展不同方面的连续主题。本章是一个总结性章节，本章的主要目的是讨论这些统一的主题，并且提出未来可能的中心研究问题。

在本书的第1章中，我们列出了适用于一般儿童思维的8个主题。这些主题也为本章提供了组织框架。本章重点介绍这些主题下的一些新近的观点。

主题1：发展的本质是什么

当儿童思维的研究者在期刊文章中写道"本研究的目的是……"时，他们几乎从不会写"发现了什么在发展"或者"发现了发展是如何发生的"。研究者这么做也许是出于谦虚，也许是认识到了没有一项研究能达到这些目标。不过，这两个问题正是儿童思维研究的最深层动机。始终牢记这两点对理解儿童思维研究的意义至关重要。

要在"什么在发展"和"发展如何发生"等难题上取得实质性进展，就需要在研究发展的理论和方法上改进。要有既具普适性又描述精确的理论。这些理论聚焦于关键问题，提出以前未曾考虑过的问题，并能以此为出发点形成新想法。

多年来，皮亚杰理论发挥着整合和"议程设置"的功能。皮亚杰理论的支持者和皮亚杰理论的反对者之间的争论充斥着期刊、书籍和会议。但这样的日子已经一去不复返了。现在很少有人会去争论不到 8 个月大的婴儿是否有客体永久性的概念，5 岁儿童是否完全不能理解守恒问题中的转换，认知发展是否可以分为明确而有序的几个阶段。同样，也很少有人争论儿童在标准的皮亚杰任务中遇到的困难是完全由于方法上的人为因素，还是因为特定年龄的儿童思维不具有一致性。相反，大多数研究认知发展的学生会赞同较为温和的观点，认为幼儿在理解皮亚杰强调的技能和概念时确实会遇到问题，但当他们对这些技能和概念有一些初步的理解后，他们的理解会逐渐深入，并以连贯而复杂的方式组织他们的思维。

温和的观点有优点，也有不足。皮亚杰的有些观点是合理的，但有些观点是错误的，但不论对错，皮亚杰理论都为儿童思维许多方面的发展赋予了连贯性。现在需要的是一个继承者，这个继承者既要具备皮亚杰理论的优点，又要克服皮亚杰理论的部分缺陷。也就是说，这个理论要像皮亚杰理论一样，涵盖从婴儿期到青春期的整个年龄段；包含问题解决、概念理解、记忆和道德判断等不同领域；揭示迄今在儿童思维中许多未知的变化。

在前面的章节中，我们提到了许多致力于提出这种广泛而又详细理论的研究。它们增加了我们对认知发展的理解，但没有一个像皮亚杰理论那样吸引了这个领域的想象力。现在的问题是如何构建一个这样的理论。

促进这类理论进步的一种方法是，通过直接讨论变化过程的方式来研究儿童思维。能够揭示变化发生的间接的一种方法是微观发生法。如第10章所述，微观发生法涉及儿童思维发生变化时获取其思维的大量样本。使用这种方法的研究表明，儿童思维具有可变性，变化常常包括后退和前进，而且即使他们遇到了同样的问题，也不是所有儿童都遵循相同的变化方式。

另一种有望促进理论发展的方法是研究一个领域的发展如何影响另一个领域的发展。一般而言，研究者都在某个单一领域具有专业知识，因此大多数研究聚焦于单个领域的发展，如语言发展、知觉发展、记忆发展等。然而，儿童的发展并非如此简单。儿童在一个领域的发展也会潜在地影响他们在其他领域的表现和发展。为了深入了解发展过程，理解不同领域之间的关系，以及它们如何在儿童发展过程中发挥作用是很有必要的。从本质上说，就是重新整合儿童发展的研究。

幸运的是，一些研究者开始采用一些更利于整合的方法。如第5章所述，一些研究者正在探索运动技能的发展如何影响儿童知觉和认知的发展。学习爬行对于儿童在其他领域的发展有着重要意义。会爬行的儿童比不会爬行的同龄儿童更有可能注意到远处的物体，从而使他们对绝对距离有了更准确的知觉。会爬行的儿童比不会爬行的同龄儿童在皮亚杰的"A非B错误"任务中表现得更好。在该任务中，婴儿在看到一个物体多次隐藏在一个位置（A）后，必须在物体隐藏的新位置（B）搜索物体。会爬行的儿童更有可能在正确的位置（B）进行搜索，而且由于他们已经有了数周的爬行经验，所以他们能够应对的隐藏事件和搜索之间的间隔时间会越来越长。因此，学习爬行似乎会影响婴儿的客体知识和空间搜索的表现。

本书还讨论了跨领域整合的其他例子，例如，第4章描述了语言和分类之间的关系，第9章讨论了语言和心理理论之间的关系。当代的其他研究讨论了语言和记忆之间、社会认知和记忆之间、阅读技能和数学技能之间,以及空间技能和数学学习之间的关系。正如这些例子表明的那样,驱动一个领域发展变化的"引擎"通常来自其他领域。因此,跨领域的整合研究有望促进人们理解"发展如何发生"方面的理论进步。

主题2:认知发展经历了哪些关键过程

当前人们对儿童思维变化过程的理解正在快速增长。很明显,在其中起着重要作用的有4个过程:自动化、编码、概括化和策略建构。自动化指相关情况不管在何时出现,都能少量甚至不消耗认知资源地执行加工过程。相关概念包括释放认知资源、从控制过程到自动化过程的转换,以及从系列加工到并行加工的转换。编码涉及根据事物特征和他们之间的关系对事物进行表征。与编码有一定重叠的改变包括同化、统计学习、知觉学习、辨别、区分、关键特征的识别以及心理模型的形成。概括化指将已知的关系推广到新案例中。相似的概念包括归纳、抽象、迁移、规则检测和类比推理。最后,策略建构涉及整合其他过程以适应任务需求。相关机制包括顺应、策略发现以及建构核心概念结构。虽然我们并不完全理解这些机制,但毫无疑问每种机制都对儿童发展有着重要作用。

许多拟议的变化机制涉及一些根据从环境经验中获得的信息而运作的过程。例如,在刚刚讨论的策略建构的情况下,儿童需要形成这样的概括:$a+b$ 的答案和 $b+a$ 的答案相同。这种概括化依赖于儿童有机会按照不同顺序和不同组合添加数字(3+4 和 4+3,6+5 和 5+6 等)。有更多机会练习加法运算的儿童比有较少机会练习加法运算的儿童更容易形成这种概括化。此外,儿童有关加法运算经验中的顺序也很重要。也就是说,依次解决问题(如 6+5 和 5+6)比在问题中间加入其他问题更有可能促进概括化(如在 6+5 和 5+6 之间加入其他问题),因为当问题连续出现时,儿童更有可能注意到问题之间的连续性。

经验是如何参与到变化机制中的?儿童获取经验过程中的变化是否与儿童发展的变化有关?如果有关,那么,哪些经验变化是随之而来的?为了回答这些问题，需要了解儿童经验本质的知识。在一些实验研究中，为了检验儿童经验如何参与到变化机制中，研究者对儿童经验进行了操纵。在使用计算机模型的发展研究中，通过给模型输入信息的方式提供经验，并观察由经验引起的变化。然而，为了检验真实世界中变化是如何发生的，在生态有效的设定下，我们需要一些方法来估量自然环境中日常认知的发展。

多年来，研究者一直试图通过多种途径来测量或者量化经验。日记研究是最早也是最简单的途径之一。托马塞洛对女儿的语言发展进行了详细的日记研究，记录了女儿从 1～2 岁使用动词的所有情况。同样，凯莉·米克斯（Kelly Mix）也记录了儿子 12～38 个月大期间在她面前试图数数或者使用数字词语的所有情况。

当代日记研究通常包括在自然环境下（如儿童家里）给儿童录像或录音。这种技术的使用使研究者能够评估儿童社会和物理环境的各个方面，这是传统日记法无法捕捉到的，例如儿童听到的词语的数量和多样性，或者儿童父母与他们交流时的各种手势。

最近，技术的进步使研究者能够用新式的高度细节化的方式记录儿童的日常。例如，许多日记研究中儿童会佩戴记录设备，这样便于记录儿童全天的听觉环境。还有一些研究会使用这种技术来表征儿童的体验维度，例如儿童接收的语言输入的质量和数量，以及儿童经历的与数学有关的谈话数量。

其他新技术可以提供关于儿童活动以及帮助塑造这些活动环境的详细的数据。在一项研究中，研究者收集了一名儿童 0～3 岁期间家中所有房间的音频和视频记录（记录时长为每天 10 小时左右，共计 20 万小时）。这些"超密集"数据被用来测量儿童对词汇表中每个词语使用的经验情况，即在不同语境中该词语的使用频率。研究发现，有些词语主要在特定地点（如厨房）或特定时间（如换尿布期间）使用，而另一些词则可以在许多地点使用。儿童能够更早习得在特定环境中使用的词语，这说明该语境为儿童学习词语提供了支持性环境。事实上，在儿童学习词语时，相比于频繁听到该词语，差异性是更强的预测源。如果没有关于儿童经验的密集数据，就没有这一重要发现了。

研究者掌握了儿童经验的基础后，可以建构计算模型，用来接收经验，并模仿儿童实际经验。例如，戴维·布雷思韦特（David Braithwaite）、阿林·派克（Aryn Pyke）和西格勒开发了一个儿童学习分数算术问题的模型。为了验证该模型，他们检验如果给该模型提供分数算术问题经验（与儿童实际接收的经验类似），模型是否会产生与儿童所犯错误类似的错误。为了弄清楚儿童会遇到什么样的分数问题，布雷思韦特及其同事研究了3个商业教科书系列，并从每个系列中抽取了相关的分数算术问题。这3种教科书在很多关键方面都很相似，这表明他们提供了一种具有代表性的方法来测量美国儿童在分数算术操作上的典型经验。然后，布雷思韦特、派克和西格勒将这些问题输入他们的模型。结果显示，在输入相关情况下，新模型产生的策略模式和错误模式与儿童产生的类似。其中一些模式令人惊讶。例如，该模型和儿童一样，经常出现诸如 3/5 × 4/5 = 12/5 的错误。这可能是教科书上的等分母问题总是涉及加减法运算，例如 3/5 + 4/5 = ? 这种输入可能导致儿童过度概括化加减法策略，即在解决分母相等的乘法问题时，将运算应用到分子上，同时分母保持不变。

一旦研究者建立了计算模型，并根据与儿童相关的数据进行了验证，那么，他们就能通过这些模型来研究经验变化对发展的影响。研究途径是改变模型的输入，并检验模型是如何发展的。例如，回顾第3章中萨缪尔森开发的一个词语学习模型，并分析不同起始词在学习模型中产生的不同结果：一个描述形状不同的物体的词语（如球和鞋），另一个描述材料不同的物体的词语（如糖霜和闪光）。这两个模型对新词的概括化模式不同。沿着类似的思路，研究者使用计算模型来检验在儿童语言输入的数量变化以及词汇条目的差异是如何影响他们的语言学习的。这些计算模型研究形成了哪些对发展起着重要作用的经验维度。

显然，经验的许多方面都涉及发展变化机制。新技术为测量儿童经验提供了新方法，并形成了经验如何参与认知变化的新假设。这些假设可以通过实验和计算模型进行验证。因此，测量经验的新方法和对变化进行建模的新途径正在对变化如何发生做出新的解释。

主题3：孩子的能力被低估了吗

关于婴儿认知的最大话题可能是：如何调和婴儿在某些情况下表现出的能力与在其他情况下表现出的无能。例如，为什么3个月大的婴儿在物体注视任务中就表现出客体永久性，但在几个月后的用手拿物体任务中（如A非B错误任务）不能做到这一点。同样，为什么10个月大的儿童的工作记忆容量（通过简单的注视任务测量）比3岁大儿童的工作记忆容量（通过探测复杂显示屏上的变化来测量）大？

为了弄明白这些发现为什么会存在矛盾，研究者通过任务形式来"诊断"各年龄段儿童在各任务中的知识，并理解这些任务的动态。儿童为了看到物体应当出现的位置（例如，当遮挡物移到一边时），需要怎样的心理表征？这种心理表征与要从布下面伸手去拿看不见的东西的心理表征有什么区别？尤可·穆纳卡塔（Yuko Munakata）及其同事假设，伸手拿物体时表现出对物体的表征要比注视物体时对物体的表征更强，在联结主义模型中已经证明了这一想法，那在注视和用手拿物体方面儿童对物体有相同的表征。然而，相比于对表征和注视之间联结的学习，表征和用手拿物体系统之间联结的加强开始得更晚、进行得更慢。由于物体表征和用手拿物体系统之间联结的加强较慢，因此，相较于引起注视，在发展的所有重要节点上，伸手拿物体需要更强的心理表征。

瓦妮萨·西梅林（Vanessa Simmering）也建构了一个计算模型来解释为何测量婴幼儿工作记忆的任务和儿童记忆容量出现了不一致的情况。该模型详细地阐释了在每个实验任务过程中，记忆表征是如何形成、维持和使用的。这个模型揭示了，任务之间哪怕是微小差异也可能产生巨大的表现差异。在较难的变化觉察任务中，抑制过程将一些需要记住的条目表征设置到记住这些所需要的阈值以下。在较简单的视觉偏好任务中，这种抑制没有发生。由此可见，越困难的任务对工作记忆容量的估计越低。

儿童早期能力的另一个重要问题是了解幼儿如何参与物理和社会环境。皮亚杰理论强调儿童在自身发展中发挥着积极作用，认为婴儿建构了对环境的理解。因此，了解儿童如何知觉他们所处的环境对理解儿童的行为至关重要。这一观点表明，年幼的学习者的学习行为对他们自身的发展有着重要意义。

事实上，这一问题在一项名为幼儿对数量的自发关注的研究（young children's Spontaneous Focusing on Numerosity，SFON）中得到了证实。SFON 是一种自发关注环境的数量特征倾向。SFON 倾向高的儿童往往喜欢关注数字，因此他们有很多机会习得数学技能和接触数学思想。相反，SFON 倾向低的儿童往往喜欢关注环境的非数学特征，因此他们习得数学知识的机会就更少。

SFON 是通过任务来测量的，在这些任务中，儿童可以选择关注数字或者其他一些非数学特征。例如，在一项任务中，实验者和儿童面前放着相同的恐龙轮廓。实验者先用印泥或者图章在恐龙上标识突起或者尖刺（见图 12-1）。然后，让儿童将自己的恐龙标识得和实验者的恐龙一样。如果儿童将恐龙标出了与实验者的恐龙相似数量的突起或尖刺，并且他们数了数或者使用了数字词/数字手势，那么这些儿童就被归为关注数字组。

图 12-1　在 SFON 中使用的一个刺激样本

学龄前儿童和小学儿童自发关注数字的倾向各不相同，这种倾向的变化与儿童后来的数学成绩有关。研究者认为，SFON 倾向高的儿童在数字的非符号表征和符号表征之间获得了更多的练习映射。

SFON 倾向高的儿童往往比 SFON 倾向低的儿童更频繁地关注数量，这一倾向不仅出现在实验任务中，还出现在日常游戏中（如阅读绘本）。不过，SFON 也依赖于情境。当其他物体特征非常显著时（如颜色），儿童对数字的关注会减弱。根据这些发现，研究者试图创建一个社会和游戏情境，来"诱发"儿童对数字的关注——SFON"诱饵"。初步的研究结果表明，暴露在该情境中的儿童，SFON 倾向确实被增强了。

在这些 SFON 研究的基础上，研究者开始探究年龄较大的儿童对更复杂的数学关系的自发性关注，例如比例关系，也被称为对数量关系的自发关注（Spontaneous FOcusing on quantitative Relations，SFOR）。例如，桌子上有 2 个苹果，水果盆里有 6 个苹果，水果盆里的苹果数量是桌子上苹果数量的 3 倍。和 SFON 一样，SFOR 也通过任务进行评估，儿童可以选择关注哪些特征。SFOR 的个体差异和 3 年后儿童具有的分数知识的差异有关。和 SFON 一样，儿童早期对相关特征的关注对他们的后期发展有着重要影响。

主题 4：年龄如何影响认知能力

对幼儿先前未曾料到的能力的研究，以及有关成年人先前未被察觉的能力缺失的发现，使得关于发展的很多解释都是错误的。人们不再认为是学龄前儿童固有的自我中心主义使他们不能接受他人的观点，也不再认为整体性思维阻碍了学龄前儿童形成具有定义特征的概念。反过来，这些倒下的多米诺骨牌使儿童思维中一个更普遍的信念变得越来越站不住脚，即儿童可能在某个特定的年龄段习得了某个特定概念。

人们总是认为儿童理解某个概念时的年龄等于大多数儿童完成与此概念相关

的特定任务的年龄。例如，多年来，人们认为如果儿童能够解决皮亚杰的数量守恒任务，就表示理解了数字的概念。然而，当研究者设计了另外的任务，并以不同的方式测量儿童对数字的理解时，人们明显发现儿童完成不同数字任务时的年龄跨度非常大。那么，儿童是在多大年龄理解了数字的概念呢？

回答这个问题的一个可行的途径是用理解的最初形式来识别理解。布雷恩曾写道："如果试图说明某一特定类型的反应的发展年龄，那么唯一不算完全任意的年龄就是引起该反应的最初年龄。"

就当前而言，布雷恩的说法是完全合理的。然而，当考虑到最初的理解能力和成熟的理解能力之间还有好多年时，自相矛盾之处就凸显了。采用初始能力标准将使我们陷入这样一种处境，即儿童在很小的时候就理解了许多概念，但是，在此后的很多年里都无法理解概念的许多合理标准。换言之，如果我们采用初始能力标准，许多对概念的理解都是在概念被理解之后才发展起来的。

布朗提出了概念理解的另一个标准：稳定使用率。只有当儿童在大部分或是所有适用某概念的情境中使用该概念时，才会被认为理解了这一概念。布雷恩也提出了这一问题。当一个儿童在某些情况下能使用一个概念，但在大多数情况下不能使用该概念时，儿童究竟理解了什么？使用理解的最初形式之外的其他形式来确认理解能力似乎具有一定的任意性。然而，使用理解的最初形式来确认理解似乎也具有一定的误导性。

前一节中提到的客体永久性数据说明了这个问题的难度。婴儿在3个月大时能理解客体永久性吗？此时，他们的注视是否暗示了对客体永久的理解？或者在他们9个月大，开始伸手去拿隐藏物体时才理解客体永久性？还是直到后来他们才认识到，物体必定继续存在某一地方，哪怕他们不知道物体具体在哪里（如成年人把钥匙放错了地方）。考虑到认知发展的复杂性，准确说出儿童具体在什么年龄获得认知能力几乎是不可能的。为了应对这种复杂性，我们需要建立模型来说明儿童在各种条件下如何思考，以及他们如何以这些方式进行思考。通常，通过模型预测的是关于特定思维方式的顺序或相对顺序，而不是某种特定的思维方式出现或被持续使用的具体年龄。

与此同时，关于大脑发展的知识也在不断增加，而大脑的一些变化与年龄有关。越来越多的研究正在讨论大脑中与年龄有关的变化所起的作用，这些变化支撑着认知控制（指自动引导行为的能力）的变化。认知控制涉及多个过程，包括选择适当的知觉信息进行加工，在工作记忆中保存相关信息，以及抑制不相关信息或不适当反应。例如，在经典的斯特鲁普效应（Stroop effect）任务中，要求被试说出打印词语的墨水颜色，而非读出这个词语，例如，当看到用绿色墨水打印的词语"红色"时，说出"绿色"。为了成功完成该任务，被试必须记住任务的要求，关注墨水的颜色，不要读出词语（即使我们很可能主动地读出这个词语），而要说出墨水的颜色。

抑制不当反应和在工作记忆中保存信息都涉及分布在大脑中的神经回路，但这两个过程的主要区域都是前额叶皮质。从婴儿期开始，前额叶皮质就参与了反应抑制，并在青春期和成年早期得以继续发展。近期研究表明，青春期时前额叶皮质和大脑其他部分的联结逐渐增强，神经回路开始涉及更多的长距离联结，包括与海马和感觉运动区的联结。因此，随着年龄的增长，认知控制的神经基础似乎发生了变化，即从最初更多依赖于前额皮质的局部处理，发展到更多地分布于大脑多个区域的共享处理。

简言之，与年龄相关的神经回路的变化似乎是基本过程变化的基础，例如工作记忆和反应抑制的发展，而事实上这些变化反过来又支撑了一系列认知任务的表现。理解这些大脑系统中与年龄有关的变化是一件很有挑战的事，部分原因是这些挑战涉及儿童的大脑成像工作。不过，神经科学的发展有望为大脑发展及其在认知发展中所起的作用提供新见解。这些见解反过来可能有助于解释儿童行为中一直被观察到的与年龄相关的变化。

主题 5：发展是凭空出现的还是量变引起质变的过程

我们很容易证明知识的变化与先前知识有关。来自不同领域的大量研究表明，不同知识水平的儿童对输入、经验、反馈以及指导的反应不同。解释先前知识如何参与到变化中对人们来说是一个挑战。那么，儿童是如何将他们的先前知识和输入信息整合起来的呢？

不管是对于这一问题，还是在认知发展的诸多领域，归纳推理都起着十分重要的作用。例如，当儿童获得关于物体的知识时，他们经常根据对少量样本的观察进行推断。在进行因果关系推理时，儿童经常根据少量观察到的事件进行推理。在语言学习中，儿童经常根据听到的他人少量使用的词语实例来推断词语的含义。在所有这些任务中，儿童得出的推论都超出了他们观察到的数据，并将之推广到新的实例、环境和场合里。那么，儿童在该情况下是如何缩小归纳推理的范围的呢？

本土主义的观点认为，这类推论受到生物学上特定的、限定领域机制的限制。回想一下第 6 章中关于词语学习的限制条件的讨论。可即便人们承认这一点，但后来的认知发展在很大程度上依然涉及不大可能受到限制条件影响的归纳推理，例如关于汽车和计算机如何工作的推断。在很多领域，推断与数据集都是兼容的。当与观察数据相符的可能推断集合很庞大时，儿童为什么能够做出特定的推断呢？

答案是儿童通过观察世界中的联结模式，然后反推这些模式，以推断是什么样的结构（如理论或因果联系）产生了这些模式。最后，儿童使用这些结构预测新的实例和事件。因此，儿童梳理与属性共变或行为结果有关的证据，然后从这些数据中反推出知识结构，并以生成的方式使用这些知识结构。

假设一个儿童正在学习生命的概念，那么儿童可能会观察到生命特征和自发运动之间的共变模式，即大多数生命体自己可以移动，而大多数无生命体不会自已移动。基于这种模式，生命特征和自发运动之间的关系就成为儿童生物学领域理论的重要部分。一旦这个知识结构建立起来，儿童就可以使用该知识结构进行预测，即如果一个物体产生了自发运动，那么，这个物体就有可能是有生命的。这就使得儿童会对很多实体的生命特征做出正确的判断。然而，同样的知识结构也可能导致儿童在判断无生命体的生命特征时出现错误，即有些无生命体看起来也是自发运动的，如云和机器人。

究竟是哪种结构产生了这种数据呢？18世纪，英国统计学家托马斯·贝叶斯（Thomas Bayes）提出了贝叶斯规则。在给定了观察数据的情况下，贝叶斯规则提出了一种评估特定假设为真的概率的方法。该规则需要两个信息：第一，在观察数据之前，对假设为真的概率的估计（先验概率）；第二，如果假设为真，数据被观察到的概率。这些信息组合在一起生成一个数量，这个数量与给定数据假设为真的概率（后验概率）成正比。将此扩展到生命体的例子中，假设儿童有一个很强的先验假设，即能自己移动的物体都是有生命的。假设儿童观察到云能自己移动，但它没有生命。这些观察到的数据不太可能是儿童正在评估的假设（能够自己移动的物体都是有生命的）生成的。根据贝叶斯规则整合这些信息，得到的后验概率低于先验概率。因此，根据这些数据，儿童会调整（调低）对"能自己移动的物体都是有生命的"这一概率的估计。

因此，从贝叶斯规则视角来看，学习者现有的知识结构来源于实证的模式，这些知识结构也说明了对实证的解释。新的实证也会引发知识结构的变化，进而影响学习者对新的实证的后继解释。因此，先前知识在学习中起着至关重要的作用。

基于共变模式抽取抽象知识结构的能力是一种可以应用于广泛领域的机制。事实上，近期很多领域有关发展的解释都将儿童看作贝叶斯学习者。例如，最近关于因果关系的研究（其中一些已经在第10章中讨论过）用贝叶斯规则来描述儿童的行为。从这个角度来看，儿童通过观察变量之间的相关和偏相关模式，以及通过检查干预对这些变量的影响，来检验这些变量间因果关系的假设。贝叶斯规则的解释也被用于学习词语的含义、学习类别结构（如动物的分类）、习得领域特定理论（如心理学理论）、学习抽象的语法类别（如由"限定词 a 或 the+ 名词"构成名词短语），以及评估来自他人的信息的可靠性。因此，将先前知识与新实证相结合的学习是一种通用的学习机制，可以产生一系列不同形式的知识，包括因果理解、词语含义、对象类别、领域特定理论，以及语法类别。在这些领域中，先前知识都对新的学习产生了限制作用。

当然，统计学习机制并非先前知识影响儿童发展的唯一方式。先前知识也会影响儿童解释世界的方式，以及他们在世界中行动以及影响世界的方式。其他机制可能会以其他方式使用先前知识，而贝叶斯学习机制是一个舞台，在这里正式模型会用精确的术语为先前知识设定角色，并使变化过程中的相关假设能被检测。

主题6：执行功能如何影响认知发展

智力成熟的标志之一是个体能调节自己的行为，使其能够实现目标、解决问题。事实上，心理学家威廉·詹姆斯认为，"一次又一次地自愿把游离的注意力拉回来的能力是判断、性格形成和意志塑造的根本"。这一能力有多个部分组成，其中很多都属于本章前面讨论过的认知控制的范畴。认知控制的关键部分也被称为执行功能，该功能包括任务或心理模式之间的转换，监控和更新工作记忆，以及抑制优势反应。鉴于这些功能在所有复杂认知活动中的重要性，执行功能的个体差异与多个领域（包括口语、心理学理论、阅读、数学，以及整体的学业成就）的表现差异相关就不足为奇了。

许多执行功能发展方面的研究都集中在学龄前期，因为这一阶段儿童的执行功能得到了巨大发展。不过，执行功能在整个青春期和青年期仍会持续发展。

虽然执行功能会随着个体多年的发展而不断完善，但在各年龄段个体差异相对稳定。在一项研究中，研究者给幼儿呈现了一个很有趣的玩具，然后要求幼儿

30秒内不能触碰玩具，由此来评估儿童抑制优势反应的能力。幼儿在14～36个月期间参加了4次该任务。根据接触玩具时间的长短，儿童被分为两组，即更多克制组和更少克制组。14年后，这些儿童在一系列执行功能任务中表现出来的差异与当年的组别差异相关。在学步期更多克制组的儿童，后来表现出了更好的整体执行功能，而学步期更少克制组的儿童，后来表现出了更好的任务转换能力。

鉴于执行功能的重要性，许多干预项目都试图促进执行功能趋于完善也就不足为奇了。多种活动（包括基于计算机的工作记忆训练，运动类如有氧活动和武术，正念活动类如冥想和瑜伽，以及旨在提供执行功能实践的学校课程）已被证明对执行功能有积极影响。仅聚焦于工作记忆管理的项目可能对执行功能只产生相对特定的效果，且效果不会推广到新任务中，也不会持续很长时间。将认知训练与身体活动、社交情绪相结合的项目往往会产生极好的效果，这强调了"全人"的重要性。事实上，那些更快乐、更能融入社会，以及身体更健康的儿童在注意力管理和自我控制训练上往往会做得更好。

短暂的干预也可以短时间促进执行功能的完善。在一项研究中，研究者鼓励儿童想象一个熟悉的、努力上进的角色（如蝙蝠侠、建筑工人鲍勃、长发公主和探险家朵拉等），并给他们一个道具，让他们装扮成自己想象的角色，例如为想象蝙蝠侠的儿童提供斗篷。研究结果显示，想象了角色的参与者在重复任务中坚持的时间更长。这一蝙蝠侠效应说明了角色扮演可以暂时增强执行功能。把自己想象成超级英雄实际上可能会促进认知发展。

考虑到在诸多领域中执行功能都与表现相关，未来研究中的一个挑战是明确执行过程是如何参与到变化中的。执行功能如何与其他个体差异（如语言和空间技能）互动，从而形成对世界上物体和时间特征的注意模式？在参与模式具有先前知识的情况下，执行功能是如何影响参与模式的？一般而言，执行控制过程支配着儿童对世界的参与，它们管理儿童编码与忽略哪些特征、激活或读不懂哪些内容知识块，以及儿童如何将先前知识和输入刺激结合起来以形成策略、解决问题。现在我们需要的是能够具体说明执行控制过程如何参与到变化机制运行中的理论。

主题 7：社会如何影响认知发展

人是社会性很强的动物。只有社会中的父母会教给他们的孩子那些他们认为对所处文化中取得成功有重要作用的技能、态度以及价值观，而其他物种的成年个体则不会这么做。只有社会中的儿童会不断地向任何愿意聆听的人指出他们感兴趣的事情，而其他物种的幼年个体不会这么做。这些教与学的倾向对认知发展非常重要。一个忽视他人或者成长在一个其他人都不愿与之交流的世界里的儿童，是不会正常成长的。幸运的是，这种情况几乎从未发生过。

社会环境的许多维度在儿童的认知发展中发挥着作用，这些环境包括父母、其他成年人、其他儿童以及更广泛的文化价值观和实践。

未来研究的关键问题会集中于他人为儿童发展所提供支持的性质上：支持的差异是否会导致学习结果的差异？一些研究证明确实如此。例如，戴维·伍德（David Wood）和戴维·米德尔顿（David Middleton）让母亲帮助 3 岁和 4 岁的儿童搭建一个复杂的金字塔。如果母亲最初的指导能考虑儿童初始的技能水平，那么儿童在之后独立参与的后测中会表现得非常好。与之类似，母亲对儿童声音和游戏的反应可以预测儿童达到语言里程碑的年龄，母亲反应更积极的，孩子更早达到语言里程碑。

然而，其他研究表明，成年人支持的性质尽管有很大的差异，但儿童的学习效果差别不大。如第 4 章所述，贡丘和罗格夫在一项关于儿童分类的研究中比较了三类成年人支持。第一种，成年人向儿童说明了分类原则；第二种，成年人通过使用引导性问题让儿童尝试说明分类原则；第三种，成年人首先说明分类原则，然后鼓励儿童表述出来。尽管成年人在支持的性质上有这些差异，但当要求儿童对物体分类时，他们在 3 种情况下的表现却差不多。

为什么在某些情况下支持的变化性会起作用，而在其他情况下却不起作用？更确切地说，什么样的支持才是适当的支持？一种可能性是适当支持的性质依赖于学习者的特点。对一些儿童而言，明确的、指导性强的支持（如直接指导或者演示）可能是最有效的，然而，对其他儿童而言，含蓄的、间接的支持（如暗示或者引导性问题）可能是最有效的。目前，关于成年人支持的性质如何与学习者认知技能、人格特征及偏好等个体差异相互影响，我们仍知之甚少。

另一种可能性是，支持的有效性取决于参与互动的个体之间的关系。在这方面，现有数据表明，如果两人之间具有温暖而积极的关系，那么，他们就更倾向于高质量的支持性互动。二人关系的其他维度也可能是非常重要的。例如，儿童可能更愿意接受教师的直接指导，而不是来自父母或者和自己有很大竞争的哥哥姐姐的直接指导。

在不同的文化背景下，适当支持的性质也有可能不同，正如第 4 章所讨论的那样，成年人与儿童之间常见的或被期望的互动类型，会因文化而不同。在某些文化中，儿童往往与成年人的社会与经济世界相脱离，他们的许多学习机会都发生在正规的教育情境中。而在其他的文化中，儿童通常与成年人活动联系紧密，他们的许多学习机会都是在日常情境中观察成年人活动而获得的。成年人与儿童互动的性质和数量因文化背景的不同而不同，这可能会让我们对成年人和儿童在特定情境下应该被提供支持的性质产生期待。

一个与之相关的问题是，儿童是否会根据他们获得的社会支持的性质来学习不同的内容。一些研究表明，不同的社会互动模式可能会对认知结果产生不同的影响。如第 4 章所讨论的那样，指导参与本质上的跨文化差异与注意管理模式中的差异有关。与儿童通常脱离成年人社会和经济环境的群体相比，经常融入成年人活动的儿童，更可能同时关注多种活动。注意管理中的这些文化差异是否由互动模式中的文化差异造成的，这仍然是一个有待讨论的问题。然而，研究结果是耐人寻味的，说明这是一个值得继续研究的重要领域。

为了在这些问题上获得进展，我们需要更好地理解儿童从社会互动中学习的机制。社会互动如何精确地建构个体知识？我们已经确认了若干潜在的机制，包括内化、指导式参与和合作学习。然而，这些机制的运作还不是很明确。如果我们想预测哪些人会进行学习，他们会学习什么以及他们将会在何时学习，那么，就必须在机制运作问题上获得理论进展。

主题8：研究认知发展有哪些现实意义

当前儿童思维研究的现实贡献

儿童思维研究已经产生了许多现实贡献。对婴儿和幼儿有益处的方面大多涉及知觉问题的诊断和处理。婴儿更喜欢看条纹而不是灰色的表面，这为诊断婴儿是否失明提供了一种方法。对斜视矫正手术时机的分析说明了，如果有可能的话，该手术应该在婴儿4个月大前进行，最晚不能超过3岁。

儿童思维研究的另一类现实贡献是在法庭案件中如何从儿童那里获得有效证词。这些研究表明，当问题明确且提问者没有暗示答案时，4岁儿童能够提供准确的证词，即使这些证词可能不太完整。然而，这个年龄的儿童，记忆很容易受到引导性问题的影响，特别是那些重复了很多次的引导性问题。学龄前儿童的记忆也很容易受到对事件参与者刻板印象的影响。正如第7章所讨论的那样，国家儿童健康与人类发展研究所的工作人员已经开发了一套以研究为基础的结构化访谈方案，以指导从业人员在对儿童证人进行访谈时采取最佳做法。对该方案的评估表明，它的确提高了对儿童证人访谈的质量。

儿童思维研究的第三类现实贡献和教育有关。对阅读基本过程的研究表明，对儿童音位意识技能的指导能促进儿童未来在阅读方面的成功。对数学和科学推理的研究表明，儿童常常具有系统性的错误观点，这些观点必须要在教学过程中进行讨论和否定。这一点已经在诸多领域中得到表现，例如地球形状、移动物体的速度、物体保持平衡的原因、小数和普通分数的大小以及等号的含义等。一些研究讨论了从他人那里学习以及和他人一起学习，是如何为引入新的问题研究策略、提供反馈以使策略被采纳提供指导的。儿童思维研究有助于解决现实问题，也有助于从理论上理解认知发展。

有关认知发展知识现实贡献的一个重要方面是促进了亲子关系的发展。如第5章所述，婴儿和幼儿语言技能的差异会造成语言输入的差异。基于这些发现，以及诸如家庭社会经济地位对儿童语言输入的影响，一些社区正在实施干预措施以帮助父母改善他们家庭中的语言环境。例如，罗得岛州的普罗维登斯谈话项目会为父母提供指导，教他们如何增加与儿童交谈的频率，提高交谈的质量，并为他们提供适合儿童年龄的书籍，以促进儿童语言输入的多样性。项目评估的早期结果表明，参与该项目的父母确实改善了他们家中的语言学习环境，无论是儿童所说词语的数量，还是父母和儿童之间的互动。这些发现是否会促进项目参与者的幼儿园准备工作，还有待观察。不过，这些初步结果足以说明前景是光明的。

其他类型的干预措施也帮助了父母积极与儿童互动，促进了儿童的认知和语言发展。一项研究通过在杂货店张贴标语，以促使成年人参与儿童的互动。在杂货店入口处有一个指示牌，上面写着"与儿童说话有助于他们语言的发展！"杂货店里还贴着其他标语，包括彩色图片和建议家长提问子女的句子。例如，一个标语是"问你的孩子：你最喜欢的蔬菜是什么？"这种简单的干预增进了成年人和儿童之间的交流。与普罗维登斯谈话项目类似，这项研究表明，当给父母提供适当的帮助和支持时，他们就能以建设性的方式修正自己的行为。

认知发展方面知识的实质性益处还体现在另一个重要领域，即设计课堂和其他教育环境中使用的课程。正如上面的例子表明的那样，认知发展的知识解释了为何一些教育创新有效而另一些无效。然而，未来要研究的一个关键问题是如何将儿童认知表现和学习方面的研究发现转化为提高儿童学业技能的教学课程，如数学和科学推理、阅读和写作。

该领域的一个重要挑战是如何更好地使用技术来促进儿童的学习。智能辅助系统是一种越来越广泛应用于教育环境的技术工具，它是以学习和发展理论为基础的计算机辅助。约翰·安德森（John Anderson）等人开发了用于学习初高中数学的"认知指导者"。认知指导者将教科书和其他课程材料相结合，使儿童能从计算机指导者那里得到一些指导，可以独自在计算机实验室与在站导师一起学习，并在传统的课堂环境中接受其他指导。

认知指导者是基于数学问题解决中所涉及的认知加工心理模型设计的。模型通过两个途径对指导者的功能产生重要作用。首先，模型在学生解决问题时提供个别化支持。例如，当学生犯了典型错误时，系统会根据模型进行诊断，进行适当反馈，并帮助学生找到适合他们的解决策略。其次，该系统监控学生在各项活动中的表现，以诊断学生的优点和缺点，并预测学生可能会遗漏哪方面的知识。然后，指导者对活动选择进行调整，以促进学生对重要概念和技能的学习。

科丁格及其同事设计的数学指导者所基于的认知模型是一种产生式系统模型，就像在第3章中介绍的模型那样。该模型根据"如果—那么"句式（产生式），表征学生在解决问题时可能使用的策略，以及他们的典型错误。基于该模型，指导者可以诊断出某个学生是缺乏包含一部分问题解决策略的产生式，或者指导者具有会引向错误的不正确产生式。例如，一个初学代数的学生可能具有以下一种或多种产生式。

1. 如果目标是求解 $a(bx + c) = d$，那么重写为 $bx + c = d/a$。

2. 如果目标是求解 $a(bx + c) = d$，那么重写为 $abx + ac = d$。

3. 如果目标是求解 $a(bx + c) = d$，那么重写为 $abx + c = d$（错误概念）。

如果学生正在解决一个问题，并且需要解出方程 $3(4x + 2) = 66$，那么，他们可能会使用上述产生式中的任何一个（其中 $a = 3$, $b = 4$, $c = 2$, $d = 66$）。如果学生在解方程时输入 $12x + 2 = 64$，认知指导者就会将这一行为诊断为学生使用了错误的产生式结果（3）。然后，它会提出适当的反馈，以帮助学生纠正错误。

一些研究已经表明了认知指导者对学生学习有益处。一项随机对照实验发现，在实施了"代数认知指导者"课程的学校中，高中生在代数水平考试中的表现要好于没有实施该课程的学校的学生。因此，指导者可能提供的个人化评估和指导对儿童学习大有益处。

这些认知指导者也可以被用作研究平台，用于收集学生在解决问题时所采取的步骤，以及学生在学习过程中所发生的详细变化信息。然后，可以使用这些信息来优化和扩展涉及儿童表现和学习过程的模型。还可以使用不同类型的指导者来检测不同类型教学效果的假设。

尽管基于计算机指导者之类的科技工具在教育或研究上的潜力才刚刚被挖掘出来，但是其前景是令人鼓舞的。认知指导者的广泛传播，有力证明了学习与发展的认知理论正开始在教育实践中产生真正重要的影响。

参考文献

考虑到环保的因素，也为了节省纸张、降低图书定价，本书编辑制作了电子版的参考文献。请扫描下方二维码，直达图书详情页，点击"阅读资料包"获取。

扫码查看本书的参考文献。

致 谢

在本书的成书过程中，我们很幸运地得到了来自多方面的智力支持。许多同事都花了大量的时间帮我们修改和完善书稿。一些人跟我们讨论了他们的想法并提出了建议；也有一些人阅读了部分内容并向我们提供了反馈。我们很感激有机会与以下这些人以及其他许多人讨论儿童的思维：卡伦·阿道夫（Karen Adolph）、安娜·巴特尔（Anna Bartel）、丽贝卡·邦科多（Rebecca Boncoddo）、萨拉·布朗（Sarah Brown）、莎伦·卡弗（Sharon Carver）、陈哲、弗吉尼娅·克林顿（Virginia Clinton）、珍妮·库珀（Jenny Cooper）、诺埃尔·克鲁克斯（Noelle Crooks）、朱迪·德洛奇、安德烈亚·多诺万（Andrea Donovan）、安娜·费舍尔（Anna Fisher）、埃米莉·法夫（Emily Fyfe）、苏珊·戈尔丁-梅多（Susan Goldin-Meadow）、何赛·古铁雷斯（José Gutiérrez）、尚泰·哈蒂库杜尔（Shanta Hattikudur）、马修·江（Matthew Jiang）、斯科特·约翰逊、查尔斯·卡利什、戴维·克拉尔、埃里克·克努特（Eric Knuth）、肯尼思·科丁格、帕特里克·勒梅尔（Patrick Lemaire）、布雷恩·麦克温尼、珀西瓦尔·马修斯（Percival Matthews）、戴维·梅嫩德斯（David Menendez）、科琳·摩尔（Colleen Moore）、妮科尔·麦克尼尔、米切尔·内森、葆拉·尼登塔尔（Paula Niedenthal）、安德烈亚斯·奥伯斯坦纳（Andreas Obersteiner）、约翰·奥普弗（John Opfer）、克里斯托弗·奥斯特豪斯（Christopher Osterhaus）、塞思·波拉克（Seth Pollak）、理查德·普拉瑟（Richard Prather）、安妮·里格斯（Anne Riggs）、蒂姆·罗杰斯（Tim Rogers）、卡尔·罗森格伦（Karl Rosengren）、贝萨妮·里特尔-约翰逊（Bethany

Ritlittle-Johnson）、珍妮·萨夫兰、普贾·悉尼（Pooja Sidney）、瓦妮萨·西梅林、比特·索迪安、埃里克·西森、阿梅莉亚·伊奥（Amelia Yeo）和安德鲁·杨（Andrew Young）。最后，我们还要感谢特拉·特雷热（Terra Treasure），感谢他为这一版中设计了时尚的风格。

还要特别感谢的是我们的家人，在我们写这本书的过程中，他们给了我们支持和启发。罗伯特·西格勒要感谢他的孩子们，托德、贝丝和亚伦，他们在本书的5个版本出版的过程中不断发展进步，从无意中为本书提供有关儿童思维的生动有趣的例子，发展到能为本书提出关于儿童思维的有趣观点。他还要感谢他的妻子，林-西格勒（Lin-Siegler），感谢她为新版本提供的所有爱和支持。玛莎·阿里巴利要感谢她的丈夫佩特里特·阿里巴利（Petrit Alibali），以及她的女儿玛丽安娜和劳伦，感谢他们的爱、支持、鼓励和耐心。她还想感谢她的许多侄女和侄子，他们为本书提供了儿童思维在不同发展阶段中令人信服的例证。这些人使我们的研究充满活力，也让我们的努力付出变得有价值。

我们想把这个新版本献给在本书写作过程中与我们分享童年的孩子们：亚历克西斯、里德、萨拉、图维亚、里弗、伊莱和格蕾丝·西格勒（Grace Siegler）、迈卡和埃兹拉·雷切里斯（Ezra Retchless）、阿维安娜·麦吉（Avianna McGhee）、玛丽安娜和劳伦。观察他们的思维发展，参与他们的发展，让我们感受到了极大的快乐。我们希望在未来的许多年里从他们身上学到更多的东西。

罗伯特·西格勒
玛莎·阿里巴利

译者后记

人类的所有创造和发展都是思维的产物。思维是人类所具有的高级认知活动，思维的发展经过了一个由低级到高级、由简单到复杂的发展过程。儿童时期是人生中最为神奇和多彩的阶段之一，儿童阶段的思维发展是人类思维发展最快速和最活跃的时期，了解和研究儿童思维发展具有非常重要的理论和实践意义。只有了解儿童思维发展的规律才能更好地促进儿童学习和成长，促进我国科技竞争力的提升。

本书是国外儿童思维研究的代表性著作。本书作者西格勒是美国卡内基梅隆大学（Carnegie Mellon University）心理学院博士、教授，2005年获美国心理学会杰出科学贡献奖。西格勒是新皮亚杰学派的重要成员，是国外系统地研究儿童思维的著名认知心理学家，也是现代认知心理学理论的代表人物之一，特别在策略研究方面颇有独到性和创造性。本书是西格勒的代表作，最新修订版是第五版，即本中文版所译版本。

全书的翻译工作由我和我的两位优秀的博士毕业生邵爱惠和王凌飞共同完成，他们从北京师范大学教育与发展心理学博士毕业后，目前都在大学从事心理发展与教育的研究与教学工作。其中本书第1章～第8章由邵爱惠博士翻译、王凌飞博士校对，第9章～第12章由王凌飞博士翻译、邵爱惠博士校对，最后由我完成统稿修订工作。

相信任何对儿童发展感兴趣的人都可以在本书中找到有趣的研究结果和想法，任何有志于攻读儿童心理发展及相关专业的人，都可以通过阅读本书，进一步激发自己对儿童思维和发展的兴趣。本书可以作为高等院校心理学、教育学相关专业的教材，也推荐给对儿童发展，尤其是儿童认知和思维发展感兴趣的广大读者。深切希望本书能够为教育工作者和家长提供有益的参考和启示。

尽管翻译过程中我和我的学生做了很多努力，但是由于水平有限，加上时间紧张，译文的错讹之处在所难免，祈望读者指正。

边玉芳

2023 年 8 月

未来，属于终身学习者

我们正在亲历前所未有的变革——互联网改变了信息传递的方式，指数级技术快速发展并颠覆商业世界，人工智能正在侵占越来越多的人类领地。

面对这些变化，我们需要问自己：未来需要什么样的人才？

答案是，成为终身学习者。终身学习意味着永不停歇地追求全面的知识结构、强大的逻辑思考能力和敏锐的感知力。这是一种能够在不断变化中随时重建、更新认知体系的能力。阅读，无疑是帮助我们提高这种能力的最佳途径。

在充满不确定性的时代，答案并不总是简单地出现在书本之中。"读万卷书"不仅要亲自阅读、广泛阅读，也需要我们深入探索好书的内部世界，让知识不再局限于书本之中。

湛庐阅读 App: 与最聪明的人共同进化

我们现在推出全新的湛庐阅读 App，它将成为您在书本之外，践行终身学习的场所。

- 不用考虑"读什么"。这里汇集了湛庐所有纸质书、电子书、有声书和各种阅读服务。
- 可以学习"怎么读"。我们提供包括课程、精读班和讲书在内的全方位阅读解决方案。
- 谁来领读？您能最先了解到作者、译者、专家等大咖的前沿洞见，他们是高质量思想的源泉。
- 与谁共读？您将加入优秀的读者和终身学习者的行列，他们对阅读和学习具有持久的热情和源源不断的动力。

在湛庐阅读 App 首页，编辑为您精选了经典书目和优质音视频内容，每天早、中、晚更新，满足您不间断的阅读需求。

【特别专题】【主题书单】【人物特写】等原创专栏，提供专业、深度的解读和选书参考，回应社会议题，是您了解湛庐近千位重要作者思想的独家渠道。

在每本图书的详情页，您将通过深度导读栏目【专家视点】【深度访谈】和【书评】读懂、读透一本好书。

通过这个不设限的学习平台，您在任何时间、任何地点都能获得有价值的思想，并通过阅读实现终身学习。我们邀您共建一个与最聪明的人共同进化的社区，使其成为先进思想交汇的聚集地，这正是我们的使命和价值所在。

CHEERS

湛庐阅读 App
使用指南

读什么
- 纸质书
- 电子书
- 有声书

怎么读
- 课程
- 精读班
- 讲书
- 测一测
- 参考文献
- 图片资料

与谁共读
- 主题书单
- 特别专题
- 人物特写
- 日更专栏
- 编辑推荐

谁来领读
- 专家视点
- 深度访谈
- 书评
- 精彩视频

HERE COMES EVERYBODY

下载湛庐阅读 App
一站获取阅读服务

Authorized translation from the English language edition, entitled Children's Thinking 5e by Robert Siegler, published by Pearson Education, Inc., Copyright © 2020, 2005, 1998 by Pearson Education, Inc. 221 River Street, Hoboken, NJ 07030.

All rights reserved.No part of this book may be reproduced or transmitted in any form or by any means, electronic or mechanical, including photocopying, recording or by any information storage retrieval system, without permission from Pearson Education, Inc.

CHINESE SIMPLIFIED language edition published by BEIJING CHEERS BOOKS LTD., Copyright ©2024.

本书中文简体字版由 Pearson Education（培生教育出版集团）授权在中华人民共和国境内（不包括香港、澳门特别行政区及台湾地区）独家出版发行。未经出版者书面许可，不得以任何方式抄袭、复制或节录本书中的任何部分。

本书封面贴有 Pearson Education（培生教育出版集团）激光防伪标签。无标签者不得销售。

版权所有，侵权必究。

湖南省版权局著作权合同登记章字：18-2024-171 号

著作权所有，请勿擅用本书制作各类出版物，违者必究。

图书在版编目（CIP）数据

理解孩子 /（美）罗伯特·西格勒，（美）玛莎·瓦格纳·阿里巴利著；边玉芳，邵爱惠，王凌飞译 . —长沙：湖南教育出版社，2024.9

ISBN 978-7-5539-9989-0

Ⅰ.①理… Ⅱ.①罗… ②玛… ③边… ④邵… ⑤王… Ⅲ.①儿童心理学—认知心理学—研究 Ⅳ.①B844.1

中国国家版本馆CIP数据核字（2024）第045937号

LIJIE HAIZI

理解孩子

出 版 人：刘新民
责任编辑：陈逸昕
封面设计：湛庐文化
出版发行：湖南教育出版社（长沙市韶山北路443号）
网　　址：www.jiaxiaoclass.com
微 信 号：家校共育网
电子邮箱：hnjycbs@sina.com
客服电话：0731-85486979
经　　销：全国新华书店
印　　刷：天津中印联印务有限公司
开　　本：710mm×965mm　1/16
印　　张：26.25
字　　数：430千字
版　　次：2024年9月第1版
印　　次：2024年9月第1次印刷
书　　号：ISBN 978-7-5539-9989-0
定　　价：139.90元

本书若有印刷、装订错误，可向承印厂调换。